Un irlandais, St Desle, fonda Lure, près de Besançon

Seigneur de Besançon, St Donat, fonda St Paul.

Pour les femmes, il a fonda Jussa-Moutier, d'après les règles de St CéSAIRE [que ste Radegonde a adoptées.] Celle-ci est auj. une caserne.

Le frère de St Donat fonda â rétabli Romain-Moutier. [Elle est consacrée par pape Etienne II. Devient Cluny.]

Bèze.

Cusance.

St Ursanne, à Bâle.
St Germain de Grandval.

St Vandrille et reine Bathilde bâtissent Fontenelle. Ses amis sont: Archevêque Ouen et Philibert de Jumièges St Phi fonda encore Noirmoutier en Poitou et Montivilliers à caux pour femmes.

Trois frères bénis par Coloban.
1° Adon — Jouarre.
2° Radon — Reuil (Radolium)
3° Dadon, c'est Ouen (Audoenus) évêque de Rouen.
Fondateur de Rebais, dont l'abbé est St Agile de Luxeuil.

Ste Fare, de Meaux, a été béni par St Col. Elle fonda Faremoutier.
L'Irlandais, St Fursy : Lagny-sur-Marne.
St Frobert : Moutier-la-Celle, près Troyes.
Berchaire : Hautvillers et Moutier-en-Der.
Ste Salaberge à Laon.

Luxeuil maritime à Leuconaus, à l'embouchure de Somme C'est St Valéry. Ses reliques furent translatées par Richard-Cœur de Lion à St Valéry-en-Caux.

（一）

"建筑是石头的史书"，"建筑是艺术的最高峰"。十九世纪，这两句经典的论断流行，已经很难确凿地说是哪位聪明人先悟出来的了。总之，十九世纪，欧洲人已经认识了建筑在人类文化中的地位了。

建筑在文化中的地位，决定于它的性质。作用和它达到的高度。技术的和艺术的高度，它是时代的标志，它是Monument；这便是它的性质。

从黄土坡上的窑洞，到小女孩温馨的闺房，到豪华的宫殿，到金字塔、到教堂、万神庙、到万里长城，建筑性质的多样和变化的幅度之大，包容了整个的人类文化。人类没有第二种作品，有建筑这样的气魄，丰富、豪华、精致、有性格、有感情。

建筑是人类历史的文化载体。它也记录着人类所创造而积累的一切。真实、生动、准确地记录着人类文明的发展和成就。

陈 志 华 文 集

【卷三】

外国造园艺术

陈志华 著

商务印书馆
The Commercial Press

出版说明

　　本书的写作始于1978年，各章系分篇写就，各自独立，最早陆续刊于《建筑史论文集》。"英国的造园艺术"写成，《建筑史论文集》已停止出版，故没有发表。1990年，这部分文字汇编成书，由台湾明文书局出版，随即被台湾各大学选为教材。2001年，经作者修订，增补了一篇"《中国造园艺术在欧洲的影响》史料补遗"，还增加了图片和索引的大陆简体字版由河南科学技术出版社出版，并于2013年推出第二版，荣获"第二届建筑图书奖"。

　　本书以2013年版为底本重新编校设计排版。保留了原书中的部分图片，便于读者参考。

　　受陈志华本人授权，本书作为卷三，收入《陈志华文集》，由商务印书馆出版。

商务印书馆编辑部

2020年12月

目 录

序

　　近来似乎开拓风景区和造园之事很受重视，这应该是属于一种国家兴旺的现象。既说是"开拓""造"，当然免不了是人的愿望，或社会的意志、时代精神的表达。自然的青山绿水原无送情的意思。好友周仪先毕业后（1941）冬季在峨眉山读书，得句"青山有情皆白头，绿窗无刻不黄昏"。一般说来是触景生情。然而，并不是任何自然景色都能感人，也不是任何人在任何状态中都会被感。毋宁说这是一种双向的、有条件的情境。文化传统修养在这里起着极为重要的丰富或阻碍的双重作用。现实生活是多彩的且充满着矛盾，一厢情愿只能是画饼充饥。

　　中国造园艺术固然是独树一帜为世人所赞美，但因此而满足于过去的成就，墨守成规孤芳自赏，总不能称作有志气的一代吧！长期以来和建筑很不相同，难得见到有介绍外国造园艺术的论著，陈志华的这几篇文章，借用科技界爱用的评语来说"填补了空白"。希望能起点促进作用。

　　用"人工"或"自然"来分辨过去的园林，是常用的且清楚明了的方法，其实所谓古典自然园林也都是人"造"出来的，其拙劣者不免有"矫揉造作"之讥（见陈文）。草地、花圃、雕像、喷泉……那些作为西方造园艺术的要素，在我国也已为"屡见不鲜"。有些看起来有些不顺眼，恐怕不是学派问题，是本领和修养还没有到家。今后风景区和园林的群众性将要迫使"门户之见"退让。现在学术上都提倡开放体系，造园艺术自不例外吧！

汪　坦

1987年夏

自序

写这本书，陆陆续续用了十年，在大陆出版这本书，又耐心等待了十二三年。

说来奇怪，写这么一本讲艺术、讲美、讲人性的书，竟是在毁灭文化的大劫难中酝酿的。那时候我在鄱阳湖边的鲤鱼洲农场"走五七道路"，鲤鱼洲本来是个劳改犯的农场，因为血吸虫闹得太凶，把劳改犯迁走了，让给我们这些大学教师去"脱胎换骨"。负责"教育"我们的工宣队员一到农场便忽然间犯了"老寒腿"，声明不能沾水，而我们却被教育得一次又一次地"斗私批修"，不能怕血吸虫，要光着腿到水里泥里去摸爬滚打。狭窄的旧牢房里搭着双层联排铺，每个人只占七十多厘米宽一个位子。我从附近天子庙的知青点小铺里买来一支体温计，塞在枕头底下，夏季的一天，拿出来看，吓了一跳，竟有四十多度。有一次到大堤下的一连驻地去给他们修复被龙卷风破坏了的食堂，发觉那里更热得多，走在路上，小腿就像烤火炉。一连有好几位七十岁上下的人哪。到了冬季，湖上吹来的寒风比刀子还锋利，天天下雨，穿着棉衣劳动，淋得透湿，里面却照样出一身汗，散工走到宿舍，汗水冷了，跟雨水一起冻到骨头里。长江一到汛期，鄱阳湖水比农场高出好几米，什么抗洪措施都没有，险情向我们严密封锁着，几位"教育者"却据说因为要开重要会议，回了北京。劳动是超负荷的，连请来教我们农事的贫下中农都吃不消，不干了。农场有几句口号，一句是"大雨大干，不下雨猛干"。我是瓦工，手上的老茧被雨水泡软了，拿湿砖垒墙，砖上洇开一朵一朵的血迹。另一句口号是"革命化赛过机械化"，于是，挑砖、扛大木料、打混凝土、插秧、割稻、立屋架、夯土、排水，一律拼体力，采用最原始的办法。一群大学教师，搞什么现代化专业的都有，谁要是谈论劳动机械化，便当作坚持修正主义道路批判。白天干了还不够，天黑了又要挑灯夜战。军代表更时时惦记着自己神圣的责任，到大家筋疲力尽，像死人一样睡着了之后，半夜三更，吹起凄厉的哨子，紧急集合拉练，在农场的泥泞小路上跌跌撞撞地绕几圈，这叫作为了打倒帝修反，要锻炼战备思想。"五七战士"们一家子四分五散，丈夫妻子天各一方，没有成年的孩子寄托在什么地方的都有，当父母的牵肠挂肚。一年两个礼拜的探亲假，还得轮流审批。

光是劳动那可不行，首要的是革命，"抓五一六分子"，"背靠背"交代、揭发、写小报告，"老同学、老同事"，转过脸去就会出卖，弄得人人自危。"批斗牛鬼蛇神"，一浪接一浪，大搞逼供信。我那时候因为被"老同学、老同事"揭发出来在《外国建筑史》教科书里和刚刚交去的改写稿里，借叙述古埃及建造金字塔的劳动者的苦难，有意用影射手法"恶毒攻击大跃进"，成了"牛鬼蛇神"。我忍受了两年的折磨，包括风雪中坐在露天楼梯上写交代，没有"认罪"。不巧我老伴患了肾炎，严重到尿液肉眼见红的程度，被她们的"五七农场"放回北京。医嘱绝对卧床，但她孤身一人，住在筒子楼里，怎么静养？我去找工宣队，得到的回答竟是："你又不是医生，回去有什么用？"那场浩劫的批判重点之一是"人性论"，所以工宣队员没有人性是因为觉悟高，我没有话可说。但过了两天，放出话来，说只要我"认罪"，便可以让我回北京看一看。于是我不得不在"认罪书"上签了字，这一来据说就是"人民内部"了，给了探亲假。

在那种情况下，鲤鱼洲农场的"战士们"，或许只有那位天天晚上躲在蚊帐里喝半瓶高粱酒的连长决心"一辈子务农"，其余的人都不免有点儿"腹诽"，嘴上不说，心里谁都不傻，也不麻木。可是，奇怪的是，我们这些人格受侮辱、精神受折磨、身体受摧残的人，在劳动中绝大多数都很认真，确实不怕苦，不怕累，不怕险，努力去做好一件件工作，一丝不苟。我们垒墙，讲究灰浆饱满，墙板平整，灰缝横平竖直，甚至还垒出点花样来。我们插秧，又快又好，竖成线，横成行，深浅恰是一寸。我们打混凝土晒谷场，连续干三十几个小时，料"炒"得匀，铺得平，表面压得又光又实。我们真心不想偷懒，真心不想马马虎虎。两年过去，望着亲手开辟的肥沃农田，亲手造起来的村子，我们真心觉得劳动的自豪，真心觉得它们美。于是，我忽然在劳动、创造和美之间发现了确实可信的联系。我忽然理解了，为什么奴隶们、农奴们、无产者们，在残酷的压迫下，能够创造出那么美好、那么伟大的艺术品。我发觉，我对人类的文化史有了一点新的认识。一切文化成就都是劳动创造出来的，劳动创造是人的本质力量的绽放，是人性尊严的外化，是人的价值的体现。人能在劳动中肯定自己的力量、尊严和价值，凌驾于侮辱、折磨和摧残之上，所以人能创造一切的美。在奴役下劳动而仍然努力、认真，那不是可耻的奴性在起作用，而是出于人的自尊与自信。

于是，我产生了改写外国建筑史的愿望，要在新的建筑史里更加热烈地歌颂劳动，歌颂创造。

钦定"接班人"摔死之后，我们回到了北京。我的任务是洗厕所，掏化粪池，起猪圈，种白菜，在菜窖里看工宣队员的下流玩笑。工作虽然劳累，但是晚上向伟大领袖"汇报"之后，可以回家。这就有可能在红宝书之外看点别的书。我当然首先想看和外国建筑史有关的书。

在那样疯狂的风暴之中，我作为一个"牛鬼蛇神"，却仍然不死心，还想我的学术工作，这又是为什么？道理很简单，我压根儿不相信那场据说为了拯救世界的革命是正当的、正义的、必要的，不相信它可以长久继续下去或者可以隔七八年再来一次。读了二三十年历史，这点儿判断力总是有的。系铃人一旦归天，这铃非解下来不可，社会一定会恢复健康的理性和秩序。近几年不止一位年轻人问我，在那场风暴中，平白无故受到那样的侮辱，为什么没有自杀？其实，工宣队占领学校，根据"老同学、老同事"的揭发，把我送进"牛栏"之后，我在枕头底下就放了一大瓶敌敌畏。妻子没有劝我什么话，只细声细气跟我商量以后她一个人怎样抚养孩子的办法。但我终于没有喝下敌敌畏，唯一的理由就是我对历史的信心，对卑鄙小人的轻蔑。我坚定地相信，无论多么有权有势有神光绕身的人都不可能玩弄历史。我不能反抗，但我能等待。所以我还得为以后打算，还要准备做正常的工作，要争取看书，而且要更加珍惜时间。

可是，到哪里去找书？书店里是一片红色海洋，过去熟悉的图书馆也只放几本大家早就读烂了的书。一到礼拜天，我就四出探寻，连海淀的街道阅览室都去过。终于，苍天不负有心人，不远的北京大学图书馆依旧可以借到各种书，包括古今中外的一切"四旧"。这个发现使我大为兴奋，我只用了很简便的手续便陆陆续续到北大借书。北大没有几本建筑专业书，却有极丰富的文史书籍。我进一步深入研究建筑史，需要的也不是建筑专业书，那些书大致可以说千篇一律，基本资料差不多，我要的恰恰是文史方面的书，借重它们具体深入地了解建筑在其中发展的社会，了解那社会里的生活和思想。只有那样我才能正确地论断历史中的建筑和建筑的历史。

有一次，我刚刚借了一本法文的《圣西门公爵回忆录》，便被发配到房山县东方红炼油厂去给在工地"开门办学"的工农兵学员打扫厕所。睡大通铺，我怎么能看这么一本大犯禁律的书！正好，工宣队为了加紧对我的"改造"，罚我睡上铺，而且睡在教人睡不安稳的电灯下面。歪打正着，太好了，我用"宝书"的红塑料皮子夹住《回忆录》，半夜里偷偷地看了起来。书里写凡尔赛宫的情况非常生动，有许多关于园林的记述，更可贵的是造园人和自称"朕即国家"的国王的故事。我一下子就下了决心，等云开日出之后，要写一写法国的造园艺术。在那种似乎朝不保夕的情况下，我居然伏在枕头上做起了卡片。那心境，和在鲤鱼洲把墙板垒得挺拔，把砖缝剔得干干净净差不多。我在工作中维护着我的自尊和自信，我坚决认定我能在以后做出贡献，被逐出大学的不会是我，而是那些据说要永远占领上层建筑的人。这不是阿Q精神，因为我不盲目，我有理性的根据。后来，搬了一次宿舍，条件变了，我便躲到没有完工的房壳子里用手电筒照着书读。再后来，发现最明亮又最不容易被工宣队和专打小报告的"积极分子"发现的读书场所，是离宿舍不远的职工医院的急诊室门前，天天吃过晚饭便到那里去躲着。

日子长了，纸总包不住火，何况那时候工宣队的鹰犬很多，我终于又被"揪出来了"。那是在北京建国门外的一个工地上，我从炼油厂回来后被派去劳动，同去的有四五位"红彤彤"的人。每天，那几位都回学校，一来一回要四个小时左右，我一琢磨，机会来了，就不回学校，一天可以多出大约三个小时一个人安全地读书，不太疲累的日子，晚上还到混凝土搅拌机旁边借光再读一两个钟头。太自由了就不免大意，有一天早晨，把一本书扔在床上就去买油饼稀粥了，偏偏这天一位"大红人"来得早，那本陈旧的洋装书引起他的警觉，拿起来看了。我一回来，他就冲着我尖叫："罗曼史！罗曼史！"接着一串冷笑。我一听不妙，那是一本英文的《达·芬奇轶事》，书名用的是"Romance"这个词，他显然是用上海洋场小开的浅薄知识来理解这个词了。但我没有辩解，当时那些人正在寻觅一切可以立功的机会，绝不会轻易放过。果然，那个礼拜天，工宣队把我传去狠狠"教育"了几个钟头，说了一箩筐"拉一拉就过来，推一推就过去"的威胁性的话。我不得不又写了一大篇检查。

打倒了"四人帮"，建筑系恢复，但是，要不要再讲外国建筑史，在一些头头们心里还是个大问题。记得我当"牛鬼蛇神"时候的一次批斗会上，一位积极争取"火线入党"的教师，非常激烈地指着我大声斥责："你讲'大洋古'就是罪！"头头们大概觉得，这种"罪"对当权派走什么道路有点关系。于是，我被派去给一位研究图书馆建筑的教师当助手，给他描图。这位教师干脆地说："你快抓紧搞你的建筑史，我的事你不必做。"我就在他的庇护下又拾起了"大洋古",终于在1978年完成了《外国建筑史》的又一次改写稿,非常及时。我至今对这位教师心怀感激。建筑史一交稿,我就着手写《外国造园艺术》了。当时听说"文化大革命"毁掉了许多江南园林,就先写了"中国造园艺术在欧洲的影响"一篇,希望人们知道那场"革命"有多么愚蠢,多么野蛮。《外国造园艺术》这本书是分篇写的,各篇独立,陆陆续续在《建筑史论文集》上发表。最后一篇"英国的造园艺术"写成,《建筑史论文集》已经因为没有经费而暂停出版了,所以没有发表。

接着就设法找出版社。先探问专业出版社,得到的答复是:已经约人翻译一本日本人写的世界造园艺术的书了,就不要我的稿子了。另一家专出人文类书籍的书店,接受了这本稿子,不过,不知道要等多少年才排得上队。当了那么多年"牛鬼蛇神",死里逃生,出书的心情比较迫切,于是,1989年我把书稿交给了一家台湾的出版社,几个月之后就见书了。台湾学术界对我这本书的评价还不错。一位台湾某大学专教园林史的朋友来信说,他采用了这本书当教材,把先前用的一本淘汰掉了。淘汰的,正是我们的专业出版社约人翻译的那本。这事有点儿好笑。

辛辛苦苦写了书,大陆上见不到,尤其是我的学生们见不到,我心里总免不了难过,空落落的。不过,近年来忙于搞乡土建筑研究,渐渐把这本书淡忘了。1998年,河南科学技术出版社决意出这本书,我很高兴。在大陆的出版拖了十二三年,虽然可惜,也有一点儿好处,便是我趁机又修订了一番。如果十年前出了,大概不大会有修订的机会。

读者们如果觉得这本书还值得一读,请和我一起感谢河南科学技术出版社罢。

1999年盛暑中

一 外国造园艺术散论

全能的上帝率先培植了一个花园；的确，它是人类一切
乐事中最纯洁的……

培根

1

大凡人们对眼前的世界总不大满足,有所向往,向往一个理想的地方。这地方,顶顶完美的,就升华成为宗教里的天堂。

照基督教的说法,人类的祖先,在未有一切罪孽之前,是住在"伊甸园"里的。那里"各样的树从地里长出来,可以悦人的眼目,其上的果子好做食物……"(见《旧约全书·创世纪》)

伊斯兰教的真主,"所许给众敬慎者的天园情形是:诸河流于其中,果实常时不断;它的阴影也是这样"(见《古兰经》)。

再看佛教的理想。南朝梁文学家沈约在《阿弥陀佛铭》里据《阿弥陀经》描写净土宗的"极乐世界":"于惟净土,既丽且庄,琪路异色,林沼焜煌……玲珑宝树,因风发响,愿游彼国,晨翘暮想。"

所有这些引诱人修心养性,争取到里面去过逍遥日子的天堂,正是一所园林。

英语里"天堂"这个词来自古希腊文的 *paradeisos*,这个词又来自古波斯文 *pairidaeza*,意思就是"豪华的花园"。

在中国,从汉到清,整整两千年时间,皇家园林里总要仿造蓬瀛三岛,那是神仙居住的地方,长满了长生不老之药。

总而言之,在全世界,园林就是造在地上的天堂,是一处最理想的生活场所的模型。

凡理想都有它的历史背景和文化背景。历史不同,文化不同,理想就不同。因此,造园艺术的变化,就并非仅仅决定于对自然美的不同认识,而且主要不决定于对自然美的认识。一个时代一个民族的造园艺术,集中地反映了当时在文化上占支配地位的人们的理想、他们的情感和憧憬。所以,有人说,法国的路易十四时代最鲜明地反映在它的造园艺术里,是园林,比其他各种文学艺术样式都更典型地映照出那个"朕即国家"的绝对君权制度。至于英国，历来也公认，只有见到它乡间的园林风光，才能了解它18世纪中产阶级的性格、感情和道德教养，了解他们当时在政治上和经济上的飞黄腾达。在被《古兰经》当作"天园"蓝本的伊斯兰国家园林里，分明可以见到阿拉伯人在干旱荒瘠的沙漠里游牧生活的艰辛，和由此而来的对富足、慵懒生活的羡慕。中国私家园林所标榜的"归来"和"遂初"，其实是一种政治态度和相应的道德评价。"在山泉水清，出山泉水浊"，失意的士大夫们在山水之间又重新肯定了自己。他们坐在亭榭里听橹声、赏荷风，哪里只是一种淡泊之极的逸兴？宁愿在繁华的苏扬歌吹之地封闭在高高的围墙里，这就透出了所谓田园之乐的真意。那些小小的园林里，回荡着整个封建时代士大夫的进退和荣辱、苦闷和追求、无奈和理想。

所以，不能只从对自然美的审美关系去理解造园艺术。只有分析人们在一定历史条件下、一定文化背景下的全部理想，才能完全理解造园艺术。

2

在18世纪英国的自然风致式园林出现之前，欧洲的园林，以意大利的和法国的为代表，都是几何式的，对称布局，人工气息很浓，但这并不是由于欧洲人不会欣赏自然的美。

早在古希腊，圣地大都建在风景优美的山林水泽之间。只要看一看希腊人给庙宇选择了什么样的位置，安排了什么样的角度，修筑了什么样的道路，就再也不能怀疑，古希腊人对自然景色的美有多么敏锐的感受和多么深沉的爱。否则，他们也不会把那些自然神塑造得那么美。

古希腊的园林面貌已经不清楚了，古罗马园林的遗址和记载却很多。公元之初的古罗马哲学家、戏剧家和政治家赛尼卡（L. A. Seneca，约公元前3—65）曾说罗马人："任何地方，只要有一汪温泉从地下涌出，你就要马上去造一所别墅；任何地方，只要有山环水抱，你都要去造一幢府邸；陆地已经不够满足你了，你竟把平台和亭榭造到滔滔的海浪里去了。"罗马人在山间、海滨、风光旖旎的地方，造了大量的园林别墅。

中世纪的欧洲也许差一点儿。但一到文艺复兴时期，人文主义者对自然美的热爱真是如醉如痴，连教皇庇护二世（Pius II, 1458—1464在位）都雅好游山玩水，瘫痪了还要叫人抬上峰巅。于是，中世纪沉寂下去的营造别墅园林之风，又重新大盛起来。

15世纪意大利造园艺术的主要理论家是阿尔伯蒂（L. B. Alberti，约1404—1472），这也是一位出奇地热爱自然的人。瑞士历史学家布克哈特（Jacob Burck-hardt，1818—1897）说："他看到参天大树和波浪起伏的麦田就为之感动得落泪。……当他有病时，不止一次，因为看到了美丽的自然景色而霍然痊愈。"（见《意大利文艺复兴时期的文化》，商务印书馆，1979）

这时期的意大利花园，包括

意大利迦佐尼别墅（Villa Garzoni, Collodi）花园。坡地上的台阶式园林，中轴上一层又一层的大台阶，富有装饰性。

意大利迦佐尼别墅花园。从台阶顶上下望几何式花园。

阿尔伯蒂在《建筑十书》(*Ten Books on Architecture*)里写的，都跟古罗马时代的差不多，是几何式的，或者说，是建筑式的。

花园大多造在山坡上，因为意大利文化中心在中部，那儿多是起伏不平的丘陵，谷地里夏天太潮热，而山坡上总是海风习习。顺地势修筑几层平台，每层边沿都是雕栏玉砌。主要的别墅建筑物大多在中间偏上的一层平台，或者在顶层。别墅是对称的，它的轴线就是园林的对称轴线。各层平台里，水池、植坛和树木都成双成对。树林修剪成方块、圆锥或者葫芦形什么的，叫作绿色雕刻；也有剪成拱门、廊道或者连续券什么的，叫作绿色建筑物。植坛方方正正，里面用矮矮的常青树盘成规规矩矩的图案，用染过色的卵石或者碎砖做底衬。水池也是简单几何形的，边缘砌着方棱方角的石块。从山坡上奔泻下来的湍急的流水，也要在石渠里循规蹈矩，沿一级一级的石盘等差地落下，在它们的边缘形成厚薄十分均匀的水帘。道路是笔直的，正交成直角，上下平台的大台阶，常常装饰着雕像，围着栏杆。

到了17世纪，巴洛克艺术号称师法自然，园林却更加人工化了。整座园林全都统一在单幅构图里。别墅建筑物占据构图的中心，不但比过去的高大，有的甚至像在城市里一样，门前开辟了三条放射形的大林荫道。绿色建筑物添了新品种，如绿色剧场，就是用常青树修剪成天幕、侧幕和一行一行的坐凳。植坛的图案更加复杂，增加了曲线，绕来绕去。压力喷泉多了起来，叫水柱按一定的高度、一定的角度喷出。连潺潺的水声都不爱听了，要听水风琴或者水笛发出来的啸声。还装置了各种各样的机关水嬉，专门捉弄人，人一踩到暗藏的机关，就会被突然射来的水柱淋个透湿。

这样的园林，与中国明清两朝江南一带的私家园林相比，风格的差异实在是太大了。于是就发生了一个问题：见到自然之美会感动得流泪，生了病可以用自然景色来治疗的人文主义者们，怎么会造出这样的园林来呢？

造成这种情况的原因很多，要弄清楚这些原因，常常需要把眼光移到园林之外去。

意大利的别墅园林大都造在贵族的乡村庄园里，选的是风景最好的地方。阿尔伯蒂建议，园林的选址，"那儿不可没有赏心悦目的景致，鲜花盛开的草地，开阔的田野，浓密的丛林，不可没有澄澈的溪或者清亮的河……"（见《建筑十书》第九卷）。即使造起围墙，也要能在别墅的廊子里和阳台上越过墙头欣赏"晴朗的、明媚的天气，森林密布的小山那边美丽的远景和阳光灿烂的平野；倾听涌泉和流过萋萋草地的溪水的低声细语"。花园不大，紧挨着别墅建筑物，从花园里或者别墅里，放眼四望，都是天然美景。罗马城的东北角有一座小小的平乔山（Pincio），山上造过好几座园林。现在山脚下已经大部分城市化了，但在山腰的美第奇别墅（Villa Medici）里，仍然可以望到城外郁郁苍苍的树林。

意大利人并不需要欣赏园林里的自然，而是要从园林欣赏四外的广阔的大自然。

相反，明清以来，中国江南一带的私家园林大多造在拥挤的城市里，围着高高的粉墙。偶然在墙头可以见到一角山峰半截佛塔，就成了宝贵的"借景"。因此，为了慰藉对自然美的渴望，就只好在园林里剪裁提炼，片断地再现典型化了的山水风光。心机纵然很巧，但局促闭塞，离自然的真趣毕竟是相去很远了。

意大利的别墅园林在真山真水之间，当然没有必要在园林里象征性地模仿自然。它要考虑的问题是：第一，要把花园当作露天的起居场所；第二，要把它当作建筑跟四周充满野趣的大自然之间的过渡环节。

意大利气候温和，人们习惯于户外活动。贵族们到别墅小住，便把花园当作露天的起居室。它是建筑物的延伸，是建筑物的一部分，由建筑师按照建筑的规则设计。著名的朗特别墅（Villa Lante）的花园里，有一条长长的石桌，桌子中央淌着一槽清水，贵族们饮宴的时候，在槽里给酒降温，盛着开胃小吃的碟子，船形的或者各种水禽形的，在水面上飘动。这一部分花园就是一个露天餐厅。比较空阔一点儿的花园，总有

朗特别墅"水餐桌"。桌中央为水槽，水流可带动浮在水面的酒杯和小菜碟。

意大利朗特别墅林园中的小径

一个角落，用绿篱围起来，造成宁静亲切的环境，让夫人们坐在里面娓娓清谈。

至于把花园当作建筑与自然之间的过渡环节，这里面的道理是：首先，意大利建筑是砖石造的，相当封闭、沉重。它不像中国江南建筑那样，用木料造，门窗虚敞，玲珑剔透，又便于进退曲折，化整为零，因而很容易跟花园互相穿插渗透，基本上没有二者之间的过渡问题。而沉重封闭的砖石建筑，即使添一列柱廊，也很难跟花园穿插渗透。其次，砖石建筑的几何性很强，跟自然形态的树木、山坡、溪流等也不大协调。然而，使各部分协调统一，造成和谐的整体，却一直是欧洲人的审美理想。谢弗德（J. C. Shepherd）和杰立科（G. A. Jellicoe）说："自然的不规则性可以是美丽而妥帖的，房屋的规则性也一样；但如果把这二者放在一起而没有折衷妥协，那么，二者的魅力就会因为尖锐的对比而衰失。"所以，"设计一座花园，最重要的就是推敲二者的关系"（见《意大利文艺复兴园林》，*Italian Gardens of the Renaissance*），在这二者之间就

意大利冈伯拉伊阿别墅（Villa Gamberaia, Settignano）花园。主建筑物附近为绣花植坛的花园，外围为树木自由生长的林园。

应当有一个过渡环节。园林史家格罗莫尔（Georges Gromort）说，"这个过渡，就是它，叫作花园！"（见《造园艺术》，*L'Art des Jardins*）

作为一个过渡环节，花园要兼有建筑和自然双方的特点，最方便的办法就是把自然因素建筑化，也就是把山坡、树木、水体等都图案化，服从于对称的几何构图。原材料是自然的，形式处理是建筑的。既然起过渡作用，那么，花园离别墅越近的部分，建筑味就要越浓，越远越淡，到接近边缘的地方，就渐渐有一些形态比较自然的树木或树丛，跟外面的林园野景呼应。正像高围墙里模拟自然景色的中国私家园林逼出了一手"咫尺山林"的绝技一样，意大利花园练出了一手协调建筑和自然的本领。所以法国作家司汤达（Stendhal, 1783—1842）在《罗马漫步》（*Promenades dans Rome*）里写道，意大利园林是"建筑之美和树木之美最完美的统一"。

几何式园林还在其他方面反映了意大利人当时的审美理想。

欧洲人自古以来的思维习惯就倾向于穷究事物的内在规律性，喜欢用明确的方式提出问题和解释问题，形成清晰的认识。这种思维习惯表现在审美上，毕达哥拉斯和亚里士多德都把美看作是和谐，和谐有它的内部结构，这就是对称、均衡和秩序，而对称、均衡和秩序是可以用简单的数和几何关系来确定的。古罗马的建筑理论家维特鲁威（Marchs Vitruvius Pollio，约前90—前20）和文艺复兴时期的建筑理论家阿尔伯蒂都把这样的美学观点写进书里，当作建筑形式美的基本规律。花园既然是按建筑构图规律设计的，数和几何关系就控制了它的布局。意大利花园的美在于它所有要素本身以及它们之间比例的协调，总构图的明晰和匀称。修剪过的树木，砌筑的水池、台阶、植坛和道路等等，它们的形状和大小、位置和相互关系，都推敲得很精致。连道路节点上的喷泉、水池和被它们切断的道路段落的长短宽窄，都讲究良好的比例。要欣赏这种花园的美，必须一览无余地看清它的整体。所以，花园不能很大，也不求曲折。把花园修筑成几层平台，跟这种欣赏要求也是一致的，图案式的植坛，从上层平台可以一目了然。阿尔多布兰迪尼别墅（Villa Aldobrandini）后面的花园里有一道链式瀑布，为它特地在别墅主建筑物楼上造了一个阳台，从那里可以清清楚楚看到它的全部。

中国人的思维习惯是倾向于现象的直观，不求甚解，凭感性作些揣测之词，满足于模糊的混沌，所以在审美上不想触动自然的原始面貌，这也是造成中国园林风格的原因之一。

跟思维习惯相适应，欧洲人在自然面前采取的是积极的进取态度。他们不怕改造自然。朗特别墅的花园以水景为主，表现泉水出自岩洞，到形成急湍、瀑布、河、湖，一直泻入大海的全过程。但这一切都是在纵贯整个花园的笔直的轴线上进行的，是在整整齐齐的花岗石工程里进行的，就像一个可控的模拟实验。他们不怕把喷泉、水笛等技术性很强的东西装在花园里，而且着重炫耀它们。格罗莫尔说："人类所创造的东西，如一所花园，一幢房屋，应该适应人的形象、人的尺度、人的创造手段和人的需要。"（见 *L'Art des Jardins*）他把这叫作"人道主义"。意大利的花园，表现出对自然的步步逼进。

但是中国江南的私家园林，却表现出人在自然面前步步退让。总多少有一种听天由命无所作为的气息，甚至有点儿原始崇拜，仿佛人类的文明越少越好。这就显出老庄思想的影响来了。

老庄思想的影响，这跟中国封建士大夫的社会地位有关系。中国的封建王朝实行的是君主集权下的官僚统治，地主阶级一般并不当权，他们的子弟唯一的发展道路是读书做官。但仕途凶险，他们不得不时时提防被挤出当权阶层，于是大多预留退路，一旦罢官，就以乐天知命的樵子渔夫自居，聊以自慰。园林就是为过那种失意之后，"与世无争"的"归田退隐"生活而建造的，免不了染上些个消极的情调。但因此也造成了园林的抒情风格。

意大利当时实行的却是封建领主制度，每个贵族在他的领地里都是世袭的当权派。他们在庄园里造园林别墅，为的是寻欢作乐。所以，在意大利的花园里，没有消极的色彩。相反，贵族们的骄奢淫逸、颐指气使倒是在花园里留下了深深的烙印。巴洛克时期，那些教会贵族已经失去了人文主义者优雅的文化气质，他们花园里的那些机关水嬉之类，趣味就不免庸俗。法国艺术理论家丹纳（H. A. Taine, 1828—1893）在参观了巴洛克式的阿尔巴尼别墅（Villa Albani）之后说，这座别墅使他了解了意大利贵族的真正性格："不许自然有自由；一切都矫揉造作。……这座花园是那个长达两个世纪的社会的化石骷髅，那个社会把维护和炫耀自己的尊严作为最大的享受……人对无生命的东西毫无兴趣：他不能承认它们有灵魂和它们自己的美，他只把它们当作为达到他的目的而使用的仆从；它们的存在只不过给他的活动当作背景……树木、水、自然风光，如果要参与到这戏剧里来的话，它们必须人化，必须失去它们天然的形状和性格，失去它们的'野性''拘束性'和荒僻的外貌，而要尽可能地把它们弄成像男男女女们聚会的地方：客厅、府邸里的大厅或者神气活现的殿堂。"

但在中国园林里，一切自然的东西都有它自己的性格，有它天然的形态。人们跟它们亲近，连一块石头都可以被尊称为"丈人"。不过，在江南私家园林里，近代的官僚豪绅和盐商们也打下了近似巴洛克式的烙印。总之，理想的集合体可能包含着互相矛盾的、不调和的因素，同样，园林的风格，不论中外，也都不是单纯的。它很像一枚水晶球，从不同的角度可以看到闪烁着的不同的虹彩。

3

法国国王路易十四派到中国来的第一批耶稣会传教士之一李明（Louise le Comte，1655—1728），把中国的城市和园林跟法国的城市和园林对比之后，敏锐地发现：中国的城市是方方正正的，而花园却是曲曲折折的；相反，法国的城市是曲曲折折的，而花园却是方方正正的。他不但发现两个国家的城市和园林形式之间的对立，而且发现每个国家自己的城市跟园林在形式上也是对立的。不过，他没有解释这个现象。

造成这种现象的基本原因，主要还是当时中国士大夫跟法国新兴资产阶级和贵族的政治理想、生活理想和审美理想的不同。

中国城市的方正，是中央集权的君主专制制度的产物，反映着无所不在的君权和礼教的统治。一部分性灵未泯的士大夫们，要想逃出这张罗网，自在地喘一口气，就向往"帝力"所不及的自然中的生活。花园是这种生活的象征，所以模仿自然，造得曲曲折折。

法国城市的曲折，是封建分裂状态的产物，是长期内战和混乱的见证。新兴的资产阶级和一部分贵族，为了发展经济，渴望结束分裂和内战，争取国家统一，建立集中的、秩序严谨的君主专制政体。反映着他们的这种理想，花园就造得方方正正。

中国方正的城市和自然式的花园，法国曲折的城市和规整式的花园，清楚地说明，当时两国在文化上占主导地位的人们想要摆脱的是什么，想要追求的是什么。

丹纳在《比利牛斯山游记》里，借一位波尔先生的嘴说："您到凡尔赛去，您会对17世纪的趣味感到愤慨。……但是暂时不要从您自己的需要和您自己的习惯来判断吧……对于17世纪的人们，再没有什么比真正的山更不美的了。它在他们心里唤起了许多不愉快的印象。刚刚经历了内战和半野蛮状态的时代的人们，只要一看见这种风景，就想起挨饿，想起在雨中或雪地上骑着马长途跋涉，想起在满是臭虫的肮脏的客店里给他们吃的那些掺着一半糠皮的非常不好的黑面包。他们对于野蛮感到厌烦了，正如我们对于文明感到厌烦一样。"（曹葆华译文）在那样的历史条件下，有条有理的花园才能使他们想起他们所愿意有的那种和平安定的生活，只有那样的花园才会使他们觉得美。福克斯（H. M. Fox）在她为古典主义造园艺术最杰出的代表勒瑙特亥（André Le Nôtre，1613—1700）写的传记里说，笔直的林荫大道在17世纪是美的，因为正是路易十四大规模兴建的大道，把全法国联结成了一个整体，巩固了国家的集中统一。它们是法国安定繁荣的象征。因此，林荫道就成了花园的重要组成部分，是它的特色之一。

当然，把法国17世纪的花园仅仅描写成方正的、几何的，那还不够。方正的几何性并不是法国17世纪花园独有的。早在高卢时代，法国的花园就是罗马式的。到了16世纪，又受到意大利造园艺术很深的影响，从意大利请了一些造园家来，也派了不少法国建筑师、美术家和造园家到意大利去学习。所以，法国的造园要素都是意大利式的，包括图案式植坛、喷泉、绿色雕刻、绿色建筑物和各种石作，也学来了多层平台式的对称几何形布局。

但是，到17世纪下半叶，法国的造园艺术形成了自己鲜明的特色，独立了。李亚特（G. Riat）说，意大利文艺复兴式花园"变成了法国式花园，正像拉辛的悲剧，模仿索福克勒斯和欧利庇德斯，但天才地消化吸收，成为优雅而明净的法国悲剧"（转引自 *L'Art des Jardins*，1900）。

法国造园艺术的成熟，正是跟拉辛和莫里哀的戏剧、普桑和勒勃亨的绘画、勒伏和孟莎的建筑同时。它们的精神完全一致，那就是古典主义的精神。

17世纪下半叶，路易十四彻底巩固了国家的统一和君主专制制度，把绝对君权推到了最高峰。在国外，法国的扩张也很得手，成了霸权大国，经济也跟着繁荣起来。在这个法国历史上的"伟大时代"，文化上形成了古典主义。伏尔泰（François Marie Arouet de Voltaire，1694—1778）后来说，古典主义文化的基本特色是"伟大风格"。"伟大风格"是路易十四头上的光环。一切古典主义的文学艺术都歌颂路易十四，古典主义的造园艺术也主要是为君主服务的，它

法国孚-勒-维贡花园中轴。法国第一座有豪华大中轴的花园。

的代表作都是宫廷园林或者王族的园林。法国古典主义园林的特点的产生，以及把它跟意大利花园区别开来的，正是这个"伟大风格"。

它的第一个特点就是大。意大利的园林一般只有几公顷，而凡尔赛园林竟有670公顷，轴线有三千米长。巴黎全城的轴线，香榭丽舍大街，本来是杜乐丽宫园林的林园的轴线，长度也是三千米。大有大的问题，内容要更丰富，结构要更复杂，要有更多的变化；而要把它们统一起来，又得更加突出总绾全局的中心。于是，意大利式的格局就被突破了，创造了全新的造园艺术。

古典主义园林的第二个特点，是它的总体布局像建立在封建等级制之上的君主专制政体的图解。宫殿或者府邸统率一切，往往在整个地段的最高处，前面有笔直的林荫道通向城市，后面，紧挨着它的是花园，花园外围是密密匝匝无边无际的林园。府邸的轴线贯穿花园和林园，是

凡尔赛园林中轴

整个构图的中枢。园林里，在中轴线两侧，跟府邸的立面形式呼应，对称地布置次级轴线，它们跟几条横轴线构成园林布局的骨架，编织成一个主次分明、纲目清晰的几何网络，展开在宫殿或者府邸之下。在它们切割出来的方格子里，再辟道路，有直有斜。所以，19世纪的造园艺术家安德烈（Ed. André）说，古典主义的王家园林"使人觉得，伟大君主的气质一直影响到周围的自然中去了"（转引自*L'Art des Jardins*）。

花园的主轴线大大加强，这是第三个特点。它已经不再是意大利花园里那种单纯的几何对称轴线，而成了突出的艺术中心。最华丽的植坛、最辉煌的喷泉、最精彩的雕像、最壮观的台阶，一切好东西都首先集中在轴线上或者靠在它的两侧。第一个这样的主轴线造在孚-勒-维贡花园里，这是路易十四的财政部长富凯的。它有一千米长，起点在府邸的中央柱廊，终点是小山坡上一个树林围成的半圆形空地，也叫剧场，它中央立着海格力士的像。沿轴线开路，排着水池、喷泉、雕像、水剧场、大台阶等，两侧顺向展开长条的植坛，花草组成艳丽的绣花式

凡尔赛"阿波罗之车"喷泉。林荫道远处（东头）为宫殿主楼。

凡尔赛"阿波罗之车"喷泉。阿波罗驾马车从水中突出，开始巡天。

图案。还有两条草地，夹路排着喷嘴，把水柱垂直地高高喷起，叫作"水晶栏杆"。

把主轴线做成艺术中心，这一方面是因为园林大了，没有艺术中心就显得散漫，不符合古典主义者追求构图的统一性的审美习惯；另一方面是，反映着绝对君权的政治理想，构图也要分清主从，像众星拱月一样。

这种主从关系的政治意义，在凡尔赛宫的园林里戏剧性地表现了出来。它的轴线是东西向的，宫殿在东边。轴线的主要段落从拉东娜*喷泉开始。拉东娜是阿波罗（Apollon）的母亲，她的雕像立在几层大喷泉顶上，一手揽着幼年的阿波罗，向西凝望。她前面一条45米宽、330米长的林荫道，叫作王家大道。它的西端，是"阿波罗之车"喷泉，在一个大水池中央，阿波罗赶着马车，风驰电掣般从水底奔突而出，喷起二十多米高的水柱，开始他一天的巡行。马蹄之前不远，展开一条1650米长、62米宽的大水渠。每天傍晚，太阳在它的西端下沉，万道霞光映照在水面上，阿波罗结束了他的巡行。雨果（Victor Hugo，1802—1885）见到这壮丽的景色，非常感动，写了一首诗：

> 见一双太阳，相亲又相爱；
> 像两位君主，前后走过来。

这一双太阳，两位君主，就是阿波罗和路易十四。路易十四自比为太阳神，他的徽志就是一个金光四射的太阳。凡尔赛园林的轴线，表现了阿波罗巡天的整个过程，主题再明确不过了。

路易十四统治时期，法国空前强盛，所以，表现君主的伟大跟表现国家的伟大是一致的。凡尔赛开始建设不久，1668年，拉封丹（La Fontaine，1621—1695）跟莫里哀、拉辛和波瓦罗一起游览之后，写道："这座美丽的花园和这座美丽的宫殿是国家的光荣。"法国的古典主义

---

* 希腊称勒托（Leto），天神宙斯的情妇之一。

凡尔赛花园北花圃

造园艺术确实是国家气运昌盛的反映。

北京圆明园的九州部分和颐和园前山建筑群，中轴线也是十分严整，也是统率全局的。不论中国还是法国，专制帝王的审美理想是相通的，只不过在中国，园林轴线的统率作用受到文人士大夫思想的影响，没有发挥得那么彻底罢了。

法国古典主义园林里，中轴线的统率作用发挥得那么彻底，还有另外一个原因。古典主义起初发源在意大利，本来纯粹是唯理主义的，到了法国，才转化为宫廷文化。法国古典主义的唯理主义，在17世纪受到了非常强有力的推动，这就是欧洲自然科学的大发展。伽利略、开普勒、帕斯卡、牛顿、胡克、莱布尼茨、波义耳等大批灿烂的明星，升起在天空。在大量科学成就的基础之上，笛卡尔把唯理主义哲学发展到顶峰。文学、艺术、建筑、造园等各个文化领域里，唯理主义的影响空前强烈。

17世纪30年代，宫廷造园家布阿依索（Jacques Boyceau de la

Barauderie）写道："如果不加以调理和安排均齐，那么，人们所能找到的最完美的东西都是有缺陷的。"他说，"园林的地形、布局、树木、色彩都要有变化，要多样化；但是，不论怎么千变万化，都应该'井然有序'，布置得均衡匀称，并且彼此完善地配合"。而配合之道，在于遵守"良好的建筑格律"（《依据自然和艺术的原则造园》，转引自*L'Art des Jardins*）。至于建筑格律，当时古典主义建筑权威大勃隆台（François Blondel，1617—1686）说："决定美和典雅的是比例，必须用数学的方法把它制订成永恒的、稳定的规则。"路易十四本人也有相当高的艺术鉴赏力，圣西门公爵在《回忆录》里说，他"眼里有支两脚规，专能判断精确度、比例和均衡"。而均衡的最高形式就是绝对对称，突出中轴线。

因此，法国的古典主义花园比意大利的更几何化，更人工化，意大利花园里常有的做点缀用的小丛林和零散的几棵形态自然的树，在法国花园里排除掉了。作为花园背景的林园里的树木，也是连绵一片，没有意大利松、柏那种富有个性的姿态。法国花园里种大量鲜花，凡尔赛花园有220万盆之多，色彩比只种常青树的意大利花园丰富多了；但是，法国人并不很欣赏鲜花本身的美，他们只不过把花和矮黄杨等种在一起，作为在植坛里编排图案的材料，他们欣赏的是图案的美。所以，他们常常把染过颜色的卵石、碎砖跟鲜花一起使用。

这跟中国人对树木花草的态度形成了十分尖锐的对比。在中国园林里，花、草、树木不但本身的形态和颜色是美的，它们还有性格，有品德，人们对它们有或敬或爱的感情。这就更加丰富了中国园林的抒情性。正是这种抒情性，使得给园林题匾额、楹联和命名成了十分高雅富有诗意的韵事。在法国的园林里很少这种雅趣，凡尔赛和它林园里的一个小园子特里阿农，都是原地破破烂烂的"三家村"的名字，杜乐丽的得名是因为那儿原来是砖瓦窑。

国王和大贵族们在园林里过的不是中国士大夫们标榜的悠闲地吟诗作画的生活，也不是意大利教会贵族隐秘地寻欢作乐的生活，而

凡尔赛小林园中的环廊。约1680年由小孟莎（J. H. Mansart）设计。

是尽日价热热闹闹，讲排场、斗富豪的生活。路易十四要求凡尔赛花园能同时容纳七千人玩乐，摆酒宴，放焰火，开舞会，演戏剧，天天车水马龙，像过节日一样，他自己则是一切活动的中心。为了这种目的，把主轴线上王家大道一段两侧的林园切割成12块，称作小林园，每块独立成一区，各有自己的性格。最重要的有剧场、水剧场、机关水嬉、迷阵等，充满了巴洛克趣味。宫廷的露天活动大多在小林园里举行。连宴会也常设在这儿的林中空地。到夜里，各种各样精巧新奇的灯烛，照得通明清澈。圣西门公爵在《回忆录》里说，路易十四造凡尔赛花园，是"为了玩，不是为了美"，评论相当准确。18世纪的建筑理论家小勃隆台（Jean-François Blondel，1705—1756）批评凡尔赛花园"适合于炫耀一位伟大国王的威严，而不适合于在里面悠闲地散步、隐居、思考哲学问题"。

不过，小林园毕竟增加了凡尔赛园林的层次深度，园景丰富多了。

而且它们尺度小，建筑和雕刻很精美，比较亲切，所以美术史家勒蒙尼埃（Joseph Henri Lemonnier，1842—1936）说，在凡尔赛，只有小林园里才有想象力和画意。

英国蒙塔古特（Montacute）园林（16世纪）中19世纪增建的水池喷泉。法国古典主义式。

跟法国古典主义园林比较，中国的园林，不但江南的私家园林，甚至大型的皇家园林，也没有打算要容纳许多人，更没有打算要举行公开的活动，以致它们几乎不能适应群众性的游览，哪怕是匆匆来去。尤其是那些私家小型园林，它们的艺术构思在很大程度上是依靠一些近乎象征的东西，去触发很有文学艺术修养的观赏者的联想。这就需要给观赏者一种比较适合于驰骋想象的心境。因此，群众性的游览，就必然会破坏这些园林的格调。18世纪英国王家建筑师钱伯斯（William Chambers，1723—1796）写道："在中国，造园是种专门的职业，需要广博的才能，只有很少的人能达到化境。"（见《东方造园艺术泛沦》，*A Dissertation on Ôriental Gardening*，1772）能够欣赏这种园林的，其实也"只有很少的人"，它们很不宜于做通俗性的游览场所。

法国古典主义园林还有一个重要特点，就是它的地形比较平坦，虽然也做几层平台，但很不显著。因此，图案式植坛的观赏条件不大好，只好尽可能把它们布置在主建筑物跟前，叫人从楼上看看。凡尔赛的植坛就是紧靠在宫殿的西墙下的。地形平坦的另一个影响，就是多数园林里没有急湍、瀑布、涌泉，只有平静的河湖和水池，叫作"水镜"，像镜子一样反照着建筑、雕像、树木和云天。没有流动的活

英国阿尔东·陶沃（Alton Tower）花园。英国园林本来也深受意大利影响。

水，园林缺少生气，所以就用大量压力喷泉来弥补，凡尔赛花园里，就有一千四百多个喷嘴。

法国古典主义花园虽然全是几何的、规整的，人工气息极浓，但是，它很开阔，外围的林园更是莽莽苍苍一片野趣，伸展到天边，所以，园林总的景观仍然是很自然的。

4

欧洲的文学、艺术潮流常常发生变化，但文化领域里各种潮流的变化，都比不上18世纪英国造园艺术的变化那么彻底。

英国的造园艺术，从文艺复兴时期到君主专制时期，大体是意大利和法国的影子。1688年从荷兰请来一个国王之后，又流行过一阵子荷兰式花园，就是处处用亲切的小尺度，收拾得干净利落，特别喜爱把树

英国赫弗德园林（Hafod House，Dyfed，1810）。图画式（画意式）。

英国斯托海德（Stourhead）园林（图画式园林）

木修剪成精致的样式。可是，一进入18世纪，英国造园艺术开始追求自然，有意模仿克洛德（Claude Lorrain）和罗莎（Salvator Rosa）的风景画。到18世纪中叶，新的造园艺术成熟，叫作自然风致园，全英国的园林都改变了面貌。几何式的格局没有了，再也不搞笔直的林荫道、绿色雕刻、图案式植坛、平台和修筑得整整齐齐的池子了。花园就是一片天然牧场的样子，以草地为主，长着自然形态的老树，有曲折的小河和池塘，两岸草坡斜侵入水。为了使花园跟林园、跟整个的乡村田野景色连成整体，花园不造围墙或者栏杆，而用壕沟代替。

到18世纪下半叶，浪漫主义渐渐兴起，在中国造园艺术影响之下，不满足于自然风致园的过于平淡，追求更多的曲折，更深的层次，更浓郁的诗情画意，对原来的牧场景色加工多了一些，自然风致园发展成了画意园（或称图画式园林）。不过，画意园仍然可以叫作自然风致园，因为，正如普里斯（Uvedale Price，1747—1829）说的："造园一定要造出这样的印象，就是，一切都好像是自然生成的。"（见《论画意之美》，*On Picturesque Beauty*，1810）

美国著名散文家欧文（W. Irving，1783—1859）有一段如花似锦的文字，把英国的自然风致园描写得非常生动真切。他在《英国乡村》里写道："英国园林景物的妍丽确实天下无双。那真的是处处芳草连天，翠绿匝地，其间巨树翁郁，浓荫翳日；在那悄静的林薮与空旷处，不时可以看见结队漫游的鹿群、四处窜逸的野兔与突然扑簌而起的山鸡；一湾清溪，蜿蜒迂徐，极具天然曲折之美，时而又汇潴为一带晶莹的湖面；远处幽潭一泓，林木倒映其中，随风摇漾，把水面的落叶轻轻送入梦乡，而水下的鳟鱼，往来疾迅，正腾跃戏舞于澄澈的素波之间；周围的一些破败的庙宇雕像，虽然粗鄙简陋，霉苔累累，却也给这个幽僻之境平添了某种古拙之美。"

他还赞扬造园家，"原来的荒芜贫瘠在他的手下迅速变得葱茏可爱，然而这一切效果又仿佛得之天然。某些树木的当植当培，当剪当伐；某些花卉的当疏当密，杂错闲置，以成清荫敷秀、花影参差之趣；

何处须巧借地形，顺势筑坡，以收芳草连绵、软茵席地之致；何处又宜少见轩敞，别有洞天，使人行经其间得以远眺天青，俯瞰波碧；所有这一切确曾煞费意匠心血，但同时又丝毫不露惨淡经营的痕迹……"（见《英美散文六十家》，高健编译，山西人民出版社，1983）

造园艺术发生这么彻底的变化，主要的原因是这时候欧洲的历史发生了空前的大变化。17世纪中叶，英国完成了资产阶级革命，18世纪末叶，法国资产阶级将要发动大革命。而英国造园艺术的变化，正在这两个大事件之间。这是欧洲启蒙主义时期，哲学、宗教、政治、文化一切领域都酝酿着崭新的思想，所有这些思想，到18世纪末，集中地结晶成"自由、平等、博爱"三个词。

18世纪的思想家，几乎都探讨过文明跟自然状态的利弊得失。尽管对文明的评价各不相同，但他们对自然状态的评价却不大有出入，认为在那种状态下，人的个性能自由地发展，人与人互相平等真诚，道德完美，跟万物和谐地相处。这些思想，当然是针对着君主专制制度下腐朽的封建社会关系的。这就跟中国士大夫为憎恶君权和礼教束缚而向往自然状态有点相像。因此，18世纪的欧洲造园艺术就能够接受中国的影响。

在欧洲，园林一向主要是宫廷和大贵族们的宠物，现在，受到把自然状态理想化思潮的推动，进步的哲学家、作家、诗人，新兴的中产阶级和倾向新的社会关系的贵族，把园林当作了宠物。从此，他们领导了造园艺术的潮流。泰克尔（Christopher Thacker）写到这种情况："在18世纪，西欧几乎每一个诗人、画家、政治家或哲学家，几乎每一个老爷太太、大小地主，都亲身搞搞造园或者谈谈造园，写写园林或者看看园林。可以毫不夸张地说，这是因为18世纪的人有一桩伟大的成就，那就是'重新发现自然'，而'重新发现'多半是通过园林。"（见《园林史》，*The History of Gardens*，1979）

"重新发现自然"是整个欧洲的事，法国思想家卢梭（Jean Jacques Rousseau，1712—1778）在这里起过很大的作用。但是，它在英国最早

英国查茨沃斯（Chatsworth）庄园花园（1727）。勃朗设计，自然风致式。

成为大潮流，最彻底改造了造园艺术。这是因为，英国已经推翻了君主专制制度，作为宫廷文化的古典主义渐渐失去了权威；农业资产阶级和土地贵族在经济上和政治上占了支配地位，他们也开始在文化上发挥影响，这时候，产业革命推动了毛纺业，他们的牧场赚来了数不清的金钱，他们就在牧场里造起府邸，经营园林；以洛克为代表的经验论在英国兴起，取代了唯理主义，他们认为，认识来自感性经验，因此，美的本质也不再被认为是由简单的数或几何关系所确定的先验性的东西。同时，产业革命在城市里引起的消极后果也最早在英国表现出来，使人们厌恶城市生活和工业文明，而向往田园。

所有这些，引起审美理想的变化。人们不再喜爱处处炫弄人工、力量、权威和财富的古典主义造园艺术了，唯理主义的僵硬的艺术风格使人感到厌倦。17世纪的古典主义者说，只有理性才产生美。18世纪初，著名的英国散文家艾迪生（Joseph Addison，1672—1719）却在《旁观者》里写道：艺术作品跟大自然"相比是大有缺陷的"。虽然艺术作品"有时也会显得同样美丽或奇妙，却短少那种浩瀚和无限来为观赏者的心灵提供巨大享受。艺术作品可以像大自然的作品一样雅致纤巧，却永远也不会显示大自然在构图上的宏伟壮丽。比起艺术的精雕细琢来，大自然的粗犷而任意的笔触就更加胆大高明。……在大自然的广阔领域里，视觉可以毫无拘束地来往徘徊，饱餐无限丰富多样的形象而不为数量所制约"。"我们在大自然中比从艺术珍品上所见到的更为宏伟庄严。因此，对伟大自然的任何程度的模仿所给予我们的快

英国斯托（Stowe）园林中的"古代美德之庙"。约1730年由坎特设计，浪漫主义情调。

感，要比精巧艺术所能给予的更崇高，更昂扬。"（见《西方文论选》，伍蠡甫主编，上海译文出版社，1979）

　　1711年，诗人蒲伯在给伯灵顿伯爵的诗笺里，大大挖苦了古典主义的园林一番，说它趣味低级，太不自然，死守对称而搞得很单调。整座花园毫无真趣，跟周围环境完全割裂开来。从此之后，批评古典主义园林的越来越多，指责它"单调""愚蠢""费工""戕害天性"等。而自然风致园被认为是一种更高尚的、合乎道德的园林。希雷（Joseph Heely）1777年在一封讨论海格雷花园（Hagley Garden）等几个英国园林之美的信里说：自然风致园能净化人的心灵，最自然的景观足以"使一个恶棍改邪归正"。

　　歌颂自然，就是歌颂自由。自然风致园是自由的象征。所以它的鼓吹者最痛恨的就是按直线等距离地种树和把树木修剪成绿色雕刻。18世纪的浪漫主义作家沃波尔伯爵（Horace Walpole，1717—1797）在

卢顿（Loudon）设计的卡文瀑布（Cavern Cascade，1810）。在赫弗德。

切斯威克（Chiswick）府邸园林。布里奇曼与坎特设计。

他的《论现代园林》里说到当时的造园家坎特（William Kent）时写道："他让树木自由地生成自己的形态，它们无拘无束地伸展自己的细枝嫩梢。"说的是树，想的是人。

说到自由，自然风致园就包含着反对君主专制的思想。诗人渥顿（Joseph Warton）在1740年写了一首叫《热情者》的诗，愤怒地谴责"夸耀上千个喷泉，能把受过刑罚的水射到高高的天穹"的凡尔赛，"摆满了从其他流着泪的国家掠夺来的赃物"，而他则宁愿喜爱"长满了松树的悬崖／……涌着泡沫的小河／……荒凉的野地"等。

18世纪下半叶，浪漫主义潮流在文化的各个领域里逐渐加强，文学艺术要求摆脱教条的束缚，使之更富有想象力，更能触动人的感情。人们又批判几何式园林的教条气，缺乏想象力，窒息感情。诗人兼画家布莱克（William Blake，1757—1827）尖锐地说，"数量和尺度是死的象征"，从根本上否定唯理主义的美学。正好，最不受教条束缚、最富有想象力、最能触动人的感情的中国造园艺术，在这时候被介绍到了英国，它进一步推动了自然风致园的发展，形成了所谓"英中式园林"。

诗人申斯通（William Shenstone，1714—1763）把自然风致园分为三类：崇高的、美丽的和忧郁的。崇高的最荒野，有悬崖峭壁的高山，苍苔斑驳的古树；美丽的比较小，温雅而整齐；忧郁的介于二者之间。他最重视崇高的，认为它更富有激起人的想象的力量。他主张园林里要有足够的变化，"如果真的尊重自然，那就得把变化当作有根本意义的"，"变化能刺激想象"。变化包括两方面：一方面是景观变化、地形变化和植物变化，还加上小建筑物的变化；另一方面是把古典主义园林里"一目了然"的静态观赏，变成人在园林里巡游的动态观赏。即使一个景点，因此也可以有不同角度、不同高度、不同距离的观赏机会。自然风致园也不再像18世纪上半叶那样去模仿画家的一幅作品，而要有"步移景异"的一连串绘画构图。

这些画面要能触动人的感情，就得要有诗意。申斯通说："我常常想，自然风致园可以搞得像一首史诗或者一出诗剧。"他在自己的里索

英国夏波罗（Shugborough）的中国式园林。约1780年格里菲斯（M. Griffith）绘。

威（Leasowes）花园里设计了一条环形的游览路线，说是要"引导游人从诗中穿过"。

当时一般常用的烘托诗意的主要办法有两个：一个是造些废墟残垒、假托的英雄美人的荒冢，或者造些中世纪的教堂、碑碣；另一个是利用题铭、刻诗等。如果庄园里有历史遗迹，那更是天赐的机缘。

里索威花园的环形路上布置了四十个景。每个景有独特的题材，如修道院废址、哥特式壁龛、瀑布等。也有的是引用进来的外景，如远山的峰峦、教堂的钟塔。每个观景点有坐凳，暗示游人暂停一下，看一看景。同时，观景点上有刻诗或者题铭，点出景的特点，揭示它们的"灵魂"。开掘每个景的"灵魂"是这时候造园艺术的一个热门课题。里索威四十景的最高潮在第三十二景，那儿可以眺望广阔的大自然，题铭是："神圣乡村之光"。

政治家比特（William Pitt，1708—1778）参观了里索威之后说："自然给他（申斯通）做了一切事。"申斯通回答：他"也给自然做了一些事"。他所做的是"收集和剪裁自然的美"，用景来造成富有诗意的构图。

这时候，耶稣会士、法国人王致诚（P. Jean-Denis Attiret, 1702—1768）早已把中国的圆明园详细地介绍给了欧洲，钱伯斯的第一本关于中国建筑的书已经出版，圆明园四十景图也已经传到欧洲。用若干个景来构成园林，沿一条游览线观赏这些景，给景刻诗题铭，直至"收集和剪裁自然的美"，这些造园艺术的原理和技巧，都可以在那些介绍里看到。中国的造园艺术对英国自然风致园林，或者说图画式园林，显然产生过很大影响，把这种园林叫作英中式园林，那是很公正的。当时大多数英中式园林里都造过中国式的建筑物如塔、亭、桥等。

怎么处理主要建筑物跟园林之间的关系，这是自然风致园的一个大问题。18世纪的大部分时间里，府邸是帕拉第奥主义的，是几何性很强的方块块。这时候，林园吞没了花园，一直延伸到墙脚跟来了。府邸跟园林怎么能和谐相处，它们之间还要不要过渡环节，理论家和造园家为这个问题反复讨论，有的主张还是有一点儿过渡性地带好，在府邸四周搞些规整的东西；有的则认为根本没有这种必要。认为没有必要的，大多持浪漫主义的观点，轻视那种理性的和谐，着眼创造触动心灵的情趣，从把美当作数理现象转为把美当作情感现象。沃波尔说：过去站在府邸建筑的立场，老想把建筑扩展到自然里去；现在要站到大自然的立场上，把府邸看成是自然里的一个疤。所以，18世纪下半叶以来，花园主要由画家和诗人设计，而不再由建筑师设计。

园林史家泰克尔说，自然风致园反映了当时出身好、教养好的人们"不拘形迹的自信，不事铺张的富裕，不专横独断的力量和不炫耀卖弄的学识"，这些气质正跟帕拉第奥主义建筑一致，所以，园林跟府邸还是和谐的。

不过，即使不主张搞过渡环节的人，也仍然不在府邸跟前种树，要精心整修府邸跟前的草地。反对自然风致园的格罗莫尔抓住这一点批评说，整修这么大片的草地，比维护图案式的植坛还贵。因为当时还没有剪草机。

英国的自然风致园在18世纪下半叶就已经传遍欧洲，取代了几何式的规整园林，它的优势一直保持到现在。

5

13世纪70年代，马可·波罗（Marco Polo，约1254—1324）来中国的途中，在波斯境内见到了一个叫作"山老"的酋长的花园。在他的《游记》里，他说，山老"在两座高山之间的一条风景优美的峡谷中，建造了一座华丽的花园。园内遍栽各种奇花异草、鲜瓜美果。还有各种形态不一的大小宫室，坐落在园内的各个地方。宫室内装饰着富丽堂皇的金线刺绣、绘画、家具陈设，铺着美丽的丝绸，而且还安装有水管，可以看见美酒、牛乳、蜂蜜和清澈的水向各处流动"。

"住在这些宫室里的，都是十分姣美的妙龄女郎。她们吹弹歌舞的技艺无一不精，尤其擅长挑逗和迷惑别人陷入情网的手段。这些美女浓妆艳服，嬉戏于花园内的亭台水榭之中，服侍她们的女侍者和仆役，都锁闭在深宫内院，不准轻易抛头露面。"（见《马可·波罗游记》，陈开俊等译，福建科学技术出版社，1981）

大约五十年后，马可·波罗的同胞鄂多立克从中国回去，路上也经过了这座山老的花园（见《鄂多立克东游录》，何高济译，中华书局，1981）。

不管这两位旅行家是不是真的见到了这座山老的迷宫花园，他们关于花园的描写，关于花园中生活方式的论述，是跟《古兰经》里所说的"天园"里的情况一致的。

阿拉伯人横刀跃马、从荒瘠的沙漠里冲杀出来，到了两河流域、波斯和地中海东岸。这里的富庶和文明，是他们连做梦都没有想到过的。虽然环境仍然干旱炎热，但是贵人们的园林恰像一个个绿洲，他们在浓荫笼罩之下，过着奢侈淫逸的日子。美婢姣童环列，乳、酒、蜜和清水取用不竭。跟沙漠里游牧生活的艰辛相比较，阿拉伯人觉得这些贵人们

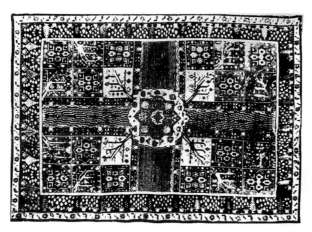

1700年左右的一块波斯毯。图案是一座被十字形水渠划分为
四块花圃的花园。

过的简直是尽善尽美的日子。于是，他们就照这些贵人们的园林和生活
构想了一处最理想的地方——"天园"。就像生活在分裂和内战之中的
法国人渴望一所秩序严整的园林，生活在君权和礼教之下的中国人渴望
一所天然野趣的园林一样，阿拉伯人渴望的就是无边荒碛之中的一片绿
洲，好让他们跨下马鞍，喝一口甘美的乳汁、一口芳冽的酒浆。这就是
他们的园林。

　　有人说，关于园林里有水、乳、酒、蜜四条河的理想，最早出自波
斯，但是没有确证。倒是古代希腊和罗马的神话传说里，影影绰绰有过
相近的想象。奥维德（Ovid，前43—17）在《变形记》里写道，在人类
历史的黄金时代，"溪中流的是乳汁和甘美的仙露，青葱的橡树上淌出
黄蜡般的蜂蜜"。《古兰经》里把这个理想写得十分明确："许给敬慎之
人天园的情形：内有长久不浊的水河，滋味不变的乳河，在饮者感觉味
美的酒河和清澈的蜜河。……"

　　这水、乳、酒、蜜四条河，对阿拉伯世界的园林布局关系很大。阿
拉伯的园林，主要是附属于住宅的庭园，长方形，四面围着柱廊和敞开
的厅堂。这种庭园，借鉴的是地中海东岸叙利亚一带原来的基督教修道
院庭园，跟西欧中世纪修道院庭园是一样的：十字形的两条小径把它分

西班牙赛维尔（Serville）私宅的水池喷泉。典型的八角星形。

成四份，中央有一个喷泉。阿拉伯人根据他们的理想，把十字形的小径改成水渠，喷泉的水经它们向四面流去，它们就象征性地成为水、乳、酒、蜜四条河。被它们切割开来的四部分是花池，地面比水渠低几十厘米，接受水渠的灌溉。男人们在闲暇的时候，坐在庭园四周的柱廊里吃喝聊天。这时候，花池里灌木梢头的鲜花正好开在他们的眼前，跟垫在他们身下的色彩艳丽的地毯接成一片。把花池降低几十厘米，就是为了适合他们席地而坐的习惯。

波斯人认为，"客观世界是形和色的世界"，"有它自己的规律"。他们的建筑，盛行琉璃装饰，几何形的图案，色彩辉煌。同样，他们的庭园里很重视花，比意大利和法国的花园都鲜艳得多。这大约跟这一带自然界过于枯燥、无边的灰黄有关。花也布置成图案，不像中国庭园里追求的小品画意。

伊斯兰教戒律很严，而且深入到生活的各个方面，所以，从印度到西班牙，这一大片伊斯兰世界里，庭园的形制大致是一样的。花池、喷泉、水渠，这几乎就是全部。好在这一大片地方，气候也大体差不了多少。

庭园小小，花树斑斓，喷泉和地下管道里水声潺潺，这个环境里生活情趣很浓郁，是一种居家处常的环境。这种园林是很简单的，但是，

一 外国造园艺术散论　　41

西班牙阿尔罕布拉宫石榴院。水成了主角，建筑的倒影给院子增辉。

由阿尔罕布拉宫姆加纳斯穹厅（Muqarnas Vault）外望。

造园史家格罗莫尔评论它："毫无疑问，阿拉伯人要求造园艺术具有细腻微妙的感觉，具有难以置信的精致完美，他们有本事从他们对自然的理解中提炼出造园艺术所需要的一切，而且好像一点都不费力气。"在阿拉伯的园林中，人们可以见到"古风的纯朴，线条的古典式的精确，只有在希腊艺术中才能见到的那种完美所表现出来的自信"（见 *L'Art des Jardins*）。

　　西班牙著名的阿尔罕布拉宫（Alhambra）里的达拉克萨（Daraxa）庭园有一首铭文，说："这花园多美好，地上的花朵儿和天上的星星争艳斗光。有什么能和清泉洋溢的池中洁白的盆子比美呢？只有那高悬在万里晴空中的一轮明月。"散文家欧文是这样描写这个园子的："……一个迷人的幽静的小花园；在玫瑰和桃金娘丛中闪耀着一座乳白大理石的喷水池，周围环绕着橘树和香橼树，有几株树的枝叶一直伸到窗子里面来了。"阿尔罕布拉宫有好几个这样的园子，它们不但给宫殿带

伊朗伊斯发罕（Isfahan）商人住宅。典型
的私家园林。

来优美的景色，而且调节了它的小气候。欧文说："只有那些在南方酷热的地带逗留过的人，才能体会一个住所能兼有山间的风凉和山谷中的清新葱翠，是多么可爱。每当山下的城市在正午的炎热中喘息，枯焦的平原晒得眼睛都睁不开的时候，内华达群山中传来的微风，吹过这些巍峨的大厅，带来了周围花园中的芳香。一切都使人昏昏欲睡，耽迷于南国的风光中；每当人们半闭着眼睛从浓荫下的阳台上望着闪烁发光的景色时，耳中听到的是沙沙

印度泰姬·玛哈尔陵

印度泰姬·玛哈尔陵

的枝叶声和潺潺的流水声，好像是催眠的歌曲。"（见《阿尔罕伯拉》，万紫等译，新文艺出版社，1958）

调节小气候，也就是通风、阴凉和湿润空气，是伊斯兰国家小花园的重要作用。所以，波斯、印度、两河流域等地方的大型宫殿里，都跟阿尔罕布拉宫一样，有好些小园子。厅堂向花园敞开，造成室内外空间的穿插渗透，光影的对比变化，使景色很丰富，弥补了花园本身的简单。有的甚至把水渠引到厅堂里，厅堂中央也造个喷泉。这不但使厅堂凉爽，也使室内外更加连成一片。

伊斯兰式花园也有一些变体，大多不附属于住宅。印度最杰出的纪念物泰姬·玛哈尔陵（Taj Mahal，亦称泰姬陵，17世纪），前面的花园也是典型的阿拉伯式格局，不过它很大，而且不封闭在庭园里，中央也没有喷泉，喷嘴只沿水渠布置。泰姬陵是国王沙日汉给他的爱妻造的。他自己题诗说，这座陵墓的花园

> 像天园一样光明灿烂，
> 芬芳馥郁，仿佛龙涎香在天园洋溢；
> 这是我心爱的人儿
> 胸前花球的气息。

陵园离宫殿只有两千米，1658年后，沙日汉被囚禁在宫殿里，在他卧室前的阳台上，整整望了它八年，天天不断，直到去世。当时陵园的花池里种着的是自然生长的珍花嘉木，繁密茂盛。现在却只有整洁的草地。虽然碧绿的草地衬托洁白的陵墓，非常肃穆端庄，但那位多情的丈夫，想必还是愿意他妻子的陵墓掩映在花树丛中的罢。

6

19世纪以后，欧美园林建设的特点是，一方面城市公园占了重要地位，一方面普通资产者建造了大量小型私家花园。至于造园艺术本身，并没有发生显著的变化。大量建造城市公共园林是很大的进步。当时英国城市公园面积有五百多公顷，巴黎城里也兴建了布洛涅林园（Bois de Boulogne）和凡赛纳林园（Bois de Vincennes）两个大型公共园林。城市道路绿化和小绿地也大量兴造。美国人奥姆斯丹（F. L. Olmsted, 1822—1903）对城市公共园林的新观念和新方法做出了不可磨灭的贡献。他在纽约、波士顿和布法罗（水牛城）的园林规划设计，对下一个世纪有典范性的意义。

意大利文艺复兴和巴洛克时期，法国古典主义时期，英国先浪漫主义时期，造园家们在理论上和实际创作中，都有一定的审美理想，执着地追求它的表现，所以都创造出了有鲜明特色的一代园林风格。但是，一到19世纪，资本主义制度渗透到一切领域，造园艺术也成了商品。造园家不再有自己的审美理想，他们像囤货一样，搜集历史上各种园林风格，编成图案随买主挑选，要什么样的，就给造什么样的。法国作家福楼拜在他最后一部长篇小说《布华尔和贝居舍》里，说到一本叫作《园林建筑师》的书，是布阿达（Boita）写的，在书里，"作者把园林分成无数种风格"，每种风格都有名称，有特征。主人公布华尔和贝居舍就照书里的描写，七拼八凑把各种各样的风格特征都弄到他们的花园里，甚至在葡萄园里"用六棵方木柱子支起一个用铁皮做的帽子似的东西，角上翘起来，这就是中国式宝塔"。这两个人并不是造园家，但当时的造园家就是这么干的。

1836年，法国诗人、剧作家、小说家德·缪塞（Alfred de Musset, 1810—1857）写道："我们这世纪没有自己的形式。我们既没有把我们这时代的印记留在我们的住宅上，也没有留在我们的花园里，什么地方也没有留下……我们拥有除我们自己的世纪以外的一切世纪的东西……"不过，这种情况却是以另外一种方式反映出时代的面貌，反映出资产阶级理想，他们要用金银买尽天下文化。

在造园艺术商品化的同时，资产阶级建成了统一的世界市场。从此，世界各个角落的造园艺术交流融合。意大利的、法国的、英国的、中国的，不但可以造在各处，而且可以并列在一座大型公园里，甚至可以像布华尔和贝居舍那样，把它们凑合在一起。遇到高手，倒也能造出相当丰富的园林景色来。

另一方面，树木花卉的引种移植也在世界范围里流行，大大引起了人们对它们的普遍爱好。于是，出现了以某种花卉、某种树木为主的园林，或者广泛收罗的植物园。英国造园家罗宾逊（W. Robinson）认为，花是自然的精华，自然式园林首要的是教人欣赏花，它的形、色和株态。他创造了堆簇式花坛，就是在草地上散布一些形态随意的密集的花堆，用各种颜色、各种花期的花搭配，四季不败。这称得上是19世纪造园艺术的一个新东西。不过，其实也就是把法国式花园里图案式花坛变成英国式花园里的不规整式花坛而已。18世纪英国造园家没有这么做，主要原因是那时还没有耐寒的、鲜艳的、多种多样的花。另外，植物品种多了，还产生了一种"色调园"，例如棕色园、银色园之类，全靠植物的天然色泽造成。

到了20世纪，造园艺术完成了从上个世纪开始的革命性的根本变化，这就是城市的公共园林和绿化成了它的主要内容。造园艺术为国王、贵族、富豪服务了两千年，现在终于转向为普通而平常的百姓服务了，也就是说，终于走上了民主化的大道。从艺术上说，它不再有那么深的理念，那么细的情感，它也变得通俗化了。因此，抽象艺术的兴起

英国斐利普公园（Philips Park, Manchester）的20世纪新布局

对造园艺术发生了影响。立体主义之类，不论在造型艺术里的是非如何，用之于花园的布局，倒可以产生一些新意。花卉、树木、草地、水池，加上台阶、平台、栏杆、坐凳这些建筑因素，配上一些抽象雕刻，就很便于创作类似构成主义的艺术品。这种园林的主要代表人物是巴西的马可斯（R. B. Marx, 1909—1994）和美国的丘奇（T. Church, 1902—1978）。马可斯也是一位积极的自然生态保护工作者。且趋善于使用玻璃、钢筋混凝土、石棉瓦等现代材料和流线型线条，所造的园林更新颖，更有现代气息。在这种现代园林里，自然因素跟人工因素的对比更尖锐，更强烈，形、色、表质的变化更丰富，园林因此显得更有精神，更活泼。抽象艺术推崇几何性，于是，在法国，古典主义的造园手法再度复兴。同时，修复了不少古老的园林。

　　大型的公共园林，在通俗化的过程中，一度曾经建设过太多的文化娱乐和服务设施。20世纪50年代以来对生态环境的认识提高之后，造园家们基本一致的意见是，城市公共园林和绿化首先应该考虑它们的生态效应。于是，提出了园林规划设计中的科学化的问题。造园成了一门科学和艺术的综合学科，内容越来越丰富，越复杂，与传统的造园艺术有了根本性的区别。公园更加重视绿化，配置植物，首要重视它净化空气、调节小气候、降低噪音、提高舒适度等功能。重视保持城市人口平均应该占有的绿化面积，并且注意它们的分布，形成完整的系统，力求使它们接近普通百姓的日常生活。园林的建设跟环境保护结合起来，提高了它的科学性。

现代化城市里，建筑密集，人口拥挤，生活紧张，由于补偿原理的作用，人们更加热爱自然风光，所以，英国式的自然风致园，在现代造园艺术里始终占着优势。即使一些现代化的园林，它们的基调大多仍然是自然风致式的。连高楼大厦的缝隙间，小小一角绿地，也往往愿意仿造自然。高楼大厦的内部，布置一些自然的片断，也成了引人喜爱的手法，在这方面，中国的造园家和建筑师创造了非常出色的作品。中国造园家在室内造园方面的成功，是因为中国传统的造园艺术本来就擅长创作写意的自然片断，或者把千山万壑浓缩在咫尺庭院之中，或者把三竿五竿之竹映衬在尺幅寸笺一般的粉墙之上。法国式或英国式的园林是不可能引进到建筑物里面来的，欧美的建筑师和造园家不得不探寻新的手法。一般是用树木花草在大厅里造成自然风光，再点缀些喷泉、水池。现代框架式的房屋结构，可以不要封闭的外墙，因此，有可能把室内外的绿带和水池连接起来，自然渗进了建筑物，使室内生活更富有情趣。近二十年来，美国建筑师波特曼（J. Portman）推陈出新，发展了公共建筑物中央大厅的设计，它往往有六七层高，周围重重叠叠的走廊、挑台和船形舱，种上攀缘植物和悬垂植物，于是，在室内创作了垂直绿化。水的处理方法也更多样化了，除了各式喷泉之外，还可以有各式的瀑布。

总之，随着社会民主化的继续深入，随着技术的进步、经济水平的提高，人类可以有更大的能力来创造自己的"天堂"了。

1985年1月

二　意大利的造园艺术

快到这儿来吧，离开那些骄傲的富人和不名誉的坏人。啊！幸福的别墅生活，啊！莫大的幸运！

阿尔伯蒂

1982年写法国古典主义造园艺术的时候，把意大利文艺复兴和巴洛克的园林捎带着写了个大概，那意思就是说，不打算专门写意大利的造园艺术了。可是，后来的一些事情，使我欲罢不能，于是只得再把它写一写。*

　　就像所谓法国的造园艺术其实就是古典主义造园艺术一样，意大利的造园艺术其实就是它的文艺复兴和巴洛克的造园艺术。巴洛克艺术跟古典主义艺术同时成熟，同时流行。它们互相影响，在造园艺术中的共同点远比在建筑里多。

1

　　写意大利文艺复兴和巴洛克的造园艺术，不得不先写一写古罗马的造园艺术。因为文艺复兴园林不仅从古代继承了各种造园要素，如树木花卉、植坛草坪、喷泉、雕像、林荫道、"绿色雕刻"等，而且继承了园林的构图、风格和意境。

　　古罗马造园艺术几乎没有留下实物，只在庞贝（Pompeii）和奥斯提亚（Ostia）等地可以看到一些遗址，还有一些画着园林的壁画。不过，文字的记载倒不太少，有一些很详尽。

　　当时花园里的树常见的大约有松、柏、月桂、夹竹桃、橡和悬铃木，还有一种黄杨。黄杨和柏树很耐修剪，据古罗马警句诗人马提阿尔（Martial，40—102）说，奥古斯都的朋友马蒂乌斯（Gaius Matius）从东方学来了修剪树木的艺术，后来在古罗马广泛应用。树木常常被修剪成各种几何形状、花瓶、飞禽走兽等，也常常被修剪得整整齐齐，在草地斜坡上组成字母或者在植坛里组成各种装饰图案，园内小径的两侧也常常有经过修剪的绿篱。这种修剪树木的艺术，叫作"绿色雕刻"。

---

* 　本书按历史逻辑而不按写作先后编排。

古罗马的科学家老普里尼（Pliny the Elder，23—79）在《自然史》中说，柏树"现在经过修剪造成厚厚的墙，或者收拾得整整齐齐、精精致致"，园丁们甚至用柏树"表现狩猎的场景或者舰队，用它的常绿的细叶模仿真实的对象"。在另一处，老普里尼说，"经过培育和修剪"，产生了一种匍匐在地的柏树。他最后说："修剪树木是已故的奥古斯都大帝的朋友、骑士盖乌斯·马蒂乌斯在近八十年内创造的。"

古罗马人的观赏性花卉，大致已经有了玫瑰、水仙、紫罗兰和百合，其中最受人喜爱的是玫瑰，这是爱神的花。古罗马人很爱花，他们有一个美丽的花神弗洛拉（Flora），在她统治的地方，"嘉木长翠，芳草长青"（奥维德诗）。

不过，不知为什么，古罗马的花园神普里阿普斯（Priapus），却又矮又小而且丑陋不堪，虽然他出身名门，是维纳斯和道尼苏斯的儿子。难怪老普里尼要转述喜剧作家普劳图斯（Titus Maccius Plautus）的话，说花园的保护神是维纳斯自己，尽管早在共和制时代的末期，古罗马人已经不把她当花神来崇拜了。

普里阿普斯也好，维纳斯也好，都象征着生殖。这是因为观赏性花园当时还没有跟葡萄园之类在概念上完全分开，所以，古罗马诗人维吉尔说普里阿普斯的任务是用木棍驱赶闯进园子的贼和鸟。

大多数花园里都有水。一种是喷泉，跟雕像和大理石的圆盘等结合在一起；一种是明渠或池子，白大理石砌的，形式很多样，有时也有喷嘴。

古罗马的园林主要有两类，一类是附属于城市住宅的，一类是郊区别墅里的。

城市住宅，稍大一点的，在后部都有一个长方形的围廊式大院子，院子里种上树木、花草，安上喷泉、雕像，是一种院落式的花园。

院落花园的布局，从庞贝和奥斯提亚等地的遗址看来，都是对称几何形的。园子当中一般造水池和喷泉，四边配置方块的植坛。有一些园子，沿中轴排列着几个不同的喷泉、水池和雕像，一端有一个华丽的壁龛，往往做成水源的样子，里面安着雕像。

文艺复兴时期的绘画《智慧战胜罪恶》。显示树木被修剪成"绿色建筑"。

阿德良离宫（Villa Adriana）的水池（the Canopus, Tivoli, 1世纪）

院落花园的周围环绕一圈宽阔的柱廊，这是住宅中最重要的部分，主人在这里起居和接待宾客，按季节不同而在向阳或者背阳的部位。全住宅最考究的餐厅，大多在柱廊的一侧，前面敞开，可以透过柱廊望到花园里。柱子之间陈设着雕像或者喷泉，放着些雕刻精致的大理石案子。这种柱廊跟花园相渗透的格局，跟意大利中部夏季炎热而冬季不冷的气候有关。

有一些大型的住宅，在这种小花园的后面，另有一个相当大的花园。例如庞贝的劳莱乌斯·迪部蒂努斯（Loreius Tiburtinus）住宅，后面的花园宽约35米，长约60米。一条明渠纵向穿过，安着一串喷嘴，中央还有一个很复杂而华丽的大型喷泉。另一座朱丽亚·菲利克斯（Julia Felix）住宅，占着整整一个坊，其中三分之二是花园和果园。花园的正中也流过一条纵向的明渠，宽窄交替，形式比较复杂；房屋在花园的一侧，以长长的一条柱廊对着花园，作为花园跟建筑物之间的过渡。庞贝城外的狄俄墨得斯（Diomedes）别墅的大花园，周围一圈长宽各16开间的柱廊，中央砌个很精致的水池。在奥斯提亚，有一座大房子叫图拉真学院（Schola del Traiano），正中是一个长方形的大花园，纵轴线上的一道花哨的明渠，远处尽端立着图拉真（M. U. Traianus，罗马帝国皇帝，98—117在位）的白大理石像。

当然，所有这些院落花园和大花园里的植物早就没有了。

这些花园，已经摆脱了古风，纯粹为享受，没有经济效用，都很奢华。以致老普里尼很不满意，在《自然史》里怀旧说："罗马的国王们亲自培植他们的花园"，"在罗马城里，花园不过像穷人们的田园"。老普里尼依托古人来反对游惰和奢侈，也许有道理，但观赏性花园的发展，毕竟是文明进步的结果，这是应当欢迎的。

这种以明渠、水池、喷泉为中心的对称的花园格局，一千多年后，是意大利文艺复兴和巴洛克式花园的基本格局。雕像和经过修剪的树木，以后同样也是主要的造园要素。

在罗马城，古代住宅和花园的遗址已经没有了。但是，从记载看，当时城里城外的小山丘上，花园和花园别墅相当不少。东北角的平乔山（Pincio）的阳坡上，有著名的赛鲁斯都（Sallust，前86—前34）、卢库勒斯（Lucullus，前110—前56）和庞培（Pompey，前106—前48）等人的花园，所以平乔山得名为"花园山"。梵蒂冈山、阿芳丁山、甲尼可洛山、基里纳尔山和艾斯基里山等也都有花园。恺撒（G. J. Caesar，前100—前44）在台伯河西岸有一座大花园别墅。古罗马的历史学家塔西陀（Tacitus，约55—117）评论尼禄的皇宫，说："这座皇宫的出奇之处，并不在于那些司空见惯的和已经显得庸俗的金堆玉砌，而是在于野趣湖光，林木幽邃，间或阔境别开，风物明朗。"（王永本译文）这一片花园，就在巴拉丁山和艾斯基里山之间，后来的大角斗场就造在它的人工湖的位置上。花园的设计人是百人队长赛维勒斯（Severus）和采勒（Celer）。

至于在郊区乡间的水滨山麓造花园别墅，在古罗马已经形成风气。政治家、将军、贵族们造，文人学者们也造。有些人，例如卢库勒斯和政治家兼作家西塞罗（Cicero，前106—前43），还不止有一个花园别墅。古罗马的哲学家、戏剧家、政治家赛尼卡曾对他的一个豪富朋友说："难道在所有的湖边、所有的河边，都有你的花园别墅占据着最显要的位置之前，你的虚荣心就永不满足吗？任何地方，只要有一汪温泉从地下涌出，你就要马上去造一所别墅；任何地方，只要有山环水抱，你都要去造一幢府邸；陆地已经不够满足你了，你竟把平台和亭榭造到滔滔的海浪里去了。"（*Quaestiones Naturales*）罗马郊区的别墅，大多在东面和东南面的阿尔本山（Alban）和莎比纳山（Sabine）山麓，尤其是梯布尔（Tibur，今Tivoli）和土斯库勒姆（Tusculum，今Frascati附近），前者有阿德良皇帝（Adriana，117—138在位）的离宫，后者有卢库勒斯和西塞罗的别墅。阿德良离宫规模很大，建筑遗迹到现在还残存不少。

花园别墅是古罗马真正的园林，虽然实物已经完全没有，但是文字记载很多，有些很详细。因为古罗马的造园艺术不仅对意大利，而且对全欧洲都有很大的影响，所以，很有必要通过一些记载了解它的基本特点。

古罗马的学者和作家瓦罗（Marcus Terentius Varro，前116—前27），在著作中描写过在土斯库勒姆的卢库勒斯的别墅，写得不很清楚，而且看来主要还是个农业性庄园。但是，他自己在卡西纳姆（Casinum）附近的别墅，却是个"专为取乐"的花园。从他描写的布局看，跟庞贝所见的围廊式院落花园大致相仿，但有一点新鲜的，就是两侧的柱廊全用网封住，里面种上矮树，养各种各样的鸟，主要是鸣禽，如夜莺、画眉等等。院子当中有鱼池。院子尽头有一座穹顶的圆厅，里面用网分隔，养着最珍贵的鸟，瓦罗和他的宾客们就在这圆厅里饮宴，用一张能转动的台子供菜。圆厅后面又是另一个种满了树的院子，浓荫密布。

瓦罗说，他那时候的罗马人，如果没有柱廊、雀笼、花架等，"就认为自己没有真正的别墅"，而这几件东西，又都是从希腊传来的。

在园子里养鸟，这传统一直保持到17世纪法国古典主义园林里，那时，雀笼是一项很重要的造园要素。

关于古罗马园林的最详尽的记录，是在古罗马作家小普里尼（Pliny the Younger，61—113）的两封信里。他自己有两所别墅：一所在奥斯提亚东南十千米处，叫劳伦提安（Laurentian）；另一所在塔斯干（Tuscane），靠亚平宁山脚。这两封信是公元100—105年间写的。

第一封信写给他的朋友迦勒斯（Gallus），描写劳伦提安。他所夸耀的这别墅的"迷人的美丽"，主要是四外的自然风光：海和山。值得注意的是，虽然别墅的布局跟一般住宅差不多：前天井、围廊式院子、比较大的令人愉快的后花园，但是，小普里尼着力描述每间房间、每个窗口望出去各各不同的自然景色。例如，后院边有一间餐厅，"向海岸突出，三面可以看到不同的海景；而在另一面，越过两个院子和天井，可以见到远山和树林"。另外有一道券廊，"两侧有窗，朝海的一侧窗子多，朝院子的一侧隔一个开间开一扇窗"。花园里有走廊，人在廊子里走，景色不停地变化。

别墅不仅仅为欣赏迷人的自然，它是小普里尼的隐居地，他在这里享受充分的休息。所以，在他的信里，别墅很有生活情趣。它跟一般的希腊罗马住宅一样，有充满阳光的温暖的部分，供冬天用；有凉风习习、潺潺的清泉散发着潮气的部分，供夏天用。小普里尼还说："别墅的一翼，尽端有一对塔，登上其中一座，可以眺望森林，可以俯瞰迷迭香和黄杨夹道的林荫路。在林荫路和果园之间，绿棚上架着鲜嫩的葡萄。它下面的泥土松细柔软，人们可以赤裸着脚走。"享受园林之乐，以至于用赤脚去体味泥土的轻抚，感情是十分敏锐细腻的。

虽然是个隐居之地，每当农神节，别墅里却洋溢着歌声和欢笑声。

在信的最后，小普里尼写道："现在，你还觉得我爱这所别墅，常常到那里去，是一个错误吗？那除非你是个十分硬心肠的城里人，不羡慕我所描写的那种满足之情。但是，我所求于你的只有羡慕，因为我那所小小的别墅，除了你的羡慕之外，别的什么可爱的东西都不缺，而你却犹犹豫豫不肯略表一点羡慕，虽然你将要来住些日子。"

另一封信是写给阿波利乃尔（Apollinaire）的，详详细细描述了他在塔斯干的花园别墅。

就像在劳伦提安一样，小普里尼在塔斯干首先着眼的也是自然环境。他说："你做梦也想不到更美的地方了。"这儿是一个盆地，中央平坦，四周环山，山上森林葱郁，丘陵上长着茂盛的树木，土地是最肥沃的。低处和山谷种植葡萄，农田一直铺到天边。风景千变万化，处处看上去叫人心醉神迷，以至于"人们不相信这是自然，而是画家精心创作的优美的装饰，为的是赏心悦目"。别墅在山坡上，"人们可以从那儿饱览美丽的全景，好像别墅总缩着它"。

"别墅的前面有一片花圃，它的小径两侧都有黄杨夹道。花圃尽端是个斜坡，那里有用黄杨树修剪出来的各种动物，一对对地面对面。在这些动物之间，长着忍冬草。兜过花圃尽端的小路，两侧种着绿篱，它们也被修剪成各式各样。"从这条小路可以走到一个长圆形的绿地，它中间点缀着黄杨树剪成的各种形象，四周的围墙用黄杨绿篱挡住。从长圆形绿地"可以望见大片草地，那种天然的美，跟人工的花圃和散步场所的美不相上下；再后面是果园、田野和邻近的牧场"。

"别墅的宴会厅的门朝向花圃，而另一面的窗子朝向田野和牧场。卧室布置在小院落的周围，院里种着四棵悬铃木，中央是个大理石水池，喷泉的水纷纷洒落到池里，给树木和草地送来清凉的潮气。……有一间厅堂紧挨着一棵悬铃木，享受它的浓荫和悦目的绿色。厅堂里镶着大理石的墙裙，以上的墙面画着壁画，它们的美丽跟大理石墙裙相称。画的内容是繁密的树叶，五颜六色的鸟儿在里面嬉戏。……这间厅的中央也是一座喷泉，从石盘里和一些喷嘴里流出来的水发出可爱的使人愉快的切切絮语声。"

从这段记述里，可以看出，古罗马人很重视建筑跟园林的密切联系，把园林的美直接引进到室内，而不仅仅从窗口去欣赏。

在这间宴会厅的对面，又有一间大厅，"它跟宴会厅一样，朝向花圃，但另一面朝向牧场。从窗子望出去，可以见到一条水渠，一注水落到渠里，溅起泡沫，不停地颤动，既好看又好听，泡沫比大理石水池还要洁白"。这大厅阳光充足，旁边有供暖的火房，是冬天专用的。另一间宴会厅在高处，南面一片葡萄园，下面的廊子夏天非常凉爽。

小普里尼接着写到别墅的跑马场："它周边种满悬铃木，树干上攀着常春藤，以至树干也是一色碧绿，融到密叶之中。常春藤循枝干攀缘，从一棵树到另一棵，好像把它们连接了起来。下面月桂和黄杨枝柯交错，它们跟悬铃木一起形成浓密的树荫。"悬铃木之外是一圈柏树。一些弯曲的小径通向跑马场，两侧黄杨树绿篱修剪得千奇百怪，有一些剪成字母，拼出主人和剪树工匠的名字。剪树有专门的工匠，可见这种艺术的发达。

经过跑马场，"人们突然来到一处地方，那儿全是乡村风光，跟人们刚刚看过的规则形花园形成对比。当中种着不太高大的悬铃木，其余部分长着叶子柔软而发亮的忍冬草。由黄杨和其他一些植物组成字母"。这处地方的尽端是"一间野餐厅，被覆盖在用四棵大理石柱架起来的绿

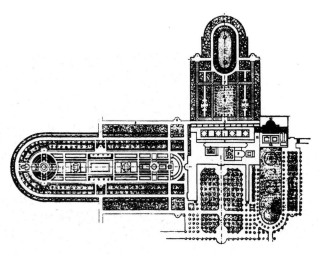

古罗马小普里尼的塔斯干别墅复原平面图

棚之下，桌子和进餐的卧榻都是白大理石做的。……水从装在座位下的管子里喷出来，好像是坐在上面的人的体重压出来的。水落在盘子里，再落到用磨光的大理石做的水池里。池子有隐蔽的溢水管，所以水常满而不溢出。进餐的时候，主要的菜盘放在这水池的边上，而次要的菜则放在小船形或水禽形的碟子里，任其漂浮在水面。……餐席的对面是一间卧室，它给景致增添了美，也因位置好而取得美。它是用耀眼的白大理石造的，一打开折叠门，它就跟外面的树木连成一片……外面的葡萄爬上屋顶，覆盖整座建筑物，枝叶繁密，因此室内光线很暗。你可以躺在这里而设想自己身在丛林深处，却又不怕下雨。这里也有一个喷泉，水喷出很高然后从地下流走。跑马场内处处有大理石椅子，走倦了的人随时可以坐下休息。每个椅子旁边是个小喷泉，整个跑马场里都可以听到淙淙的流水声。水流可以用手控制，使它流向花园的这一部分或那一部分，也可以同时满浇整个花园"。

跑马场和它的周围被小普里尼看作是"自然式"的花园，但人工雕凿的程度显然是很高的。

小普里尼很得意他的塔斯干别墅。他写道："除了所有上述赏心乐事之外，我还要加上一条，这就是我在这里能享受完全的休息，享受安静而隐潜的消遣。……气候宜人，天空明朗，气息清新，一切都有益于

维罗纳的吉尤斯蒂别墅（Villa Giusti）。显示花园和林园的关系，花园在内，外为林园。

身体和心灵。我在这里以读书下棋来陶冶性情。"

在这两封信里，小普里尼对他的花园的描写具体而生动，引起后世许多人的极大兴趣。文艺复兴以后，有一些建筑师给它们做了复原图，其中有几份跟后来发掘的阿德良离宫有不少相似之处。不过离宫的规模要大得多，水池也大得多，也更华丽得多。虽然没有实物做对照，这两封信的影响却很大。文艺复兴时期的造园理论，以及一些园林设计，大都有它们明显的痕迹，模仿它们的构思。

整理一下小普里尼的两封信，看到他的花园别墅的基本特点是：

花园别墅造在风光优美的自然环境里。主建筑物是外向的，尽量欣赏自然风光的美是它的最重要的设计原则。

建筑物跟大自然和花园的关系非常密切，通过绿棚、廊子、折叠门等的过渡，互相渗透。喷泉、水池、经过修剪的树木等既把建筑趣味带到园林和自然中去，也把园林和自然趣味带进建筑物里来。同时，也用壁画把自然气息延续到室内。

力争景色的多样化。借助于房间的朝向，门窗的安排，树木的掩映等，制造一幅幅不同的画面。似乎花园本身是封闭的、内向的，布局是对称的几何形的，跟四野大自然鲜明对比，以增添别墅的趣味。

花园别墅为的是宁静地隐居，很重视亲切而细腻的生活情趣。它的花园以精致幽美见长，适合于读书下棋，听泉看花，或者约两三知己，缓缓闲步，款款倾谈。小普里尼的信就是邀请朋友去小住的。

植物和水是造园艺术的两大要素，用它们在不同的季节影响小气候，居住者得以欣赏植物的绿色、生命和阴凉。树木的配置也有相当变化。水的处理很活泼，不仅看它的喷射、溅落、流动或者明洁如镜，还听它的声音。但是，树木和水体都在很大程度上建筑化了。

这几个基本特点，都被意大利文艺复兴和巴洛克时期的园林所继承。那时候的意大利园林，跟法国的古典主义园林鲜明地对比着的，就是这些特点。古罗马的崇高声威，保护着意大利园林没有太过于受到古典主义造园艺术的影响。

2

从古罗马灭亡到意大利文艺复兴，这中间还隔着一个将近一千年的中世纪。这一千年里，在意大利，甚至在整个欧洲，没有留下什么关于大型观赏性花园的记忆。

但是，长期的文化衰落和禁欲主义的束缚，并不能完全消磨掉人们对美的敏感，对自然的热爱。中世纪的宗教画里，圣母总是在花园里，芳草鲜花之中。12世纪，城市经济刚刚发展，大自然就渐渐恢复它多姿多彩的魅力。那时的一位意大利诗人布拉那在《爱的丛林》里写道：

> 住在那儿的人，
> 长生不老；
> 那儿的树木，
> 无不以自己的果实自豪；

条条道路上，

没药、肉桂和豆蔻的芳香缭绕。

即使在修道院里，它的院子中央一般总是喷泉，十字形的小路把院子分成四畦草地，种着些鲜花。《旧约》的《雅歌》里描写的古代花园，有井，有泉，有溪水，香花成畦，修道士们对这些总是熟悉的。

有两份中世纪晚期的文献，写到了一些造园艺术。一份是阿尔拜都斯·玛尼乌斯（Albertus Magnus，1193—1280）大约在1260年写成的《论园圃》（*De Vegetabilibus*），其中有一章"园林绿化"（De Plantatione Viridariorum）。另一份是彼特鲁斯·德·克累森蒂斯（Petrus de Crescentiis）写的《农事便览》（*Opus Ruralium Commodorum*），大约完成于1305年，有一些内容可能是从前者引来的。

《农事便览》里写到观赏性花园。这种花园四面有高墙，连国王们的广阔的花园也不例外。书里说，中产人家的花园可以用明沟围，加上荆棘和玫瑰的篱笆。温热地带，可以植石榴树当篱笆；寒冷地区则可以用核桃、李子和榅桲树。

《农事便览》很重视绿色建筑物。书里说："在最合宜的地方，应当用树木搭成房子、帐篷或者亭子的样子。"在贵族和国王的花园里，要有"一幢用树木形成的宫殿，既有厅堂也有塔楼，在干热的天气里，老爷和夫人可以进去避暑"。这类绿色建筑物，可以是用树木修剪绑扎而成的；也可以用更简单的办法，那就是，先搭一副木骨架，然后种攀缘植物，爬满了就成了。还有木骨架里种草做成的绿椅和绿床。这种园林要素，在古罗马时候就有，《农事便览》重新把它提倡起来，后来在文艺复兴和巴洛克时期继续流行。

园子里要有草地。草地是"自然的、使人愉快的地方"。《论园圃》里说："再没有别的什么东西像浅浅的芳草地那样能使人的眼睛恢复光彩了。"然后详细叙述了培植草地的方法，《农事便览》几乎照录了这些方法。

这两本书，重点都还是在园艺上。《论园圃》里写道："草地的后面，应当留出足够的一片长方形地段，栽种所有的芳香植物，例如芸香、鼠尾草和罗勒，也栽种鲜花，例如紫罗兰、耧斗菜、莲花、玫瑰、鸢尾花等。"《农事便览》也复述了这些话。

《农事便览》还把嫁接树木作为园林里的一项重要乐事。它说："在园子里用各种各样稀奇古怪的搭配来嫁接树木，让不同的果实长在同一棵树上，这真是又美丽又有趣。"

从这些零星的资料中，可以见到，中世纪后期意大利的园林还远远不能跟古罗马的相比，不仅规模小，而且内容也相当贫乏，没有独立的、纯粹观赏性的园林。

到了中世纪末期，事情开始变化。当时最伟大的诗人但丁（Dante，1265—1321），已经能很精确地描写大自然：清晨的新鲜空气，海洋上颤动的光和暴风雨下的森林。于是，园林艺术的一个新时期来临了，这就是文艺复兴时期。

［关于意大利中世纪的造园艺术，资料很少，知识很贫乏，我只不过基本上根据泰克尔的《园林史》（C. Thacker, The History of Gardens）敷衍了这一节，仅免空白而已。］

3

一到14世纪，也就是从文艺复兴运动开始，意大利的造园艺术渐渐复苏，此后二百多年间，出现了一大批水平很高的园林，在世界造园艺术中耸立起一座独特的高峰。对欧洲发生了深远影响的意大利文艺复兴文化，其中也有造园艺术。法国古典主义园林在它孕育、诞生的整个过程中，都不断从意大利汲取营养，从整体构图布局到各别的造园要素。请了意大利的匠师过去工作，也派了自己的匠师过来学习。甚至连勒瑙特亥（André Le Nôtre，1613—1700），也奉路易十四的意旨，撂下正在热火朝天建设着的凡尔赛，到意大利来考察。

这个热闹光景的形成，当然得力于经济繁荣和文化高涨，而文艺复兴时代特有的那种对现实生活的肯定，对自然美的敏感，以及对古典文化的仰慕，更起着直接的推动作用。当时的人文主义者、诗人、画家、小说家甚至教皇和贵族，享受生活、欣赏自然、追踪古典，给造园艺术的繁荣氤氲了一个文化氛围。

　　诗人彼特拉克（Francesco Petrarch，1304—1374）的心弦经常被大海和高山触动。他曾经冒险犯难，攀登上一座秀出于白云之上的山峰，在那里打开圣奥古斯丁的《忏悔录》，给他的弟弟朗读"人们赞美山岳的崇高，海水的汹涌，河流的浩荡，海岸的逶迤，星辰的运行……"，然后感动得长久说不出话来。他喜欢在隐居中过学者生活，写信告诉朋友："现在惟愿你能知道，我是多么快乐地在山林间，在河流泉水间，在书籍和最伟大人物的才华间，孤独自由地呼吸着……"（《书信集》第七卷，第四书）这样的描写，这样的情趣，跟小普里尼的非常像。

　　小说家薄伽丘（Giovanni Boccaccio，1313—1375）把《十日谈》的背景放在一个避世的园林里，他在刻画世态人情的时候，常常偷闲描绘园林和自然景色的美。在第六天故事的末尾，他记述了一个人迹罕至的"女儿谷"。那里有山有谷，有树有花，还有溪流和湖泊。值得注意的是，他说那景致"虽然看上去完全是天然情趣"，却又"好像是出于匠心经营"，山坡像露天戏院，树木整整齐齐。这里就透露出了文艺复兴时代人们的审美趣味。女儿谷一圈有"六座不十分高的小山，每座山顶上都有一座别墅"，看来，14世纪时，在风景区造别墅已经成了风气。

　　在第三天故事的开头，薄伽丘记述了一座这样的别墅："这座别墅坐落在一座小山的平地上，建筑得十分华丽宏伟"，在它的阳台上，"可以俯览庭园景色"。花园围着短墙，"园中走道纵横，平坦宽广，挺直如箭。每条道路上都搭着葡萄棚……道路两旁是两列树丛，长满着红玫瑰、白玫瑰和素馨花……凡是这一带气候所能栽植的花木，这座花园里几乎全都有了。在花园中央……是一片草坪，远远望去，只是一片墨绿，点缀着成千朵艳丽的鲜花。草坪四周围绕着一丛丛树林，都是些葱郁茂盛的香橼树，或是橘树……正是绿荫沉沉，清香扑鼻，叫人心旷神怡。草坪中央，有一座喷水泉，用雪白的大理石筑成，上面镂着精致的雕刻。一尊人像，由圆座托着，矗立在池子中心，把水花直喷射到半空，水花从高处落下，就像雨点般打着水晶似的池子，只听得玎玎琮琮一片悦耳的声音。……池子里的水快要满溢的时候，就由暗道流出草地"。它们循一条条的小溪流遍全园，"最后，汇聚在一起，成为一条清溪，流出园外，奔向平原"。薄伽丘说："如果天堂的乐园就筑在人间的话，那么一定会布置得跟这个花园一模一样，断难再锦上添花，增加一分美丽了。"

薄伽丘构想的花园，其实就是小普里尼在信里描述的花园。后来，意大利的文艺复兴花园，大体就是这样。

大约1450年，佛罗伦萨的统治者柯西莫·美第奇（Cosimo de Medici，1389—1464）在菲耶索莱（Fiesole）造别墅，就起意于模仿《十日谈》里的园林和生活趣味。

只不过晚几年，1458—1464年在位的教皇庇护二世（Pius II），也是个如醉如痴地热恋着大自然的人，他一得空闲，就游山玩水，生了病还叫人抬着去。壮丽的峰峦，辽阔的海洋，苍翠的森林，清澈的湖水，甚至野花闲草，都能使他欣喜若狂。在他的《回忆录》里有这样的句子："由葡萄藤浓荫覆盖着的岩石蹬道向下通到水池，那里在峭壁悬崖间生长着橡树，画眉鸟的歌唱使它充满生机。"（见《意大利文艺复兴时期的文化》，何新译）细微的描写洋溢着感情。他爱在老树下、细泉边的绿茵地上召开主教会议，接见使节或者签署公文。教皇的爱好，对时尚起了推波助澜的作用。

对意大利文艺复兴时期造园艺术最有影响的是建筑家阿尔伯蒂（L. B. Alberti，约1404—1472），他是庇护二世和画家波提切利的同时代人，同样热爱大自然。据布克哈特（Jacob Burckhardt，1818—1897）说，"他看到参天大树和波浪起伏的麦田就为之感动得落泪。……当他有病时，不止一次，因为看到了美丽的自然景色而霍然痊愈"。阿尔伯蒂在《齐家论》(*Del Gorverno della Famiglia*)里说，每当他置身于有着"长满灌木的群山""美丽的原野和奔腾的流水"的乡间时，就心旷神怡（均见《意大利文艺复兴时期的文化》，何新译）。

在《齐家论》和《论建筑》中，阿尔伯蒂流露出对田园生活强烈的爱好，反复说到在乡村建造住宅的好处。这些乡村住宅，其实就是花园别墅。《齐家论》里有一段很生动的文字："……别墅永远是忠实而仁慈的；如果你怀着热爱它的感情在适当的时候住在那里，它不仅能使你满意而且能使你享受无穷。在春天，绿树和小鸟的歌唱将使你感到快乐和充满了希望；在秋天，稍出点力就将使你获得上百倍的果实；一年到头，忧愁将远远地离开你。别墅也是善良而诚实的人们喜欢在那里聚会的地方。这里没有秘密，没有奸诈行为；人们都开诚相见。这里不需要法官或证人，因为所有的人都友爱而和平地相处。快到这儿来吧，离开那些骄傲的富人和不名誉的坏人。啊！幸福的别墅生活，啊！莫大的幸运！"（转引自《意大利文艺复兴时期的文化》）

阿尔伯蒂所论述的园林，毫无例外都是这种别墅里的园林，他对别墅的这种认识和感情，决定了他对造园艺术的基本观点。

阿尔伯蒂很重视乡村花园别墅的选址，论述很细。在《论建筑》里大体有这样几点：

第一，离城不要太远，既可以享受城市生活的方便，又可以有乡村生活自由闲散的乐趣；位置不要太显眼，但要让人看得到，而且城里的朋友出城呼吸新鲜空气的时候，蹓蹓跶跶就能走到，"好像它欢迎每一个客人"（第九卷，第2节）。

第二，环境要卫生。"我们要小心翼翼地避免恶浊的空气和污秽的泥土……"，要把别墅造在"有益于健康的乡村中的最有益于健康的地点"（第五卷，第14节）。

第三，自然风景要优美。这一点他反复说过许多次。"那儿不可没有赏心悦目的景致，鲜花盛开的草地，开阔的田野，浓密的丛林，不可没有澄澈的溪或者清亮的河和湖，要具备一切这类乐事，这类我们前面说过的、对乡村隐居生活必不可少的乐事……"还要有地方打猎和钓鱼（第九卷，第2节）。

第四，要在山顶上或者山坡上。一方面，让朋友们或者陌生的过路人都可以从远处就见到，过来盘桓歇脚；一方面，从这里可以"望到城市、村庄、海洋和平畴，以及丘陵和——能指出名字的峰峦"（第五卷，第17节）。虽然造在高处，"但要毫不费劲就能走上去，来的人不太觉得走过上坡路，却发觉自己已经到了山顶，放眼望去，风光十分辽阔"（第九卷，第2节）。另外，在《齐家论》里，阿尔伯蒂说，花园虽然有高高的围墙，但只要它是在山坡上，就可以从廊子里和阳台上越过墙头，欣赏"晴朗明亮的天气，森林密布的小山那边的美丽的远景，阳光灿烂的平野，倾听泉水和流过萋萋草地的溪水的低语"。

阿尔伯蒂关于别墅的选址，着重外向的得景，合于小普里尼信里的描写，后来文艺复兴的园林，选址大体都是这样的。

但花园本身是内向的，有高高的围墙。他说："我面对现实，不反对用墙把园子围起来，因为这是对恶意和盗窃的最适当的防御。"（第九卷，第4节）

关于花园的构图布局，阿尔伯蒂论述不多、不细，但是基本意思已经很明确。他说到花园的"布置得体"，大概是"花园处处要划分成各种形状，像房屋的平台常有的那样，如圆形、半圆形，等等"，"树要种成十分均匀整齐的行列，彼此笔直地对准……"他赞赏修剪树木组成花坛图案，说："古代的园艺工人有一种很讨人喜欢的阿谀方法，这就是在花坛里用黄杨树或者芳香的药草组成他们主人的名字。"他主张对景，说："道路的尽端要有树木，以便欣赏永不凋谢的绿色。"（第九卷，第4节）由这些片段看来，他就是根据小普里尼的园子立论的。后来文艺复兴的多数园子，构图布局大致就是这个路子。在《论建筑》的第八卷第1节里，阿尔伯蒂说："乡村里的道路，要从它所穿过的乡村中尽可能多地获得美，从它的富饶、精耕细作和星罗棋布的房舍，从它的赏心悦目的景致：忽儿是苍翠的山，忽儿是河，忽见是泉，忽儿是裸岩和峭壁，忽儿是肥沃的平川、森林或峡谷……"道路景色随步而异，这也是小普里尼在描述他的花园别墅时很以为得意的。

阿尔伯蒂也简单地说到一些造园要素，主要在《论建筑》的第九卷第4节里。他说："花园里要种植稀有的树木和医生们珍重的树木。"他提到的大致有石榴、山茱萸、玫瑰、桂、柏、杜松、桃金娘、黄杨、橡树、李树以及葡萄之类的攀缘植物，等等。最"不可缺少的是缠满常春藤的笔柏"。他认为，石榴和山茱萸做的绿篱特别美，而攀缘植物，则可以像古代人那样，把它们架在用大理石的科林斯式柱子搭成的棚架上，形成绿廊。

花园里要有草地，有溪流、喷泉和游泳池。有一种很大的石盆，用来装饰喷泉特别好。"在花园里安置一些可笑的雕像也不会使我不高兴，只要它们不淫猥就行。"

阿尔伯蒂很喜欢岩洞。他说岩洞"部分是苔藓遍生的洞穴，部分是珍藏雕像的宝库，部分是房舍，又部分还是一处花园"。"古人常常用各种粗犷的方法来处理他们的岩洞的墙面，用浮石或者被奥维德称为活浮石的柔软的梯布迪纳石；据我所知，有些人把岩洞整个抹上层绿色的蜡，模仿我们在潮湿的岩洞里常见的那种长满苔藓的又滑又黏的表面。我极其喜欢我所见过的一个人造岩洞，从那里面流出涓涓的清水，壁上粗糙不平地粘满各种各样的海贝壳，有一些倒扣着，有一些向外张开，颜色搭配得十分精巧，形成非常美丽的变化。"

在花园别墅里，阿尔伯蒂认为，壁画上应当画田园生活，因为它们更欢乐："看到那些画着美丽的风景、天空、垂钓、狩猎、游泳、乡村竞技、鲜花盛开的田野和浓密的丛林的画，我们的精神就会特别愉快。"地面的镶嵌画，最好也像古人那样，以花卉树木等为题材。阿尔伯蒂的这些主张，同时也把园林引进到建筑物里面，使二者相互渗透，失去界限。

在《论建筑》的第四卷第17节里，阿尔伯蒂说，花园里要有廊子，这是必不可少的。"冬季，老头子们可以聚在那里晒着和煦的太阳聊闲天；夏季，挪个地方，一家子可以在那里乘凉消遣。"

所有这些关于造园要素的论述，都在意大利文艺复兴和巴洛克的园子里实现着。当然，跟古罗马相比，这些论述并没有什么新东西，小普里尼的影响很显著，而且阿尔伯蒂自己也不时地要提起古代的经验。

钱锺书先生在《宋诗选注》里，参考德·桑克迪斯（Francesco de Sanctis, 1817—1883）的《意大利文学史》说："据说在文艺复兴时代，那些人文主义作家沉浸在古典文学里，一味讲究风格和词藻，虽然接触到事物，心目间并没有事物的印象，只浮动着古罗马大诗人的好词佳句。"这些话也许说得过分了一点儿，但是却说出了那时人文主义学者的一个根本弱点。

阿尔伯蒂描述的花园，跟古代的相仿，是一处日常生活的场所，直接在日常生活中享用。消遣、娱乐、隐退、陶冶性情，要的是亲切恬和的情趣，而且规模不必很大。这一点跟法国古典主义园林大不一样，那里，花园是宫廷活动场所，豪华的厅堂的延续，要的是排场、气派、热热闹闹，人多，规模也要大。这一点性质上的不同，造成了意大利文艺复兴造园艺术跟法国古典主义造园艺术的基本区别。

4

意大利的文艺复兴和巴洛克园林，主要是郊居别墅里的园林。城市府邸里的，像热那亚常见的那类，不很重要。郊居别墅的建造，开始于15世纪中叶的佛罗伦萨，最早的代表是离佛罗伦萨不远的菲耶索莱的美第奇别墅（Villa Medici, Fiesole, 设计人Michelozzi Michelozzo, 1396—1472）。它造在山坡上，有三层平台，没有突出的轴线，入口在横肋里。建筑物靠在一侧。洛朗·美第奇经常带着"柏拉图学院"的人文主义学者们到这所别墅去。但15世纪下半叶，佛罗伦萨走向衰败，别墅建设没有普遍兴盛起来。即使如此，15世纪末，法国的国王和大贵族们，还是不断从意大利聘请造园家去工作。

16世纪初，罗马成了盛期文艺复兴的中心，这时，造了伯拉孟特设计的梵蒂冈宫大院子里的花园，还是中世纪式的方格子花坛。此外，还造了近郊玛立欧山（Monte Mario）的玛丹别墅（Villa Madama, 1516—1520年主建筑大体完成），设计人有拉斐尔、安东尼奥·桑迦洛（Antonio Sangallo, 1484—1546）、罗马诺（Giulio Romano, 1492—1546）等好几个，是为美第奇家红衣主教、后来的教皇克里门特七世造的。按照当时的风尚，玛丹别墅模仿古罗马别墅的庄严华贵。它没有造完，就因为1527年罗马之围而停工了。现在不大清楚它的园林的设计，对有些资料的可靠性还有争议，但看得出建筑物占着绝对的统治地位。

意大利园林的极盛时期在16世纪下半叶和17世纪上半叶。这时候，在罗马、佛罗伦萨、路加（Lucca）、锡耶纳（Siena）等城市的郊区，以及威尼斯附近各城市的郊区，建造了大批的别墅。它们的园林是意大利造园艺术的代表作。通常说的意大利园林，就指这些园林，尤其是罗马郊区的。

英国哲学家培根（Francis Bacon, 1561—1626）在1625年发表的《论花园》（*On Gardens*）里说："全能的上帝率先培植了一个花园；的确，它是人类一切乐事中最纯洁的，它最能怡悦人的精神，没有它，宫殿和建筑物不过是粗陋的手工制品而已；经常见到当时代变得讲究礼仪，崇尚高雅，人们总是先造些神气活现的房子，然后才造美丽的花园，显见得造园艺术是更加完美得多的东西。"

确实，16世纪下半叶和17世纪上半叶，意大利园林艺术大盛的时候，文艺复兴以"神气活现的房子"为代表的建筑艺术高潮已经过去了。这一方面是因为急用先造，园林总要落后于城市府邸；一方面也确如培根说的，造园艺术显见得更完美，它总要在文化更加精致、生活更加闲暇的时候才能达到高潮。

不过，意大利造园之极盛于16世纪下半叶和17世纪上半叶，有另外更重要的原因。

菲耶索莱的美第奇别墅（1455）。早期的文艺复兴园林与建筑融为一体。

　　意大利文艺复兴运动的兴起，是由于城市经济繁荣，资本主义制
度萌芽。但是，15世纪中叶君士坦丁堡的陷落，15世纪末叶新大陆的发
现和新航路的开辟，尤其是1494—1559年间法国和西班牙的"意大利战
争"，使意大利的城市经济衰落了。工业和商业资本转向购买土地，一
部分资产者转化为土地贵族，同时，"城市劳动者大批被赶往农村，使
园艺式的小规模耕作，有了一次空前未有的高涨"。（《资本论》第一
卷，马克思著）在这种情况下，贵族们纷纷在自己的农村地产里建造别
墅，促成了造园艺术的发展。这其中最重要的，是那些控制了教皇宝座
和高级教会职位的几个豪门贵族的别墅，大多在罗马郊区。

　　城市的统治权早已落入教会贵族手中，他们显显赫赫，支配着当时
的文化潮流。16世纪中叶，教会贵族掀起"反宗教改革运动"，疯狂地
镇压进步思想，于是，人文主义势穷力蹙，严格地说，这时候文艺复兴
运动也就结束了。不过，我还是愿意把文艺复兴的概念略略放宽一些，

而把这时期的造园艺术仍然叫作文艺复兴的。

随着文艺复兴文化的衰退，16世纪中叶，一种叫作"手法主义"（Mannerism）的艺术潮流在意大利流行起来，它的主要特征是：反对研究和遵守表现对象时的客观法则，这些法则是早先文艺复兴的艺术理论家孜孜以求的。艺术家要求自由，要求在创作中让想象、新异的主观臆造起主导作用，他们追求艺术思想的新颖独特，追求无拘无束的表现手法；而文艺复兴的艺术理论则要求艺术家首先表现对象的真实本质，要求职业技巧。到16世纪末，更有一些艺术理论家，如丹迪（Vincenzo Danti，1530—1576），倡言把艺术置于自然之上，以主观的艺术"手法"代替客观现实作为艺术品的内容。

这种手法主义表现在建筑上，也是力求摆脱法则，不顾结构逻辑，给建筑部件以不适合它们的性质的形象处理。

这些倾向，到了16世纪末和17世纪的巴洛克建筑中，就表现得更荒诞。艺术理论家、罗马红衣主教帕拉维奇诺（Sforza Pallavicino，1607—1667）在1644年出版的《论美》（*Del Buono*）里说："艺术跟真实不真实没有关系，艺术只跟建立于幻想之上的特殊认识有关系。"巴洛克的建筑就很有幻想性，它表现虚假的运动和虚假的空间，喜欢出奇制胜，玩弄体形和光影的对比以及反常形象的反常组合，搞些戏剧性效果，用透视术造成幻觉，等等。

手法主义和巴洛克紧接在文艺复兴之后，那个伟大的时代培养出来的很高的艺术创作水平和艺术鉴赏水平，影响还很强大，而且，最初的手法主义者，其实也不妨说是晚期的文艺复兴大师，所以，手法主义的和巴洛克的不少建筑，造型水平仍然是很高的。

当然，由于这样的艺术倾向，手法主义的和巴洛克的建筑师对造园艺术有特殊的兴趣，园林是最适合于表现他们的艺术趣味的。当时的主要建筑师，如维尼奥拉（Giacomo Barozzi da Vignola，1507—1573）、帕鲁齐（Baldassare Peruzzi，1481—1536）、罗马诺、利戈里奥（Pirro Ligorio，约1500—1583）、贾科莫·戴拉·波尔塔（Giacomo della Porta，

帕拉第奥设计的巴巴洛别墅（Villa Barbaro, Maser, 1557—1558）。显示古典主义的趋向。

1541—1604）、玛丹纳（Carlo Maderna, 1556—1629）和芳达纳（Carlo Fontana, 1634—1714）等，就是主要的园林设计者。所以，16世纪下半叶和17世纪上半叶的意大利造园艺术达到很高的水平，而且反映了手法主义和巴洛克艺术的各种特点。罗马本来是巴洛克艺术的中心，它郊区的17世纪别墅园林里巴洛克特点最突出。

到17世纪下半叶，园林建设的高潮已过，艺术水平也每况愈下，变得十分造作。格罗莫尔（G. Gromort）说：这些园林对人们卖弄风情，像"门槛很精的妓女打扮得花枝招展来诱惑我们"，而文艺复兴的园林则"像贵妇和青春少女，有点儿庄重，自信能以她们的高雅的风度和美丽的仪容使我们爱慕"（见*L'Art des Jardins*）。这时，还引进一些当时流行的城市建设手法到园林中来，例如纵横交错的林荫道和它们节点上的小广场、特别强的中轴线、占统率地位的主建筑物、三叉戟式的林荫道，等等。

18世纪，法国古典主义的造园艺术回过来对意大利发生了影响，花园的中轴线大大加强，成了构图的重心。19世纪，则是英国式的自然风致园影响到意大利，甚至有一些文艺复兴的花园也局部地改造了。

5

在"法国的造园艺术"里，我为了比较法国和意大利园林的异同，曾经说了说意大利文艺复兴和巴洛克园林的特点。现在要详细地写意大利的造园艺术，又觉得很难把它们的特点做一个简单的概括。

首先难在园林的种类比较多，有附属于城市府邸的，如热那亚的波德斯达（Podestà）府邸的花园；有供公众节庆活动的，如佛罗伦萨的庇第府邸（Palazzo Pitti）后面的包勃利花园和罗马附近弗拉斯卡蒂的道劳尼亚花园（Villa Torlonia, Frascati）；有作为农庄的管理中心的；还有就是专为消遣闲住的乡居别墅里的花园。虽然也有许多共同点，但构思毕竟有不小的差别。

我把重点放在别墅里的消闲花园，它们是意大利园林的代表作。但这一类变化也很多：有简明的单幅的花园，有复杂的包含几个风格不同的小区的花园，有园中园，等等。它们有的以水为主，有的以树为主，有的以建筑物为主；有宁静幽谧的，有喧闹华丽的。布局也不相同：有主建筑物在前的，也有在后的；大多数是对称的，从正面入口，但也有不对称的，从侧肋进去。简单的概括不太好，那么，索性就不做这种概括。

意大利的乡居别墅园林构图的特点和变化，主要决定于它们所在地的地形特点和变化。罗马、佛罗伦萨、路加、锡耶纳这些造园比较发达的地方，都是丘陵地。法国散文家蒙田（Michel Eyquem Montaigne, 1533—1592）1581年到意大利游历，参观了罗马附近的花园之后说："我在这里懂得了，丘陵起伏的、陡峭的、不规则的地形能在多么大的程度上提高艺术，意大利人从这种地形得到了好处，这是我们平坦的花园所不能比的，他们最巧妙地利用了地形的变化。"杰出的建筑师都是弄潮的好手，意大利的别墅园林大都造在山坡上，因为夏季有凉风。山坡地形的复杂，给造园艺术提出了各有特色的新奇难题，而他们却有本领把这些困难变为创造独特的构图的条件。所以，加代（M.-E. Guadet，1758—1794）说，意大利造园艺术的第一要点是"推敲一块好地方"。

山坡地形要改造，一般是修筑几层整整开开的台地。不过，台地依然顺应地形，所以，不论山坡多么陡，正如格罗莫尔说的，"花园覆盖在上面，就像给人穿上一件合身的衣服"，花园"不是造出来的，而是长出来的"。有的山坡很陡，例如艾斯塔别墅（Villa d'Este, Tivoli）有八层台地；阿尔多布兰迪尼别墅（Villa Aldobrandini, Frascati）有七层台地；朗特别墅（Villa Lante, Bagnaia）有五层；而卡普拉洛拉的法尔尼斯别墅的小花园（Casino Garden in Villa Farnese, Caprarola）地形陡峭，简直是从天而降。一般的总有三层。

所谓地形，还应包括土层的厚薄，是否宜于植树；也包括水源的丰歉，水头的高低。山坡地造成水的流动、喷薄、飞溅，并可以利用水头落差造成种种水嬉，这是建筑师喜爱在山坡上造园的一个重要原因。

山坡的另一个优点是可以远眺。有些别墅可以望海，有些望田野、河流，有些望山冈丛林，这是古罗马人所追求的，阿尔伯蒂也很重视。加代所说的"推敲一块好地方"同样包含这个意思。法国小说家司汤达在《罗马漫步》里说，在意大利的天堂般的山水里，贵族老爷们绝不会选一块次地，一块没有任何优点的地，来消磨时光，消耗财富。不过这些远景，有的可以从花园眺望；有的主要在主建筑物里眺望，而花园里只有小小一个角落可以眺望；也有一些花园完全被墙或者绿篱封闭。所以花园又有内向的与外向的之别。可以眺望远景的花园，本身不必很大。内向的花园，被当作室外的沙龙，是主建筑物的扩展。贵族们从城里来过几天悠闲日子，避暑消夏，要的是宁静亲切的环境，求的是隐逸的情趣，所以也不必很大，最好的例子是弗拉斯卡蒂的皮柯罗米尼别墅（Villa Piccolomini, Frascati）的小花园。

不论是内向的还是外向的，花园本身的艺术都要完整，构图一丝不苟。虽然有几层台地，布局是统一的，基本部分绝大多数是对称的几何形，有中轴线。由于地形复杂，所以总有不对称的部分。植坛、道路等都是图案化的。因为意大利人把花园看作是别墅四外的大自然跟建筑物之间的过渡环节，自然和建筑在花园里相遇、相渗透、相吸收。它要在二者之间平衡，既要有自然的特点，又要有人工的特点。谢弗德（J. C. Shepherd）和杰立科（G. A. Jellicoe）说："自然的不规则性可以是美丽而妥帖的，房屋的规则性也一样；但如果把这二者放在一起而没有折衷妥协，那么，二者的魅力就会因为尖锐的对比而衰失。""设计一座花园，最重要的就是推敲二者的关系。"（*Italian Gardens of the Renaissance*）从古罗马以来，经过中世纪的修道院到阿尔伯蒂，并且流行到整个欧洲，作为建筑和自然的"折衷和妥协"的，是图案式的花园，它是建筑化的自然，自然化的建筑，被认为是二者间关系的最好的形式。这种上千年的传统，到了18世纪才被英国式自然风致园打破，那时英国诗人蒲伯（Alexander Pope，1688—1744）讥笑法国花园只设计了一半，"另外一半不过是这一半的映像"。不过，正如布克哈特说的：意大利园林的"对称布局各有自己的特色"，倒并不那么简单。

意大利图案式花园中，建筑和自然的关系又往往是动态的。这动态大致有两类。一类最常见的，好像投石落水，水中的波，从中心向四围扩散，渐远渐弱，以至消失。这石子就是别墅的主建筑物。花园的构图和各种造园要素，离主建筑物越远，几何性越弱，变得越柔和，越向自然接近。另一类却相反，花园和它的建筑物好像从自然中产生出来的。例如巴涅伊阿（Bagnaia）的朗特别墅和弗拉斯卡蒂的阿尔多布兰迪尼别墅，一股溪水从林中奔突而出，冲下山坡，穿过整座花园，一路造成了渠、瀑、池、喷泉和水剧场，好像别墅主建筑物也是它从山上冲下来的。第一类主要是由平台、栏杆、台阶、雕饰这些石作和植坛、树木、林荫路等造成的，第二类主要靠陡坡上的流水。

石作包括台阶、平台、挡土墙、栏杆、廊子或亭子等，此外还有花盆、雕像和各种喷泉。这些要素是建筑向花园的延伸和渗透，同时，它们把主建筑物跟花园"锁合"在一起。意大利的花园既然造在山地上，而且建造多级台地，所以台阶、平台、挡土墙和栏杆就必不可少，它们通常用白色石头，高低错落，描画出平台的节奏，在常年浓绿的环境中，很有装饰性。布克哈特描述意大利花园说：意大利的消遣闲游的花园，"以带栏杆的平台和台阶斜坡等做骨架，它们是最便于做丰富的建筑性处理的。借助于半圆形的尽端、石级、岩洞和喷泉，它们总是跟别墅的主建筑物结合得很紧密"，"这些东西的几何线条能够跟主建筑物谐调"（*Cicerone*）。

这些石作里，台阶的装饰性最强。它是道路的一部分，游人必经之处，又因它沟通两个台地，高差使它能有许多种活泼而富有变化的构图。在16世纪的花园里，它就很受重视，艾斯塔花园、朗特花园等的大台阶都是精心设计的。到17世纪，巴洛克的艺术趣味特别明显地表现在台阶的造型上，常常把它们弄成流动的曲线，例如米兰附近的克立凡利别墅花园（Villa Crivelli, Inverigo），每个台阶的平面都像一朵花饰。科莫湖边特雷梅佐（Tremezzo, Lake Como）花园里的码头，台阶像是凝固的涟漪。18世纪初年罗马的阿卡迪学院（Arcadian Academy），整个花园简直就是一座花花哨哨的台阶，它的设计人就是罗马著名的"西班牙大台阶"的设计人德·桑克迪斯（Francesco de Sanctis, 1679—1731）。这里只剩下了巴洛克艺术的所谓自然，就是那些变幻莫测的曲线。

花盆和雕像通常用来装饰台阶、栏杆、挡土墙、平台等，它们使石作更活泼多姿，花园更有生气。有些花园的雕像出自名家之手，朗特别墅和罗马的美第奇别墅（Villa Medici）的花园里都有波仑亚的乔凡尼（Giovanni da Bologna, 1529—1608）的杰作，装饰在喷泉上。挡土墙前常做龛或岩洞，里面安放雕像，而且往往装上许多水嬉、机关喷嘴，形成所谓"水剧场"。喷泉一般都是石作的重点，大多有雕像，水剧场和喷泉是石作跟流水的结合。

古罗马时代，贵族的别墅园林中常有一片树林，养着自由活动的小

菲耶索莱的波斯可别墅（Villa il Bosco di Fonte Lucente）。显示意大利典型的台阶式园林。

兽，供贵族们射猎。中世纪，有些花园里在一个小岛上养兔子。文艺复兴以来失掉了这件造园要素。维罗纳的李札尔迪别墅（Villa Rizzardi, Verona），在一小片林子里放着一些石刻的野物，也许是这种习惯的遥远的回忆。

意大利气候温和，常绿树很多，它们形成意大利园林的一个重要特色。最著名的是伞松和笔柏。正像石作是建筑向花园的延伸和渗透一样，树木则是自然向花园的延伸和渗透。它们把花园"锁合"到自然里去。但是，作为跟建筑的"折衷与妥协"，它们有很大一部分不能是自然状态的。

从古以来，花园里就盛行修剪树木，做"绿色雕刻"。意大利耐修剪的树种不少，往往从根到梢，都可以修剪成各种样子。经中世纪而到文艺复兴，修剪树木的传统始终不衰。比较极端的，如1495年鲁切莱（Ciovanni Rucellai）在佛罗伦萨的戛拉奇别墅（Villa Quarac-chi）里做的绿色雕刻，有"圆球、廊子、庙宇、花盆、缸、猿、猴、牛、熊、巨人、男人、女人、战士、竖琴、哲学家、教皇、红衣主教……"，真是洋洋大观。

一般地，用冬青属或柏树剪成方正整齐的高高的绿墙或低矮的绿篱。植坛是由剪成各种几何形状的黄杨树和砾石组成的图案，叫作"绣花图案"，都是对称的。四季常青，不用鲜花和香草。最简单的花园，就是一圈绿墙当中的一片植坛，例如皮柯罗米尼别墅的花园，它的黄杨植坛非常雅洁精致。16世纪的花园常常划分为大小相近的植坛，比较简单地排列在一起，各自结构图案。17世纪下半叶，巴洛克艺术却在黄杨植坛大显身手，这本来是便于驰骋想象力的题材。这时的图案变得复杂，以回环的曲线为主。同时，幅面增大，有时以整个花园为一幅图案，如迦佐尼别墅（Villa Garzoni）花园。巴洛克时期，绿墙也很有变化，不只是简单的、平直的，有些修剪成波浪形或其他曲线形状，点缀一些绿球。同时，流行用绿篱组成的迷阵。

17、18世纪，园林里一个重要部分是"绿色剧场"，多数只有用树木修剪成的不大的舞台，少量也有观众席。绿色剧场中最完全的是路加附近的玛利亚别墅（Villa Marlia）的一座，它的紫杉树大约是1652年种的，后来修剪成天幕、侧幕、演员室、指挥台、提词人掩蔽所等。舞台是毛茸茸的草地。它在18世纪是路加贵族们爱美演出的地方，著名音乐家帕格尼尼曾经在这里为拿破仑的妹妹爱丽莎演出。绿色的天幕前有三尊白大理石的雕像，在绿色背景衬托下很鲜亮。

巴洛克时期，花园里盛行辟林荫路，两侧等距地种植行道树。其中笔直的中轴路，一头通主建筑物，一头通大自然，把二者连接起来。在道路的交叉点，或者设雕像，或者设喷泉，作为林荫路的分节对景，标志出路网的几何体，很严谨的几何性。普拉多里诺别墅（Villa Pra-tolino）和阿尔巴尼别墅的林荫路，就有当时城市建设中通行的林荫路布局。

树木经过这样精心的建筑化处理，所以司汤达说：贵族们的这些别墅是"建筑之美和树木之美最完善的统一"（《罗马漫步》）。

意大利园林跟法国古典主义园林很不一样。园林里往往有丛林（bosco），它们虽然按规则种植，但树形完全自然，长得高大茂密之后，俨然是一片天生的树林。罗马的美第奇别墅里，丛林的面积大大超过了几何式的花园，艾斯塔别墅则几乎整个是丛林。而且，意大利的别墅园林面积一般不大，园林之外，常常是山坡上浓密的天然林，它们形成了园林的背景。尤其是林园里或者园外近处的那些伞松和笔柏，一棵棵姿态横生，各有特色，个性非常鲜明。即使在图案式的植坛里，也常有形态自然的石榴树、月桂树和柠檬树等等。所以，意大利的园林，比起法国的来，天然真趣是要多得多的。更可贵的是这些园林里多少总有些老树，鳞干虬枝，苍劲夭矫。所以有人说意大利园林之美，原因之一是它们的老，"阳光、风雨和苍苔"给它们增添了无限魅力。

由于意大利花园几乎只种常青树，花卉极少，所以它们四季变化不大。这既是一个优点，也是一个缺点。避免了寒冬的萧瑟，却也失去了金秋的明艳。

树木靠水脉滋润。但意大利花园里，水起着更多的作用，它是独立的造园要素。法国的古典主义园林里，除了少数受到意大利影响的，都以静态的水为主，而意大利花园里的水主要是动态的。这是花园要造在山坡上的重要原因之一。奔流的水给花园带来了运动、光影的明灭闪烁和清凌凌的声音，它们生气勃勃，充满了生命感，像园林的血脉。意大利人在园林里再现了水在自然界的各种形式：有出自岩隙的清泉，有急湍奔突的溪流，有直泻而下、飞珠溅玉的瀑布，还有链式瀑和台阶瀑。链式瀑级差小，台阶瀑级差大，也叫水台阶。渠道象征江河，最后注入的水池，象征湖海。池里常常养鱼，供人垂钓，这是从古罗马经中世纪传下来的遗风。当然，这些都是程式化的，以便跟建筑取得"折衷和妥协"。

在所有这些形式之外，最富有活泼的生趣的，把水的美发挥得淋漓尽致的，是各种各样的喷泉。它们或者跟华丽的亭、廊之类的建筑物结合，或者跟雕像结合，或者跟大石盘结合，这些建筑性比较强；它们也可以是看不见的小小的喷嘴，藏在水池边上、树根下、草丛里、石板缝之间，这些比较自然。它们数量很多，处处喷涌，微沫随风轻扬，滋润得满园清凉。柔和的水声，也仿佛是"龙吟细细"。

一般园林里，喷泉和水的各种形式错杂使用，但也有以偏重某些而造成自己的特色的。例如，意大利最著名的两个水景园，艾斯塔别墅的花园以千变万化的喷泉取胜，朗特别墅的花园则以表现了水自出山至入海的全过程中的各种形式见长。

巴洛克的建筑师，特别喜爱玩弄水。他们在城市广场里造了大量的喷泉水池。巴洛克小教堂曲折断裂的建筑形式，就像古典建筑的涟漪中的倒影。在园林里，从17世纪中叶起，就流行了"水风琴"和"水剧场"。水风琴是使水流造成气流，使金属管子发声。金属管子有成组的，也有单个的。单个的或称水笛。这种装置在古罗马就有，到巴洛克时期大为发展。水剧场通常是一个半环形的建筑物，大多靠着挡土墙，有一列很深的"岩洞"，洞里立雕像，水以各种方式，从各种角度，在洞里喷、淋、溅、洒。有些水剧场里有几间比较宽敞的厅堂，装设着许多"机关水嬉"，如以水力驱动的飞鸟走兽，还会发出鸣声或吼声。而最有巴洛克特色的机关水嬉则是一些恶作剧的喷嘴，藏在看不见的地方，游人无意中踩到机关，水就会从四面八方射来，浇得浑身透湿。

这些机关水嬉起源很早。公元1世纪，亚历山大里亚的海罗（Hero of Alexandria）就写过一本书，叫《气动装置》（*Pneumatica*），里面写到一些机巧。比如，庙里有一个容器，把敬献礼神的钱丢进去，就会浮动，在庙前的祭坛上点了火，庙门就会自动打开，等等。这本书以手抄本的形式在意大利流传，1575年用拉丁文出版，1589年用意大利文出版。"机关水嬉"和"水风琴"就从这本书里借鉴了许多技术。

几何式的布局和石作、常青树、流水三大要素的精心处理，都在于要使天然美和人工美在园林中平衡，使园林成为建筑跟自然之间的中介物。这样的园林，有些情趣介于法国的古典主义园林与英国的自然风致园之间。所以，1740年，法国的古典学者德·布洛斯（Charles de Brosses，1709—1777，《百利全书》撰稿人）到意大利，说那儿的花园是"荒凉而粗野的"；一百年之后，法国的艺术理论家丹纳（H. A. Taine，1828—1893）参观了罗马的阿尔巴尼别墅后说："所有的东西都在说明人的文明和精致，说明人决心把自然当作实现他的幻想的伙伴和服侍他的享乐的仆从。"又说意大利贵族"不给自然以自由。水必须喷出或者进出，而且必须落到池子里或者盘子里。草地被一人多高的、跟墙一样的黄杨树绿篱围起。……这座花园是那个长达两个世纪的社会的化石骷髅，那个社会把维护和炫耀自己的尊严作为最大的享受，把在宫廷和会客室打发日子作为最大的享受。人对无生命的东西毫无兴趣：他不能承认它们有灵魂和它们自己的美，他只把它们当作为达到他的目的而使用的仆从；它们的存在只不过给他的活动当作背景，所以只有一点点无关紧要的作用。唯一感到兴趣的是在它们的舞台上发生的场景，也就是人间戏剧。树木、水、自然风光，如果要参与到这戏剧里来的话，它们必须人化，必须失去它们天然的形状和性格，失去它们的'野性''拘束性'和荒僻的外貌，而要尽可能地把它们弄成像男男女女们聚会的地方：客厅、府邸里的大厅或者神气活现的殿堂"。

仁者见仁，智者见智。德·布洛斯和丹纳各有自己的文化历史背景。关于造园艺术，也不会有常驻的、永恒的审美理想。但丹纳对意大利文艺复兴和巴洛克园林的认识是很深刻的，他在它们里面看见了红衣主教们的审美理想、他们的生活方式和趣味。

6

在罗马城的东北角，紧挨着城墙的平乔山山脊的南头，大约古罗马的卢库勒斯别墅的位置上，1544年造了一所别墅。设计人是李比（Annibale Lippi，？—1581）。别墅本来属红衣主教瑞奇（Ricci），1580年卖给了美第奇家的红衣主教斐迪南（Ferdinand）。

美第奇别墅的选址很好，视野阔大，景致很美。向西南俯瞰罗马城的北部，对面遥望圣彼得大教堂。东北方是城外一片缓坡地，后来的波尔吉斯别墅（Villa Borghese）就造在那里。

虽然树木都已不是原物，但美第奇别墅的布局没有改动，很难得。主建筑物在山脊台地的边缘，向西南对着城市。它后面是几何形的花园，整齐地划成六个植坛，其中四个是依别墅主建筑物的轴线对称，西

罗马的美第奇别墅。由门廊望花园，可看到树木独立的天然个性。

北方的两个是为了把花园略略拓宽一点，在主建筑物边上闪出一个空隙，正好眺望圣彼得大教堂。花园的主要朝向是城外的绿地。把花园用道路简单地划成均匀的方格植坛，这做法大体保持了中世纪修道院花园的传统。不过，道路的交叉点都修筑成圆形，这是文艺复兴典型的手法。花园里有喷泉和雕像做装饰。它的东北界外，种着一些伞松和笔柏，自然的姿态，天矫古拙，从主建筑物的廊内望去，它们是花园的背景，跟严谨的植坛形成生动的对比；近景则是廊子的柱子、台阶和精美的水星雕像，它们又造成一层对比；而几何形的花园则是老树跟柱子之间的中介。

　　花园的西北是一片丛林，纵横对称地划成16个方格，里面植树。树形是天然的，高大浓密，因此原来几何形的格局已经不大引起人的注意。

　　花园的东南又上一层台地，上面也是自然气息很重的丛林。在它的一端，可以俯瞰花园，另一端有一座圆形土丘，顶上原来造了个亭子，是登高望远的地方。土丘上满植冬青，从很陡的台阶向上攀登，只见浓荫蔽天，待到登上顶部，眼界忽然开阔。泰克尔说："在所有的园林里，再也没有更美丽的意外了。"（见*The History of Gardens*）后来三百米外的波尔吉斯别墅以中轴线林荫路正对着这座圆丘。

丛林的面积远远大过花园。美第奇别墅的总面积大约5公顷。

台地挨着花园的一边，下面向花园造了几间券廊，陈列斐迪南收藏的雕塑，其中曾经有"美第奇的维纳斯""尼奥巴斯和她的孩子"等珍品。

美第奇别墅的园林，风格宁静、亲切而雅致。面积不大，布局单纯，却很丰富。

1630—1633年间，伽利略被囚禁在这里。1650年，委拉斯凯兹住在这里作画。拿破仑一世于1803年买下了它，把罗马的法兰西学院搬到这里。法国许多著名的文学家、艺术家和音乐家曾经在这里学习。

意大利园林里，最受人称道的是艾斯塔别墅。司汤达在《罗马漫步》中说："世上再没有什么能跟它相比。"福尔（Gabriel Faure）说："蒂沃里（Tivoli）的艾斯塔别墅，是所有罗马别墅中的珍珠。……凡是在永恒之城逗留几天的旅游者，必须把这座别墅当作他不惜任何代价非看不可的东西。"（见*The Gardens of Rome*）

蒂沃里在罗马东边31.5千米、莎比纳山（Sabine）的余脉上，平均海拔230米，自古以来是罗马贵族的消夏胜地。这块小高地边缘都是陡坡悬崖，一条阿尼安河（Aniene）流过，造成许多瀑布。

红衣主教伊波利多（Ippolito II）于1550年被教皇尤利亚三世任命为蒂沃里的长官。他曾经多次想当教皇，都不成功，郁郁不得志，到蒂沃里之后，决心造一所别墅，接待最心腹的朋友，继续为当教皇做准备。他选中了这块"大欢乐谷"（Valle Gaudente）旁的陡坡，为的是在地名上讨个吉利。所造的别墅是文艺复兴时期罗马郊区最早的园林之一。因为伊波利多的母亲出自费拉拉的艾斯塔家族，所以这别墅就叫艾斯塔别墅，伊波利多死后，别墅归艾斯塔家的红衣主教们继承。

山坡很陡。主建筑物放在高地边缘上，它后面的园林，占地大约4.5公顷，纵长将近两百米，而在接近主建筑物的大约103米内，地势下降了47.3米左右，以后才平缓。所以格罗莫尔说艾斯塔别墅是"挂在悬崖上"的。

陡坡朝向西北，背阴，但视野很宽，左前方越过大片平野一直望到罗马，再向左就望到古罗马的阿德良离宫。

别墅的建筑师是维尼奥拉的学生利戈里奥。后来陆续有各时期杰出的建筑师们来做些小的补充，其中包括巴洛克艺术大师伯尼尼（Giovanni Lorenzo Bernini，1598—1680）。

在这样一个陡坡上，利戈里奥仍然坚持采用了对称的几何布局。分八层台地，一道纵轴贯通全园，左右各有一条次轴。再有几条横向道路，把全园切割成大小不等的方块。除了最低的平坦之外，中央有一大块正方形的花圃，划分成16方植坛之外，整个园子几乎都是丛林，方块里种着冬青属常绿树。这些树自由种植，自然生长，年长月久，遮天蔽日，所以虽然园子的布局是几何形的，严谨得很，但却像一座无边的、荒野的森林。这是意大利园林里一个很特殊的例子。

在中轴线上，一对大圆弧形台阶的四周和花圃的正中，各有几十棵高大的笔柏，锋锷参天，很有气势。它们色泽暗绿，枝干苍老，更给林园增添了几分精神。

但是，正如泰克尔说的："艾斯塔别墅是世界上最完美的水花园"，它的魅力，更主要的来自变化无穷的喷泉。在这个密林似的园子里，处处是水。有沿着中轴的急湍细瀑，有像血脉一样密布的淙淙小溪，有平静如镜的鱼池，也有许多豪华的喷泉。

园子右边，一个小院子里，有一座"蛋形泉"，是把阿尼安河引进园林的入口。先是把高地边缘修成凹半圆形的断坎，沿断坎布置仿天然的人工岩石，嶙嶙峋峋，像削壁一样。正中开一个峡口，口里坐一尊先

艾斯塔别墅"蛋形泉"

艾斯塔别墅"百泉路"

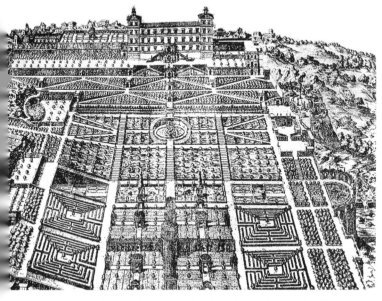

艾斯塔别墅总图。主体为几何式布局，但意大利园林的轴线并不突出。

艾斯塔别墅幽径

艾斯塔别墅"小罗马"平台

艾斯塔别墅"水风琴泉"

艾斯塔别墅的"尼普顿泉"。水柱高低错落，形如管风琴。

知像，她右手牵着天童，是蒂沃里的象征。在两侧的岩洞里，还各有一尊阿尼安像和赫古兰尼安（Herculanean）像，这是蒂沃里的两条河。先知像的上方则是尊飞马像。水从峡口流出，绕过先知像的左右，又在像前形成两层小瀑布，再向前流到一个突出在水池之上的石盘上，在石盘周边形成一个大瀑布，落到水池里。石盘两侧挡土墙的壁龛里有一些大雕像，捧着花瓶向池子里喷水。池子是椭圆形的，所以叫"蛋形泉"。岩石上和小院里长着些几百年的老树。

在比较大的园林里，设一些小小的隐蔽角落或者封闭的院落，这在意大利是常见的，一般用来宴会、玩乐或者聚谈。

出了蛋形泉小院的门，一条150米长的路横贯全园。沿路的上坡一侧，密密地、齐齐地排着三层小喷泉，一共几百个，这条路就叫"百泉路"。最高一层喷泉是向上垂直喷出的。这些喷泉石雕的题材有鹰，这是艾斯塔家的族徽；有法兰西莲花，这是纪念伊波利多出使法国宫廷的成就的；有小船，这是教皇皇位的象征；有方尖碑，它们象征教廷的权威。后两样吐露了伊波利多的心事。这几件题材，在全园各处都用。百泉路的构思非常独特，在意大利绝无仅有。它教人在步行中有意无意间看水光闪闪，听水声潺潺，不像那些壮观的大喷泉，迫使人站定下来欣赏，因此更显得亲切，而不觉得单调。

百泉路的另一端有两条小溪相汇合，它们分别代表台伯河和阿尼安河。河上有喷嘴喷出高高的水柱。跨过一条小石板桥，是一个半圆形的平台。它中央的水池里，坐着一尊戎装战士像，这是古罗马军事威力的象征。它后面，沿着平台的圆弧，排列着七座古罗马建筑物的模型，包括大角斗场、第度凯旋门、卡比多山，等等。这个平台就叫"小罗马"（Rometta），是一些文人学者们聚谈的地方。现在这些模型都已经拆除了。从这个平台上，可以俯瞰广阔的罗马郊区，远望罗马城。

从小罗马下坡，有另一个很小的院子，里面有一个"鹰泉"。本来，这里有一棵铜树，树上栖息着许多铜鸟。由于流水造成的气流的作用，这些鸟会发出各种啼声。每隔一些时间，一头鹰会跳出来凄厉地号叫，而别的鸟就一齐惊飞。可惜这些东西都已经没有了，只剩下一座凯旋门式的小建筑物，正中的龛里哗哗地倾泻着几层瀑布。

从鹰泉横向走到中轴线上，有一对弧形大台阶，它们环抱着"龙泉"。这是一个椭圆形的水池，池中央四条石龙背对背靠着，从嘴里向四外喷出水来。在它们的中间，有一柱水垂直向上喷起几米高，在风中微微摇摆，散落的水珠洁白，飘飘忽忽。这龙泉本来叫"枪炮泉"，有一套很复杂的机关，能发出一连串的爆炸声、炮声、枪的齐射声等等，合起来像罗马圣安琪儿堡垒（Castel Sant'Angelo）的枪炮声。1572年，教皇格里高利十三（Gregory XIII）到艾斯塔别墅来小住，一夜之间，主人就把这喷泉改为龙泉，因为这位教皇的徽章是龙。

从龙泉向前走，回到蛋形泉的下坡，再向下走一点，就是"水风琴泉"。这是一座凯旋门式的建筑物，用巴洛克手法装饰起来，华丽而怪模怪样。正中的券下造了个石头亭子，是伯尼尼设计的，亭子里装着水风琴。水流迫使一股气流通过许多金属管子，发出声音。同时，水流转动一根铜轴，轴上装着齿轮，依照不同的节拍按各个管子的键，因而奏出音乐。亭子前面有一个椭圆形水池。这套水风琴是艾斯塔别墅的新奇玩意儿。

水风琴泉前面有一个很高大的瀑布。它分好几级，好几段，错错落落奔泻而下。构图是对称的，但各段宽窄不同，高低不同，水量大小不同，分级的数目不同，造成了十分丰富的变化。在第二级上，轴线两侧各有六个垂直向上的喷泉，中间的喷得高，向两侧逐渐递减高度，因而构成一架管风琴的形象。在最下一级，也有一对很高的垂直喷泉。在瀑布后面，有几个水帘洞。下面正中的一个里放着海神尼普顿（Neptune）的胸像，所以这瀑布就叫"尼普顿泉"。从第二级以下是近来才造成的，有利戈里奥最初的意匠。

尼普顿泉前面有三个长方形的鱼池，连贯起来横过园子。鱼池极其平静，倒映着天光云影，跟尼普顿泉强烈对比，更反衬出尼普顿泉汹涌奔腾的壮美，也更使鱼池显得婉约柔媚。池里有鱼，可以垂钓。

紧靠园子最低处的端墙，离本来的正门不远，有一个"自然泉"。这里有模仿天然岩壁的浅龛，当中立一尊很高大的以弗所的戴安娜像（Diana of Ephesus），它胸前有十几个乳房，累累下垂，泉水像奶汁一样流出来，象征大自然永恒的丰饶和养育力。

除了这一类大型的喷泉之外，艾斯塔别墅的园子里还有一些看不见的喷嘴在树下草间，射出细细的水柱，洒遍各处。

意大利再没有别的园林像艾斯塔别墅的那样。正像格罗莫尔说的，在艾斯塔别墅，山坡、树木、水都非常夸张，都达到了它们的极致。福尔说，这所园林是"整齐得庄严的混乱，最无拘无束的幻想和最严谨的格律性的结合"（见*The Gardens of Rome*）。

出身于艾斯塔家的红衣主教们经常把艺术家、作家、音乐家邀到这里居住、聚会、度节日、宴饮，过着无忧无虑的生活，玩古物，讨论古典文化。

音乐家李斯特（Franz Liszt，1811—1886）在这里住过，写了两首乐曲，一首叫《艾斯塔别墅的水嬉》，另一首叫《艾斯塔别墅的柏树》。

朗特别墅是维尼奥拉的杰作。维尼奥拉曾经在罗马附近设计了许多别墅。泰克尔说："如果想要了解16世纪最优秀的园林的特点，就必须去参观朗特别墅。否则，就会错过造园艺术最珍贵的杰作之一。"

朗特别墅在罗马以北96千米的巴涅伊阿，1564年为红衣主教冈伯拉（Gambera）建造，他在1587年死去，红衣主教蒙达多（Montalto）继续把它完成，后来才归朗特家。这是一所消夏别墅。

别墅和它的花园的面积一共不到1公顷（一说1.85公顷），但设计得很精致。它以水从岩洞中发源到流泻入大海的全过程作为主要题材，放在中轴线上；而主建筑物分为一对，简简单单，一模一样，立在两侧，心甘情愿地做着配角。

在山坡高处，树林里，有一个岩洞，一股水从那儿流出，漫过苔藓和薇蕨，落到一个池子里，成为伏流，又出现在"海豚喷泉"，再流

朗特别墅总平面图。G. Romano 作，1518—1520。

经一个宽不到2米、长约30米、有16级的链式瀑布，在台地边上形成三级大瀑布，落到一个半圆形水池里。瀑布两侧偃卧着巨人像，得名为"巨人泉"。再下来，顺中轴有一张长长的石头餐桌，桌面当中是一条水槽，宴会的时候，在水槽里给酒降温。这是仿古罗马的瓦罗和小普里尼的记述的。石桌下首，台地边上又是一个六叠的瀑布，上三叠是凹圆弧，下三叠是凸圆弧。它叫"灯泉"，因为周圈有石灯向上喷水。从泉源到灯泉，两侧都是林园，那里面还散布着许多喷泉。灯泉以下，是个很陡的草坡，两侧是一对主建筑物，方方的，体积不大。再往下是正方形的花园，等分为16个方格，中央四格是水池，象征海洋，是全园水的归缩。它们中央还有一个圆形喷泉，叫"星泉"，有四个摩尔人一起托着蒙达多的冠冕，是著名雕刻家、波仑亚的乔凡尼的作品。边上12个方格是绣花式植坛，以黄杨、冬青做花样，以卵石做底。植坛的四角种着

朗特别墅正面。台阶式布局清晰可见。

朗特别墅中轴叠层跌落的链式瀑布，象征河
流急湍，因为意大利园林多造在陡坡上。

朗特别墅"星泉"

朗特别墅绣花植坛

柠檬树。

　　它的几个台地，从上而下，一个比一个宽，一个比一个视野大，到灯泉两侧，凭栏就可以鸟瞰开阔的田野了。

　　把整个中轴线让给水，主建筑物一分为二隔在两侧，这样的构图在意大利是独一无二的。在它的一侧，还有一个很大的林园，里面有喷泉和迷阵，现在迷阵已经没有了。

　　园子追求的风格是怡悦、亲切，不是壮观的排场。英国作家、诗人西特威尔（Sacheverell Sitwell，1897—1988）写道："如果我要在意大利或者我亲眼见过的世界上，挑选一块最可爱的、富有自然美的地方，我就会挑选巴涅伊阿的朗特别墅。"

　　罗马以北60千米左右，奇米尼山（Monti Cimini）的余脉上有一处叫卡普拉洛拉的地方，是法尔尼斯红衣主教亚历山德罗（Alexandro Farnese）买下的产业。建筑师帕鲁齐和桑迦洛给法尔尼斯家设计了一个五角形的堡垒式府邸，1547—1559年由维尼奥拉完成。

这所府邸外貌过于严肃，虽然两侧有几何式的花园，气氛还是不适合于过轻松安逸的生活。后来，维尼奥拉在它后面的密林里设计了一所小园林，园中之园，或者叫秘园，以满足闲适生活的需要，在他死后14年，1587年完工。这种园中之园的秘园，在意大利很流行。梵蒂冈花园里的教皇庇护别墅（Villa Pia，1560），路加的伯纳迪尼别墅（Villa Bernardini，1590）的水花园等是其中比较著名的。

法尔尼斯别墅的石雕。栏杆在台阶边缘。

法尔尼斯小花园的地形跟朗特别墅不同，它的前部是斜坡而后部是平坦的台地。于是，维尼奥拉把朗特别墅的布局倒过来，把链式瀑布放在主建筑物之前，而把主建筑物和几何式花园放在后面的台地上。

从府邸穿过浓荫下的坡道，到达一个小方场，正中是圆形的喷泉。从这里，一道大约13米宽、30米长的草坡在两侧挡土墙的夹峙下通向一个椭圆形的水剧场。草坡的中线上流着一道链式瀑布，淙淙琤琤，闪闪烁烁。水剧场后部一对弧形台阶抱着中央的大瀑布，它左右各有一个河神像，倚台阶斜躺着，前面是个水池。上了台阶，才看到黄杨绿篱围着的一块块植坛。主建筑物靠着台地后部，台地三面的边缘围着栏杆，上面立着一尊尊头顶花篮的石像，它们好像在喁喁私语，其实是水声和树叶的沙沙声。台地高过于周围密林的树梢，眼界旷远，这花园既幽秘又辽阔。主建筑物后面还有一个台地，正好跟主建筑物的二层地面取齐。

法尔尼斯别墅小花园的链式瀑布

那里布置着三层植坛，植坛边上镶着一排排小小的喷嘴。最后，中轴上一个半圆形的门廊，开向密林深处。在主建筑物左右通向后面台地的大台阶的侧壁上，也有许多石鱼喷吐着细细的泉水。

法尔尼斯府邸的这座秘园，设计很精致，处处洋溢着快乐、悠闲的生活情趣。可惜，链式瀑布放在主建筑物和几何式花园前面，而且两侧耸立着挡土墙，意境就远不如朗特别墅的。倒隐约像武陵溪之引向"土地平旷、屋舍俨然"的小村，也许构思上有点儿偶合？有人说，在星稀月孤、虫困露浓的深夜，维尼奥拉的灵魂常在他设计的园林里流连徘徊，爱抚他呕出来的心和血。如果遇上，不妨问一问他设计这所小园时，可曾知道万里外避秦的桃源？

16世纪下半叶的意大利园林，已经表现出许多巴洛克艺术趣味。但巴洛克特色的加强，则是从1598—1604年间造的阿尔多布兰迪尼别墅开始的。

这所别墅在罗马东南21千米

处的弗拉斯卡蒂，它位于阿尔本山的西北坡，这里，以及它的附近，早在古罗马时代就有一些别墅。文艺复兴和巴洛克时期，这里是红衣主教们的别墅的集中地，目前著名的至少还有十座[*]。其中以阿尔多布兰迪尼别墅比较好。弗拉斯卡蒂海拔400米左右，别墅依山分布在325—400米之间。

这所别墅的设计人是巴洛克建筑师波尔塔和玛丹纳，园林由乔凡尼·芳达纳（Giovanni Fontana）设计，水嬉是欧立维埃里（Orazio Ol-ivieri）的作品。园子的主人是22岁当红衣主教的彼得罗·阿尔多布兰迪尼（Pietro Aldobrandini）。

阿尔多布兰迪尼别墅的地形是前半部坡度小，后半部坡度大，在这两段地形之间立着主建筑物。从别墅的大门，有三条放射形林荫道穿进果园，两侧种着绿篱，把视线笔直引导向前。沿正中的林荫道，来到一对左右张开一百多米的马蹄形坡道，走上坡道就是主建筑物的门前。主建筑物长达100米，把视线完全挡死。它后面，隔一条不宽的空地，对着同样长度的挡土墙，中央部分是半圆形的水剧场，半个圆周大约60米长。水剧场和挡土墙的上面是榛榛莽莽、坡度很陡的林园。不过，顺着中轴线，辟出一条不宽的水道。水从山坡高处的岩洞里流出来，经过链式瀑布、很狭窄的简单的水渠，再跌落五六层水台阶，然后分散流进水剧场的各处。这一段大体像朗特别墅的处理，不过复杂了很多。尤其是水台阶头上，两侧有一对石柱子，柱身刻着螺旋形的凹槽，从上游来的水借着落差的压力升到柱子顶上，然后沿螺旋凹槽流转下来，颤动，飞溅，明灭着闪光。这是很典型的巴洛克趣味。

水剧场的正中岩洞里有一尊力士像，负着地球，水落到球上，从四面哗哗溅下。它左右各有两个岩洞，安置着喷泉和雕像。两侧平直的挡土墙跟水剧场一样用巴洛克的建筑手段装饰得很华丽，里面有宽敞的大厅，装着奇巧的水嬉，现在都已经没有了。1645年，英国作家伊芙林（John Evelyn，1620—1706）记载："一个人工的岩洞，里面有奇形怪

---

[*] 第二次世界大战时，此地是德国纳粹军的一个司令部，几乎全部被炸毁。

阿尔多布兰迪尼别墅大台阶上缘的一对柱子。水流由于落差压力可循螺旋线向上倒流，再由顶上洒落。

阿尔多布兰迪尼别墅的水剧场中央部分和链式瀑布下端的螺旋形柱子

状的岩石、水风琴和各种各样的鸟，在水力作用下运动和鸣叫。"关于这个水剧场和那些大厅，德·布洛斯的一段记载非常生动。他说："水剧场有两翼，并且有岩洞。一个岩洞里有个半人半马怪吹着一支号角，另一个里有个羊蹄羊角怪吹笛子。有些管子把空气送到这些乐器里去，可惜音乐蹩脚透顶。这两位先生应当到学校里去学几年。旁边一个厅里，九位缪斯围绕着阿波罗一起合奏，也同样不成腔调。这个发明，我觉得既幼稚又毫无可爱之处。"不过，这位古典学者和他的朋友们却被暗藏在墙上和地面的机关喷嘴逗得兴致勃勃，他们自己也不知道触动了什么，被突然从四面八方喷来的水"淋了半个钟头"，一直湿到骨头。水剧场外侧的环形大台阶，待人们走到一半时，也会有水柱从各处喷过来。

　　跟以前的园林不同，阿尔多布兰迪尼的水剧场和瀑布等的布局，只考虑一个最好的视点，这一点就在主建筑物顶层中央的凹廊里。只有在那里才能同时欣赏瀑布和水剧场。

阿尔多布兰迪尼府邸的巴洛克特征主要是：它失去了以前园林那种隐居消闲的情趣，而以鹰视虎踞的高大建筑物显耀主人的富贵；它的风格不再是亲切的、怡悦的，而是喧嚣的、矫饰的，那些机关水嬉的趣味很平庸；别墅的布局处处突出主建筑物，它控制了整个的构图，它前面的大弧形坡道极其夸张，后面又把唯一最好的观景点放在它的顶层中央；因此，以前的园林谨慎地追求的人工和自然的平衡被破坏了，人工压倒了自然，幸而得到很广阔的林园的补救。别墅大门里三叉戟式的林荫路，也是巴洛克的特点，它来自城市广场和街道的布局。最后，还有一个巴洛克式的新特点，就是它应用了透视术。它的链式瀑布，是高处宽，向下逐渐变窄的。这样，从顶上看，瀑布显得很长；从楼上看，瀑布显得很陡。

1787年，歌德曾经住在这里，他在信里写道："我在这儿很愉快，我所有的时间都用于画素描、油画等。"

另一个重要的巴洛克园林，是迦佐尼别墅，在路加以北的高洛蒂（Collodi）。这园林大约是1633—1662年造的，设计人不知是谁，主人是迦佐尼侯爵夫人。主建筑物造于18世纪，在园林之外，这是一个例外情况。

园林在一个向阳的山坡上，平面的轮廓有曲有直，形式像一面盾，南北长大约两百米，东西最宽一百米左右。它的上半部，也就是北半部，是林园，下半部是花园，二者之间横着两层窄窄的平台。林园的中央，也被一道发源于岩洞的水台阶劈开。这道水台阶，也采用了透视术，上宽下窄，并且平面仿造一个仰卧着的人像，巴洛克的趣味很强烈。

花园再分前后两层平台。植坛的构图很新颖，都有曲线的图案，而下层的更自由花巧，有一对圆形的水池，中央的喷嘴能喷出12米高的水柱。沿花园的边缘，有两层绿墙，中间夹着一条很窄的走道，因为是弧

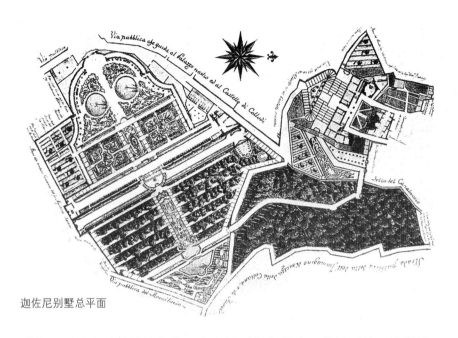

迦佐尼别墅总平面

形的，而且有正反弧的变化，走在里面很有兴味。靠里面的一道绿墙，顶部修剪成一连串的凹弧。一些陶质的、涂了白漆的雕像立在绿墙前，被浓绿的树叶衬得非常明亮。

紧贴着林园南缘的一条细长平台的西端，有一个绿色剧场。它台上的演员是些白色的雕像。

这些植坛、绿墙、夹道、剧场等，跟花园的轮廓以及透视术一起，都是巴洛克的造园艺术的代表。

现在，园林的人口在南端最低处，从这里可以看到一层层平台和中轴上接连几座大台阶在林园映衬下造成的壮丽景象。但是本来主建筑物造在西北角，从那里进来先到林园里水台阶的上端，然后循流而下，出林园而俯视几层平台上的花园。这个观赏过程远远比从下面的正门进来好，所见的景物层次多，空花栏杆的装饰效果更强，植坛的图案也更充分地展现，远景非常开阔。

很值得一提的是，就在这所迦佐尼别墅的厨房里，卡洛·洛朗齐尼（Carlo Lorenzini，笔名高洛蒂）开始写作著名的童话《木偶奇遇记》。

迦佐尼别墅台阶式布局

迦佐尼别墅。从台阶上端俯瞰花园。

后记

英国的政治家和作家，坦伯尔爵士（Sir William Temple，1628—1699）说：造园艺术"给最尊贵的人悦情怡性，给最卑贱的人消愁解忧，这是不分尊卑贵贱都可以从事的工作，都可以拥有的财富"。这话说得倒挺轻巧，可惜他忘了加一句：尊贵者的园林在地上，而卑贱者的园林在天国。不是说富人进天国比骆驼穿针眼还难么！不过，穷人一旦进了天国，也无须消愁解忧了，倒是要老老实实遵守全能上帝的禁令，千万别到伊甸园去摘智慧果。

教皇和红衣主教们精通神学，他们知道没有希望进天国，就千方百计在地上寻欢作乐。城里耳目太多，吃不消蜚短流长，就干脆到乡下去找个地方，修一座别墅。大清国的皇上们一到圆明园，就可以不顾祖宗家法；红衣主教们何尝不是，一切清规戒律都进不了花园别墅的门。

《旧约·雅歌》里说：

> 我妹子，我新妇……
> 你的爱情比酒更美……
> 你的嘴唇滴蜜……
> 你的舌下有蜜有奶。
> ……
> 我妹子，我新妇，
> 乃是关锁的园，
> 禁闭的井，
> 封闭的泉源。
> 你园中所种的结了石榴，
> 有佳美的果子……
> 你是园中的泉，活水的井，
> 从黎巴嫩流下来的溪水。
> ……
> 我妹子，我新妇，
> 我进了我的园中，
> 采了我的没药和香料，
> 吃了我的蜜房和蜂蜜，
> 喝了我的酒和奶。
> 我的朋友们，请吃，
> 我所亲爱的，请喝，且多多的喝。

这大约是所有教士们最早得到的园林知识，终身难忘。所以，在罗马附近郊区就有那么多的红衣主教们的别墅。他们出自名门望族，攀藤附葛，跟教皇总拉得上亲戚本家的关系，或者自己也准备着当教皇，有的甚至真的当上了。当上了教皇，已活到迟暮之年，仍然想造别墅，尤利亚三世的别墅就是一个。

　　世俗贵族更加不关心灵魂的得救，肆无忌惮，在他们的领地里造别墅。从路加到佩夏（Pescia），从佛罗伦萨到阿切特里（Arcetri），大路两旁别墅一个挨着一个。

　　这些神职的和世俗的贵族们一到别墅，花天酒地，寻欢作乐，遭殃的是领地里的庄户人家，尤其是他们的女孩子。罗马贵族，出过教皇的奥尔西尼（Orsini）家，老爷们到别墅玩乐，领地里所有庄户人家的全部青年妇女都要来报到侍候。所谓乡间别墅里恬静的消遣闲住生活，大多是这么一回事。亨利·奥维特在《意大利文学》中写道："公爵、国王和教皇也想尝尝同无数牧女做伴的田园生活的乐趣，因此，在整个意大利半岛上，从南到此，到处都有桃源学院的分院，甚至连偏僻的小城市也不例外。从阿尔卑斯山到西西里半岛，都响起了咩咩的羊叫声。"桃源学院是逊位后闲居罗马的瑞典女王克里斯蒂娜（1626—1689）的沙龙宾客们在她死后于1690年成立的，他们在郊区的花园里聚会，大写牧歌，题材都是以糟蹋牧女为能事的风流韵事。

　　还应该说这样一个故事：热那亚的道里亚·潘菲利府邸（Palazzo Doria Pamphilj，16世纪末）有座花园直抵海边。安德列·道里亚（Andrea Doria）在这里宴请过神圣罗马帝国皇帝查理五世（Karl V，1519—1556在位）。宴会极其豪华，更有噱头的是每道菜撤下，侍者竟把镂刻得十分精致的、很大的银盘子当着皇帝的面扔到海里去，连皇帝都非常吃惊。但是，不要紧，道里亚早已叫人在平台下张了个渔网。

　　这样卖弄财富而又虚伪欺诈，跟那种无耻的放荡一起，在意大利的造园艺术的审美理想上留下深深的烙印。所以，丹纳说，意大利的园林是"服侍他的享乐的仆从"，它们因此就会有那么多粗俗的水嬉。

　　中国的封建士大夫们热爱自然，意大利文艺复兴时期的文人学士，甚至教皇贵族们也热爱自然，但两国的园林所追求的趣味相去竟如此之远，原因固然很多，但是，其中一个重要原因，是两国造园艺术形成时期起主要作用的阶层的政治地位不同，生活态度不同，因而他们的审美理想也不同。

在中国的魏晋南北朝时期，以及以后的长期封建社会里，热爱自然、热爱隐逸生活的，主要是统治阶级中的在野派，以及极少数地位并不稳固的在朝人物。他们歌吟山水之美和田园之乐，总是跟官宦生涯的险恶或者庸俗对立起来。"静念园林好，人间良可辞"，陶潜的这句话简明扼要地说出了这种态度。他在《归园田居》诗里说他的从政是"误落尘网中，一去三十年"，在宦海中他是"羁鸟"，是"池鱼"。一旦"守拙归园田"，简直就像这些鸟和鱼"久在樊笼里，复得返自然"。用这样的心境去看田园生活，他很乐于"晨兴理荒秽，带月荷锄归"。这样的一些在野的知识分子，能够很敏感地认识和热爱自然风光的美，它们本来是人类智能和体能的对象化。在那个历史时期，退隐田园的人，又都很有文化，很有才能，声望极高。因此，"不为五斗米折腰"而避居乡村，被认为是一种淡泊的生活理想，一种高尚的志趣和情操。这样的观念一旦形成，产生了一定程度的道德力量，弄得在朝的人，热衷名利的人，也不得不拿它来标榜，连同热爱自然的审美理想。

而意大利文艺复兴时期的神职的和世俗的贵族们，都是炙手可热的在朝派。他们热爱自然，好到乡间住几天，不过是夏季的避暑和一种娱乐方式。

于是，我们就见到了中国造园艺术跟意大利造园艺术在审美理想上的差别。借用上面引用过的丹纳的话，中国的造园艺术，承认自然"有灵魂和它们自己的美"，士大夫们能跟它"对话"；而意大利人感兴趣的，"是在它们的舞台上发生的场景，也就是人间戏剧"。因此，中国造园艺术的理想是保持和尊重自然的本来面目，而在意大利的园林里，"它们必须人化，必须失去它们天然的形状和性格"。一个小小的例子足以说明这种差别，这就是谐趣园的清琴峡跟朗特别墅的链式瀑布的对比。

中国的封建地主阶级和他们的知识分子，常常要标榜"在野"，是因为中国实行中央集权下的官僚政治，只有少数地主能成为统治的官僚。而意大利和欧洲其他一些国家，实行的是封建领主制，领主在他们的封地里都是完全的统治者，他们都"在朝"。正是这种政治地位的不同，造成他们生活态度和审美理想的差别，影响到两国造园艺术的特点。

中国的中央集权之下的官僚政治，并不从制度上保证每个踏上统治阶梯的人终身在朝，相反，宦途凶险，他们时时得准备"下野"。所以，不但"身在江湖"的人要"心存魏阙"；反过来，"身在魏阙"的人也要"心存江湖"，给引退归田留下后路。穿红着紫的文官武将们，营造田庐园林，为的是将来归隐，所以他们虽然飞黄腾达，在田庐园林中却总要寻求恬退的情致。元好问《论诗三十首》之一："心画心声总失真，文章宁复见为人。高情千古《闲居赋》，争信安仁拜路尘。"文章如此，园林也一样。利禄之徒，不妨佯作向往放浪山水之间，"遂吾初服"。侥幸官运亨通，又当别论。白居易诗："试问池台主，多为将相官，终身不曾到，唯展画图看。"明人朱承爵《存馀堂诗话》里说："近世士大夫家，往往崇构室宇，巧结台榭，以为他日游息宴闲之所。然而宦况悠悠，终不获享其乐，是诚可悲也。"可见，"在朝派"是不大有工夫去享园林之乐的。这种情况，就使中国的造园艺术的传统很稳定地保持下来了。

再加上，中国古代士大夫，大多不习惯于严谨的逻辑思维，而比较喜欢直觉的体验，浮泛的印象，即兴的感受，还喜欢来一点儿玄学。这种思想上的特点，虽然不大利于科学的发展，却有利于自然式园林艺术传统的稳定。

标榜的不等于实际的。至于中国园林的实际，当然难免要受到地主和官僚们的趣味的影响。他们的生活，也是倾向荒淫、奢靡和粗俗的。所以，即使六朝时期，"在朝派"的园林就不免很少自然情趣，而竞尚藻饰。苏、扬一带的现存园林，往往矫揉造作之态毕露，尤其是扬州盐商们的一些园子，洋溢着蓄姬妾、吸阿芙蓉的腐朽生活气息，甚至叫人想起"瘦马"之类的事情来。而皇帝们当然更要把他们"君临天下"的得意劲儿带进园林里。圆明园的九州和颐和园的前山，它们的格局，早就背离了中国造园艺术的审美理想，更接近于法国古典主义的园林格局了。康熙、乾隆，以及他们的继位人，跟路易十四是有不少共同语言的。小小的谐趣园，本来说要仿造寄畅园，终于也弄了个涵远堂坐镇中央。这不可避免，无关于造园人的艺术水平，因为寄畅园反映的在野的审美趣味，在宫廷园林里是不能原封不动的。这就是草莽之臣与庙堂之尊的差别。

最后，作为结束，我再说一个意大利故事，回头来应一应这篇文章的题目。

佛罗伦萨美第奇家的柯西莫，在西班牙的刺刀保护下当上了塔斯干大公之后，他的妻子把意大利最大的私人府邸庇第府邸买下来，在它后面造了个花园。它有30公顷大（连府邸共60公顷），中央是个剧场，常常用来举办节庆，到时候全城的人都来瞧热闹，看焰火。但是这花园却以一个卑贱者的名字包勃利命名。原来，这个山坡上住着穷人包勃利，牧羊为生。科西莫妻子为了占他的山坡造花园，把他迫害死了。屈死的牧羊人的鬼魂经常回来徘徊、哭泣、叹息、唱伤心的歌。因此，佛罗伦萨人坚持把这花园叫包勃利花园。坦伯尔爵士也许不知道这个故事。

1983年10月

主要参考文献

1　Thacker Christopher, *The History of Gardens*, 1979

2　Coats Peter, *Great Gardens of the Western World*

3　Gromort Georges, *L'Art des Jardins.* Paris: Vincent, Fréal and Cie, 1953

4　Gromort Georges, *Jardins d'Italie*, 1931

5　Gromort Georges, *Choix de plans de grandes composition exécuées*, 1925

6　Shepherd J C, Jellicoe G A, *Italian Gardens of the Renaissance*

7　Masson Georgina, *Italian Villas and Palaces*

8　Faure Gabriel, *Les Jardins de Rome*, 1923

9　Alberti L B, *Ten Books on Architecture*

10　Phillipps E M, *The Gardens of Italy*, London: [s.n.], 1919

11　Bonaventura M A, *Vilia d'Este,* Casa Editrice Lozzi

12　Виппер Б Р, Борьба Течений в Итальянском Искусстве XVIвека

13　Тихомиров А Н, Искусство Итальянского Возрождения

14　Алпатов М В, Всеобщая История Искусств

15　丹纳,《艺术哲学》, 傅雷译, 人民文学出版社, 1963

16　布克哈特,《意大利文艺复兴时期的文化》, 何新译, 商务印书馆, 1979

17　Ackerman J S, *The Villa*. London: Thames and Hudson, 1990

18　Enge T O, Schröer C F, *Garden Architecture in Europe*, Köln: Taschen, 1992

19　Plumptre G, *Garden Ornament*, London: Thames and Hudson, 1989

20　Jinnai H, *Italian Aquascapes*, Tokyo: Process Architecture Co, 1993

三 法国的造园艺术

我们这个时代可不是一个汲汲于小东西的时代。

高尔拜

造园艺术，除了中国、日本这一派之外，世界上还有好几派，它们都有明显的特点和很高的成就。法国的造园艺术是其中影响比较大的一种，凡治造园艺术的人，都可以从它借鉴一些经验。中国的造园家们，了解法国的造园艺术还有一重特殊的意义，因为它跟中国的传统造园艺术恰好处在相反的两极上，拿它们做比较，有助于更加深入地把握中国传统造园艺术的特点，它的造诣和局限。这对发展中国的造园艺术很有好处。

通常所说的法国式造园艺术，其实指的是17世纪下半叶的古典主义造园艺术。它的代表人物是昂德雷·勒瑙特亥（André Le Nôtre，1613—1700），代表作品是孚-勒-维贡府邸和凡尔赛的园林。在介绍古典主义造园艺术的同时，我想把它的形成过程也介绍一下，所以实际上写成了法国造园艺术的小史。这是因为，第一，历史叙述法，同比较法一样，也是认识事物的好方法。比如说，法国的花园起源于果园菜地，而中国的园林，在发源之初，有一个重要用处是放养动物，以供狩猎，这对于解释为什么这两国的造园艺术有这么大的差异，恐怕能有点儿启发。第二，叙述古典主义园林形成之前的历史，并不需要很长的篇幅。用不大的篇幅，说一说法国造园艺术整个的历史，大约不致使人厌烦的罢。

篇幅不大的原因，是资料并不多。园林是一种很容易荒废、很容易改造的艺术品。17世纪以前的法国园林，能够原样保存下来的，几乎没有。关于它们的知识，依靠的是文字记载和少量书籍的插图，简略而且枯燥。因此，所谓历史的叙述，在这儿不免捉襟见肘，我尽力而为就是了。

1

从公元前1世纪到公元4世纪，如今的法国是罗马的高卢行省。这里造了大量罗马式的建筑物，包括庄园（Villa）。庄园是自然经济的，有果园和菜地，至少作为绿地，它们大约已经附带有了观赏性质。罗马皇帝朱利安（Julien，361—363在位）描述他在吕代斯（Lutèce，在今巴黎中心）的园子说：这是"一个用墙围着的小岛，河水荡涤着墙脚"，冬天暖和，不必经心就能在天气不好的季节里种植葡萄和无花果。笔调里透露出对自然美的怡悦之情。

大约460年，后来的克勒芒主教，阿宝里乃（Sidoine Apollinaire，？—475），在一封信里提到过他的别墅，在湖边的山坡上，前面有丰饶的田野。别墅有"美丽的"园子，园子里有游廊。在房间里能眺望湖面，在园子里可以消遣娱乐。可见，园子在那时候已经不仅仅是农业生产的场所了。

"蛮族"入侵的大破坏过去之后，中世纪的园林，主要在修道院和王公贵族的府邸里发展。

修道院的园子，同古代庄园的园子差不多，基本是果园和菜地。此外，为了治病，种些药草，为了装饰圣坛和一些宗教仪式，也种花。只要看一看罗马（Romanesque）式教堂的柱头上刻那么多叶子，肥大丰满，就能知道教士们多么喜欢它们的形象，他们不能不在园子里发现美。

有一件关于克莱弗（Clairvaux）修道院的中世纪文献说："它的园子里果木成林，在那儿行走是一件像休息一样的赏心乐事。……园子各部分被水渠划分成方块。渠水在供灌溉之余，汇潴成一个鱼池。"

灌溉水渠把果园和菜地划成方块，这是生产劳动的当然做法。中世纪修道院园子的布局因此大致相似：一块长方形的平地，打成方格，果树、蔬菜、花卉、药草等整整齐齐种在这些格子形的畦里。畦的四周种上灌木或者绿篱，也有搭格栅，把植物枝条编织上去，形成活的绿色屏障的。园子中央一般有水井，上面搭个棚子，种攀缘植物，形成阴凉。有些水井用建筑物代替荫棚。还有水渠和鱼池，雀笼和畜栏。放些石凳子给人坐。四周造一圈墙，有的带廊子，因而园子是封闭的，内向的。

从文献上可以见到小幅图画，画着这些园子，如马尔穆蒂耶（Marmoutier）修道院的和布尔盖伊（Bourgueil）修道院的等。

这个布局很朴素简单，还不能叫作花园，却是法国古典主义园林的胚胎。不过，这个胚胎不能在修道院里发育生长，因为基督教提倡禁欲主义，不许讲究美观和逍遥。所以，花园的胚胎只能在王公贵族们的园子里生长起来。

王公贵族们的园子，这时候也以实用为主，不过，比起修道院的来，更讲究美观。墨洛温王朝的国王希尔德贝特（Childebert，6世纪）在巴黎的园子，被诗人波瓦叠主教圣弗都纳（Saint Fortunat，约530—600）比成"天堂""新的伊甸园，那里的空气氤氲着天堂里的玫瑰香味"。据17世纪的历史学家索瓦勒（Henri Sauval，1623—1676）说，这个园子，"点缀着各种鲜花；人们在棚子的阴凉下散步，头上挂着青翠的葡萄"。它造在王宫的围墙上，索瓦勒把它比作巴比伦的空中花园，"它同四邻的屋脊一样高，有一方花圃，长满了玫瑰和别的花卉，还有黄杨树组成的方阵。架着这园子的是一些跨度和深度都很大的拱"（见 *Antiquités de Paris*，1724）。这园子的游赏作用已经很大，而且不满足于修道院园子那样的封闭和内向，架在高处，眺望远景，转而追求外向。这在中国就叫作借远景和借邻景。

卡洛林王朝的查理曼大帝（742—814）对园子很有兴趣。他的几座宫殿（如Aix-la-Chapelle的和Ingelheim的）都有园子，他亲自关心这些园子的经营，说："我们希望园子里种着一切植物，既有实用的，也有观赏的。"可是，他举出来的植物，竟是南瓜、四季豆、韭菜、萝卜、洋葱等。就在这座园子里，一棵松树底下，这位几乎统一了整个西欧的查理曼大帝，坐在宽大的镀金宝座上，接见西班牙的马西尔（Marsile）的使节，身边只有一株蔷薇，却有15 000名兵士。

这件事有点可笑，但它却是由庄重的颂诗记载下来的，可见当时法国造园艺术水平还很低，对自然的审美意识还不发达。

事实上，这时候西欧没有多少种观赏植物。不过，修剪树木的艺术已经流行。常常把树木，主要是千金榆或灌木，剪成圆球、圆锥、方块、方锥，多层的圆盘形，甚至剪成人像或飞禽走兽。据说，这种艺术本来是东方的，罗马帝国第一个皇帝奥古斯都的朋友、骑士马蒂乌斯（Gaius Matius）把它引进罗马，又从罗马传开去，大约早就流行到了法国。

修剪树木，引起绿篱的普遍使用。此外，还有荫棚，以及从荫棚发展出来的绿廊。绿廊是用木枋搭成的拱形格栅，覆在路上，上面长满葡萄或者其他的攀缘植物。这些东西以后都是法国重要的造园要素。

虽然王公贵族的园子比修道院的稍微多一点美化，但仍然很简陋，格局同修道院的差不多。这是因为，12世纪以前，封建贵族拥兵割据，互相攻杀，所居之处，着力经营的是深沟高垒，不大顾得上花园。他们好勇斗狠，野蛮粗俗，爱美的情致有限得很。整个社会的经济和文化水平很低，花园是发展不了的。

12世纪之后，情况起了变化。这时候，法国的封建制度到了中期，巩固和发展的时期。王权渐渐强大，诸侯向国王效忠，相互间的火拼减少了，天下比较太平。手工业和商业兴起，产生了新的城市；经济上升，市民文化抬头，它追求现实生活的美。贵族们也跟着学会了一点儿文明。这就促成了造园艺术变化的机会。同时，大批杀奔东方的十字军，在拜占庭和耶路撒冷繁荣的城市里见到了更加豪华、更加精致的生活方式。他们把东方发达的文化，包括造园艺术的一些要素带回西欧，其中有许多种观赏植物，这也有利于法国造园艺术的变化。

13世纪市民文学的代表作之一，《玫瑰传奇》（*Le Roman de la Rose*），刻画了戴杜伊（Déduit）的一所大园子，说它有许多树和浓密的灌木林，无数鸟儿在上面歌唱，歌声像音乐一样和谐动听。在这所人间天堂里，有各种各样的花，红的、白的，又鲜艳又娇嫩，芬芳馥郁，价值连城。果木的品种齐全，还有月桂树、松树、橄榄树、柏树等。它们不经修剪，但种得整整齐齐。这园子比查理曼大帝的，审美价值提高多了。

1299年，阿都瓦公爵们（Les Comtes d'Artois）在埃丹府邸（Château de Hesdin）的堑壕之外兴建了一所纯粹游乐性的园子。这所园子给法国园林增添了一项新内容：它的主要建筑物里的"粲然廊"和另外的一亭一轩中，安着大量机械装置，能叫游览的人"大吃一惊"。机械装置挺精巧，不过趣味不高，有点儿粗俗。例如，游客踩到一个隐秘的机关，就会有水从什么地方喷出来，淋一身湿。翻开一本弥撒书，就会有一股黑烟冒起，刺得眼睛发痛，或者，它会撒出一把白灰。好端端一道桥，走上去就准得摔跤，然后，电闪雷鸣，暴雨倾盆，或者劈头砸下一阵雹子。一只猫头鹰，能应答游客的话，一位隐士会预测吉凶。还有一株画得很逼真的树，上面有许多鸟，也是画的，每到一定时刻，鸟喙里会吐出水来。最后，有一个假人，吆喝游客走开，游客听从了，他却在背后用棍子打过来。

这种机械装置，后来在西欧园林里风行。在法国，主要是生发出各种各样的水嬉来，尤其喜欢在岩洞（grotte）里。喷泉也打这儿开始，以后成了园林里必不可少的东西。

这种机械技术是亚历山大学派的专长。摩尔人把它传到西班牙，而法国人是由十字军从东方学回来的。埃丹府邸的装置跟造园艺术还不大相干，不过，后来喷泉确实给西方园林增添了许多活泼的气息。

造园艺术本身也有进展。国王查理五世（1368—1380在位）在圣保罗宫（L'Hotel Saint-Paul）造的一所花园，内容丰富而且精致多了。据索瓦勒记载，它边上围着绿廊，角上有亭子。另外有一些绿廊把园子划分成方块，铺上青草，用绿篱或者矮墙围起。中央也有一个水井亭子。栏杆编成菱形格眼，装饰得精细。有一个圆形的水池，石头砌的，绕一圈栏杆。池中央一棵柱子，会喷水，顶上蹲着石狮子。此外，有雀笼，养斑鸠和鹦鹉。孔雀随便到处溜达，它们是中世纪花园里最受欢迎的宠物。另外还有一所动物园。

在这个花园里做了回纹迷阵（labyrinthe），是用矮树来回盘成的。一些历史学家认为，这种回纹迷阵，是为了象征性地进行圣地朝拜，跟十字军东侵同起一源。它后来也是法国花园里的重要内容。

所种的纯观赏性花卉多了，有鸢尾、百合、海芋、红玫瑰、白玫瑰和各种香草。后来，查理六世（1380—1422在位）又种了梨、李、月桂、樱桃等树木。

埃丹和圣保罗宫的这两所园子，不再以果园和菜地为主。圣保罗宫的那一所，大约已经可以叫作花园了，虽然还种蔬菜和果树。

14世纪下半叶和15世纪上半叶，英法两国打了一场百年战争，法国遭到严重破坏。造园艺术虽然有圣保罗宫花园这样的作品表现它的进步，但整个说来，是停顿的。到15世纪中叶，战争末期，有些地区摆脱了兵火，经济显著恢复。王族安茹大公瑞内（René d'Anjou，1409—1480）1438年在昂热（Angers）建立了豪华的宫廷，以后在安茹和普罗旺斯造了不少园子，风格变化比较大。法国园林重新发展。

安茹的拉波麦特花园（La Baumette），在一块俯瞰四野的高地上，地形起伏复杂。瑞内不顾几百年的传统，放弃了整齐的格子形花园，采取了自然野趣式布局。不过仍然有两旁植树的道路、大片林木和鲜花盛开的草地。它的玫瑰最有名，还有东方来的香石竹。雀笼里养着珍贵的鸟儿，槛里和地坑里养着各种动物。从曼恩河（Maine）引水到园子里来，除了灌溉，还供给喷泉和鱼池。

花园的最高处立着荫棚，在那里可以远眺昂热城、罗亚尔河（Loire）、曼恩河和马耶讷河（Mayenne）。

天然野趣和外向，是这座园子值得注意的两点。

1454年在普罗旺斯的嘎达纳（Gardanne）造的一座花园，虽然也在丘陵上，却修成整整齐齐的多层台地。从"果园别墅"门前一条笔直的林荫道拾级而上，直抵一座府邸，远望四野，山河历历。在屋顶上可以欣赏紧张而狂热的围猎场景。园子里也有小河、鱼池和许多种动物、植物。它没有围墙。

多层台地、笔直的林荫道、没有围墙、外向，这些都是后来古典主义园林的重要特点，所以，有人说，嘎达纳的这座花园走到时间前面去了。

安茹的瑞内晚年退隐闲居，吟诗作画，陪客人们欣赏他自己规划的花园和培植的花木。历史学家部第涅（Bourdigné）说他"曾经屡次对国王们和外国使节们说，他喜欢乡村生活胜过其他一切生活，因为这是最宁静泰然的生活方式，离世俗的野心最远"。这倒很有点中国士大夫萧然归田，治园自怡的那种情致，难怪他搞了一个天然野趣式园子。

2

　　文艺复兴运动使法国造园艺术发生了新的变化。

　　法国的文艺复兴运动从意大利得到触发。法国军队入侵意大利时（1494—1495），军队里的贵族们见到意大利的文艺复兴文化，大为倾倒。虽然当时意大利的造园艺术还没有达到极盛时期，国王查理八世（1491—1498在位）对他在那不勒斯见到的花园却已经是赞不绝口。他回国后，给皮埃尔·德·波旁（Pierre de Bourbon）写信说："我在这城市里见到的那些花园，那个美丽呀，你简直都不敢相信。确确实实，亚当和夏娃会把它当成人间天堂，它有那么多稀奇珍贵的东西。"

　　查理八世从意大利带了二十二位工人和匠师回国，为他的宫廷服务。其中有两位造园家，一个叫巴赛罗（Passelo di Mercogliano），另一个叫杰罗姆（Jérôme de Naples）。巴赛罗对法国的造园艺术有比较大的贡献，他在法国的主要作品是国王在昂布阿斯（Amboise）的宫殿的花园，由方格植坛排布而成。"响高声自远"，在法国开了风气之先。

　　不过，当时法国人接触意大利文化还很浅，带回来的匠师，包括造园家，也都不是高水平的。所以，在文艺复兴的第一阶段，16世纪上半叶，法国造园艺术还没有显著的进展，意大利的影响是零碎的，主要是一些内容和手法。

　　首先，是花园里的建筑因素渐渐由哥特式的变为意大利文艺复兴式的。从水井开始，它的亭子，然后栏杆、荫棚、廊子等。它们本来大多是园丁们用木格栅做的，这时候陆续用石头做的代替，而且由建筑师设计了。

花园里偶尔有了雕像做点缀。在打方格的花圃的边缘布置一些小树丛，作为花园跟外面野地之间的过渡。花圃里的方格全是绣花式植坛，它成了花园的最重要的因素，往往几乎占满整座花圃。当时图案还比较简单，以后成了法国花园的一绝。

还有一个从意大利传过来的新的造园要素是岩洞。岩洞大多在地势高差之处，从挡土墙开挖进去。外形主要有两种，一种用柱式、拱券之类的建筑手法，另一种模仿山崖。岩洞里面完全追求天然的真趣，布满了钟乳石和石笋之类。一般的岩洞都有水，或者在洞口滴下如水帘，或者在里面以盆、钵之类承小泉一股，涓涓不绝。也有凿水池、设喷泉的。虽然有些岩洞里有雕像，甚至机械玩意儿，不过，岩洞的基本立意是要造成一个自然荒野的角落。

在意大利花园影响之下，多层台地的格局在法国占了主导地位。不过，法国园子的地势比意大利的平缓得多，所以台地宽阔而落差不大，不很显著。

此外，法国花园里特有的相当开阔的水池和河渠，这时也开始成了重要内容。这是从中世纪府邸外围的堑壕发展而来的。因为王公贵族们的园子，大多紧靠在堑壕的外侧。

这时期的代表性园子有：巴赛罗为查理八世改造的昂布阿斯府邸的园子（15世纪末），为路易十二（1498—1515在位）造的布洛阿（Blois）府邸的园子（1500—1510），以及另一个意大利人彼埃尔（Pierre de Mercogliano）设计的迦伊翁（Gaillon）府邸的园子（1501—1510）。

布洛阿府邸的园子分三层，每层都用墙围着，里面的花圃划分成方格形的植坛。植坛由珍贵的花卉、香草和药草组成几何图样，底子是绿草，角上点缀一棵修剪过的紫杉。三层台地的中间一层是纯粹观赏性的，围着多半圈绿廊，种的是绣球、蔷薇和白棘等。十块绣花植坛成对儿排列，正中立着个穹顶的木质亭子，里面是盘式涌泉，三层，白大理石做的。

迦伊翁的园子也有三层台地，分别用墙围着，也是以中间一层主

中世纪布洛阿府邸花园。意大利风味浓厚。

要做游乐之用，方格形植坛中有两格是回纹迷阵，其余的做绣花图案，以碎瓷片和页岩片做底子衬托。这块台地正中同样是一座亭子，装着盘式涌泉。从园子的下层台地，穿过葡萄园，可以到达一个很僻静的小花园，叫李迪园（Le Lidieu），它有绿廊和荫棚做装饰，繁枝密叶，非常幽深。在一方水池中央，有一大块嶙峋的岩石，里面是空的，造一间退隐庐和一间小礼拜室。

从李迪园和早先安茹的瑞内的园子看来，法国的花园有时候也反映避世的思想。1528年，法兰西斯一世（François I，1515—1547在位）建造枫丹白露（Fontainbleau）的花园，把它们当作"幽谷芳野"，在那儿可以沉潜静默，块然独处。那儿的"万松园"里，造了三间岩洞（1543），外面是粗毛石砌的拱门，里面满布钟乳，"宛自天开"。看来，天然野趣同避世思想是有联系的，避世思想大多要用喜爱天然野趣来表现。这岩洞可能是意大利建筑师赛利奥（S. Serlio，1475—1554）设计的。

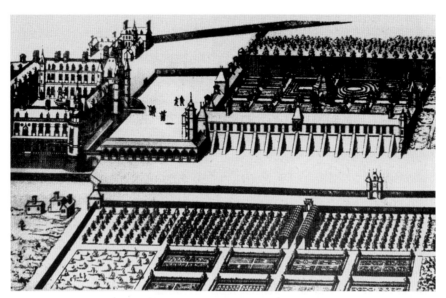

中世纪迦伊翁府邸花园。封闭的，可见入口处的一对绿廊。

　　布洛阿和迦伊翁的园子里都有建筑物，以便从楼上俯瞰花园，欣赏植坛的图样。

　　当时的造园，几乎全在植坛上用心。1532年，财政大臣伯海敦（Jean Le Breton）在维兰德里（Villandry）城堡下造了一座花园（1906被修复）。它有游乐性、装饰性和药草三个花圃，全由植坛组成。装饰性花圃叫"爱情花圃"，有四块植坛，叫"温柔的爱""热烈的爱""不贞的爱"和"悲惨的爱"，用黄杨树的图案象征，分别为平静的心、躁动的心、折角的信笺和匕首。

　　这些16世纪上半叶的园子，还没有完全摆脱实用的要求，几层台地中只有一层以观赏为主，面积不大，内容不多，构图很单调。其余的种植药草、香料，做果园和菜园。不过连它们也是图案化了的。各层台地都有自己的围墙，互相之间没有构图的联系，没有利用台地的高差增加构图的层次，也没有造大台阶和栏杆之类的很有装饰效果的小建筑物。园子同府邸建筑没有统一构思，位置很随便，大多在府邸的一侧。总

赛西府邸（Sassy）花园。早期文艺复兴绣花植坛式，外为林园，已不封闭。

谢农松（Chenonson）府邸及花园。早期文艺复兴式，尚未见主轴线。

之，这时候的园子里，中世纪的传统还很强。

到16世纪中叶，情况又发生了变化。专制王权进一步加强了，中央集权的君主政体必然会在艺术上有所表现，当然是通过新的审美观念。同时，一批意大利杰出的建筑师来到法国，到意大利去学习的一批法国建筑师也结业归国。维特鲁威和意大利文艺复兴时代的理论著作跟着传了过来。于是，法国建筑几乎褪尽了中世纪的痕迹。府邸不再是平面不规则的封闭的堡垒，新的形制是：主楼、两厢和倒座围着方形内院，主次分明，严格对称，有明显的中轴线，使用柱式。主要的大厅在府邸主楼的二层正中。风格逐渐趋向庄重。

花园纯粹是观赏性的了，由建筑师跟府邸一起设计，统一构图。它在底邸后面，从主楼脚下展开，府邸的中轴延长而贯串花园，花园的布局因此变成对称的了。当时，意大利的一些重要花园已经建成，它们对这时法国花园的演进显然影响很大。

第一个这样的作品是从意大利回来的建筑师德劳姆（Philibert de l'Orme，1500 / 1515—1570）设计的阿乃府邸（Anet，1548）和它的花园，这是为亨利二世（1547—1559在位）的王后建造的。除了跟府邸统一构图、对称、突出中轴线之外，这花园还有一个重要特点：在花园的外围有了林园。以前，花园之外是野地，也会有树林，但阿乃府邸花园之外的林园，是整个大布局的组成部分。

另一个重要例子是韦尔讷伊府邸（Verneuil-sur-Oise，1565—？）花园，由杜赛索（Jacques Androuet du Cerceau，1515—1590）规划大布局。他也是从意大利学习回来的。这花园分两部分，第一部分是近于方形的花圃，在府邸跟前，低一级，被府邸的中轴穿过，两侧方格形植坛的尺度跟府邸一致。第二部分又低一级，从花圃循中轴线下来的大台阶很有装饰性。但这部分的构图、性格跟花圃大不相同。它是一个横向长方形，四周被河渠围着，还有两道河渠横向把它划成三条。它们窄而长，有两条几乎是一道堤，搭着绿廊和荫棚。这两部分的性格和构图的鲜明对比，使花园看来很丰富。

这时期最重要的一个设计是夏勒瓦尔（Charleval，1560—？）。国王查理九世（1560—1574在位）立意要给他的朝廷造一所最壮丽的府邸，位置在从巴黎到鲁昂的途中。设计是杜赛索协助他的儿子巴蒂斯特（Jean Baptiste du Cerceau，约1545—1590）做的。虽然因为查理九世死去而没有建成，但它的设计标志着园林艺术发展的新阶段。

所设计的府邸很宏伟，占一块三百米见方的地段，四周一圈河渠。主体建筑物是个正方形的四合院，退在这块地段的后半边，留出前院。主体建筑物后面，正中，下一对马蹄形大台阶，过河，就是花园。它有宽阔的中轴大道，两侧是狭长的植坛，像绣花花边。两外侧是方块的绣花植坛和回纹迷阵。中轴尽端是椭圆形小广场。轴线全长大约三百米。花园四周也围着河渠。照查理九世原来的意思，椭圆形小广场是花园的中心，那么，中轴长约六百米。府邸的宏大，花园的广阔，是以后路易十四"伟大时代"宫殿和花园的先声。杜赛索说："如果这座建筑物造起来的话，我相信，它会是法国一切建筑物之冠。"

16世纪中叶开始的花园格局的大变化，到16世纪末和17世纪上半叶，被建筑师杜贝阿［Étienne du Perat（或Perac），1535—1604］和园艺家莫莱家族（Les Mollets）发展到一个新水平。

杜贝阿生于巴黎，到意大利学习过造园艺术，1582年出版一本《蒂沃里花园的景观》（*Vues perspectives des jardins de Tivoli*），同年回国，被奥马尔（Aumale）公爵任命为他的总建筑师，主要在阿乃府邸工作，也曾在枫丹白露、杜乐丽和卢浮宫工作。

莫莱家族的第二代，克洛德·莫莱（Claude Mollet，约1563—1650），在他的《论栽植和造园》（*Théâtre des Plants et Jardinage*）一书里说，杜贝阿"亲自动手，做了花圃的设计，用范例教我如何擘画一座美丽的花园：这就是要把花园当作一个整体，整幅的图案花圃，一条大路从中把它劈为两半。这种新方法比我父亲和别的造园家一贯采用的要好。这是法国最好的花圃和绣花植坛。我从此总是作大构图，经验使我明白了真理，我不再把植坛做成一片片不同的小小的方块。以后，有些年轻的造园家仿我的样子，也很成功，有一些人已经挺有名气，仅仅因为学会了这种新方法"。

从把花圃简单地划分成方格，布置植坛，变成把花圃当作整幅构图，按图案布置绣花植坛，这是法国造园艺术的一个重大进步。

继阿乃府邸之后，杜贝阿改造了圣日耳曼花园（Saint-Germain-en-Laye）。这是一所王家花园，顺地势有几层台地，层层下降，直抵塞纳河岸。杜贝阿把几层台地按整幅图案构图，有中轴，完全对称。挡土墙前的装饰券、墙上的栏杆、中央的大台阶等，全用文艺复兴的柱式。意大利建筑师和喷泉家弗朗奇尼（Thomas Francini，1571—1651，佛罗伦萨人，这一家族后来定居法国，为王家园林做了大量工作）为这座花园设计了喷泉、花圃、岩洞和许多水力机械。机械大多在岩洞里，很像埃丹府邸里的"粲然廊"，不过不那么粗俗，少一点捉弄人的陷阱。有仙女弹琴、杜鹃唱歌、水星神吹喇叭等，也有一触即发的机关水嬉。

法国人戴高斯（Salomon de Caus）于1615年出版了一本专论喷泉和有关的水嬉、粲然廊、岩洞、浇灌等的技术书（*Les Raisons des forces Mouvantes*）。

圣日耳曼的园艺由克洛德·莫莱负责。克洛德的父亲雅各（Jacques Mollet，？—1595）是阿乃花园的园艺师。克洛德起初也在阿乃工作，擅长于布置绣花植坛。他的同事德·赛尔（Olivier de Serres，1539—1619）在《园景论》（*Théâtre d'agriculture*，1600）里赞扬他说："这简直是奇迹，那些草竟会用字母、题铭、缩写字、武器甲胄、日晷、人像和半身像等图形来诉说自己的思想了。房屋、船只和其他奇形怪状的东西也都被用草和小树以奇迹般的勤奋和耐心再现出来……"1630年，国王任命克洛德为杜乐丽宫花园的园艺师，他在这里施展了精巧的绣花艺术。

因为他之前绣花植坛的图样还很简单，所以，克洛德被认为是法国绣花植坛的真正创造者。其实，用常绿树做绣花图案，衬以砂石或碎砖，本来是意大利的做法，克洛德显然是向意大利人学来的。他经常向国王的服装师请教绣花图样。在圣日耳曼、杜乐丽和枫丹白露，克洛德都用页岩碎片和染色的砂砾做绣花图案的底子。他率先用黄杨树组成绣花图样。以前，一般只用花卉、药草、香草等做绣花图样，但法国气候寒暑差别很大，所以植坛不耐久，每三年要重做一次，费用不少。克洛德用矮种黄杨树代替花草，耐久多了。他自己培育了一些合适的黄杨树种，以后，黄杨绣花植坛在法国迅速推广开来。

杜贝阿和克洛德洗刷掉了法国花园从果园、菜地带来的胎记：单调和乏味。虽然保留着原来的几何划分的格局，但使它成为富于变化、富于想象力和创造性的真正的艺术，并且开始了追求壮丽、绚烂的倾向。他们为17世纪后半叶法国古典主义园林的诞生做了准备。

3

其实，17世纪上半叶和中叶的杜贝阿和克洛德·莫莱的造园艺术，已经是古典主义的了，不过，是早期的古典主义。

法国的古典主义可以分为两个阶段，早期古典主义是第一阶段，它是唯理主义哲学的一种表现。唯理主义哲学反映着自然科学的进步，也反映着资产阶级对封建贵族割据的不满，他们向往更加合乎"理性"的社会秩序。同时，早期古典主义也已经有了颂扬专制王权的色彩，资产阶级希望由国王统一全国，抑制豪强，建立和平安定、有利于发展资本主义的社会秩序，在他们看来，这就是合乎"理性"的秩序。到17世纪下半叶，王权大盛，古典主义文化成了宫廷文化，这是它的第二阶段，也就是成熟阶段。

古典主义从早期的转变为宫廷的，是因为路易十四（Louis XIV，1643—1715在位）完成了全国范围的绝对君权的专制统治。对这个过程，早一点的黎世留（Duc de Richelieu，1585—1642）起了很大的作用。他是路易十三（1610—1643在位）的宰相，竭尽全力建立和巩固专制的中央王权。为了这个目的，他也要在意识形态领域里建立官方的绝对统治。1634年，他设立法兰西学士院，把一批早期古典主义代表人物网罗进去。学士院里的权威们，迎合专制君权的政治理想，努力在语言、诗歌、戏剧等方面制订严格的规范，标榜的是"理性"，在文化的各个领域里提倡明晰性、精确性和逻辑性，提倡"尊贵"和"雅洁"。在建筑中，他们崇尚规范化的柱式，把它的讲究节制、脉络严谨、几何结构简洁分明，看作是"理性"的体现。君主则被看成"理性"的化身，建筑以及一切文学艺术，都要把颂扬君主当作最高任务。

路易十四雕像。位于凡尔赛宫东边广场上。

在17世纪中叶的转变时期，造园艺术方面，同样也有人努力建立理论。但是，思想的一贯、缜密和深刻都赶不上文学、艺术和建筑的理论。因为造园家出身低微，文化水平不高。

1600年出版的赛尔的《园景论》，是阐述造园艺术理论的最早著作，但很简单，而且没有摆脱中世纪的实用观点。不过，他写道："人们不必到意大利或者别的什么地方去看漂亮的花园，因为我们法国的花园已经比别的国家的都好。"这反映出他对法国造园艺术的自信，有人因此把这本书当作法国造园艺术走上独立发展道路的标志。赛尔还主张用常绿的黄杨做绣花植坛的图案，说它耐久，不受季节的影响。他说："这些黄杨树不要种得乱糟糟……植坛要统一。……我们应当注意到，画家总是努力使他的构图左右配称，造园家也应当这么办。……如果在右边你设计了一个涡卷、一个方块、一个圆、一个椭圆……那么，在左边你必须重复它们，不多、不少，也不变化。"

赛尔已经把一座园林看作一整幅图案构图，专意让人一览无余，主要从府邸的二层眺望。因为当时的府邸、宫殿，主要的起居大厅都在二层。他说："由于透视的缘故，远处的东西要做得比近处的大些。同时，近处的东西要细一些。"看来赛尔对造园还是很有经验的。

新的理论著作中，最重要的是布阿依索（Jacques Boyceau de la Barauderie，1560—1635）写的《论依据自然和艺术的原则造园》（*Traité du Jardinage Selon les Raisons de la Nature et de l'art*），于1638年出版。布阿依索是路易十三的御前宫廷侍从，花园总管。他的书分三卷，第一卷论各种造园要素，第二卷论树木及其培植养护，第三卷论花园的构图和装饰。

布阿依索认为，一个造园家，首先要有建筑学和几何学的知识，但这还不够，还"必须有关于大自然、土地和植物的知识，这是营造美丽的花园的唯一途径"。

布阿依索强调花园丰富而有变化的多样性。首先是地形的多样性，其次是总布局的多样性，最后是"花草树木的多样性，它们的形状和颜色的千变万化"。但是，所有这一切差别变异，都应该"井然有序"，布置得均衡匀称，并且彼此完善地配合。他说："如果不加以调理和安排均齐，那么，人们所能找到的最完美的东西都是有缺陷的。"这就是说，他认为人工的美高于自然的美，而人工美的基本原则是变化的统一。这是古典主义美学典型的观点。

布阿依索非常重视花园的选址。因为法国花园的主要内容是图案式花圃，所以，他偏爱"平坦而完整的地段"，认为其他各类地形都不好。他甚至说，如果"不容易得到平坦完整的地段"，他宁可不造花园。这种平整的地段的好处是可以随意扩展，直到"足力所难及的很远的远处"。

不过，他也承认高低起伏的丘陵地有它们的优点：那里有"别样的愉悦和方便之处，例如，有些树性喜阳光，有些喜欢阴凉，另一些则喜欢依傍崖壁，把根扎到崖壁里去"，这些不同的树可以在丘陵地里

德国什魏争根堡（Schwetzingen）花园中的"绿廊"。受法国影响。

各得其所。

接着，布阿依索说：在起伏不平的地段里，人们可以从高处俯瞰花圃，这样，花圃就能呈现它全部的美。他建议最好"从高处鉴赏整个花园布局"，"因为在低处看不清楚"。他说："从高处看，整个园林的布局是个整体，就像整幅构图的花圃……人们可以从那儿品赏（林园和花园）两部分的协调的匹配。""这些部分，合在一起比分开来更加使人赏心悦目。"所以，他认为，比较好的是把各种不同的地形结合起来，即使为此要搬运大量土方也在所不惜。

法国的花园，以绣花植坛为主要内容组成图案式花圃，在平面上展开，面积又大，如何欣赏它，是造园家必须注意的问题。从16世纪上半叶出现了纯粹观赏性的绣花植坛以来，如布洛阿和迦伊翁的园子，直到17世纪阿乃和圣日耳曼花园的那样整幅构图的花圃，造园家都给它们设置了观赏点，主要是在建筑物的楼上（当时楼上是主要的起居部分）。布阿依索进一步强调从高处观赏花园、林园甚至府邸的全景，这是因为，这时候已经把它们当作一个统一的构图来处理了。

至于花园的形式，布阿依索说，显然，直线和直角能使林荫道"长而且美"，因为它们能使林荫道尽端的景物显得格外远，直至消失。不过，他还是建议把圆形和弧形结合到直线和直角里来。他说：
"看到花园中所有的部分都只用直线，有一些（图案花圃）被划成四个
方块，另一些划成九块、七块，我觉得腻烦透了，我喜欢看到些别样的
东西。""只要按照地形布置，其他的完美的形式在花园里也同样会和
谐美好。"这表现出古典主义追求更丰富、更多变化的倾向，不满足于
文艺复兴花园的单调重复。

布阿依索赞赏图案式花圃，说它们是"很美的，尤其当从高处观赏
的时候；它们用各种不同颜色的灌木和半灌木围成植坛，植坛里的图样
有卷草、绦环、摩尔式和阿拉伯式纹样、怪形、格眼、玫瑰花、光环、
盾牌、武器、纹章和缩写字母"，或者"在植坛里种植稀有花卉和药
草，整整齐齐，也可以形成单色或多色的厚厚草地，如同地毯"。"在小
径上，或者图样的底子上，铺各种颜色的砂子；有时候，把林荫道划成
方格，一些格内铺砌，另一些格内种草。"

像一切古典主义者一样，布阿依索重视比例在构图中的重要作用，
用数量来确定比例。他说，绿篱（千金榆的墙）的高度应当是林荫道宽
度的三分之二。又说，"至于很长的林荫道，我认为，我所见到过的最
宽的就是最美的。例如，杜乐丽花园里的道姆林荫道（L'allée d'Ormes）
有30尺（注：指古法尺，约10米）宽，就比普拉达那（Platanes）的两条
林荫道美多了，那两条各有300都阿斯（注：约585米，1都阿斯=1.949
米）长，但只有20尺宽，并且浓荫密布"。

布阿依索还论述了各种造园要素的意义和做法。

他重视各种"绿色建筑物"，说它们能"造成阴凉，使人愉快；它
们可以突出并分隔空间"。这些绿色建筑物可以是"浓密的枝叶交错覆
盖的林荫道，可以是用木枋或枯枝搭的拱或棚子，上面覆满长着密叶的
青枝"。它们可以形成厅、堂、室，"像一所房子或亭子，门窗都用建筑
手法装饰起来，绑扎结实，时时修剪"。绿墙和绿篱，可以是很简单的
一片，"除修剪外不花任何工夫"。不过，他认为它们应该遵从"良好的
建筑格律"，甚至逼真地仿制出门窗。

法国花园里有一种"绿色剧场"，是从意大利传来的，就是用密密的修剪过的绿墙围成侧幕和天幕，做露天演出之用，前面有一小片草地容纳观众，有时用黄杨之类剪成一排排长条凳子。

绿墙、绿篱和绿色建筑物说明，古典主义的造园家，是把花园当作一种特殊的建筑物看待的。花园的建筑化，不仅仅表现在花圃和植坛的几何形构图上，而且表现在这些造园要素上。

布阿依索用很大篇幅讨论水在花园里的作用。"尤其是河里的流水和盘式喷泉上喷着的水，它们带来的运动和活力是花园最有生气的灵魂。"他爱池塘，说："最大的水面是最美的，不过，最好不要因它的开阔而使其余的水面失色。"至于河与溪，则以小一点为好，因为要装饰点缀它们的两岸，用卵石和砂铺它们的底，还要欣赏在里面游的鱼。水渠可以是直的，也可以是弯曲的。可以用它们在花圃里划分格子，也可以用一些水池代替植坛。他主张水陆交叉融合。

岩洞或是天然式的，或是"穷奇极巧"的，使用各种机械装置制造一些使人大吃一惊的效果。

布阿依索并没有完全摆脱花园传统的实用意义。他主张把图案式花圃、果园、菜地、小丛林、药草园等结合起来，而各自保持其特色。他认为，这种"多样的混合"，经过有条有理的布置，"因为富于变化，要比把它们分开来美得多"。为了避免"杂乱地混合以致把总体搞得零七八碎"，他说，必须使"所有的树木花卉各适其所，才能造成美的装饰"，要正确使用它们。在植坛里，可以种药草和蔬菜，但必须是美观的，能"用它们造成色彩美丽的地毯"。

此外，布阿依索还写到雀笼、喷泉等等许多造园要素。

比布阿依索的书稍晚一点，还有两本比较重要的书，一本是克洛德·莫莱写的《论栽植和造园》（*Théâtre des Plants et Jardinage*），出版于1652年，另一本是克洛德的儿子安德烈·莫莱（André Mollet，他的两个弟弟和儿子也是园艺家）写的《游乐性花园》（*Le Jardin de Plaisir*），1651年在斯德哥尔摩出版。

克洛德的书主要讲园艺，只有不多几处讲到花园的构图布局，里面也有一些绣花植坛的图案。

像一切古典主义者一样，他很注重比例，并且加以数量化。他说："林荫路越宽就越有高贵的气派；它的宽度总要同长度成比例。一条150都阿斯（注：约292米）长的林荫道，应该有5都阿斯（注：约9.7米）宽，因为透视会使它显得窄；何况，两边的绿篱生长得越来越茂密，一条5都阿斯宽的林荫道，慢慢就会只剩下4.5都阿斯（注：约8.8米）的净宽了。"然后，他又列举了比较短的林荫道的长度和宽度的合适比例。回纹迷阵也有比例问题，他说，"因为大多数园艺工人不懂得把它种好，又不会按适当的比例设计，所以迷阵总是粗糙草率的"。

同时，值得重视的是，他考虑到了林荫道的透视效果。科学的透视法是文艺复兴时期才在意大利完成的，17世纪，巴洛克的画家、雕刻家和建筑师，都把它当作一种新鲜时兴的方法广泛应用，制造特别深远的假象。克洛德及时注意了这件新东西。

克洛德建议，游乐性的花园里要种三类花：高的、矮的和鳞茎类的。要保证"花圃时时有鲜花"。"不论高的花还是矮的花，要使图案式的花圃十分美丽，就要把花种得合宜、整齐。"如果花种得不是地方，就起不到装饰的作用。

克洛德很明确地提出，一所大型的花园，艺术上要求统一，就必须由建筑师和园艺家一起来做。他很推崇杜贝阿对他的帮助。

他的儿子安德烈·莫莱曾经担任瑞典王后的总园艺师，后来为法国国王路易十三工作，最后又到英国为国王工作去了，由布阿依索接替他在法国宫廷中的职位。

安德烈对园林格局的设想，比他的父亲和布阿依索都更接近于后来路易十四的"伟大风格"。他说："首先，王宫必须位于有利的好地方，以便用一切为美化它而弄来的东西把它装饰起来，其中最重要的是给一条壮丽的大道种上两三行树木。……这条大道要笔直从王宫引出，垂直于它的正面。大道的起点应该是一个宽阔的半圆形或方形广场。然后，在这座王宫的后面，紧靠在它跟前，要建造由绣花植坛组成的花圃，从王宫的窗子里可以很方便地品赏它们，一览无余，不被树木、绿篱或者其他的高东西挡住视线。"

他提出一条"递减"原则，这就是，离王宫越远的部分，重要性越低，装饰就要越少。他说："由绣花植坛组成的花圃之后，是方块式草地，因此装饰得比较少。同样，装饰得少的树丛、荫道树和高高低低的绿篱等各种在适当的地方。"

他建议，"大多数林荫道要对着一些雕像或者喷泉，总是以它们为终点"。为了"使花园更完美，需要有一些放在基座上的雕像做装饰。在最适当的地方造岩洞。根据地形，道路应当垫高一点，这样人们就能看见雀笼、喷泉、水嬉、水渠和其他各种装饰了。当所有这些东西都各得其所时，你就造成了完美的游乐花园了"。

所有这些都成了古典主义园林艺术的重要原则。

安德烈也十分注意运用透视原理。同赛尔一样，他说："远处的方块草地，要做得比近处的大，这样才能好看，合乎比例。"他运用透视原理所追求的效果，恰好同当时意大利流行的巴洛克艺术相反，他不求深远的幻觉，而求比例的和谐。这是古典主义跟巴洛克的基本区别之一。

此外，他论述了各种造园要素的做法，如岩洞、雀笼、丛林、水渠等。

显然，布阿依索和安德烈还处在古典主义早期向盛期演进的道路上，就是从资产阶级唯理主义的古典主义向专制君主的宫廷文化的古典主义演进的道路上。

古典主义的园林，当然要跟古典主义的建筑同呼吸。古典主义园林的基本原则跟古典主义建筑的基本原则是一致的。当古典主义建筑完全成熟的时候，古典主义的造园艺术也就成熟了。

所以，在概括介绍古典主义园林的基本原则之前，有必要先简单说一说古典主义建筑的基本特点。

古典主义在建筑中的表现是：第一，既崇尚理性精神，又表现君主的高贵伟大，力求二者的统一。第二，以规范化的柱式为建筑设计的基础，因为柱式既是条理分明、严谨完整的，又是典丽豪华、精雕细琢的，而且它象征着法国国王是古罗马皇帝的正统后继者。柱式追求形式清晰的精确性，构图的几何关系简练而合乎规矩。古典主义建筑的第一代权威大勃隆台（François Blondel，1617—1686）在《建筑学教程》中说："建筑中，决定美和典雅的是比例，必须用数学的方法把它制订成永恒的、稳定的规则。"以数学方法为基础的比例，就是几何关系的依据。第三，反映着绝对君权之下的封建等级制和国家统治的组织性，建筑构图强调分清主次。中央轴线突出，统率全局。次要轴线辅助，其余部分服从轴线。这种关系既表现在平面上，也表现在立面上。第四，为颂扬君主，宫廷建筑规模巨大，崇尚壮观宏伟，庄严隆重，而内部则装饰繁富，色彩绚丽，以适应豪华的戏剧性排场。

法国的园林既然是建筑化的园林，又跟建筑物作为整体一起设计，园林的特点当然要与建筑的特点一致。它们的和谐统一首先由昂德雷·勒瑙特亥达到，集中表现在他设计的王家园林里。

4

中国的自然风致造园艺术在17世纪下半叶达到高潮，法国的古典主义造园艺术也在17世纪下半叶达到高潮；17世纪中叶，中国出现了以计成的《园冶》为代表的造园艺术理论著作，几乎同时，法国出现了以布阿依索的《论依据自然和艺术的原则造园》为代表的理论著作；更巧的是，中国这时有造园家张氏世家，而法国则有勒瑙特亥世家。

这东西两大造园艺术同时达到灿烂辉煌的顶峰，当然是偶然的巧合。但是，理论著作和造园世家的出现跟这个高峰则是有必然的关系的。文学评论家夏勒·彼洛（Charles Perrault，1628—1703）说："出生于在某种专业上很有成就的家庭，对于在这种专业中得到成功，是很重要的有利条件。传授知识很容易，只要在所继承来的东西上加添一点新的，就能出人头地。"

昂德雷·勒瑙特亥的祖父彼埃尔（Pierre）在16世纪下半叶曾经给杜乐丽宫花园设计过花圃。父亲让（Jean）于路易十三时期在克洛德·莫莱手下工作，后来成为杜乐丽的园艺师，也为宰相黎世留工作，死的时候是路易十四的园艺师。勒瑙特亥于1613年生在巴黎，少时不但学园艺，也学绘画，在孚埃（Simon Vouet, 1590—1649）的画室学习。更有意义的是他学过建筑学，这对他的造园艺术的成功是非常重要的。1649年，昂德雷·勒瑙特亥开始到杜乐丽工作，当时他父亲还在。父亲去世后，这花园就由他负责。

勒瑙特亥在孚埃的画室里结识了画家勒勃亨（Charles Le Brun, 1619—1690）和建筑师弗·孟莎（François Mansart, 1598—1666），这两个重要的古典主义者对他的艺术思想当然会有直接的影响。

勒勃亨把勒瑙特亥推荐给路易十四的财务大臣富凯（N. Fouquet, 1615—1680），设计了圣芒代府邸的花园（Saint-Mondé, 1655—1657）。从此，勒瑙特亥走上了光辉的道路。他的第一个成熟的作品是为富凯设计的孚–勒–维贡府邸的花园。路易十四看了非常羡慕，就把他弄去设计凡尔赛宫花园。此外，他的主要作品还有枫丹白露（1660—）、圣日耳曼（1663—）、圣克鲁（Saint-Coud, 1665—）、商迪（Chantilly）、杜乐丽（1669—）、索（Sceaux, 1673—）、克拉尼（Clagny, 1674—1676）、麦东（Meudon, 1679—）、玛利（Marly, 1679—，一说为小孟莎设计）等府邸的花园，其中有一些是改造旧的。它们是法国17世纪古典主义园林的代表。

勒瑙特亥在这些作品里表现出很高的才能。他不但学过绘画和建筑，还学过透视术和视觉原理，并且收藏艺术品。作为古典主义者，他研读过笛卡尔的著作。他设计的这些花园，虽然有统一的风格和共同的构图原则，很鲜明地体现着古典主义文化的基本纲领，但是各具特色，富有想象力。勒瑙特亥的修养和成就提高了他的地位，使他摆脱了手工

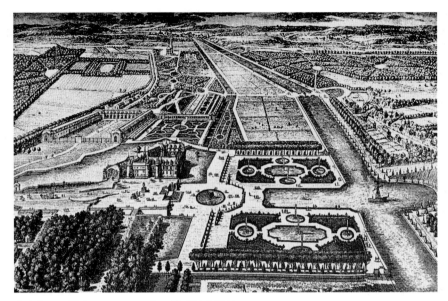

商迪府邸园林（1671—1672）。勒瑙特亥设计。

艺人身份，跟其他艺术家平起平坐。圣西门（Duc Saint Simon，1675—1755）公爵在回忆录中说："陛下（路易十四）一向喜欢见他（勒瑙特亥），跟他聊天。在他去世前一个月，把他接到花园（凡尔赛）里来，因为他年事已高，叫他坐在轿车里，由仆从们推着在陛下身边走。勒瑙特亥说：'啊！我可怜的爸爸，要是您还活着，能够看到一个可怜的园丁，我，您的儿子，乘着轿车走在世界上最伟大的君主的身边，那么，我的喜悦就十全十美了。'"

　　为了讨好路易十四，公侯大臣们这时候也纷纷模仿凡尔赛，造起自己的古典主义园林来。于是，勒瑙特亥式的园林就在法国广泛传播，形成了一个时代。园子的主人总要设法邀请勒瑙特亥去看一看，出出主意，所以，后来几乎所有的园子的主人，都要夸耀自己的园子是勒瑙特亥设计的，以抬高身价。甚至连造于18世纪的园子，也要这样附会。勒瑙特亥的确是个热心人，圣西门公爵夸奖他说："他给普通人工作，就像给君主工作一样尽心竭力。"当时，勒瑙特亥就被尊称为"国王们的

麦东府邸花圃。勒瑙特亥设计。

造园家，造园家们的国王"。

17世纪下半叶，欧洲各国的君主都紧紧追随路易十四的宫廷文化。他们也把古典主义的造园艺术移植了过去，仿效凡尔赛宫的花园，从西班牙到俄罗斯，从英吉利到意大利，勒瑙特亥的造园艺术传遍了整个欧洲，影响远远超出了宫廷。英国著名的散文家艾迪生（Joseph Addison, 1672—1719）在他主编的刊物《旁观者》(1711—1712) 中说，勒瑙特亥的花园远远比当时英国的花园"接近自然"，因为"人们在那儿可以见到很开阔的、培植得很好的台地……见到树木和叠落的瀑布结合在一起，十分和谐，它们处处表现出人为的简洁，比我们的庄园美丽得多了"。

勒瑙特亥有不少合作者和助手。路易十四的王家艺术总监勒勃亨曾经多次跟他一起工作，对他有过帮助，甚至指点。路易十四本人，至少在园林的规模和尺度上，是起了直接的作用的，凡尔赛的工程，每一项都要由他亲自审定。

以勒瑙特亥的作品为代表的法国古典主义园林，是长期发展的成果。在杜贝阿、莫莱家族和布阿依索时期，它的基本构图原则和造园要素都已经齐全了。17世纪初年，还有巴黎城里亨利二世的王后玛丽·德·美第奇（Marie de Médicis）的卢森堡花园（Luxembourg，1612年初建，后来花园经Jacque des Brosses改造，今已非原状）。看起来，勒瑙特亥似乎并没有添加什么东西，他不过把原则运用得更彻底，要素组织得更和谐，大构图更完整而已。但是，勒瑙特亥的作品里却有一点以前没有过的新东西，这就是路易十四时代的"伟大风格"。伏尔泰后来指出，路易十四时代文化的基本特色是"伟大风格"。这是古典主义的灵魂。勒瑙特亥把它完美地贯彻到了造园艺术中，所以，他的园林鲜明地反映了法国历史中那个辉煌的时代，以至有许多人说，园林是路易十四时代的代表性艺术。

孚-勒-维贡府邸和凡尔赛宫等的总体布局的气派都远比过去的府邸大得多。特别是凡尔赛宫，它的布局体现着达到顶峰的绝对君权。设计人一眼看着城市，一眼看着林莽，把宫殿放在城市和林莽之间。府邸的轴线，前面通过干道伸向城市，后面穿过花园伸进林莽。这条轴线，就是整个构图的中枢，道路、府邸、花园、树林、河渠都围绕它展开，形成统一的整体。

在这幅完整的构图中，府邸总是统率一切，往往在地形的最高处。它的前院，是通向城市的几条道路的聚集点，它后面的花园，规模、尺度和形式都服从于它。紧挨着它的花圃最重要，装饰得最华丽，离它远一点，装饰就少一点，如此递减，终于到达林园。林园以野趣为主，是花园的背景，但是花园的轴线和道路直伸进去，把它切割成几何形，并且在道路的交叉点上，布置盘式涌泉、喷泉、雕像、廊子和亭子之类，作为对景，这样，就把林园跟花园联系在一起，成了花园的延续部分。所以，安德烈（Ed. André）说，勒瑙特亥善于给王宫"造成羡慕煞人的环境，它的比例推敲得细致，它的格调无懈可击，它使人觉得，伟大君主的气质一直影响到他周围的自然物上去了"（见 *L'art des Jardins*，

1879）。为了进一步突出府邸的统率作用，府邸近处不种树木，只有图案式花圃和水池。因此，在花园里处处可以看到整个的府邸，从府邸里也可以看到花园的每个角落，一览无余。

花园本身的布局，也反映出建立在封建等级制之上的专制政体。它有壮丽的中轴，这中轴已经不是意大利花园里单纯的几何对称中线，而是艺术中心，宽阔而富于装饰。最美的植坛、雕像、喷泉等集中在轴线上。还有几道次要轴线和横轴，完全对称。然后是一般道路和小径，它们以及外围的林园，并不强求对称，但是要对中轴保持均衡和适当的尺度。整个园林因此编织在条理清晰、秩序严谨、主从明确的几何格网之中。各个节点上的喷泉和雕像等，不但体现出节奏感，而且也显示出这种几何构成。中央集权政体得到了如此理性的形象，所以，古典主义园林又被称为理性的园林或者智慧的园林。它的美，首先在于它的总体，它的大布局，而不是吸引人去玩味细节和个别造园要素。路易十四的大臣高尔拜（J. B. Colbert, 1619—1683）说过："我们这个时代可不是一个汲汲于小东西的时代。"

这种精神，也就是"伟大风格"，体现在园林的规模和尺度上。大，是法国古典主义园林的典型特征之一。例如，孚-勒-维贡府邸的花园，纵轴和横轴都有一千米长。大臣高尔拜的园林，索，纵轴长两千米。最大的当然是凡尔赛宫的园林，路易十四要求它能容纳七千人游乐。它的纵轴长三千米。勒瑙特亥设计的园子，主轴一般不用建筑物或者雕像之类的东西结束，而是直指极远处的天边，追求的是空间的无限性。园林因而是外向的。

由于园林不但规模大，而且尺度也大，道路、台阶、植坛、绣花图样都大，所以，雕像、喷泉等虽然多，却并不密集。同时，园林要突出表现的是它的总布局的丰富与和谐，也避免堆砌各种造园要素。因此勒瑙特亥的园林显得很有节制，有分寸感，洗练明快，典雅庄严。这也是法国古典主义艺术的一般特点。戴嘎纳（E. de Ganay）描写勒瑙特亥改造的枫丹白露的大花圃（Grand Parterre）时说："水渠和喷

凡尔赛鸟瞰（自东向西）

泉、盘式涌泉等等都取消了。花圃变得十分简洁，线条十分单纯，这种统一性使这花圃具有一种无比庄重的气派。在中央挖了一个水池，大约60米宽，有四个绣花植坛围着它，只用L和M这两个国王和王后的名字的第一个字母做装饰题材，其他什么都没有。但是，水池与花圃之间的比例多么妥帖，林荫道多么悦目，整个花圃充满了宁静、肃穆和美！"（见*Les Jardins de France*，1949）这段描述很准确地反映了古典主义造园艺术的审美趣味。

法国的古典主义造园艺术，可以溯源到意大利16世纪中叶以后的园林。甚至在勒瑙特亥创作了他最重要的作品之后，1678年，路易十四还派他到罗马去学习，这时他已经六十多岁了。向意大利学习，是法国造园艺术自古以来的传统，虽然古典主义园林的手法和造园要素跟意大利巴洛克园林的几乎完全一样，但是，勒瑙特亥造成了转折。李亚特（G. Riat）说：意大利文艺复兴的园林"变成了法国式花园，正像拉辛的悲剧，模仿索福克勒斯和欧利庇德斯，但天才地消化吸收，成为优雅而明净的法国悲剧"（转引自*L'Art des Jardins*，1900）。格罗莫尔（G. Gro-mort）说："在他（勒瑙特亥）之前，人们或多或少地从意大利弄来一些意匠和具体要素；在他之后，人们只能模仿他，但又达不到他的水平。"（转引自*L'Art des Jardins*，1953）

把勒瑙特亥跟意大利区别开来的，首先还是那个"伟大风格"。法国古典主义园林追求宏大壮丽的气派，它的府邸和宽阔的花园没有树木，在林园的衬托下非常舒展、平和、稳重。意大利的巴洛克园林追求的却是亲切、深沉，它整个在树荫的覆盖之下，或者，像密林中的一片空地，所以，它的轴线和几何构成不大容易被人认清，也就是不求整体布局的"可读性"。

意大利园林的规模和尺度都比勒瑙特亥的小得多，例如，罗马近郊的艾斯塔别墅（Villa d'Este）的花园里，中轴线林荫道只有5米宽，侧面大台阶只有2米。而凡尔赛花园通向"橘园"温室的台阶的宽度是20米，中轴上的大台阶宽50米。

这两点差别反映的是：意大利的园林一般附属于贵族的别墅，它们是贵族们消遣逗留的地方；而法国古典主义的园林大多是王室园林，它们是讲气派、铺排场的地方。

意大利的花园在陡坡上，由连续几层狭窄的台地组成，有点局促；法国的花园大多地势比较平缓，虽然往往也有几层台地，但是台地非常宽，所以，几层高差不给人多少印象，它们基本上是平面布局的，气象比较阔大。

跟这点相应，两国园林里用水的方式也不一样。意大利园林主要用活水，小小的水渠里流水潺潺，不断形成跌落或瀑布，音响清脆；法国的园林里多用静水，面积很大，有意欣赏它们的反射，所以叫作"水镜"。1683年，勒瑙特亥把凡尔赛宫西边中央的大图案式花圃改为一对水池。美术史家、凡尔赛的维修主持人彼拉得（André Pératé，1863—1947）说，勒瑙特亥是打算"在宽阔的水面上的闪光和反影中见到这广大空间中的生活和美"。商迪府邸的花园，全部用水池代替植坛，得名

"水花圃"。它的横轴线上是一条1800米长、80米宽的大水渠，纵轴上的，长300米多一点。所以，作家哈雷（André Hallays，1859—1930）叫它"水镜花园"。小小的流水和喷泉在一起使意大利巴洛克园林更活泼闪烁，有运动感；而大片的静水使法国古典主义园林更典雅、从容。

树木也使法国园林跟意大利的有所不同。意大利园林多种松、柏，颜色很浓，即使成丛成片栽植，每棵树都保持自己分明的轮廓和姿态。在狭窄的花园里，树木给整个花园造成光影的摇曳变幻。法国园林里多阔叶树，长得密密一片，颜色也比较浅。它们集中栽植在林园里，作为花园广阔的背景，有总体的效果，没有每棵树的个性。

意大利的绣花植坛，全用常绿树做图案，以砂石地相衬，很少鲜花。法国引进了这种绣花植坛，但后来流行用鲜花做图案，所以法国园林比意大利的富有色彩。底子也是砂石或碎砖。

在这一节里，把法国古典主义园林的基本特点概括地叙述了一下，这是一种定义性的叙述，好给读者一个明确的认识。不过，当然不能说凡是古典主义的园林都合乎这些框框。例外总是有的，而且不少。商迪花园的轴线就不是府邸的轴线，辐辏而来的大路也没有到府邸门前。这是因为府邸是旧的。圣克鲁花园和玛利花园的地形就是陡坡，它们的水渠有巴洛克式的连续跌落和链式瀑布，很美。小型的花园也并非没有。

在这节叙述里，把古典主义园林跟它以前的区别了开来，也跟意大利的区别了开来。因为，虽然水有源，树有根，但是，任何艺术，要达到很高的成就，总得要破格创新，造成鲜明的独特性。古典主义园林规模大，这似乎不是什么艺术特点。但大有大的难处，比如，一千米、两千米、三千米长的中轴，几十米或者上百米宽，就必须有节奏、有变化、有多种装饰，要处理好它们之间的转换。这些问题解决好了，那么，大，就有了新的艺术特点。下面一节，介绍几个例子，把这一节的叙述具体化。

5

法国古典主义园林最重要的代表是孚-勒-维贡府邸和凡尔赛宫的花园，它们都是勒瑙特亥设计的。

大约1650年，路易十四的财政大臣富凯请建筑师勒伏（Louis Le Vau，1612—1670）主持建造他的子爵领地里的孚-勒-维贡府邸。它位于巴黎南偏东，离城大约51千米，距枫丹白露不远，占地大约七十多公顷。府邸力求讲究，力求宏壮，不吝花费。为了它，迁走了三座村庄，把昂盖耶河（L'An-queil）改道。在这些工程上动用了1.8万个劳力。府邸豪华的装饰是由画家勒勃亨负责的，他向富凯推荐勒瑙特亥设计花园。

府邸是古典主义的，轴线严谨，但有巴洛克色彩。周围一圈堑壕，方方正正，充满了水，这是中世纪寨堡的遗迹。府邸的前面，也就是北面，有一个椭圆形广场，放射出几条林荫大道。府邸的后面（也就是南面）是花园，一条轴线贯穿前后。府邸里，正对着花园的是沙龙，它上面饱满的穹顶是花园轴线的焦点。

花园的中轴大约一千米长，两侧是顺向的长条形植坛，总宽度平均两百米左右，再外侧就是浓密的林园，所以这花园是从北而南，单向延伸的。地势也是北高南低，但是很平缓。

长长的花园按台地分段处理。第一个台地上，是一对黄杨树绣花式植坛，以红色碎砖为底，图样非常精致、饱满。它的地形西高东低，所以，西侧有一片台地，装饰着植坛和喷泉，勒瑙特亥在东侧特意累起了一个台地跟西侧呼应，使中轴左右保持平衡。东侧台地上有三个水池，成品字形排列，产生一个比较弱的横轴，使第一个台地的构图比较丰富。水池里有一个王冠喷泉，华丽灿烂。

第二个台地上，铺着一对草地，它们中央各有一片椭圆形的水池。紧靠着中轴路边，左右密密排列着小喷水嘴，喷出来的水柱不高，但间隔很近，所以被叫作"水晶栏杆"。这个台地之南，横着一条比较低的谷地，里面一道水渠，一千多米长，40米宽，是从昂盖耶河引来的水。

它形成孚-勒-维贡花园最大的横轴线。在轴线上开挖水渠，是勒瑙特亥的创造，以后他常常这样做。水渠上没有桥梁，它把花园切断了，但正中顺纵轴向南凸出一个方池，继续延伸花园构图的气脉。南岸，是个山坡，登上大台阶，经林荫道向上到达绿色剧场，最高点是镀金的海格力士（Hercules）像，它结束了整个轴线，是花园的尽端。

花园的这三个主要段落，各有鲜明的特色，变化很大，毫不重复，使花园的景色丰富多彩。它们之间的过渡也是精心设计的。第一个台地以小小的圆形水池结束。一条横向道路在这里穿过。从水池前下台阶，台阶两侧有横向水渠，各有一百二十多米长，沿着台地的挡土墙伸展。这几个要素形成了一个很窄的横向构图，插在两个舒缓的纵向构图的台地之间，节奏和方向的对比都很强烈，因此加强了从第一台地到第二台地的新鲜感。第二台地也以水池结束，是个很大的正方形水池。它两边的草地和道路也形成了一个节奏短促的横构

孚-勒-维贡府邸及园林。中轴线大大突出。

孚-勒-维贡府邸。建筑部件与园林统一。

孚-勒-维贡府邸。阔大平和的古典主义风格。

图，虽然方向性不强，却预示了大台阶下面的大水渠。因为水渠横在谷底，在府邸前面看不见，所以就需要这个预示。在方水池的南边，可以回头看到远处的府邸完完整整地倒映在水面上。勒瑙特亥特意设计了这个"水镜"，显然从投射关系上推敲过。河谷两岸的大台阶都是钳形的。北岸在两股踏步之间的挡土墙上有一排落泉，用各种雕刻做装饰。南岸比较高，当中挡土墙上是七开间的岩洞，浅浅的，也有雕像，前面的池子里有喷泉。两岸的泉声在花园里老远就能听到。这

孚-勒-维贡府邸。中轴尽头，水渠。

两个大台阶夹岸照应，南岸大台阶上的圆形水池也跟北岸的方池子照应。这圆池子和它的喷泉是中轴线上最后一个高潮，它把轴线从北岸接到南岸。它后面上坡是绿色剧场，在海格力士像前，回头又可以俯瞰全园，远处府邸的穹顶，与剧场半圆形的轮廓遥遥呼应。

林园里，也有轴线和笔直的道路，构成几何图形。树木高大，像绿色的墙，夹着花园，使它循轴线一直向南延伸，透视很深。最后，轴线南端，三层树木把绿色剧场围成半圆形，在当中有三条林荫路放射出去，很像帕拉第奥（Andrea Palladio，1508—1580）设计的意大利维晋寨的奥林比可剧场（Teatro Olimpico，Vicenza，1580—1584）的舞台背景，追求透视趣味。

孚-勒-维贡花园有大量雕刻做装饰，在它之前，雕刻在花园里只偶然有过。它开辟了新风气。

孚-勒-维贡花园是勒瑙特亥第一个成熟的作品，也是古典主义园林的第一个代表作。这个花园是一次设计、一次建成的，所以，尽管变化很多，却很完整统一。从府邸前的平台上望过去，层次丰富，格律严谨，比例和尺度都推敲得很精到。风格华贵而有节制。府邸的东西两侧，还各有一片花圃，图案由曲线组成，尺度小，那儿的风格又是妖媚而亲切的。许多人认为，以后的凡尔赛宫花园并没有达到孚-勒-维贡花园的水平。

不过，凡尔赛花园当然更重要。它的规模大得多，内容丰富得多，手法的变化也多，风格多转换，结构多穿插，它最充分地体现着古典主义的基本原则。17世纪下半叶，法国是欧洲最强大的国家，当时的君主，俨然地自称"朕即国家"的路易十四，是古罗马皇帝之后欧洲最强有力的国王，凡尔赛宫和它的花园，就是强大的国王的纪念碑。1668年，凡尔赛改建之初，古典主义作家拉封丹和莫里哀、拉辛、波瓦罗一起游览之后，写道："这座美丽的花园和这座美丽的宫殿是国家的光荣。"

凡尔赛本是当地一个很小的村落的名字。凡尔赛宫的最初胚胎，是国王亨利四世打猎时用的一间休息小屋。路易十三的时候重建为一所府邸，由布阿依索设计它的园林。当时规模不大。后来，路易十四常常到这里来打猎，有时候小住几天。

1661年8月7日，富凯在孚-勒-维贡宴请路易十四。豪华的府邸和精致的花园大大伤了这位至高无上的国王的自尊心。他很快就把富凯逮捕下狱，把孚-勒-维贡的建筑师勒伏、艺术家勒勃亨和造园家勒瑙特亥召到凡尔赛，决心在凡尔赛建造大规模的宫殿和园林。

除了上面三个人之外，17世纪下半叶许多法国杰出的建筑师、雕刻家、园艺家、画家和水利工程师等等都先后在这里工作过，贡献出他们的最高成就，所以凡尔赛宫和它的花园又是17世纪法国文化精英的纪念碑。这里面，始终主持了造园艺术的勒瑙特亥的工作尤其重要。近代诗人、小说家、戏剧家高克多（Jean Cocteau，1889—1963）写道："这里原是一片沼泽地，来了一批艺术家和造园家，出现了直线、方角、三角形、长方形、圆形和方锥形，最后，这里有了花园，从勒瑙特亥的灵魂

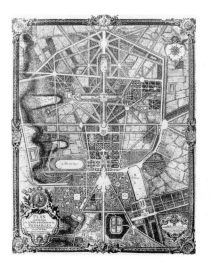

凡尔赛总平面图（1710）。
包括城市，宫殿和园林。

凡尔赛鸟瞰（自西向东望，路易十四时代）

得到生命。"

　　路易十四本人不顾宰相高尔拜的竭力反对，以极大的热情关注凡尔赛的建设。1668年跟荷兰结束了第一次战争之后，几乎把全部心力放在凡尔赛。圣西门公爵说，这位征服者要在凡尔赛领略"征服自然的乐趣"。1670年，路易十四又到荷兰前线，高尔拜在每天给他的报告里都要写到凡尔赛的建设。例如，有一份报告写道："凡尔赛宫朝花园一面的檐口已经全都安装完毕。……"路易十四批示："你关于凡尔赛的报告使我满意。千万不可松懈，要经常对工人们说，我就快回来了。……"

　　在这里劳动的工人很多。1685年5月31日，唐受（Philippe de Dangeau，1638—1720），在《1684—1720年在凡尔赛的回忆录》里记录：在工地上有3.6万名工人，劳动艰苦，而且大量死于疾病。1670年10月12日女作家赛维涅夫人（Mme de Sevigné，1626—1696）记载，每天晚上都有许多车辆满载着工人的尸体拉走。

　　这是一项要求很高的工程。宫殿和园林，边建边改，有些地方反

凡尔赛鸟瞰图。可见宫殿、花园、小林园、王家大道。

凡尔赛宫殿及园林。约1668年巴特尔（P. Patel）绘，西方落日反照在主渠中。

凡尔赛中轴线鸟瞰。前景为路易十四像，远景为大运河。

复几次，精益求精。从1662年到1688年，经过26年之久才大体建成。自1715年路易十四死后，凡尔赛又经历了几番沧桑。不过它的主要部分，到现在还是当年的样子。

　　凡尔赛的大布局是：宫殿在高地上，正门朝东，前面放射出三条林荫路（1671），穿过城市，后面是近有花园，远有林园。占地面积大

凡尔赛宫大镜廊（1679—1686）

约1600公顷[*]。宫殿的轴线向前后延伸，贯穿并且总领全局。先后由勒伏、道尔贝（François d'Orbay, 1639—1697）和小孟莎（J. H. Mansart, 1646—1708）负责扩建的宫殿，南北全长四百多米，中央部分向西凸出大约九十米，是花园轴线的起点。最初在二楼设平台，作为眺望园林的地方，后来把平台改成著名的大镜廊，不过仍然可以从那里观赏园林，循轴线能一直望到八千米之外的天边。

　　花园在宫殿的西面展开，面积大约三百公顷。靠宫殿南、北两个侧翼，各有一大片图案式花圃。从这两方花圃可以见到勒瑙特亥在统一中求变化的匠心。南边的花圃跟宫殿基本在同一个台地上，这片台地盖在名为"橘园"的温室的顶上^{**}。在它南端，可以俯瞰位于下一

---

* 鼎盛时包括大林园在内占地6000公顷，现园林仅存800公顷。

** 路易十四喜欢柑橘的香味，室内经常要陈列盆橘，所以把孚-勒-维贡的几千盆柑橘搬来，造了"橘园"，是一个大温室。

凡尔赛"橘园"和"瑞士兵湖"

凡尔赛南花圃。下为橘园。

凡尔赛尼普顿湖边龙喷泉

个台地的橘园门前的花圃和橘园之南的13公顷的"瑞士兵湖"（因挖湖土工是瑞士籍警卫军而得名）。再远处，烟树浩渺，一望无际。这里的景色是开放的，外向的。水池和橘园方正平展，毫无装饰，风格坦荡明快。橘园比花圃低13米。从花圃可以循东、西两个大台阶下去。台阶各有100级，宽20米。橘园的温室就在花圃和台阶底下。北边的花圃比宫殿低一个台地，大台阶在它南端的中央。它的北面是密密的树林，因此，这里的景色是封闭的，内向的，但有一条下坡路劈开树林向北伸去，这条幽暗的林荫路的两侧，排列着盘式涌泉，每个盘子由三个小男孩像擎着。路的两端，在林地外侧，阳光之下，各有一组很华丽的、由一群雕像组成的大喷泉。林荫路北端之外是一大片水面，尼普顿（Neptune）湖，也有许多雕刻和喷泉，喷泉的水头有高达二十多米的。尼普顿湖同瑞士兵湖相呼应。北花圃的风格深邃诡谲而又欢乐秾丽。南北两个花圃和它们的外延，为避免单调的重复而采

凡尔赛园林第一条横轴。从北向南望，近处为尼普顿湖，远端为"瑞士兵湖"。

凡尔赛第一道横轴线。从尼普顿湖向南望"瑞士兵湖"。

用了显著对比的构图和风格，构思很成功。

宫殿所在的台地，中央部分再向西侧展延。这里的布置经过几次修改，最后是挖了一对水池，长方形，抹角。除了池边上有几尊青铜雕像外，没有其他装饰，非常简朴庄严，静穆和谐，跟南北两片花圃又大不一样。从这里向西望去，是壮观的中轴线。轴线两侧是林园，边沿高大的树木经过修剪，很整齐，所以轴线不但有长度和宽度，而且有高度，立体化了。

这一段立体化的中轴线的艺术主题是歌颂号称"太阳王"的路易十四。路易十四被认为是太阳神阿波罗的化身。从上述那一对水池的西面，走下50米宽的高高的大台阶，就是拉东娜喷泉（Latone），它中央四层圆台，台边有许多会喷水的癞蛤蟆和乌龟。拉东娜像在最高处，她是太阳神阿波罗的母亲，手揽着幼年的阿波罗，若有所思地向西望着。癞蛤蟆和乌龟是天神朱庇特使一些当拉东娜落难时曾经对她不恭敬地吐唾沫的村民变的。

凡尔赛北花圃金字塔喷泉。远处为尼普顿湖。　　凡尔赛拉东娜喷泉。拉东娜为太阳神阿波罗之母。

这个水池之西是王家林荫道（Alée Royale），革命后改名为"绿毯"
（Tapis Verts），它顺轴线长330米，宽45米，除了两边各一条10米宽的
路，中央是25米宽的一条碧绿的草地。路的外侧，林园边上，隔30米立
一尊雕像或一个花盆，一共24个，都是白大理石的，被暗色树木衬托
着。这绿毯很素净典雅。它的西头，是"阿波罗之车"喷泉。在一个椭
圆形池子当中，阿波罗驾着他的巡天车破水而出，旭日东升，向西奔
驰。西面，中轴线上是一条1650米长、62米宽的水渠，叫大运河。傍晚
时分，红日西沉，水面上万道金光，阿波罗冉冉隐没。大运河映照着从
日出到日落的阿波罗巡天的全过程。19世纪的浪漫主义诗人雨果，被这
幅灿烂的落日景色感动，写下了礼赞的诗：

　　　　见一双太阳，相亲又相爱；
　　　　像两位君主，前后走过来。

这两位君主，一位是阿波罗，另一位当然就是路易十四。

凡尔赛王家大道。前景雕像为弗拉孟（A. Flaman）所作的《赛巴利斯和鹿》（Cyparisse and her deer，1687—1688）。

凡尔赛拉东娜喷泉

这纵向水渠的中腰上，横过一条一千米左右长的水渠，形成林园的横轴。它的南端是动物饲养场，北端造了一座不大的宫殿——特里阿农（Trianon）。

包围着这十字形水渠的是大林园，从拉东娜水池到阿波罗之车水池这一条王家林荫道的两侧，是小林园。

小林园是凡尔赛独有的、最可爱的部分，是真正逗人流连、供人休息娱乐的地方，最使路易十四感到骄傲。它跟花园鲜明地对比着，变化很多。方格形的道路把它分成大小相等的12块，中轴的南北两侧各有6块。每一块，在密林深处，有它特殊的题材、别开生面的构思和鲜明的风格。在南边的，有一块有回纹迷阵，装饰着39个喷泉和铅铸镀金的雕刻，雕刻主要用伊索寓言和拉封丹寓言里的题材，都是动物，各配一首四行诗。另一块是"水镜"，长方形的，满满的水跟岸口相平，倒映着树梢上来去的白云。还有一块，里面有一圈轻快的连续券环廊，直径32米，用粉红色大理石做柱子，一共32开间，其中28间里立着盘式喷泉，水头喷出几米高。正中央是雕刻家吉拉尔东（François Girardon，1628—1715）的杰作"普鲁东抢劫普罗赛比娜"。雕像放在高高的基座上，形成环廊的垂直轴线、构图中心。它的强烈动态和激越的表情，同极其安详稳定的环廊鲜明地对比着，很生动。这个环廊被认为是凡尔赛最美的园林小建筑物。它是在勒瑙特亥到罗马去的期间由小孟莎设计建造的。勒瑙特亥回来之后，路易十四带他去看，再三要他发表意见。他说："陛下把一个泥水匠培养成了一个造园家，他给陛下做了一道拿手菜。"

在轴线北面的小林园，其中一块叫"大水法"，椭圆形的场地上，有三道小瀑布和200个喷泉，可以作10种不同的组合。场地外侧，一半有逐渐升高的草坡，作为"观众席"，欣赏喷泉的多变美景。另一块叫"阿波罗浴场"，有大岩洞，主洞是海神宫，里面有一组雕刻：太阳神阿波罗巡天回来，一群美丽的山林水泽女神服侍他休息。两个副洞里有阿波罗的马的雕刻。岩洞完全是仿自然形态的，里里外外都有层层跌落

凡尔赛四季喷泉之一："春"

凡尔赛小林园中的四季喷泉之一："冬"。
用作林间小径节点上的装饰。

凡尔赛"阿波罗之车"喷泉

的瀑布，乍分乍合，曲折宛转。这组岩洞的雕刻本来造在宫殿北翼后来
的小教堂的位置上，是歌颂太阳王路易十四的，雕刻的主要作者也是吉
拉尔东。1666年，那儿还安装过一些恶作剧的水嬉和水风琴，能奏出
鸟的啼声。为了建造宫殿的北翼，把这组雕刻拆走，后来迁移到小林园
里来。

凡尔赛小林园中的环形柱廊。1680年小孟莎设计。

路易十四死后，小林园变化比较大，有一些方块里，已经不是原来的题材和风格。例如，回纹迷阵没有了，"水镜"的大半被填没，改成一片英国式的草地，"阿波罗浴场"也改成了英国式的园林。

勒瑙特亥的园林布局，用一条大轴线从府邸前面一直贯穿到后面的天边，花园由几何图案花圃组成，图案里是绣花式植坛，平展坦荡，气派壮丽，但容易失之于单调呆板，没有深度。小林园多少弥补了这个缺陷。它的每个方块几乎是一个独立的小园子。在每一片被密林包围的不大的空地里，或是一座轻快的小建筑物，或是一池明亮的水，或是热闹的喷泉，或是妙趣横生的回纹迷阵。可以在这里静坐默想，可以在这里款款闲聊，也可以在这里演出歌舞和举行宴会。它们是园林里更深入一层的自在的小天地，环境幽密，气氛亲切。路易十四很喜欢亲自陪外国使节参观凡尔赛园林，而参观的重点就是小林园。路易十四是感觉到园林的气氛过于严肃、过于刻板的。他曾经要求做大量孩童的雕像，"散布在所有的地方"，使园林活泼一点，更多一点人情味。有一些孩童雕

凡尔赛小林园中的"花池"

像做了起来，但因为园林太大，太空旷，所以并没有在总体上收到预期的效果。

但凡尔赛园林很适合举办各种盛大的节庆活动和豪华的宫廷招待会，包括有名的烟火晚会，可以容纳几千人。这本来是路易十四在建园之初的要求。有人因此说，凡尔赛的园林是露天的接待厅和游

凡尔赛花园中石花瓶上的太阳神徽标。太阳神意指路易十四。

乐场，是宫殿大宫厅的扩充部分。圣西门公爵则说，凡尔赛园林追求的"是好玩，不是美"。

这种专为讲排场的园林当然并不能满足路易十四日常生活中对园林的需要。所以，他决定在大林园里，横向水渠的北头，造一所便殿，可以在那里休息，消遣，带人去吃一顿饭，领略一下清新的林莽的野趣。

1672年，在那里造成了"瓷特里阿农"（Trianon de Porcelaine）。这是一所小小的平房，中央正房里，左右各一间客厅，当中是门厅和沙龙。门前一个椭圆形院子，两侧各有一座小建筑物。

这所便殿有特殊的意义：当时中国的工艺品正源源输入法国，引起法国人对中国文化的倾慕，在法国渐渐出现了仿制中国工艺品的工厂，这所便殿，则企图仿制中国建筑。它叫瓷特里阿农，特里阿农是这里原来一个小村子的名字；瓷，是说它用瓷砖贴面。在传入法国的中国工艺品里，瓷器是大宗，最受上层社会的欢迎。法国人以为瓷器最足以表现中国的特色。而且，使节、商人和传教士已经把中国建筑，包括南京的大报恩寺琉璃塔介绍到法国，引起很大的兴趣，人们以为中国建筑就是瓷质的建筑。特里阿农的瓷砖是荷兰生产的，主要用在室内，有一间卧室全用瓷砖贴面，砖为白底青花，少量绿色和黄色，仿当时中国大量向法国出口的青花瓷。当时建筑学院主持人兼史学家斐立宾（André Félibien，1619—1695）在《凡尔赛宫介绍》（*Description du Château de Versailles*）里说：那时人们［其中最重要的是蒙特斯庞夫人（Mme de Montespan）］的最高愿望是，"按照来自中国的工艺品的样式建造"这所小小的便殿。它的屋顶不高，略成重檐的样子，屋面上用瓷花瓶排列成脊，装饰着"各种活生生的鸟"，显然只凭传说揣摩中国建筑的屋顶。路易十四后来对威尼斯共和国的大使说：我为宫廷造凡尔赛，为朋友们造玛利，为我自己造特里阿农。

1687年，这所瓷特里阿农被拆除，在原址为曼德侬夫人（Mme de Maintenon）重新造了一所比较大的便殿，大理石的古典主义建筑。圣西门公爵把它叫作"大理石特里阿农"，是小孟莎设计的。18世纪中叶造了另一所小特里阿农（Petit Trianon）之后，它的名字就叫"大特里阿农"。它的花园很完整，四周被密林包围，是一个独立的、内向的花园。南边有个豁口，可以望到平滑如砥、光洁如镜的大横向水渠的北翼。它的花园里有图案式花圃，以鲜花闻名。勒瑙特亥在1694年写道，特里阿农温室里有20万盆鲜花，经常替换花坛里的。所以花坛里"绝对

凡尔赛大特里阿农宫鸟瞰。花园中有大量珍贵的花。

凡尔赛大特里阿农宫

看不到一片枯叶，看不到不开花的"。此外，水池和一些小丛林，尺度很亲切，局部为自然式，显出勒瑙特亥晚期风格的转变。

凡尔赛花园里有大量的雕刻，分布各处。当时法国重要的雕刻家几乎都为凡尔赛工作。勒勃亨担任王家艺术总监，起着组织作用。雕刻由他设计草图，呈路易十四审定，然后交雕刻家去做。因此，绝大多数的雕刻在风格上是统一的，构图是互相照应的，跟所在地的环境是和谐的。雕刻家们表现得很守纪律，这是绝对君权下的特有现象。

凡尔赛的工程量非常大。除了建筑、雕刻和土方等工作外，引水和植树是很大的两项。凡尔赛本来虽然是个沼泽地，但没有河流，水源不足。圣西门公爵说，这本来是个最荒凉、最贫瘠的地方，"没有景致，没有水，没有林，只有流沙和沼泽"。而宫廷生活和园林却大量要水。曾经设计过不少引水方案，从克拉尼（Clagny）的水库，从朱纳河（la Juine），从罗亚尔河，从于亥河等。于亥河的引水工程在1624年路易十三时就开始了，1685—1688年间，路易十四用了3万士兵。其中跨过山谷的一段，架在47个开间的发券上，券的跨度大约11米。上下三层，总高大约70米。工程没有最后完成，至今只剩下大约五千米长的一段。又设计过用23个水池储存雨水八百多万立方米的方案，后来造成总容量为22万立方米的水池。17世纪80年代，造成了一个"玛丽机"，从塞纳河抽水，有14个水轮泵，是当时的工程奇迹。它们保证了凡尔赛花园里各种水池、水渠和1400个喷嘴的用水。引水工程的主持人是意大利人弗朗奇尼兄弟（François Francini，1617—1688；Pierre Francini，1621—1686），喷泉的主要技术负责人是德尼（Claude Denis）。

建园之前，凡尔赛有很多小丛林，但生长得很不好。于是，决定伐掉重新种植。为了赶快成林，新栽的都是成年大树。从贡比尼（Compiègne）、弗朗德斯（Flandres）、诺曼底（Normandie）和道斐内（Dauphinés）等地的森林用大车运来。1688年，仅仅从拉都瓦斯（L'Artois）一地就运来2.5万棵大树。赛维涅夫人记载，运大树的车多少年在驿道上络绎不绝。树的死亡率很高，花费了许多人力财力。

凡尔赛所用的石料也是从全国采集的。

所以，有人说，仅仅从树木和石头看，就可以说，凡尔赛是统一而强大的法兰西的象征。

6

写完了法国的古典主义园林，差不多就等于写完了法国园林。虽然从18世纪起，法国的造园艺术又发生了很大的变化，但这变化渐渐受到中国和英国造园艺术的显著影响，而没有形成新的法国风格。当然还应该写一写。在写它之前，把法国古典主义园林跟中国园林比较一下，是很有意思的。

抓住这两种花园风格的对立，一个是野趣的，一个是几何的，顺着找下去，可以列举出许多形式上的差别，这样的比较倒也不难做。但是，我希望能比较得深一点，开一个新的角度，而不求全面。

路易十四派到中国来的第一批耶稣会传教士之一，李明（Louis le Comte，1655—1728），在对比了法国和中国的城市、花园之后说：在法国，城市是曲折的，而花园是方正整齐的；在中国，城市是方正整齐的，而花园是曲折的。李明敏锐地感觉到，在两个国家里，城市的格局跟花园的格局都是对立的。

法国的几何式花园，形成于封建制的晚期。那时候，新兴资产阶级和国王一起，正力求摆脱几百年的封建分裂和混乱，建立统一的、集中的、秩序严谨的君主专制政体。而法国的城市，大多是从中世纪的商业、手工业和水陆交通发展起来的，中世纪城市的曲折，本是封建分裂和混乱的产物。

中国的自然式花园，形成于中央集权的君主专制政体的统治之下。为它服务的政治斗争和僵硬的意识形态，窒息着一切生机。尚有灵性的知识分子，希望在这个罗网上寻找或大或小的透气的孔洞，因而他们向往自然和自然中的生活。而中国中世纪城市大多是官僚体系的行政中心，城市的方正，却是专制政权的产物。

所以，几何式的法国花园和自然式的中国花园，在它们形成的时候，都反映着当时在思想文化上影响最大的人们的愿望：他们要摆脱什么，要追求什么。当时的城市，反映着他们要摆脱的，当时的园林，反映着他们要追求的，所以，园林跟城市，风格上形成对照。

著名的法国艺术理论家丹纳（H. A. Taine, 1828—1893）在《比利牛斯山游记》里借一位波尔先生的话说："您到凡尔赛去，您会对17世纪的趣味感到愤慨。……但是暂时不要从您自己的需要和您自己的习惯来判断吧……对于17世纪的人们，再没有什么比真正的山更不美的了。它在他们心里唤起了许多不愉快的印象。刚刚经历了内战和半野蛮状态的时代的人们，只要一看见这种风景，就想起挨饿，想起在雨中或雪地上骑着马长途的跋涉，想起在满是臭虫的肮脏的客店里给他们吃的那些掺着一半糠皮的非常不好的黑面包。他们对于野蛮感到厌烦了，正如我们对于文明感到厌烦一样。"（曹葆华译文）17世纪尚且那样，混乱的封建割据时期，就可想而知了。

中国士大夫，对于自然却抱着完全不同的态度。两晋南北朝的史籍和诗文，充满了他们对自然的讴歌。梁代张赞的《谢东宫赉园启》写得特别透彻："性爱山泉，颇乐闲旷，虽复伏膺尧门，情存魏阙，至于一丘一壑，自谓出处无辨。常愿卜居幽僻，屏避喧尘。傍山临流，面郊负郭。依林结宇，憩桃李之夏阴，对镜开轩，采橘柚之秋实。……此园左带平湖，修陂千顷；右临长薄，清潭百仞。前逼逸陌，朝夕爽垲之容；后望钟阜，表里烟霞之气。每剩春迎夏，华卉竞发；背秋向冬，云物澄霁。窥瞰户牖，不异登临；升降阶墀，已穷历览。舟楫所届，累日不能究其源；鱼鸟之丰，山泽不能喻其美。"

这两种相反的对待自然的态度，也会反映在两种相反的园林艺术上：几何的、自然的。它们分别反映着两国思想文化界的理想、憧憬和追求。当然，把这当作形成两种园林艺术的唯一原因，那是不够的。但它无疑是一个重要的原因。正如车尔尼雪夫斯基说的："任何事物，凡是我们在那里面看得见依照我们的理解应当如此的生活，这就是美的。"法国人当时认为"应当如此的生活"，是有秩序的、有纪律的生活；中国人当时认为"应当如此的生活"，是可以自由自在地抒发感情或者逃脱政治浮沉的生活。

有一个有趣的反证。路易十四把有秩序、有纪律的君主专制政体彻底建成，固然使有秩序、有纪律的园林发展到最高峰，但同时也停止了它的发展。就在路易十四的晚年，法国已经产生了新的造园艺术潮流，到路易十五（1715—1774在位）时期，这潮流排斥了古典主义造园艺术，几乎要把凡尔赛的园林改掉。这个新潮流，就是废弃几何式，崇尚自然风致。像中国一样，在绝对君权统治之下，法国文化也要到自然中去找一个喘气的地方了。正是这个新潮流，把中国的造园艺术当作知音，大大欢迎，从此之后，几何式的园林再也没有恢复过去的统治地位。相反，路易十四和路易十五，却在城市里建造了一批笔直的大道和整齐划一的广场。法国的城市和园林，都向相反的方向转化，而与绝对君权下的中国城市和园林趋同。

所以，园林的作用，就是补足现实生活中的缺失，当然不可能是全部缺失。

由于缺失不同而对自然的态度不同，法国古典主义园林跟中国园林是彻底对立的。

在法国，建筑统率着园林。这意味着秩序和纪律统率一切。不但建筑物在布局里占着主导地位，而且它迫使园林服从建筑的构图原则，使它"建筑化"。不但花园，甚至连林园都建筑化了，道路、水池和小建筑物把几何格律带进了林园。所以建筑物是封闭的，无需敞开来同园林互相渗透。在花园里，人们并不欣赏树木花草本身的美，它们只不过是有各种颜色和表质的材料，用来铺砌成平面的图案，或者修剪成圆锥形、长方形、球形等绿色的几何体。花园的美，是这种图案和几何体的建筑美。所以，绣花植坛里用染过色的砂子和砾石做底，它们的作用跟花草差不多。这种园林，只有借人工的喷泉来给它一股生气、一股活力。

在中国，建筑格律并不统率园林布局，而在园林里面，是园林的构图规则统率着建筑，迫使建筑"园林化"，随高就低，打散体形，并且向自然敞开。自然本身还随着湖石、竹树、流水等等渗透到建筑物里去。人们欣赏的是树木花草本身的美，不但欣赏它们的形态，还欣赏它们的生命和"人格"。岁寒不凋的松柏，出污泥而不染的荷花，劲节虚心的竹子，刚正坚贞的石头，它们和人们有感情上的联系。甚至像晋简文帝那样，"觉鸟兽禽鱼，自来亲人"。于是，人就融化在自然之中，率性适情，暂时忘掉三闾之浮江、望诸之去国，那些专制政权下的悲剧，"奉微躯以宴息，保息事以乘闲"（谢灵运，《山居赋》）。

中国的造园艺术因此是抒情的，出世的，人们在自然山水中恬淡隐退，连皇帝都要自比为与世无争的樵父渔翁。沉思默想，抚琴吟诗，感情磨炼得十分敏锐细腻。竹影花影，风声雨声，露光萤光，茶香药香，都能引起心头的微澜和想象力。一片石、一池水，不但可以幻成江湖丘壑，还代表着一种生活理想，一种文化精义。所以，从园林的定名到题建筑物的联额都成了风雅的事。把文学引进到造园艺术中来，园林的精神容量就扩大了。而这文学，大多是描绘没有人间烟火气的自然风光之美，抒发蔑视名缰利锁、礼法名教的疏狂之情。园林里演出过多少浪漫故事，杜丽娘和崔莺莺也要到园林里才发现自己的青春。

法国古典主义的造园艺术是理性的，入世的，在筑就的平平的台地上推敲着均衡、比例、节奏。它图解君权，而君主在这里仍然扮演着至高无上的角色。人们在里面交谊、饮宴、歌舞、举办大型节庆活动，甚至放烟火，热热闹闹。连造园要素也有热闹的：大量喷泉、水风琴和"粲然廊"之类的机械玩意儿。许许多多的雕刻把古代神话带进了园林，题材不外乎感官的享乐。从来没有定园名、题联额这类风雅事儿。凡尔赛、特里阿农，都是当地破破烂烂的小村落的名字。杜乐丽的意思是瓦窑，因为那里本来是个窑址；而卢浮宫的意思则是猎狼人小舍。所以，古典主义的园林，不但在布局上是一览无余的，它的意境也是比较粗浅的，咀嚼不出多少深永的生活滋味。美术史学家勒蒙尼埃（Joseph Henri Lemonnier, 1842—1936）说，在凡尔赛只有小林园里才有想象力和画境。古典主义的杰出诗人之一，拉封丹，在凡尔赛写诗道：

> 君臣金辇入园林，黄昏天气微风清。
>
> 两轮红日本一系，富贵豪华照万民。
>
> 瞻仰礼拜知向谁？同样辉煌与光明。

两轮红日，指的是天上的一个和人间的一个。这样的诗，在中国的皇家园林里是不会写出来的。

因此，除了勒瑙特亥之外，在法国，园林是由建筑师附带设计的。不少学者写了关于建筑学的书，大多不提造园艺术，因为那是次要的。相反，在中国，造园艺术是在诗人画家手里成长起来的，所以，有关的诗、文和绘画很多，而建筑被人当作匠人之业，士大夫们不屑于去写。18世纪，当英国人准备放弃古典主义园林，转向自然风致园的时候，他们（如钱伯斯）才知道，中国的园林不是一般的建筑师所能设计得了的，而古典主义园林，却是任何一个建筑师都能设计的。

此外，还有两点差别值得说一说。一是法国的园林善于处理大片平地，而中国园林对大片平地简直毫无办法；二是中国的园林里，建筑物往往过于拥挤，而法国的则比较开阔，因此就整个视野的景观来说，并不缺少自然风致。但法国花园裸露的地面太多、太大，铺着砾石，十分干枯乏味。

耶稣会士李明还看到另一点差别：维护中国园林比较省钱，而维护法国园林则是很大的负担。这一点当然很明显，且不说雕刻之类，就是喷泉、水风琴的供水，树木花草的修剪平整，都需要大量的劳动力。据吕乃斯公爵（Duc de Luynes）记载，路易十五时，凡尔赛花园有190万盆鲜花，一部分埋在绣花植坛里，一部分准备替换，有时，有些花坛一天要换两次鲜花，这个数量确实很惊人。

但是，也不能说中国人跟古典主义时期的法国人就没有一点共同的审美感受。晚唐诗人储光羲的《洛阳道》说"大道直如发，春日佳气多，五陵贵公子，双双鸣玉珂"，意境就很像凡尔赛的园林。有人说这首诗含义讥刺，恐怕未必，至少字面上不一定要那样去理解。

另一方面，据圣西门公爵回忆，当凡尔赛正在建筑的时候，路易十四已经觉得连特里阿农都过于排场了。他"终于厌倦了装腔作势，厌倦了前呼后拥。他认为，他宁愿有时候当个孤孤单单的小人物"。于是，他亲自到凡尔赛附近去相地造一个小园子，找到了北面6.5千米处一个闭塞的峡谷，很难进去，也望不出来，在那里造了一所玛利离宫和园林。一说勒瑙特亥设计，一说小孟莎设计。当然，它的大布局还是跳不出轴线对称的几何式框子，中轴线上造了意大利巴洛克式的链式瀑布。据圣西门公爵说，为种树、引水等等，玛利所花的钱也许比凡尔赛还多。不过，至少在建造之初，路易十四想要一个在自然之中的闲居消遣的别墅，过一过远离尘嚣的生活，这里就有一点点信息，说明他是可以跟康熙皇帝一起欣赏畅春园的。

7

路易十四死后，法国的造园艺术开始转变风向。18世纪上半叶，在法国的艺术中流行洛可可风格：提倡情感和性灵，对抗古典主义理性；提倡柔媚和轻松，对抗古典主义的肃穆和庄重；提倡顺应自然，对抗古典主义人为做作、强加意志于自然。造园艺术的转变，就是在洛可可风格这股潮流之下开始的。

这个转变，在18世纪上半叶，幅度很小，有点隐约的闪烁，还处在酝酿状态。不过，无论在书本里，还是在实际园林里，都有所表现。青蘋之末，微风已经起来了。

先从书本说起。

有一本被称为"造园艺术的圣经"的书，叫作《造园艺术的理论与实践》，作者是勒瑙特亥的学生德让利埃（Dezallie d'Argenville, *Théorie et Pratique du Jardinage*）。这本书基本上是古典主义造园艺术的规范和教程。但是，它也反映了新的趋向，虽然吞吞吐吐，甚至自相矛盾。

它提出，造园艺术的第一个准则是："要使艺术顺从自然。"这同古典主义的使园林服从建筑法则，是针锋相对的。不过，德让利埃却又说，勒瑙特亥的作品，圣克鲁、商迪和索，都是"自然"的。古典主义者常常把"自然"跟理性看作同样东西，德让利埃显然没有摆脱这种习惯。但是，从后面的叙述里却可以看出，他说的"自然"，又常常指大自然。

另外三个准则是：不要把花园塞得满满的，也不要让它空空荡荡的，要使它显得比真实的大。

他说，为了接近自然，要反对"太高的平台挡土墙，像采石场似的大石头台阶，过分装饰的喷泉，太多的用格栅造的、装饰着雕像和花盆的绿廊、绿室等，那些东西，人工味儿浓于自然味儿"。他建议，台阶要简单，可以采用长着草皮的斜坡和坡道，倡导"没有格栅的天然的绿廊和绿篱"。小瀑布要多用石头，"石头和雕像很适合于小瀑布，它们跟毛石和草地在一起能更近似天然瀑布"。他说，绣花植坛已经不吃香了，而英国式的有花边的草地越来越受欢迎。

总之，要尽量模仿自然的形式，这"自然"显然并不是指理性。

德让利埃说，草地的花边应该是平的，不要任何高起来的树木，避免妨碍从府邸里观赏花园。这是因为，当时的建筑潮流把沙龙渐渐从二楼转移到底层。

建筑学院的第二代权威，小勃隆台（Jean-François Blondel，1705—1756），在1752年就批评凡尔赛，说它"只适合于炫耀一位伟大国王的威严，而不适合于在里面悠闲地散步、隐居，思考哲学问题"。后来，他写了《建筑学教程》（*Cours d'Achitecture*，1771—1777）。这本古典主义的规范，也同样透露了新的信息。他认为，造园艺术应当趋向"自然"。但是，跟德让利埃一样，他又说，这个过程"在路易十四时期，已经在凡尔赛、特里阿农和玛利完成了"。这么说，好像他也是把自然跟理性当作同一回事了，但又不全是这样。

他说，花园里的一切东西都要给人"看到精致的、轻柔的和自然的形式"，要坚决避免一切好像是"外加的东西"。小勃隆台说："一条散步的路，只有当它跟围墙外面的东西（自然）同样有趣的时候才是真正美的。"因此，他又指责凡尔赛和特里阿农，认为它们那儿只有艺术在闪光，它们的"好东西"只代表"人们精神的努力，而不是大自然的美丽的纯朴"。

这两部书里的含糊和矛盾，一方面说明新潮流本身还很弱，一方面又说明古典主义的强大，要对它的成就和教条提出比较明确的反对意见，还需要更成熟得多的新思想。18世纪中叶，这种新思想成熟起来了，这一方面受到资产阶级革命之后的英国的影响，一方面是法国革命准备时期启蒙运动的影响。

1745年出版的勒勃朗斯（L'abbé Leblance）长老的《一个旅居英国的法国人的书简》（*Lettres d'un Français, Écrites d'Angleterre*），意见就更进一步了。他连在花园里种花都不赞成，说种花不自然，只应该种些"常绿树的丛林"和开花的灌木。长老说，要避免"花园里到处都收拾得整整齐齐"，相反，"一种荒芜的、田野的风味总是使人愉快的"。

对古典主义造园艺术的最激烈批评来自《百科全书》。百科全书一般反映资产阶级革命的启蒙思想。"园林"条目的编辑是柔古（Le Chevalier de Jaucourt，1704—1779），他谴责勒瑙特亥的艺术是堕落的，勒瑙特亥的园林里"趣味荒谬而平庸。笔直的大林荫道淡然寡味，绿篱既僵冷又单调；我们喜欢曲曲折折的道路，高高低低的地形，树丛的轮廓要非常精致"。柔古说，"那些最大的庄园里的装饰都是恶俗的、卑劣的、过分堆砌的"。他也批评当时流行的洛可可风格，说陶土烧的花盆，古里古怪的中国人像和一些"田舍风光画"只不过是些无聊的小玩意儿。他说的中国人像，是洛可可装饰艺术里常用的题材，由中国的花

凡尔赛小林园中经改造后的英国式园林（1818）

瓶装饰画和雕版画等带到法国去的。

百科全书的"树丛"（bosquets）一条，作者是朱地（Le Baron de Tschoudi），他说，花园还应是几何的，不过它必须尽可能地逼近自然，最好是教人看不出几何形跟自然的界限。

勒瑙特亥的权威在18世纪中叶一经动摇，批评的矛头就继续指到他身上。埃麦农维勒子爵（Vicomte d'Eemenonville）写道："只有新奇才能激动人心，而最新奇的是自然。"他说："勒瑙特亥屠戮了自然，他发明了一种艺术，就是花许多钱把自己包裹在使人腻烦的环境里。"

这些在书本子里发生的变化，也发生在园林的创作实践中。路易十五时期，花园还是造了不少，不过，它们大多规模不大，尺度也不大，追求的是亲切而宁谧的气氛。例如，贡边涅（Compiègne）府邸、拉穆埃（La Muette）府邸、舒阿西（Choisy）府邸里的新住宅等等。路易十五的宠姬庞巴都夫人拥有14所府邸。这些府邸的花园大体仍然是勒瑙特亥式的，但是规模和尺度一缩小，风格就不再是壮丽庄重的了。它们显得精洁雅致。相对说来，树木显得高大而且逼近，因此自然的气息就浓得多了。

虽然洛可可风格曾经给绣花植坛带来非常纤巧多变的图样，但是很快，绣花植坛就过时了，代之而起的是英国式的草地，一种修剪、维护得非常整齐精细的草地，只在边上用花草作些图案装饰，样子比古典主义时期的绣花植坛朴素多了。朴素就显得自然、亲切，所以这时候连喷泉、盘式涌泉等也不大造，原有的也有不少改成平静的水池，人工斧凿的痕迹就少了。有一些花园，例如贡边涅的，有曲折的小径，它们使园林里的景致更富有变化。

过去的大型宫廷园林也发生了变化。在凡尔赛园林里，道路两边十几米高的榆树砍伐掉了很多，新种的树不成行成列，而是一簇一簇的，响应着"回到自然去"的号召。路易十五对豪华的排场毫无兴趣，他撇开凡尔赛的宫殿和大花园，只住在小特里阿农。为标榜一种"牧歌生活"，在小特里阿农西边造了一个禽畜舍（1750），饲养鸡、牛、羊等。在它旁边，于谢（Bernard de Jussieu, 1699—1777）设计了个很雅致的小花园，虽然还是勒瑙特亥式的，以几何形为主，有中轴线，但是也有不少曲折的小径，造成出人意料的效果。这是新的趣味，它使路易十四的园林变柔和了。路易十五在这花园附近又建立了一所植物园。

凡尔赛的小林园里，水嬉剧场和回纹迷阵完全拆掉了，它们是最不自然的。

18世纪上半叶法国造园艺术的新动向，虽然还不很大，但毕竟是开了头。对权威性非常高的古典主义提出挑战，那是很不容易的。它必须有很深、很广、很剧烈的社会历史的变动作为支持。所以，这些挑战就像冰山的露头，看来不大，下面潜力却大得多，这就是资产阶级革命的酝酿。待到18世纪下半叶，启蒙运动的思想文化潮流越来越强烈，终于引起了法国造园艺术的彻底变化。1774年，路易十六

凡尔赛小特里阿农园中的"爱之亭"（1777—1778）。受"中国风"影响，浪漫主义情调，古典气质全失。

凡尔赛小特里阿农园中的农舍。路易十六时期，受"中国风"影响的浪漫主义。

（1774—1792在位）的王后玛丽·安托瓦内特（Marie-Antoinette）就"完全迷在英国式园林里"了。在那场大变化里，中国的造园艺术起了很大的作用。

中国园林的影响在18世纪上半叶已经显露出来。离巴黎不远的拜勒弗优（Bellevue），在1750年建成，种了许多中国树木，如侧柏、桂、荚蒾等。不过，中国造园艺术真正改造法国园林，是在18世纪下半叶。这条文化交流线的另一端，在北京的长春园里，1747—1760年间，造了法国式的"西洋楼"。青牛西去，白马东来，这在两国的造园史上都是很有意义的事。

后记

写这篇文章，起意很早了。当初引起我兴趣的，倒不是法国的园林，而是勒瑙特亥的运气。那是1970年代初期，我们刚刚从泥潭里的"五七"农场回来。在农场的时候，我们无限虔诚，像印度的耆那教徒那样，真心相信，痛苦的自我摧残，可以使我们的精神升华到一个全新的境界。回到学校，装着一脑袋改革教学的设想，抱着基督教徒那种一辈子赎罪的心情，愿意从头做起，好好帮助青年人学习一点知识。谁知道，分配给我的工作是淘大粪和收垃圾，这就好像鲁迅笔下的祥林嫂，用毕生的积蓄到土地庙捐了条门槛，满心以为从此没有罪孽了，高高兴兴地去摆供桌，却不料被鲁四奶奶大声喝了下来。我拉着沉重的铁罐车在清华园里东奔西跑，跟生产队的把式们抢大粪。车轮辚辚，我回味着在农场里受到的一次批判。那是我在"大亮大进步，小亮小进步"的蛊惑下，亮了一个"活思想"："外国人的卫星在天上转，中国的知识分子在田里转。"大概是屡教不改罢，这时候，我却又想起陆放翁的诗来了，那是："天下可忧非一事，书生无地效孤忠。"

在学校里跟在农场里有一个大不相同之处，就是住在家里，这意味着每天晚上接受过"教育"之后，三更半夜还可以读点书。我想方设法从北京大学图书馆借来一本《圣西门公爵回忆录》，长夜无眠，看看太阳王路易十四的宫廷轶事，倒常能有所会心。但没曾想到，那个大言不惭，说过"朕即国家"的路易十四，居然会跟造园艺术家勒瑙特亥交了朋友，尊重他，接纳他的意见。看到这些情节，灵魂深处乱过一阵之后，我从羡慕勒瑙特亥的运气，进而决定了解一下他的造园艺术。于是，慢慢看了一些书，终于酝酿了这篇文章。前后算来已经有十一二年了。

在第4节里，我已经把勒瑙特亥临死前一个月跟路易十四一起在凡尔赛花园里游览的事写进去了。我还想在这里再写一点别的。

路易十四跟勒瑙特亥很要好。虽然国王的一举一动在宫廷里几乎都是仪式，但勒瑙特亥对他却很随便。每逢路易十四出远门或者从外地回来，贵族大臣们排队迎送，恭恭敬敬鞠躬如也，勒瑙特亥却亲热地拥抱他。勒瑙特亥可以顶撞他，坚持自己的想法，只要言之成理，路易十四会放弃自己的主张，听从他的。勒瑙特亥到罗马去了一趟，回来之后，路易十四亲自陪他看一遍他不在的时候别人主持的大大小小的工程，请他提意见。他们之间甚至还可以开一点不拘形迹的玩笑。圣西门公爵说："他们的合作非常默契。勒瑙特亥了解路易十四对凡尔赛的热心，所以每当路易十四来到现场，勒瑙特亥总要向他汇报设计。当这位造园家指点一条林荫路、一丛树、一方水池给他看的时候，这位国王心满意足，常常打断他的话，说：'勒瑙特亥，我要赏你两万利弗。'"

这些事情看起来没有什么意思。但是想一想这位路易十四的统治是被历史学家叫作"绝对君权"的，那么，就会觉得也并不是太没有意思。

更难得的是，据圣西门公爵说，勒瑙特亥受到路易十四和宫廷人们的喜欢，并不是因为他像建筑师小孟莎那样工于心计，专会奉迎拍马。勒瑙特亥是个"正直的人，严谨的人，坦率的人"。做这样的人不容易，喜欢这样的人也不容易，尤其是大权在握。

这个小孟莎也值得介绍一下。圣西门公爵很讨厌他，说他"个子高高的，匀称结实，长着一副最甜蜜不过的脸蛋，但却是个道地的流氓；天生的伶俐劲儿，老是唯唯诺诺，屈从人家的意见，好教人觉得他心眼机灵，讨人喜欢"。圣西门公爵说：凡尔赛是个"一无是处的宠物"，但小孟莎"他有巧方儿把陛下吸引在那个旷日持久而且耗费不赀的无谓的事业上，尤其是花园。他的办法是，把有缺点的图样进呈御览，所以陛下立即就指出了毛病。小孟莎用无限崇拜的调门喊起来，说，陛下所指出的毛病，自己是一辈子也发现不了的，在这位'天命大匠'身旁，他简直是个小学生。他于是得到了他所要的一切，而陛下丝毫没有察觉他的骗人把戏"。

路易十四倒不是一个只喜欢马屁精或者技术人员的人，他很有点儿雅量。从凡尔赛的建设一开始，新任命的王家工程总监、财务大臣高尔拜就竭力反对，他主张集中人力财力建造卢浮宫。1664年，高尔拜非常激烈地对路易十四说："陛下知道，除了赫赫的武功之外，再没有什么东西比建筑物更能表现君主们的伟大气概了；子孙后代会用君主们生前所造的宫殿做尺子来衡量他们。啊！如果最伟大的、最英明的、具有一切伟大君主的真正美德的国王要用凡尔赛这把尺子来衡量，那可是糟糕透顶了！无论如何，现在非担心这种倒霉事不可了……"不论高尔拜多么顽固坚持，路易十四虽然不听他的，却也不恼怒发火，把他打成个什么分子。高尔拜看看不能说服国王放弃凡尔赛，就再三强调财政困难，对建设计划一寸一寸地争论，锱铢必较。所以，后来有人说，用凡尔赛这把尺子来衡量这位大臣，"这是旧制度下最成功的一次财务管理"（L. Hourticq）。而同时，高尔拜还主持了卢浮宫东廊的建设。

不过，为了凡尔赛的工程，路易十四是发过火的，据圣西门公爵说，后果还挺严重。这是一则很有趣的故事。在1687年和1688年，路易十四经常到特里阿农工地上去看。墙体刚刚一出地面，他就看出来，一个窗口有毛病。这位国王，照圣西门的说法，"眼里有个两脚规，专能判断精确度、比例和均衡"。但是，高尔拜的后任，工程总监卢瓦（Marquis de Louvois，1639—1691）偏偏不服气，装聋作哑。被路易十四一催逼，这位骄傲的大臣，居然发起了脾气，一口咬定说这个窗口同其他的没有什么两样。后来勒瑙特亥奉命亲自来测量，证明国王是对的。这一下，轮到路易十四发脾气了，他冲着卢瓦嚷起来，"说他冥顽不灵，把房子造得歪歪斜斜，即使造完了，也非完全拆掉不可"。卢瓦吓得不知所措，回到家里，心想，保住名位的唯一办法是挑起一件更大得多的事端，于是，发动了对奥格斯堡联盟的战争。圣西门相信，帕拉蒂纳（Palatinat）的一场大火就是这样由特里阿农的一个歪窗引起来的。

这几段花絮，都是建造凡尔赛的人物的轶事。它们不但可以帮助我们进一步了解凡尔赛和它的历史，而且可以使我们对凡尔赛和它的历史发生一种亲切感。法国人的著作里很重视这类花絮，他们的文章读起来比较引人入胜。我们老前辈写的《史记》，也爱利用这类花絮刻画人物，记叙事实。不过，近几十年来，我们学术著作里很少有这些东西，大都把它当作废话删掉，所以文章很干枯，"像个瘪三"。我现在采取中间路线，把它们收容在"后记"里，像方便面条的佐料，让有兴趣的读者，自己把它调进正文里去。这样，正文就可以免掉"废话连篇"的批评。

最后，说一说凡尔赛在路易十四死后的命运。

路易十四在1715年死后，宫殿和园林都被扔在一边，园林有些荒芜。直到1722年，路易十五才回到凡尔赛。回来之后，园林和宫殿内部不断有小规模的改造，并且在大特里阿农附近造了小特里阿农。园林的改造，主要是因为几何式的布局已不时兴，于是，砍掉了绿篱和一些树，用来烧火。1772—1774年，大规模地破坏树木，到1775年才被制止，又重新种植，添了一些散簇树丛，并且陆续把小林园里的阿波罗浴场和回纹迷阵改成自然式的英国式花园。

1789年的资产阶级大革命对凡尔赛的威胁最大。这年的10月5日，路易十六和他的家人被押往巴黎，上车的时候，他对宫廷总管说："现在你是这里的主人了，请你保住我可怜的凡尔赛。"画家德洛克鲁阿的父亲是个狂热的革命极端分子，参加押解国王，他扬言凡尔赛的园林和宫殿"这一切都应当犁成平地"。花园里的水池边的青铜像，则被指定要运去铸大炮。幸亏当地居民齐心，国民公会里凡尔赛和特里阿农的两位代表据理力争，园丁们机智地把园林变成生产性的园子，在拉东娜花圃种土豆和果树，这样才把园林保了下来。接着是收归国有。1794年5月5日，国民公会下令，凡尔赛的宫殿和园林应当"用共和国的经费维持，供人民享用，并在这里设立农学院和美术学院"。1797年，法令规定，在这里开办博物馆。

拿破仑一世当皇帝，凡尔赛又遭到一场虚惊。他下手谕说："把那些花园和亭子等全都犁平，用一个石头造的全景图来代替他们，这全景图要表现皇帝陛下攻占的每一个首都。"好在这一番豪言壮语并没有实行，相反，倒是把荒废了的园林修复了。

路易·菲力浦在位时（1830—1848），正式把凡尔赛建成博物馆。

宫殿内部为此做了些改动。

说到作为公共博物馆，有两点很值得称道。第一是管理得文明。干净整齐当然不必说了，他们既不在凡尔赛办商品展销会，也不开餐厅茶座。我们常说资本主义社会是个商业社会，但是，他们的名胜古迹、文化遗址里，却并没有商业活动，倒是咱们常常把名胜古迹、文化遗址变成吃吃喝喝的场所，甚至推销日用品的场所，搞得恶浊不堪。偌大的凡尔赛，只在中轴线大水渠的东端北侧，一个叫"小威尼斯"的地方，卖一点简单的方便食品。这却是十分必要的。这个小威尼斯也该说一说。原来在1679年，当时的威尼斯共和国送了一艘金色的"冈朵拉"给路易十四，连同四名少年舟子。1687年，他们十四岁，路易十四给他们造了一幢房子安家，就叫小威尼斯。

第二点值得称道的是，凡尔赛开放得彻底。直到现在，有一些国际性首脑会议还爱在凡尔赛举行，有一些来访的外国首脑住在大特里阿农。但是，只要会议一结束，国宾一走，会议厅和国宾卧室就立即跟其他场所同样开放，让公众游览。这种向公众开放的做法，早在路易十四时期就已经实行了。那时的凡尔赛，是路易十四的宫廷所在，路易十四，是古罗马皇帝之后欧洲最权盛一时的君主，但是，凡尔赛的花园和宫殿里的一些接待厅却是可以随便参观的，只有几条简单的限制：不能衣衫褴褛；女的不能挎着男的胳膊，不能提起衣裾；男的不能拿手杖。独有僧侣不得入内。凡尔赛举行盛大演出或烟火晚会时，也允许公众去玩。从巴黎城里可以乘专线公共马车去。甚至路易十四一些家庭节庆，普通市民只要衣着整洁，挂上一支佩剑，就可以去参加。警卫们趁机发财，经营起出租服装和佩剑的业务来。记载说，有好几次，乡下佬懵懵懂懂闯进了御寝的前室，张望着壁炉边花团锦簇般的贵妇们出了神，瑞士警卫只走上前去轻声说："请出去，先生，请到大厅去。"乡下佬不听劝，另一个警卫借口给壁炉添火或者整窗帘子，过去把他拉到一边，解释他的错误，但绝不叫他当众受窘。

只要经过申请，美术爱好者可以到宫殿里各处去参观路易十四的收藏品，包括壁画。有的人甚至一直进入路易十四的私室。

　　最使我吃惊的，是路易十六的王后分娩时，参观者把寝室挤得水泄不通，为了看得清楚些，有些人甚至爬到家具上去，以致踩塌了一些桌子、柜子。人太多，室内空气恶浊，路易十六急得没有办法，只好提起一把凳子打碎了玻璃窗。

　　所以耶稣会传教士、长春园西洋楼大水法的工程主持人、法国人蒋友仁，看到中国的皇家园林只许皇亲国戚进去，觉得很奇怪，写报告回国时候要特别提一提。

　　即使到了现在，咱们中国的一些向公众开放的园林里，游览的人一不小心还会在许许多多应该"止步"的地方莫名其妙地受到呵斥，当众受窘。甚至连一些自古以来公众的游览地，都被人圈占成了"闲人莫入"的"重地"。有些人实在是太尊重源远流长的民族传统了。

1982年12月31日

主要参考文献

1　Thacker C, *The History of Gardens*, 1979

2　Riat G, *L'Art des Jardins*, 1900

3　Gormort G, *L'Art des Jardins*, 1953

4　Coats P, *Great Gardens of the Western World*, 1963

5　Marie A, *Jardins Francais Classique des 17ᵉ et 18ᵉ Siècels*, 1949

6　Marie A, *Jardins Francais Crééàla Renaissance*, 1955

7　Gothein F M L, *A History of Garden Art*, 1928

8　Chifford D, *A History of Garden Design*, 1962

9　Ganay E de, *Les Jardins de France et Leur Décor*, 1949

10　Fox H M, André Le Nôtre, *Garden Architect to Kings*

11　Weight R A, *Le Style Louis XIV*, 1941

12　Ganay E de, *Château de France, Environs de Paris*, 1938

13　Felibien, *Description du Château de Versailles*, 1696

14　Cordey J, *Vaux-le-Vicomte*, 1924

15　Escholier R, *Versailles*, 1930

16　Dunlop I, *Versailles*, 1956

17　Page P du, *Versailles*, 1956

18　Simon S. *Mémoires*

19　伏尔泰,《路易十四时代》, 吴模信等译, 商务印书馆, 1982

20　Jeannel B, *Le Nôtre, Paris: Fernand Hazan*, 1985

21　Schröer Enge, Claben Wiesenhofer, *Garden Architecture in Europe*, Taschen, 1992

22　Plumptre G, *Garden Ornament*, London: Thames and Hudson, 1989

23　Woodbridge K, *Princely Gardens*, New York: Rizzoli, 1986

24　Montclos J-M, *Pérouse de. Versailles*, Paris: Abbeville Press, 1991

25　Mosser M, Teyssot G, *The History of Garden Design*, London: Thames and Hudson, 1991

四 勒瑙特亥和古典主义造园艺术

正是靠了铁锹，我才获得了陛下赐给我的一切恩典。

勒瑙特亥

1

巴黎市中心，杜乐丽花园的尽头，安放着一尊昂德雷·勒瑙特亥（André Le Nôtre，1613—1700）的半身石像。他的脸稍稍转向左侧，凝望着宽阔的香榭丽舍林荫大道，一直到三千米外的大凯旋门。这条大道本来是规划中的杜乐丽花园的延长轴线，虽然经过三百年的变迁，至今仍然是巴黎城最壮丽的中轴线。这条气魄宏大、直奔天边的轴线，是一个伟大时代的象征，那是一个在科学的各个领域勇敢地进行探索的时代，一个由专制的国王通

勒瑙特亥胸像。科伊热伏克斯作。

过有效的组织统治全国的时代，一个经济繁荣、国力强大、向海外异域开拓的时代，一个在文学、艺术、科学、哲学等方面都取得重大成就的时代。这就是法国的17世纪。

昂德雷·勒瑙特亥的右侧是杜乐丽花园，他在这里度过童年，受到最初的造园艺术的熏陶。刚到青年，就在这里得到他的第一份宫廷恩俸。也是在这里，他遇见了一位蓝眼睛的少女，就在这里建立了家庭，终身从事造园。规划杜乐丽花园的大轴线的，就是这位出身平凡的造园家。

17世纪的法国，众星灿烂，昂德雷·勒瑙特亥是最杰出的艺术家之一。他完成了古典主义的造园艺术，在整整半个世纪里，几乎仅仅由他

一个人，设计了路易十四宫廷的全部园林和达官贵人们的私家花园。他还设计过大量小型的花园，除了法国之外，分布在德国、英国、比利时和意大利，总数上百个。

从16世纪以来，欧洲一些国家先后建立了专制王权。在勒瑙特亥的园林诞生之前，欧洲还没有一种适应专制王权的需要的造园艺术。意大利的花园虽然优美，但它们只能作为贵族们闲居享乐的场所，而专制王权需要的是大型的宫廷园林，能够跟他们壮丽的宫殿匹配，反映严格的君主集权制度。勒瑙特亥有很强的时代感，他顺应历史，创造出了这种园林。他的作品，格局恢宏，气度高雅，豪华而又典丽，体现着作为宫廷文化的古典主义的基本原则。因此，他的造园艺术不但在法国受到特殊的尊重，而且引起各国宫廷的羡慕，汲收过去，然后遍及全社会，改造了整个欧洲的造园艺术。法国人因此把勒瑙特亥叫作"国王们的园丁，园丁们的国王"。

昂德雷·勒瑙特亥是一家宫廷园丁的第三代。他从手拿锄头和铁锹的园丁开始，后来成了王家建筑总监之一，创作了欧洲最宏大、最华丽的园林，开辟了造园艺术的新时代。不可一世的路易十四把他当作亲密的朋友，住在凡尔赛的时候，每逢不打猎的日子，总爱叫他在身边陪伴。他们在花园里并肩散步，后面跟着王亲国戚、贵族大臣、粉妆玉琢的命妇和一大群建筑师、艺术家以及其他尊贵的侍从，常常有一百多人。勒瑙特亥的机智和热情很使路易十四高兴，国王很欣赏这位园丁的高雅趣味和才能。有一次，他们去看了正在施工的"三喷泉小丛林"，国王建议做几处修改，然后，他转向勒瑙特亥，满意地说："为表彰你在宫廷园林中全部杰出的工作，我要授予你圣拉萨尔爵位。告诉我，你要用什么做纹章（medal）？"勒瑙特亥停下来想了一想，眼睛里闪着亮光，回答："三只蜗牛和一块白菜头——不过，还要有我的铁锹，正是靠了铁锹，我才获得了陛下赐给我的一切恩典。"

不轻贱自己的出身，以自己的职业技艺自豪，这使他跟那些阿谀逢迎、乞求国王青睐的贵族、大臣和命妇们形成强烈的对照。他在宫廷中一向以独立和自重知名，是唯一以平等的礼节对待国王的人。国王跟他一起评论艺术品、头碰头地仔细鉴赏他们收藏的纹章，互相赠送。他们之间的谈话是很轻松的。大臣卢瓦（Louvois，1639—1691）死后，国王把他的默顿庄园（Meudon）弄到手。1695年6月7日，唐受在他的回忆录中写道："前天，国王到默顿去了，勒瑙特亥先生陪他看房子和花园里所有美丽的东西。临走时，他打趣说：'陛下，我早就向您夸奖过默顿，您得到它我很高兴。不过，如果您早些日子得到它，我就要遗憾了，因为他们那时还没有把它造得这么美丽。'"

凡尔赛花园北花圃。阿勒格罕（Allegrain）绘，前景人物有路易十四、卢瓦和勒瑙特亥。

经常在国王跟前，本来最招人嫉恨，但勒瑙特亥却受到普遍的喜爱。他待人随和，善于体谅人，从来不跟人闹矛盾。当时人记述，勒瑙特亥总是兴高采烈，精力饱满，热情洋溢。说话、写文章爱开玩笑，带一点讽刺，这正是路易十四的宠姬之一蒙特斯庞夫人（Mme de Montespan，1641—1707）在凡尔赛刻意培养的时髦风格。勒瑙特亥机敏隽永的口风常常被人传述，成为法国语言的一部分。勒瑙特亥逝世，圣西门公爵（Duc Saint Simon，1675—1755）在回忆录里写道，他"享年八十有八，体质健康。他的天赋，他的高情雅致，至死未见稍减。他光芒四射，领导了造园艺术的潮流，设计了装饰法兰西的美丽的花园。那些花园远远超过了意大利的，以至意大利的大师们都要到法国来欣赏和学习。勒瑙特亥诚实、严正、端方，人人都尊敬他，爱他。他从来不忘记自己的地位，总是彻底地大公无私。他给普通人工作，就像给君主工作一样尽心竭力，只追求用最便捷的方法去装扮自然，使它格外地美。他的单纯和正直大有魅力，国王喜欢跟他一起聊天"。这段话可以算是他的人品和事业的盖棺之论。

可是，他死后不到一百年，法国资产阶级大革命的时候，人民把圣霍什教堂（Saint Roch）里他的坟墓挖开，抛掉骸骨。因为人民恨他跟国王亲密，凡尔赛耗尽人民的血汗脂膏，他也有一份责任。过去，一些人爱夸耀说自己的园林是勒瑙特亥设计的，哪怕他其实只来看过一眼，或者甚至压根儿没有来过；这时候，这些人又矢口否认自己的园林沾过他的光，宁愿推说是无名氏的作品。到了共和时期，激动平静下来了，人们渐渐看到16世纪以来国王们对法国的贡献，着手修复了一些宫殿和大型园林。在凡尔赛的画廊里，挂上了造就伟大的路易十四时代的艺术家、作家、建筑师和政治家的像，其中也有昂德雷·勒瑙特亥的一幅。他的坟墓修复了，放上了17世纪晚期著名的雕刻家、他的好朋友科伊热伏克斯（A. Goysevox）给他做的胸像。现在，杜乐丽花园尽头的那一尊像，就是它的复制品。

法国人民终于认识了勒瑙特亥的价值。在他之前，法国的造园艺术是紧跟着意大利的；在他之后，整个欧洲，包括意大利在内，紧跟着法国的造园艺术了。由他推进到完美境地的古典主义园林，建筑式的园林，规则式的园林，毕竟是叫作法国式的！

2

17世纪上半叶，法国国王在国内为建立专制王权，跟大贵族们反复较量；在边疆上，为巩固这个国家，跟西班牙和奥格斯堡帝国长期作战。而在宫廷的花园里，却是一片和平景象。春来秋去，园丁们按季节培养奇花异草，修剪树木。他们在恬静的劳动里，不会意识到国王们的斗争会改变他们祖祖辈辈传下来的造园艺术，更不会料到，在他们这些平凡的人当中，会有一个，用他们从事的造园艺术反映出国王们斗争的历史意义。

那时候，跟各行各业一样，园丁们也是父子相传。宫廷园丁里，就有勒瑙特亥、莫莱（Mollets）和布阿依索（Boyceau de la Barauderie）几个家族。他们互通婚嫁，同行之间济贫扶困，养老抚幼。在杜乐丽花园里，莫莱家族的人们当着园丁头。老彼埃尔·勒瑙特亥（Pierre Le Nôtre）负责照看六块花圃。后来，他的儿子让（Jean）继承了他的工作，在克洛德·莫莱手下。克洛德·莫莱在1610年写了一本《论栽植和造园》（Théâtre des Plants et Jardinage），于1652年出版。他的儿子安德烈·莫莱在1651年出版了一本《游乐性花园》（Le jardin de plaisir）。雅克·布阿依索是路易十三的王家园林总监，设计过卢浮宫的植坛和凡尔赛的早期花园，他写过一本《造园学》（Traité du jardinage），1638年出版。这些人代表着当时造园艺术的最高水平。勒瑙特亥家没有著述，昂德雷继承了这个特点，拙于文笔，不写书。

昂德雷·勒瑙特亥是让的儿子，1613年3月12日出生。教母是克洛德·莫莱的妻子，教父是王家园林总监。

不久，让升了园丁头，发了家，在圣奥诺雷关厢大街（Faubourg-Saint-Honoré）置了一所房子，从那里有一条小径直通杜乐丽花园。那时候，这里还是城外，有护河围着。小小的昂德雷·勒瑙特亥蹒跚地走过草地和农田，蹚过小河，到花园里去看父亲和他的伙伴们栽花莳草，用手推车把种在大木桶里的树木推来推去。英国医生、作家伊芙林（John Evelyn，1620—1706）在游历法国时的日记中写到当时的杜乐丽花园，"它的温室、珍贵的灌木和稀奇的果树，全都照料得再精致不过了，它就像天堂一样"。

昂德雷的两个姐夫也都是园丁，到了晚上，常常到勒瑙特亥家串门聊天。莫莱家的人，还有雅克·布阿依索，也少不了来叙谈。此外，路易十三的一位御医和另一位医生也是常客，他们是园艺的爱好者。

白天花园里的游戏，晚上家里的谈话，使昂德雷·勒瑙特亥从小就接触到当时法国最高的造园艺术。那时候，一般的园丁并没有受过多少教育，但是，雅克的叔叔写过一本书，里面建议给园丁充分的教育。他认为，一个园丁应该经过完善的培养，必须能读会写，懂得算术和几何，还要会画画。不但会在纸上画绣花图案，而且会在地面上给绣花图案放线，能测量植坛和道路。还应该学建筑，这是设计平台、台阶、花栏杆、花房等等用得着的。要懂得土壤，会预测气象。还得有本领搭各种花架，剪各种绿色雕刻。当然，园艺是非精通不可的。他认为，古罗马的园丁就经过这样全面的训练。

这些意见，看来在勒瑙特亥家的夜谈中讨论过。昂德雷的父母就是大致照这个方案让他受教育的。昂德雷能够超越前辈，创造崭新的造园艺术，原因之一是他所受的教育远远超过了他的前辈，使他摆脱了世代传习的手工艺匠的局限。

昂德雷从小爱绘画，父母希望他成为画家，把他送到孚埃（Simon Vouet, 1590—1649）的画室里去学画。孚埃是路易十三的首席画师，教路易十三学画，是17世纪上半叶法国最重要的画家。他善于教学，学生里出了许多卓越的艺术家。勒瑙特亥在他的画室里结识了同学勒勃亨（Charles le Brun, 1619—1690），后来路易十四时期艺术事业的组织者。夏勒·彼洛（Charles Perrault, 1628—1703）在他的《名人传》里说："勒瑙特亥先生从孚埃学画，他设计花圃和园林装饰的大才有一部分要归功于孚埃。"

孚埃游历很广，去过君士坦丁堡，到意大利学过画。在他的收藏里，除了意大利的书籍和艺术品外，还有土耳其苏丹的花园、清真寺、邦克楼、喷泉等的画。勒瑙特亥不但向老师学习，也向这些藏品学习。孚埃的妻子是意大利人，也擅长绘画，学生中有不少佛拉芒画家，他们家里经常有各国艺术家往来。所以，早在青年时代，勒瑙特亥就有了丰富的国外知识，熟悉意大利和其他一些国家的艺术。他一生好奇、思想开放、锐意创新。

到了22岁，勒瑙特亥认定只有造园才是他的专业，于是开始学建筑。17世纪上半叶法国第一位古典主义建筑大师弗·孟莎（François Mansart，1598—1666）是勒瑙特亥家族的老朋友，昂德雷跟他学习过。后来昂德雷对弗·孟莎的外孙裘·阿·孟莎（Jules Hardouin Mansart，1646—1708，即小孟莎）非常怜惜爱护。路易十四不满意小孟莎给凡尔赛的橘园（温室）做的设计，叫勒瑙特亥重作一个，他回答："陛下明鉴，我之所能只在园林构图，我不是建筑师。"一再推托。后来迫不得已，才挟了一卷草图去见国王。国王说："我见到你带着一份图，怎么样？"他说："昨夜我梦见一个橘园，立刻爬起来画下了草图。"路易十四很高兴，叫小孟莎拿去落实。昂德雷·勒瑙特亥的建筑水平相当高，在他设计的花园里都看得出来，台阶、栏杆、棚架之类很精致。他用建筑投影图画园林设计，淡淡地渲染。

学了两年建筑之后，他父亲向路易十三给他求职当宫廷园丁。在旨意下来之前，先随父亲在杜乐丽工作，跟亲戚和老朋友们做伴。一个明媚的早晨，他正在种带着露珠的鲜花，忽然一位眼睛碧蓝的女郎来到身边。他惊喜地发现，原来是幼年时候的伴侣、炮兵参谋兼御马监首领的女儿。如今长大成人之后重逢，很快相爱了，后来成了夫妇。

1637年，敕令下来，说："国王路易十三陛下听到了关于昂德雷·勒瑙特亥阁下那份写得很好的、值得赞扬的报告，知道了报告中所说的他的理智、能力、忠心、正直和造园的经验。"敕令增加他父亲让的工资，把昂德雷的包括在内，并且把杜乐丽花园里的艺术家和手工艺家住房拨了一套给昂德雷。同住的有在孚埃画室里的同学、雕刻家勒朗贝尔（Lerambert）。17世纪法国最重要的古典主义画家普桑（Nicolas Poussin，1593 / 1594—1665）在巴黎的两年（1640—1642）也住在这里，勒瑙特亥跟他相熟，向他求过画。

1640年，勒瑙特亥在圣奥诺雷关厢的圣霍什教堂结婚。两口子都很富有。这时候，勒瑙特亥已经有了大量资产阶级顾客，请他设计小型的私人花园，得到很多的报酬，还有国王给的恩俸和封赏。夫妇都从父母继承了地产，他本人的在圣奥诺雷关厢，他妻子的几乎占了现在的香榭丽舍的半边。勒瑙特亥因此能够大量收藏法国和意大利的艺术品，成了17世纪著名的收藏家。他是法国最早搜集中国瓷器的少数人之一。他藏书丰富，其中有弗·盖勒盖（Fother Quelquer）写的驻中国和日本的使馆的情况的书。

3

昂德雷·勒瑙特亥是17世纪的产儿，是17世纪的明星。

1600年2月7日，在罗马的鲜花广场上，天主教会烧死了布鲁诺。欧洲的17世纪就是在这样尖锐的斗争中开始的：一方面，是奋不顾身的对科学真理的追求；另一方面，是愚昧野蛮，对进步思想疯狂的镇压。追求科学的，是新兴的资产阶级；镇压进步的，是没落的封建贵族。

这两个阶级的较量，反映在17世纪的文化领域里，就是古典主义和巴洛克的较量。古典主义和巴洛克是分别从16世纪末期意大利手法主义的两个支派发展出来的。

巴洛克文化继承了文艺复兴文化中的享乐主义，反映着骄奢淫逸的贵族的生活趣味，它在封建势力强大的西班牙、德意志、罗马教皇领地等处占优势。封建贵族跟腐朽的天主教会抱成一团，这些国家里火刑柱熊熊燃烧。巴洛克文化中因此含有反理性的神秘主义，以及对生活失望的悲观主义。享乐主义、神秘主义和悲观主义，在调色盘里以不同的比例配合，能幻化出千奇百诡的色彩。这时期，即使在这些国家里，文学家们和艺术家们还沐浴着文艺复兴的余晖，他们怀着文艺复兴的进步思想和创新精神，面对反动势力，心里充满疑虑和不安，有时爆发为对命运的激越的抗争。于是，巴洛克文化就因地因人而有很大程度的差异。有许多作品闪耀着创造性的光辉，一些天才在文学艺术上造成了很有意义的发展。17世纪上半叶，巴洛克艺术也传播到天主教的法国。

古典主义文化继承了文艺复兴文化中的理性主义，反映生产和科学技术的不断前进，它在资本主义因素比较发达的英国、荷兰等国家占优势。这些国家里，流行着符合资产阶级需要的新教，思想上比较开明。从15世纪开始，从新柏拉图主义者到哥白尼、伽利略，理性思维的一个重要特点就是用数的和谐和简洁的几何关系去解释宇宙。开普勒把它推广到美学。他赞赏哥白尼体系比托勒密体系在数学上更简洁、更和谐。他说："我从灵魂的最深处证明它是真实的，我以难于相信的欢乐心情去欣赏它的美。"他相信上帝是依照完美的数的原则创造世界的，上帝总是在运用几何学。

笛卡尔对理性主义做了最全面的概括。1637年，他的《方法论》出版，影响极大。他断定，理性是万能的，数学是钥匙，是理性认识的最高形式，是科学的理想，是不依赖于经验的"纯科学"，而经验是靠不住的。他要把数学方法推广到一切领域。他像开普勒一样，把数的、几何的法则联系到一起。他要求诗人做到内容明白清晰，形式均衡、准确而匀称。他反对在文学艺术中发挥想象力，把想象力当作非理性因素，而强调一切都应当合乎严谨的逻辑。他否认自然是艺术模仿的对象，认为自然本身并不美，只有经过理性的加工，才有"美的自然"，理性是美学的真理。

结束了16世纪下半叶痛苦的内战，为安定局面，法国国王亨利四世在1598年颁布"南特敕令"，从此，新教徒享受了大约一百年的宗教宽容。同时，开始向资产阶级开放政权，"穿袍贵族"走到历史舞台的前沿。因此，崇尚理性的古典主义文化在法国迅速发展，而且巴洛克文化在法国没有发展到像在西班牙和意大利那样狂诞。17世纪上半叶，在法国，巴洛克跟古典主义平分秋色。这是勒瑙特亥的准备时期。

17世纪法国历史的一个重要内容就是建立和发展绝对君权。16世纪下半叶的封建分裂战争，给国家造成极大的破坏。亨利四世从17世纪初年起重建君主专制政体。路易十三的首相黎世留和玛萨琳，经过几十年的努力，成功地抑制了大贵族，粉碎了他们的叛乱，大大推进了君权。

到路易十四，绝对君权登峰造极。中央集权的君主专制制度，平息了内战，统一了国家，采取发展工商业的政策，鼓励海外拓殖，允许资产阶级参加政权，从而受到资产阶级的拥护。同时，专制君主在政治、经济、文化等一切方面建立了严密的组织，进行了当时最有效率的管理，新建的道路四通八达，全国成了一个整体。因此，资产阶级思想家就把君主专制制度看成是理性的体现。笛卡尔说：宗教真理是上帝，政治真理是君主制度。所以，到17世纪后半叶，标榜理性的古典主义文化变成了宫廷文化，受到君主的庇护，逐渐压倒巴洛克文化，达到了统治地位。这时，勒瑙特亥的艺术成熟了。

理性主义推动古典文化在各个领域里探寻客观的法则，这是有益的。而君权主义则导致把这些法则看成绝对的、不允许讨论的、非接受不可的，因此，古典主义有严重的教条主义倾向。

君主在资产阶级支持下对大封建主贵族斗争时，需要借用古代帝王的光环。影响所及，古典主义者继承了文艺复兴文化的崇古传统。他们把古代的帝王理想化，通过歌颂他们来歌颂君主。他们还以为，文学艺术中一切理性法则都已经被古人发现了，古代的文艺作品是最高典范，应当到那里面去寻找理性法则。亚里士多德成了偶像，他的《诗学》是圣经。因此，从内容到形式，都是以希腊、罗马的古典作品为上，这就是古典主义得名的由来。

但是，最杰出的古典主义作家，就像巴洛克的杰出代表有自己的光辉一样，也是卓立不群的，他们并不死守教条，甚至也批评君主。而且他们同样富有创造精神，推动了文学、艺术的前进。所以，在巴洛克跟古典主义的对立斗争中，虽然基本原则泾渭分明，但在创作的许多方面则互有渗透，甚至界限都不清楚。勒瑙特亥因此是很复杂的。

4

勒瑙特亥的造园艺术是在古典主义跟巴洛克的相互斗争和渗透中成

长的。文化现象的斗争和渗透总是非常错综复杂，再加上两个原因造成了这时法国文化更加复杂的情况：第一，巴洛克文化本身就是欧洲最复杂的文化现象之一，它包含着不同的倾向，并且，它既有荒谬的东西，也有巨大的进步。第二，欧洲各国联系十分密切，在法国的斗争，经常处在意大利、佛拉芒和西班牙的影响之下，而这些国家的巴洛克文化又是互有差异的。

在文化的各个领域中，巴洛克和古典主义的倾向以在文学里表现得最鲜明。

巴洛克文学的基本特点是极其矫揉造作。它们的内容大多是些给贵族们消遣解闷的故事，夸张地描写骑士的英雄豪侠，轻薄地调笑牧羊女的风流浪荡，贵族们在这类故事里欣赏自己，陶醉自己，逃避现实。故事的结构总是铺排曲折，追求离奇的情节。辞藻雕琢炫目，卖弄尖新纤巧，出人意料，大量使用晦涩的隐喻和比附手法。作家们提倡贵族的所谓"雅言"，鄙弃老百姓的"俗话"。

法国巴洛克文学的主要保护人是路易十三的母亲玛丽·德·美第奇，她在路易十三少年时期曾经勾结大贵族反对君权。巴洛克文学的影响最大的大本营是1605年开始活动的蓝蒲绮夫人沙龙。这沙龙在路易十四的少年时期，曾经是反对君权的贵族"福隆德"叛乱的巢穴。巴洛克文化的贵族倾向，它的反对君主专制，是十分明显的。巴洛克文学的代表人物是从意大利来的诗人玛里诺（G. B. Marino, 1569—1625），1615—1623年间，他住在玛丽·德·美第奇的宫里，是蓝蒲绮夫人沙龙的座上客。

巴洛克诗人力求出语惊人。他们制造新奇语言的诀窍之一是把相反的概念连缀在一起，例如，玛里诺写过"无知的学者""哑巴演说家""贫穷的阔佬""快乐的痛苦"，等等。诀窍之二是堆砌机巧的比附和暗喻，例如，天上的星星是"永恒爱情的火花""空中造币厂的闪光的威尼斯金币""空中温柔的舞女""安葬旧日的火炬"，等等；亲吻是"包治百病的良药"，女子的嘴是"诱人的监狱"，眼睛叫"灵魂的镜子"。17世纪50年代，这种庸俗无聊的游戏到了极其可笑的程度，以致连当时的贵族们都要查阅《时髦秘籍》和《女雅士大词典》之类的参考书才能读懂那些诗。诀窍之三是使用极端夸张的语气。西班牙外交官安东尼·彼列斯给厄色克斯勋爵的一封信，开头说："阁下，我呼一千声阁下。您知道为什么有时会出现月蚀和日蚀？前者是由于地球处于太阳和月亮之间，而后者是由于月亮处于太阳和地球之间。如果在月亮，就是我那变化无常的、把我引向死亡的命运，和您，我的太阳之间安排了'月蚀'，或者，如果在地球，也就是我那可怜的躯体，和您对我的高贵的眷顾之间，安置了我的命运，难道我的灵魂会不思念，难道它会不像处于阴影的王国之中吗？"这种卖弄做作、不知所云的文风，是巴洛克文学的典型。玛里诺在1623年写了一首诗《安东尼斯》献给路易十三，居然长达4.5万行。一些作品挑逗风情，充满感官的享乐。奥诺莱·杜尔菲（Honoré d'Urfé，1568—1625）写的田园艳情小说，空洞浅薄，竟有五大卷60册。

法国的巴洛克文学不像西班牙的那样反理性，宗教信仰沸腾到疯狂的程度，疯狂中横流着赤裸裸的肉欲。但是，法国的巴洛克文学有时也像西班牙的那样，悲观色彩很浓。玛里诺写道："人一呱呱坠地，眼睛就为流泪而张开……（经历各种磨难）……坟墓的阴影就永远笼罩着他……"（《论人生》）在巴洛克作家看来，世界上处处是荒诞不经，杂乱无章，支离破碎，矛盾百结。在这种境况前，人人无能为力，只能承认现状。玛里诺写道："整个法国都充满着不匀称和不协调……奇怪的风习，炽烈的热情，接连不断的政变，连绵不绝的国内战争，混乱的骚扰，过分的极端……总之，一切本都应当消灭的东西，却奇迹般地维持着！"他接着说："狂妄行为可以使世界变得美丽，因为世界是完全由矛盾组成的，其中的对立物熔成合金，它可以使世界不致崩溃。"这样的世界观凝结成巴洛克艺术的鲜明特色。

古典主义者跟巴洛克作家相反，他们以为世上的一切都是和谐、明朗而匀称的，一切都统一于严格的理性法则。他们因此把理性当作衡量文学的最高准则而鄙弃情感。

亨利四世的宫廷诗人马雷伯（F. de Malherbe，1555—1628）是早期古典主义的代表。他主张使法语"纯化"，给法语建立"规范"。他认为语言应当清晰、准确、雅洁，应当合乎逻辑、结构分明，能够有效地阐明思想。同时，他致力于为各种诗体制定模式和格律。因此，他既鄙视民间语言，也反对巴洛克文学语言。玛里诺则反唇相讥，批评马雷伯搞的是"枯燥之至"的教条。

意大利巴洛克作家特拉扬诺·包卡里（1556—1613）在讽刺文集《诗坛消息》里有一则寓言故事，幻想阿波罗对亚里士多德的谈话。阿波罗怒容满面，声音激愤，走向被古典主义者奉为偶像的亚里士多德，说道："这不就是那个敢于制定法则和给艺术家的崇高天赋确立规矩的狂妄之徒吗？"阿波罗说，应当给艺术家以充分的创作自由，那些有天才的文学家是从来不受任何规则或戒律束缚的。亚里士多德赶紧解释说，一些不学无术的人假借他的名义来压迫诗人，至于他本人，只不过想帮助一些还没有成熟的天才，找到艺术的真正道路而已。

但是不久，路易十三的首相黎世留很快看到了古典主义的意义。他正在为建立绝对君权而斗争，打算充分利用文艺为这个目的服务。在文学艺术领域也要建立专制统治：一切要有一个统一的标准，一切要有法则，一切要规范化，一切要服从权威，一切要颂扬君主。这样，反权威、反法则、反理性、反对文艺的教化作用、强调创作自由而又拒绝反映现实生活的巴洛克是不能用的，而古典主义却能适应这种需要。

1634年，黎世留设立了法兰西学士院，作为贯彻他的意志的意识形态工具。它的任务是制定语言和多种文学体裁的规范、永恒的法则。它注视文艺界动向，用文艺评论的方式加强君权对文艺的至高无上的统治。它大力提倡古典主义，压制巴洛克。语言学权威沃日拉（C. F. de Vaugelas，1595—1650）负责清理语言。他继承马雷伯的工作，指责平民用语为"坏习惯"，要予以废除，同时主张"按照宫廷中健全的部分和优秀作家的好习惯去说话和写作"，企图这样来为语言定下"基本固定的规则"。他的工作和主张虽然满是宫廷贵族的偏见，但是，当时方言土语妨碍国家的统一和民族的形成，所以，统一语言的努力是有进步意义的。夏普兰（J. Chapelain，1595—1674）强调"理性"高于一切，力图把整个文学装进固定的框框里去。他认为古代作家的作品里已经有了一切理性规则，只要向那儿去学习就成了。他自己身体力行，按自己的理解，从亚里士多德的理论中总结出来了"三一律"，要作家们严格遵守。这个"三一律"固然过于僵化，但是针对巴洛克作品的冗长拖沓、结构松散，它也起过好作用。巴尔扎克（J. L. G. de Balzac，1597—1654）的理性主义则表现在主张文章洗练，注重逻辑和语法，起承转合不着痕迹，段落之间互相协调，风格简洁明确，反对散漫的长句和芜杂的复合句。这对雕琢过度的巴洛克文风也是一种针砭。

古典主义作家大多效忠黎世留的政治路线。大戏剧家高乃依（P. Corneille，1606—1684）的悲剧《贺拉斯》前面有一段给黎世留的《献词》，那里说："是您使艺术的目的变得高尚起来，因为它不再像我们以前的导师教导我们的那样，把创造人民喜闻乐见的作品当作目的……您向我们指出了另一个目的，这就是：使您喜爱，使您高兴……从您的脸上，我们看得出您喜欢什么，不喜欢什么，从而学会了正确地评价什么是好的，什么是坏的，然后制定什么是应当遵守的，什么是应当避免的，以及什么是确定不移的规则。"他在《熙德》（Cid，1636）里写道："不论我们建立了多大功劳，也只不过是对君主尽了臣民应尽的义务"，"我们应当服从至尊的权威，国王已经决定的事，就无需再去想它"。古典主义的悲剧作品的内容，大多是通过古代的国王或当代的国王的英雄历史，宣扬忠君爱国的思想。

古典主义虽然跟巴洛克作家针锋相对，仍然受到巴洛克的许多影响：它也使用暗喻和比附，使用铺张和雕饰的语言。它的戏剧也追求豪华的排场、荒诞离奇的情节，也常常有压抑不住的、奔放的激情。它们一起反对民间文学、俗文学，同样地蔑视人民。

17世纪上半叶，古典主义跟巴洛克大体势均力敌，这也反映出大贵族和资产阶级势均力敌，斗争的双方都压不住对方。但古典主义既然反映出绝对君权的意识，那么，它要占优势是为期不远了。

17世纪上半叶，在绘画、雕刻和建筑中，也同样进行着巴洛克和古典主义的对立斗争。在这些领域中，意大利的影响比在文学中更大、更经常。经过长期的封建混战，路易十三时，法国文化衰敝，人才零落。1624年黎世留当政之后，设法从罗马召回法国艺术家，派尚德乐（Chantelou）去游说，并且收买艺术品和动态情报。这时候法国的画家、雕刻家和建筑师，稍稍水平高一点的，大多在意大利学习和工作过。

就像在文学中一样，在这些领域里，巴洛克和古典主义也是大体平分秋色。不过，表现形式跟在文学里不一样。巴洛克绘画大师鲁本斯（P. P. Rubens，1577—1640）在1622年和1625年两度来到巴黎，给太后玛丽·德·美第奇在卢森堡宫（1613—1620，建筑师S. Debrosse）画了大量壁画，但是在当时没有引起什么注意。同样，古典主义绘画大师普桑1640年应黎世留之召，从罗马回到巴黎，在卢浮宫画壁画，但是跟法国同行格格不入，只住了18个月，1642年又到罗马去了，从此再也没有回国。

这时候在法国走红的是勒瑠特亥的老师孚埃。他的画风介于巴洛克和古典主义之间，或者说，是受到古典主义节制的有分寸的巴洛克画家，而发展方向是越来越趋近古典主义。孚埃于1613年到意大利，广泛接触了威尼斯、米兰、罗马等地的绘画学派。1624年，被选为地位很高的圣路加（S. Lucca）学院院长。1627年，被黎世留召回国后，位高望隆，影响很大，在巴黎几乎是独占画坛，给宫廷、教堂和私人府邸作了大量装饰壁画。17世纪上半叶法国重要的画家几乎都在他的画室学习和工作过。他在意大利既受到拉斐尔作品的熏陶，也受到卡拉奇（Caracci，1555—1619）、卡拉瓦乔（Caravaggio，1495—1543）甚至罗马诺（G. Romano，1492—1546）的影响，威尼斯派的自由、活泼和鲜亮的色彩也可以在他的作品里看出来。

孚埃把巴洛克绘画题材引进法国，在枫丹白露和黎世留府邸画了些奇险的风景，在广阔的自然中只有些小小的人物。他也把巴洛克的构图带到法国，主要的是用透视技巧造成空间幻觉，这本来是法国人不知道的。例如，在赛古埃府邸（Hôtel Séguier）的教堂里，他画了天顶画（1638），画的周边是墙面建筑向上的延伸，檐头一圈花栏杆阳台，站着各种人物，国王和圣家族在画中央，背后是白云舒卷的天空。这种构图当时在罗马已经很流行，而在法国却很新奇。这幅画也用了威尼斯式的光和色。不过，孚埃没有完全采用巴洛克式的奇诡、激情、强烈的动势、辉煌的色彩和不稳定的构图，而是已经有了显著的古典主义的特色，轮廓明确、几何性强、线条稳定、人物庄重。

孚埃的同事们和学生们，在他画室里工作的，大都走这条路。这对昂德雷·勒瑙特亥不能没有深刻的影响。在他日后的园林里，透视、幻境、光和影的剧烈变化，都运用得很多。

早在16世纪中叶，法国建筑里有过"纯净的"古典派。但经过封建混战，到17世纪上半叶，意大利来的巴洛克影响大盛。小杜赛索（J. Du Cerceau, 1585—1614）和勒保特（A. Le Pautre, 1621—1681）是新潮流的代表。长长的直线不用了，常常断折，常常插入圆弧；整齐的方框框不用了，轮廓线常常盘曲，被装饰打断，发生突然的变化；山墙通常没有尖，两侧的斜檐口线脚半路上停住了；柱式构图的完整性被破坏，追求出其不意，以奇幻取胜。装饰题材丰富，有贝壳、交叉的橄榄枝、纹章等，经常采用集中式的放射形构图。绦环、花环、垂带等形成无所不在的曲线，曲线既不是圆弧，也不是抛物线，而是不可用数学计算的非理性曲线。建筑母题和装饰母题的形象都不分明，乱、动，而且堆砌。很喜欢用华丽的色彩。

在这期间，亨利四世时代的荷兰古典主义没有继续流行，给玛丽·德·美第奇造的卢森堡宫，本来要模仿文艺复兴的，却渗透了巴洛克式的紧张不安。不过，这时候，反映着历史的基本趋向，古典主义建筑师弗·孟莎登上了舞台。他设计的布洛阿府邸加斯东奥尔良一翼（L'aile de Gaston d'Orleans à Blois, 1635—）和麦森府邸（Château de Maisons,

1642—1650），构图全由严谨的柱式控制，几何性很强，没有烦琐装饰，色彩单纯，比例精致，风格明净雅洁，充分表现了古典主义的特点。后来，伏尔泰写诗赞扬麦森府邸：

> 它高雅的建筑质朴无华；
> 每个装饰安在位置上，
> 都像是出于必要；
> 自然天成掩藏起精雕细琢；
> 看着它赏心悦目，
> 绝不吃惊但总是陶醉入迷。

弗·孟莎担任了宫廷建筑师，影响渐渐增强。但是，即使他本人，也并不能完全摒弃巴洛克，他设计的瓦勒·德·格拉斯教堂（Val de Grâce，1645—），就是一座典型的巴洛克式教堂，不过内部比较简洁、单纯，也没有用巴洛克式的辉煌色彩。

虽然，在文学、绘画、建筑等方面，巴洛克和古典主义反映着不同阶级的审美理想，并且相互对立，但是，实际情况又远远不是那么一清二楚的。普桑和马雷伯都受到路易十三的母亲玛丽·德·美第奇的保护，跟玛里诺一起做蓝蒲绮夫人的座上客。弗·孟莎的代表作是为犯上作乱的大贵族头子、路易十三的兄弟加斯东奥尔良设计的府邸。而且，巴洛克和古典主义也相互渗透。

昂德雷·勒瑙特亥就在这样的历史中、这样的文化背景中度过他的青少年时代，磨炼他的艺术，养成他的审美理想。这就决定了他的造园艺术的基本特色。

5

1600年，法国造园家，莫莱家族和勒瑙特亥家族的朋友，德·赛尔（Olivier de Serres，1539—1619）出版了一本《园景论》（*Théâtre d'agriculture*），书里写道："人们不必到意大利或者别的什么地方去看漂亮的花园，因为我们法国的花园已经比别的国家的都好。"这大话吹得早了一点，不过，这时法国的造园艺术确实已经达到比较高的水平，并且逐渐有了自己的特色，已经产生了阿乃（Anet）、迦伊翁（Gaillon）和维乃伊（Verenuil）府邸花园那样的作品。

这些花园，跟杜乐丽宫的一样，是从法国中世纪和文艺复兴的花园脱胎出来的，基本的布局是打方格子，有轴线而不加强，相当单调。从意大利引进的喷泉、花栏杆、台地、绣花植坛等，还没有影响到花园的整体。

但是，16世纪末，意大利的造园艺术进入巴洛克时期，这新的潮流迅速越过阿尔卑斯山来到法国。克洛德·莫莱说，1582年从意大利回来的建筑师杜贝阿（E. du Perat，1535—1604）"用范例教我如何擘画一座美丽的花园；这就是要把花园当作一个整体，整幅的图案花圃，一条大路从中把它劈为两半。……我不再把植坛做成一片片不同的小小的方块"。这方法很快在法国流传开来。

从手法主义开始，意大利的建筑构图就渐渐突出中轴，古典主义和巴洛克都继承了这个特点，并且影响到园林布局。这样的园林布局确实是个进步，传到法国之后，立即受到欢迎，原因之一是法国正在努力为全国的统一斗争，正在努力建立中央集权的统治。这种努力在意识形态里的反映，就导致把集中、统一引进到艺术领域中去。

巴洛克艺术中对深远的透视和虚幻的空间的爱好也被移植到造园艺术中来。宽阔而漫长的林荫道，远方安置对景；中轴线上一道又一道的大台阶——它们起初就是这种趣味的表现。布阿依索在书里说，林荫道要长，它尽端的景物才显得格外远，直到消失。

绣花植坛虽然早已有了，但巴洛克艺术趣味在它的图案上最能找到自由发挥的机会。图案越来越复杂、越自然、越生动，终于以大幅舒卷自如的花草图案代替了文艺复兴时期的几何图形。克洛德·莫莱是这种巴洛克植坛的高手，他学习意大利，用常青树做图案，用碎砖或染色的石子做底子。这种植坛面积大，要整幅观赏，因此更重视在花园里设一个比较高的观赏点。

1615年，德高斯出版了一本书叫《动力学原理》（*Les Raisons des Forces Mouvantes*），介绍了意大利的各种巴洛克式喷泉、水岩洞、水玩意和机关水嬉等。更重要的是意大利人弗朗奇尼带来了巴洛克式的各种喷泉和水嬉技术。他的后人在法国成了专业的家族，为王室和大贵族们工作，跟莫莱家族也是合作者。

还从意大利园林传来绿色剧场、对光影对比和空间对比的兴趣，等等。

但是，古典主义的审美理想在法国园林中逐渐加强。17世纪上半叶，园林的主要订货人是新的资产阶级出身的"穿袍贵族"，这情况当然会影响到造园艺术。这些人里，有议会主席龙格依（René de Longueil），他造了麦森府邸；有财政顾问包狄埃（Jacques Bordier），他在韩西（Raincy）造了一所府邸；有大主教赛古埃（Séguier），在默顿造府邸；还有新教徒将军布依翁公爵（Claude de Bouillon），在巴黎和威德维勒（Wideville）都有府邸。这些府邸很豪华，园林也大。

古典主义审美理想在造园艺术中的第一个表现仍然是标榜理性，把和谐当作形式完美的最高原则。布阿依索提倡花园的地形、布局和花草树木都应当有多样性，但是，一切变化都要"井然有序，布置得均衡匀称，彼此完美地协调"。他像一切古典主义者一样，认为和谐在于比例，比例的好坏可以用数量来规定。克洛德·莫莱和安德烈·莫莱也同样重视比例的和谐，并且同样要给和谐的比例确定一个数量关系。他们还认为，自然是造园的原料，但必须加以"驯化"，把它纳入一种构图，使它合乎使用，合乎规则，整齐匀称，去掉一切偶然的东西。德·赛尔在他的那本书里说到植坛："这些黄杨树不要种得乱糟糟……植坛要统一。……我们应当注意到，画家总是努力使他的构图左右配称，造园家也应当这么办。……比方说，如果在右边你设计了一个涡卷、一个方块、一个圆、一个椭圆……那么，在左边你必须重复它们，不多、不少也不变化。"因此，古典主义园林要求一览无余的观赏条件。

古典主义的君权主义也在造园艺术中表现出来。安德烈·莫莱在书里说："王宫必须位于有利的好地方，以便用一切为美化它而弄来的东西把它装饰起来，其中最重要的是给一条壮丽的大道种上两三行树木。……这条大道要笔直从王宫引出，垂直于它的正面。大道的起点应该是一个宽阔的半圆形或方形广场。然后，在这座王宫的后面，紧靠在它跟前，要建造由绣花植坛组成的花圃……"这些主张已经表明，中轴线的作用不再像巴洛克园林中那样，仅仅玩弄透视幻象，而成了君权的象征。

安德烈还提出了一条"递减"原则，这就是，花园里离王宫越远的部分，重要性越低，装饰就越要少。这种布局原则跟花园轴线和道路的层层分级，鲜明地反映了严格的封建等级制度，这是一种"社会理性"的形象化。

就像古典主义审美理想改造了巴洛克式的中轴线一样，它也改造了巴洛克式的其他造园要素和手法。这时期法国园林的总构图比意大利巴洛克园林都更统一，更几何化，更突出主体建筑物，更层次分明。绣花植坛的外轮廓总是简单的几何形，服从整体的几何性。水嬉、水剧场等从来没有像在意大利那样作为园林的主体。光影的对比和空间的对比都没有达到意大利巴洛克园林里那么强烈的戏剧性。绿色雕刻不大流行，古典主义者认为它太"自然"了。

所有上面这些特点，都跟正在勃兴的科学精神相适应。17世纪下半叶，自然科学在各个领域都有重大进展，而且终于孕育出巨星牛顿。

17世纪上半叶逐渐积累起来的古典主义造园手法和要素，有一部分是对巴洛克造园手法和要素的重新解释、加以改造而获得的。这种重新解释和改造是由文化中理性主义和君权主义总思潮推动的。在造园艺术中，古典主义跟巴洛克的对立远远不及其他领域那么自觉。这是因为：

第一，跟文学和绘画、雕刻相比，造园艺术的思想倾向不可能那么明确；第二，跟建筑相比，造园艺术本来就更近于"自然"、娱乐，更着重新奇、有趣、引人入胜，所以古典主义者对巴洛克手法和要素就不很排斥；第三，造园家比起文学家、美术家、建筑师来，文化水平还低，还是手工匠人，思想倾向比较模糊，理论的鲜明度差得多。

昂德雷·勒瑙特亥出身造园世家，熟悉当时所有最好的造园家、最好的园林和造园著作。他跟父兄前辈们不同，受过良好的、多方面的教育。他向当时第一流的画家和建筑师学习过，或者跟他们有来往。他在孚埃的画室里结识了下一代最有才能的美术家。他学过透视学和视觉原理，兴趣广泛，收藏大量艺术品，阅读各种书籍，其中包括笛卡尔的作品。因此，勒瑙特亥是第一个摆脱了手工匠人局限性的园丁，第一个有学者修养的、有艺术家气质的造园家，这就为他的集古典主义造园艺术之大成，并且向前大大推进，做好了学识上、才力上的准备。

勒瑙特亥起初在杜乐丽花园工作，也捎带给卢森堡宫的花园做些设计。他真正的造园活动开始于17世纪40年代。现在所知道的他的第一个重要作品是布依翁的威德维勒府邸的花园。花园不大，统一构图。府邸的轴线延长为花园的轴线，再有一道横轴线把花园分成四部分。植坛是"英国式"的，就是满铺草皮。植坛中央由黄杨树组成一朵莲花，边缘种常青树，剪成各种怪形。中轴线的尽端是一座女水仙亭和一个山洞，背后由半圆形的绿篱衬着。中轴上有两个植坛，一个圆的，一个钻石形的。这个花园布局简洁，细节很精致，各部分的尺度很合适。同时，巴洛克造园艺术手法和要素还显而易见。

另一个重要作品是给大主教赛古埃设计的在莫（Meaux）的府邸花园。因为地段和已有的建筑物都不规则，所以花园的轴线并不跟建筑物的相合。花园的轮廓像主教的三角帽，被十字架式的路分为大小不等的四部分。植坛也是英国式的，满铺草皮，周边镶鲜花，点缀着修剪过的常青树。沿花园种一圈绿篱，外侧是自然生长的树木。

据说，包狄埃在韩西的花园也是勒瑙特亥的作品，如果这说法属实，那么，这是勒瑙特亥跟建筑师勒伏（Louis Le Vau，1612—1670）和装饰画家勒勃亨三个人的第一次合作。

英国作家伊芙林记述，麦森府邸的花园是弗·孟莎邀勒瑙特亥设计的。1651年，府邸完工之后，举行了盛大的招待会，路易十四跟他的母亲一起光临，从此知道了勒瑙特亥的才能。

勒瑙特亥在17世纪上半叶创作的这些花园，都还是富人和贵人的消闲场所，没有新的审美理想，所以它们跟意大利的花园差别不大。

6

在凡尔赛宫大镜廊的天花上，有几幅历史画，主角是国王路易十四，穿着古罗马皇帝的服饰，古代神祇们像随从一样簇拥在他周围。在一幅叫《渡过莱茵河》的画里，路易十四乘着四匹马拉的车在天上疾驰，手里挥动着雷电。陪伴在国王身边的是光荣神、弥乃娃神和海格力士。代表西班牙和荷兰的神匍匐在车前，莱茵河神则在这场景里大惊失色，失手脱掉了舵柄。这些画是在17世纪80年代由宫廷画家勒勃亨画的。在以前，路易十四还谦虚一点，只自比为太阳神阿波罗，从1663年起，他的王徽是一轮光芒四射的太阳，刻着铭文"至高无上"。

路易十四的"至高无上"是17世纪上半叶整个历史的产物。经过路易十三的首相黎世留和玛萨琳相继的努力，到17世纪中叶，法国已经是欧洲最强大的国家，经济繁荣，政府组织最有效率。博须埃（J. B. Bossuet，1627—1704）在大孔戴亲王（Prince de Condé，1621—1686）的葬礼上说，从大孔戴亲王指挥的洛克卢瓦战役（1643）之后，"一切趋向美丽与宏伟"。这一年路易十四登位，才五岁。

路易十四的宰相玛萨琳斗败了两次"福隆德"叛乱（1648，1653），巩固了王权。1661年3月9日玛萨琳死，第二天路易十四宣布由他自己直接掌权执政，从此绝对君权达到最高峰。路易十四本人为专制政体立说，他认为，臣民必须像服从上帝一样服从国王，因为国王的伟大体现着上帝的伟大。镇压一切反抗，镇压一切不顺从的迹象，不仅是国王的权力，而且是他的义务。对普通百姓宽容是危险的弱点。只有国王的无限权力才可以保证国家的巩固和伟大。1668年，他到巴黎议会去，说："先生们，你们以为国家是你们么？国家就是我（通译'朕即国家'）！"他的尊号有"百战百胜的""英明的""伟大的"等。

路易十四的主要辅佐是高尔拜（J. B. Colbert，1619—1683）。他是个黎世留和玛萨琳式的人物，不过，路易十四既然已经是太阳神，他就只能作为一个忠顺的奴仆。他总是穿一身极朴素的黑色衣服，胳肢窝里夹一个黑绸文件夹，毕恭毕敬地在门前等候国王，多半是为了请求撙节一笔费用。他昼夜勤奋工作，从来不娱乐，在高傲的宫廷贵族面前沉默木讷，甚至从来不微笑。但是，高尔拜是个事业心很强的人，他说过："我们这个时代可不是一个汲汲于小东西的时代。"

高尔拜促进资本主义工商业，鼓励出口贸易，组织海外殖民。同时，像组织财政、工农业、政府和海军一样，把文学艺术工作组织起来。他要在文学艺术领域里建立中央集权，把文学艺术变成运用自如的工具，为绝对君权服务。古典主义从此基本上成了宫廷文化，并且终于全面战胜了巴洛克。

为统治文化的各个领域，高尔拜组成了一个以他自己为首的委员会，成员们分头主管。然后，他在各个领域设立学院，作为最高权威。院士们的任务是贯彻领导意图，宣扬忠君爱国思想，制定各种规范，监督文艺家们的创作。在所有的学院里，古典主义是官方的正统。

古典主义的成为正统，也是半个世纪来跟巴洛克较量的结果。它是伴随着君主对贵族的较量，作为绝对君权在意识形态里的反映而取得统治地位的。在17世纪中叶，文艺的各个领域里都发生了一些转折性的事件。

在文学界，1659年11月，莫里哀（Molière，1622—1673）的《可笑的女才子》上演，给巴洛克文学一次沉重的打击。剧中人"女才子"卡多丝有一段话说："先生，您不要这样坚决拒绝这张靠背椅的请求啊，它向您张开双臂已经有一刻钟了；稍稍满足一下它想拥抱您的意愿吧！"这一类巴洛克的"雅言"在剧中大出洋相，受到无情的嘲讽。据说，蓝蒲绮夫人最亲近的密室宾客，诗人梅拿士，看完这出戏，从小波旁剧场出来时，对诗人沙普伦说："我们，您和我，都赞许过刚才被这样巧妙、这样清醒地尖锐批评了的蠢事……我们必须毁掉我们崇拜的一切……大家该声明跟这一切胡说八道以及不自然的风格脱离关系了。"

古典主义的文学理论也在这时候成熟，代表作是波瓦罗（N. Boileau，1636—1711）的《诗的艺术》（1669—1674），这是他应路易十四的要求写的。波瓦罗认为，一切文学作品都要"永远凭着理性获得价值和光芒"。理性创造了美，美是艺术的最高目的。理性是绝对的、普遍的、最高的艺术审美力，情感是偶然的、暂时的，毫无意义。理性的审美力在古希腊和古罗马已经非常完美，所以，古代作品是不可企及的典范，永远要学习。在当代，理性只存在于上层社会。因此，波瓦罗要求作家适应宫廷的鉴赏力、理解力和审美评价，只有宫廷才能培养出高雅而严肃的文学艺术，宫廷是民族文化的中心。

波瓦罗像马雷伯一样，提倡文学作品要结构严谨，描述精确、鲜明而合乎逻辑。他写诗讽刺巴洛克诗人的雕琢。

波瓦罗认为，理性的艺术鉴赏力是有规则可循的，因而可以通过思辨的方法训练。捷径就是分析古代的作品，遵从亚里士多德的教导。俄罗斯诗人普希金说过："波瓦罗，一个具有雄厚天才和稀有智慧的诗人，发表了自己的法典，连文学都要听从他的命令。"接着说："波瓦罗把诗歌扼杀了。"

不过，莫里哀、拉辛、拉封丹，这些17世纪中叶崛起的古典主义最伟大的作家，并不太遵守波瓦罗的教条，所以并没有被扼杀。他们本来是巴黎市民的作家，重视市民的好恶甚于宫廷的趣味，受到市民的热烈欢迎。他们最杰出的作品都不是荣耀君主和他的军队的，在凡尔赛受到冷落。但宫廷支持他们对大贵族的批判。这种情况，反映着资产阶级实力的增长。

1663年，高尔拜改组了绘画与雕刻学院。它从此失去了独立精神，成了宫廷画苑。勒瑙特亥的老朋友勒勃亨掌管这个学院，直到1690年去世，三十年间，他在法国艺术界建立了一个专制王朝。勒勃亨于1642年去罗马，向普桑和当时的罗马画家学习。1646年回国，在巴黎作宗教装饰画，以后在孚-勒-维贡府邸成名，1661年被任命为路易十四的第一画师。他是一个僵硬的古典主义者，标榜理性、规则和大师。他反对威尼斯派，斥它太重色彩；也反对佛拉芒派，斥它太自然。学院的教学，把素描放在第一位，然后才是油画。学习程序是先临摹大师作品，再画古代雕刻的模制品，最后作写生。他写了一份教材，叫作《情感表现法教程》(*Méthode pour Apprendre à Dessiner les Passions*)，有插图，规定了各种情感的典型表现样式。他认为，教学中最重要的是把学生的艺术趣味训练得像古人一样。学院列出大师的等级，作为模仿对象：第一是古人，第二是拉斐尔，第三是普桑。

普桑住在罗马，因为这时候法国的高级艺术家都在罗马培养，所以他的影响仍是直接的。不仅他的作品被当作典范，同时还被崇奉为理论权威。他写的一段话是理论的核心："绘画是画人们的行动的，但首要的是画最高贵、最严肃的行动，（要从自然中择取最美的部分。）要按照理性的法则去表现这些行动，这也就是说，要用合乎逻辑的、秩序井然的方式去表现，（比例和谐，构图统一，）就如同自然本身在完美无缺时所采取的方式那样。艺术家要寻找典型的、普遍的东西，（形象与轮廓。）绘画应当是教人想的，不是教人看的；因此，绘画要摆脱烦琐的东西，（不稳定的，）例如鲜亮的色彩，那只能取悦眼睛，（而不是思想。）"*他又说过："绘画不过是可见的思想，在表现物质对象时，它只表现这些事物的规律和自然本质。"他多次引用波瓦罗的话："美的自然，理性的选择。"

普桑主张绘画要得体合宜，有分寸，要合于主题，画面上要表现出以前和以后发生的事。他认为一种题材只有一种表现模式，标榜绘画三

---

* 有括弧的是异文。

要素：空间、理性、几何。

　　普桑的作品，布局刻意经营，简练，主次分明，去掉芜杂，重视形象的位置和姿态；构图完美，韵律感强，比例良好，几何性明确，控制线大多是正交的直线。这一切都表现出他的确是笛卡尔的同代人，相信万物"服从数学的规律"。但是，他的作品里，人物没有激情，尤其没有细腻的感情。多的是抽象的分析，缺乏绘画性。素描突出而色彩则很弱。

　　普桑的理论大体是波瓦罗的翻版。当时的美术理论家弗雷斯诺（C. A. Du Fresnoy）在《绘画艺术》一书里说："绘画和诗是两姐妹，她们在一切方面都很相像，以至可以互换衣服和姓名。"这说明古典主义在文艺理论上是很彻底的。

　　1667年，勒勃亨接管王家工艺美术作坊高伯兰（Gobelins），掌握了高档美术品和工艺美术品的生产。这作坊当时有画家、雕刻家、木刻家、编织匠、染匠、绣匠、金银匠、家具匠、雕木匠、大理石匠、马赛克匠等250人。1667年以后培养学徒。高伯兰的产品主要供宫廷使用，其余出口，它们代表法国当时最高水平。后来，宫廷所需要的一切艺术品和工艺品都通过高伯兰，勒勃亨借此严密控制了艺术家，迫使他们就范。因此，这时期的美术家们远远不如文学家们那样有个性、有创造性。

　　勒勃亨在雕刻方面的助手是雕刻家吉拉尔东（F. Girardon，1628—1715），他1645—1650年间在罗马学习过。他的作品是古典主义的代表。意大利17世纪最伟大的巴洛克雕刻家伯尼尼（G. L. Bernini，1598—1680）给路易十四做的骑马铜像运到凡尔赛宫后，路易十四很不喜欢，下令毁掉，后来吉拉尔东做了修改，放到凡尔赛园林中南花圃以南的瑞士兵湖南岸，地方很荒僻，没有人去看。这也看出17世纪下半叶巴洛克在法国的失势。

　　在建筑方面，古典主义对巴洛克的胜利由两件事来标志。一件是1665年6月至10月卢浮宫东立面的设计竞赛，一件是1671年建筑学院的成立。

卢浮宫东立面的设计竞赛是古典主义跟巴洛克面对面的较量。高尔拜以极隆重的红地毯的礼节从意大利把名盛一时的伯尼尼请来。作为巴洛克艺术的最大代表，他在法国很高傲，把法国传统跟罗马比，觉得一无是处，说法国艺术是"雌性"的。他否定了法国建筑师做的卢浮宫东立面的全部方案，自己先后提出了三个方案，都是巴洛克式的。高尔拜的助手、古典主义者夏勒·彼洛鼓动建筑师反对他，勒瑙特亥也参加了。终于，1667年春，路易十四否定了伯尼尼的方案，任命夏勒·彼洛、勒勃亨和勒伏三人成立委员会负责重新征集方案。4月，选中了夏勒的哥哥克洛德·彼洛（Claude Perrault，1613—1688）的综合方案，其中包含着勒伏的兄弟方索瓦（François Le Vau）的方案。到1670年，工程基本完成。这立面有巴洛克的特点，包括柱子巨大的尺度，空廊造成的深度层次，双柱所产生的节奏对比，等等。但是，它在基本方面是古典主义的：清晰简洁的几何体形，单纯的连续直线，纯净的细节，统一全局的简单整数比，极有节制的装饰，等等。它是法国古典主义建筑最典型的代表。

建筑学院成立于1671年，目的是"重建建筑艺术"。所谓重建，指的就是像在语言中那样，清除巴洛克的影响，恢复柱式的纯正风格。它的成员每周聚会一次，"互相交流学术"，"注释权威学者的著作"，最后目的在于"确立美和高雅风格的法则"。它也是个高级咨询会议，给宫廷和大贵族做设计。它办学校，每周给年轻学生上两次课，讲授"建筑最正确、最合理的法则"，以及其他知识，包括"几何、算术、力学、运动学、水力学、透视学、数学，还有石作"。学习很教条，跟绘画雕刻学院一样：他们相信，建筑创作可以根据一些口诀学习，这些口诀可以通过理性分析去发现，它们可以用语言精确地传达，能够传达给任何有知识的人。

建筑学院的理论权威是大勃隆台（François Blondel，1617—1686），他在《建筑学教程》里说："建筑必须顺从自然规律和理性，而不是想象。"理性的主要表现之一是规律性，只有规律性才使建筑能被人了解。规律是绝对的、固定不变的，可以从理性演绎出来，其中最重要的是关于比例的规则。大勃隆台说，他设计巴黎的圣德尼（S. Denis）门，始终"把比例的正确放在第一位，装饰在其次"。比例的和谐就是简单的数的和谐，它的规则全都包含在五种古典柱式里。柱式的比例来自人体，决不能更动。学生只有通过学习古代范例才能学会规则，其次是学意大利文艺复兴的。

建筑学院的另一位重要成员，克洛德·彼洛，他的主要理论著作就是《用古法研究的五种柱式的比例》。

柱式又是区分"高贵体裁"和"卑俗体裁"的要素。它把君主和古罗马的皇帝联系起来，同样给他们的宫殿以宏伟壮丽的形象。

古典主义者讲究构图的严谨和井然有序。它的关键在分清主次，分清统率部分和被统率部分。因此，轴线突出就成了定则。这种构图方法反映出他们比文艺复兴时代的建筑家在掌握统一变化方面进了一步，同时，这种构图也反映出他们对理性的社会秩序的认识：国王是封建等级制的头，是国家组织系统的头，他统率全局。

17世纪中叶以后，巴黎一切重大的建筑都在颂扬绝对君权。宫殿、广场、教堂、城门，都可以从柱式得到所希望的庄严、壮美。

但是，路易十四和他的宫廷，不仅好大喜功、有教养、文化智力水平高、精通艺术，同时又都是些风月老手、玩乐的行家，爱好奢华挥霍、寻欢作乐。因此，他们的审美理想，并不能跟古典主义的理性主义完全合拍，他们不能不喜欢巴洛克建筑的辉煌、富丽、奇幻多变，尤其在室内。

就在17世纪中叶，文学艺术的各个领域中古典主义战胜巴洛克的时候，勒瑙特亥的造园艺术成熟了。这也是古典主义胜利的标志之一。

勒瑙特亥的园林，把宫殿或者府邸放在城市和花园之间的高地上。宫殿的轴线，一头伸进城市，一头伸进花园，它从两个方向看来都是统率构图的：王权统治着城市和乡村。

花园里，轴线真正成了艺术中心，而不仅仅是一条几何轴线。有横轴线和其他次要轴线辅佐它。在它们之间，再有更小的、然而是笔直的林荫道。道路的交叉点上安置雕像或者喷泉。因此，整个园林的布局就是个秩序严谨、脉络分明、主次有序的格网。宫殿或者府邸近处是绣花植坛，一律是几何图形，花草修剪整齐。

那是一个刚刚摆脱了封建内战，在一切方面建设现代化的国家和社会的时代，是路易十四在高尔拜的协助下，组织政府、组织生产、组织军队、组织文艺工作，不允许有一点混乱、一点违拗的时代；那是一个科学开始突飞猛进，人们对自己的认识能力、自己的理性有了充分信心的时代，是哈维、培根、开普勒、伽利略、笛卡尔、波义耳和牛顿发现自然的规律性、向无知愚昧开战的时代，不允许有一点暧昧不清、一点游移不定；那是一个漂洋过海、舍生忘死向外拓殖、开发的时代，是一个"干大事业"的时代，凡事要有气魄。昂德雷·勒瑙特亥的园林，就是那个时代的审美表现。

那个时代，人们忙于征服自然：认识它的规律，开拓它的穷荒，穿通它的险阻，以新的科学技术向它索取水力和矿藏。人们还没有来得及认识自然天赋资质之美，所以，勒瑙特亥的造园艺术，就是把人自己制造出来的图形强加于自然。

在天主教反动统治下生活、创作、飞黄腾达，充满了宗教精神的伯尼尼，完全不能理解古典主义造园艺术。他在巴黎逗留期间，曾经去参观圣克鲁花园（St. Cloud，当时已属路易十四的兄弟所有）。人们问他有什么意见，他说"过分完善了"，又说："应当掩盖人工而使对象显得更自然，但是，法国人恰恰背道而驰。"

7

高尔拜在1663年的一段回忆录中写道："私人资助艺术的时代结束了。大贵族、大富翁、阔气的工商业老板、玛萨琳和富凯们，他们曾经因为资助艺术而受到赞颂，那是不适当的。现在是他们匍匐在国王脚下的时候了。从今以后，只有国王才能关怀和鼓励国家的文学和艺术生活。"

整个17世纪，法国的繁荣强大，全亏了资产阶级发展工商业。同时，资产阶级出身的"穿袍贵族"在文学艺术上起着重要保护人的作用。主要是在他们的府邸沙龙里，聚集了人才，培植了古典主义文化。17世纪中叶，穿袍贵族、财政总监富凯（N. Fouquet，1615—1680）的府邸是最重要的文化中心，当时法国文化界最杰出的人物都在那里出入。克洛德·莫莱关于造园艺术的书也是富凯促成出版的。

但是，路易十四要摘取资产阶级在各方面培植出来的果实。

1653—1661年间，富凯在离巴黎51.2千米的庄园孚-勒-维贡兴建府邸，由建筑师勒伏和装饰画家勒勃亨负责。勒伏推荐勒瑙特亥设计花园，为这个又买进了整整三座村庄。富凯因贪污中饱而大富，滥肆挥霍。他明知路易十四对他不满意，但仗着上面有比他贪污得更凶、挥霍得更滥的玛萨琳保护，不知收敛。

路易十四于1660年6月9日跟西班牙公主泰雷莎结婚。7月17日，富凯请国王夫妇到孚-勒-维贡赴宴。1661年3月10日，路易十四亲政，这时，富凯就已经在刀口上了。但是他错误估计形势，为了邀宠，居然在1661年8月17日又在刚刚完成园林的孚-勒-维贡府邸举行盛大宴会，招待国王。这次盛会决定了他的毁灭，也决定了穿袍贵族作为文艺保护人时代的结束。但勒伏、勒勃亨和勒瑙特亥却因为这次机会而起飞，法国古典主义造园艺术也因这次机会而得到了辉煌的发展。

盛会有几千人参加，从下午一直到深夜。国王、太后、太子、公主、亲王和大贵族们都来了。著名作家拉封丹和斯库特利夫人等人也躬逢其盛，事后做了详细的记载。

孚-勒-维贡府邸和园林极其华丽，远远超过国王的离宫圣日耳曼或者枫丹白露。富凯生活之豪华，排场之阔绰，简直像个君主。府邸里摆满古玩、珠宝、书、画、雕像和珍贵的工艺品。路易十四看了心里很恼火。府邸处处装饰着富凯的纹章，上面刻着一只松鼠，铭文是："我何

孚-勒-维贡府邸园林（1653—1661）正面全景

孚-勒-维贡府邸前绣花植坛

处不能攀登？"还有许多画，画着一只松鼠被一条蛇追逐，而蛇正是宰相高尔拜的纹章，这些画的寓意是很清楚的。更使国王吃惊的是，居然有一些雕像，把富凯比拟成古代的半神。

路易十四看完房子之后，由富凯和勒瑙特亥陪着，走到面对大园林的平台上。勒瑙特亥亲自向国王讲解他的设计，这件事，对欧洲的造园艺术史发生了重大的影响。

国王很喜欢这座园林，贪赏美景，深深受到感动。他看到了一个风格全新的花园，以前从来没有过的。蓝天底下艳阳照耀着的景致，开阔清朗。一切都节奏明确，一切都均衡和谐。空气中洋溢着沙沙的细声，那是几百个喷泉造成的。水柱从贝壳、从假面上颤抖着流下，或者垂直喷到空中，或者抛射成弯弯的券门。弥漫的水珠，把阳光织成虹彩。道路和植坛整整齐齐，绣花植坛像锦毯一样，边缘镶着绚丽的鲜花。黄杨和紫杉的深色图案，由明亮的粉红色底子烘托出来，那是用碎砖铺成的。绿篱修剪得光滑平整，像砌筑的墙一样。水池边、石台上点缀着石雕的花篮花盆。水池中央立着镀金的铅像，水柱射上去，溅成飞花，闪烁发珠光。大理石的栏杆上，雕像雪白，映着绿树。

路易十四是一个对比例、对几何精确性十分敏感的人。他从平台望着这个清清楚楚、井井有条、气势磅礴的花园，心里做出了评价。

一条笔直的、华丽的轴线指向小河对岸的山坡，坡顶立着海格力士的镀金像，背景是排成半圆弧的树。路易十四穿着高统的红跟皮靴，提着长长的金柄手杖，顺着这条中轴线走去。紧挨着他的是富凯和勒瑙特亥。在他们旁边，走着国王的兄弟和叔叔大孔戴亲王。后面跟着其余的大贵族和命妇们。就在这时候，大孔戴决心建设商迪（Chantilly），国王的兄弟决心建设圣克鲁，都当场委托了勒瑙特亥。而国王则盘算着心事。

在散步中，勒瑙特亥告诉路易十四，所有的台地，为了排水，都是倾斜的。中央的台地略略高于别处，为的是加强它。勒瑙特亥几次请国王回头看看，看水面反映的府邸倒影。因为设计时经过推算，所

孚－勒－维贡府邸园林中轴线尽端

以，几个重要位置上，倒影都是完整的。

　　轴线两侧，细细的喷泉垂直喷起，形成水晶帘。贵妇人在它们之间走过，锦裙绣襦，丝毫不湿，鸵鸟毛依然在头上微微颤动。

　　一条河横断了轴线。这边岸畔是假面和贝壳里流出水来泻为瀑布，水声潺潺，传出很远。但河在低处，所以人沿轴线走来，只听见水声越来越响，却看不见水。待一见到河，就感到意外的喜悦。对岸有七个岩洞，里面是雕像。国王经临时搭的木桥过河，欣赏两岸的水嬉装饰。这里叫"水剧场"。他一直走到山坡顶上，海格力士的像前。勒瑙特亥这时候恭颂国王说："陛下精神真正伟大！"路易十四回望，府邸是奶油色的，两侧是红墙蓝顶的辅助房屋，这画面比从府邸望过来更加壮观。他对富凯说："我吃了一惊。"富凯没有懂得国王想什么，以为是在称赞园林，所以满不在乎地回答："陛下，我为您的吃惊而吃惊。"

　　参观完毕，在露天举行盛大的宴会。宴会时，有著名的女演员朗诵诗篇。莫里哀在松林里搭台演出《讨厌鬼》，夹杂着芭蕾舞。天黑之后，施放烟火。"水剧场"里有一条鲸，鲸背上放出火焰。热热闹闹，人们的兴奋达到最高潮。

深夜，鼓乐齐鸣，一队火枪兵护送路易十四回枫丹白露。其余宾客走向府邸去吃夜宵。"这时候，出人意外，一阵密密的火箭遮满天空。"这个节目引起了惨剧，一对套在车上的马受了惊，闯到河里淹死了。拉封丹写道："我想不到，我的描述会以这样悲惨、这样可怜的事件结束。"

孚–勒–维贡府邸园林主渠尽头

但是，更悲惨、更可怜的事发生在9月5日。这场盛会之后不到三个星期，骄横得忘乎所以的富凯被捕，经过许多人营救，才免于死刑，关押了19年，直到最后死去。这是他为孚–勒–维贡付出的代价。

孚–勒–维贡从此荒芜。1875年，新主人才请索弥艾（Edmé Sommier）和杜谢纳（M. Duchêne）负责，根据留下的布局，参照文献和版画，把它重新恢复。不过，被凡尔赛搬去的大量雕像和几千盆柑橘是永远回不来了。

关于富凯的不幸，有种种推测。但在各种理由之中，肯定有这样一条：路易十四记得跋扈嚣张的大贵族给国家带来过灾难，记得1649年1月6日夜里，"福隆德"叛乱曾迫使他和母亲仓皇出逃，到圣日耳曼睡麦秸铺，以后还遭受了许多危险和困苦。富凯像君主一样的气派和他勃勃的野心，不能不使路易十四不安，所以这一刀非砍下去不可。

无论如何，这事件标志着，从此，国王成为文学艺术的唯一保护人、唯一订货人。

孚–勒–维贡花园是勒瑙特亥第一个成熟的作品，是法国古典主义造园艺术第一个代表作。它第一个真正超越了意大利的影响，有了自己的境界。

孚–勒–维贡的园林大有创新，表现了勒瑙特亥活泼的想象力。它的第一个新特点是内容空前丰富，布置空前华丽。它在法国最早大量用雕像做装饰。虽然在意大利常见雕像，但用法不同。它大量造植坛、台阶和喷泉。水渠形成了横轴线，水池成了重要的造园要素。它的第二个新特点是构图空前完整、统一，但也更多变化。它用开阔壮丽的轴线统率

孚–勒–维贡府邸园林中的植坛。阔大平和，典型的古典主义气度。

全局，它用明确的几何关系确定了雕像、植坛等的位置，使它们好像非在那儿不可。构图的统一又借助于变化，就是分主次、起讫、繁简、内外，充满了对比。同时，细节又是千变万化的。第三，中轴线成了艺术中心，雕像、水池、喷泉、植坛，都顺中轴展开，依次呈现。其余部分都来烘托轴线。它不再是打简单方格的花园里单纯的几何轴线，也不是一条简单的林荫道。

统治着孚–勒–维贡花园的，是人为的艺术，不是自然：树木花草都经过修剪，风吹不动；植坛用常绿树做图案，粉红色碎砖做底子，不受季节变化的影响。那时候，荒野的自然是可怕的，园林里对自然的完全控制才合乎理想，这是人的机智和意志力的表现，是美的。

孚–勒–维贡的园林也有明显的巴洛克因素：大轴线制造空间的深度和透视效果；喷泉水嬉等的大量使用和作用的重要；生动的绣花图案，它们的动势；等等。

8

为了敬神，要有一帮僧侣，要有一座庙。路易十四的宫廷，那些王公贵族们，近幸内宠们，是他的僧侣；而凡尔赛，就是他的庙。

"福隆德"叛乱被平定之后，大贵族已经没有力量再反对君权。农业凋敝，贵族们收入大减，而无度的挥霍，更使他们破产。路易十四把他们聚集到宫廷里，给他们各种空头衔支取恩俸，但并没有实职实权。国王待他们很亲切，并肩跳舞，同桌吃饭，一起看戏甚至同台演戏，还勾搭起来搞些风流韵事。贵族们可以坐国王的椅子，乘国王的车，时时刻刻保持着高贵的身份。作为回报，他们认为效忠君主是自己的荣誉，在天天像过节一样的豪华生活中，让国王扮演神的角色，而他们却众星捧月，甘心充当侍臣，连献出妻女都觉得心里甜滋滋的。

路易十四写给太子的《训谕》里说：宫廷的娱乐不仅仅是娱乐，"人们喜欢看戏，归根到底，戏总是为叫他们高兴而演的……通过演戏，我们笼络了他们的精神和灵魂，这要比奖赏和恩赐有效许多倍。至于对外国人……这些看起来费而不惠的东西，会给他们一个壮丽、强大、富有和宏伟的印象"。

这样的宫廷生活需要有一个场所。路易十四把巴黎城看作"叛乱的巢穴"，不愿意在杜乐丽宫和卢浮宫住。在孚-勒-维贡的盛会之后，圣日耳曼和枫丹白露又显得太寒碜了。于是，就决心重建凡尔赛。

路易十四把孚-勒-维贡的原班设计人员，勒伏、勒勃亨和勒瑙特亥调到凡尔赛，还有其他的画家、雕刻家和工匠，接收了设在曼西（Maincy）的为富凯的府邸制造家具、装饰品和纺织品的整个作坊。也从孚-勒-维贡弄去了雕像和橘树等。1661年当年就在凡尔赛开始建设。

凡尔赛离巴黎18千米，原来是路易十三的一所猎庄，有一幢玫瑰色砖的小房子，后面的花园是雅克·布阿依索设计的。这里的自然条件很差。圣西门写道：那儿尽是盐碱化的、光秃秃的不毛之地，"没有景致，没有水，没有森林，只有飞扬的尘沙和沼泽"。高尔拜害怕在那里造宫殿花园太花钱，竭力反对。路易十四回答："正是在困难的事情里，才显出我们的英勇刚毅。"高尔拜又说，国王应当在人民之中，所以最好是扩建卢浮宫。他给国王上书说："勒瑙特亥和勒伏实际上只在凡尔赛了解国王，这就是，消遣和娱乐中的国王。……如果没有人提醒陛下疏远他们，他们就会引诱陛下一个又一个地去建造他们的设计，使它们不朽。"但高尔拜的谏诤无效，反而被任命为工程的主持者。在他手下，有三位负责全面工作的总监和三位建筑总监，勒瑙特亥是建筑总监之一，直到1698年。勒伏也是建筑总监，去世后由小孟莎接替。1672年起，夏勒·彼洛是另一位建筑总监。勒勃亨是总设计师，主管高伯兰王家作坊，负责制作宫内全部装饰、家具、陈设、壁画等等，也负责花园里的喷泉、雕像之类。这个创作班子长期稳定，艺术家和工人多数是意大利人，合作得很好，所以，凡尔赛的一切在风格上都很统一，从大幅天顶画到灯具直到夫人们房门的钥匙。

为了建造和装饰凡尔赛，路易十四征集了当时全国所有有才能的人。工程开始不久，他就把凡尔赛变成了法国文化的中心。第一流的诗人、戏剧家、音乐家、演员、舞蹈家纷纷来到凡尔赛。凡尔赛不仅美丽辉煌，是法兰西强大繁荣的象征，而且是法兰西文化在全欧洲的领导地位的见证，所以法国人为它骄傲。有一句谚语："凡尔赛全部的美都在法兰西人民的血液里流。"

对凡尔赛，路易十四的兴趣主要在园林。古典主义时期，主建筑物仿佛是园林的头，起统率作用。但是在凡尔赛，建设过程中却是园林牵着宫殿走。工程一开始，园林的规模就很大，把布阿依索造的园林全部拆掉重来。但宫殿却要保留路易十三的旧府邸，前后扩建了三次。1661—1668年，勒伏负责扩建宫殿，改动不大。1669年，决定第二次扩建，采用勒伏的从三面包住路易十三旧府邸的方案，在勒伏死后于1674—1676年间完成。它以总长25个开间的西立面对着园林。二楼中央11间是个大阳台，作为观赏园林的地方。但是，这个宫殿仍然跟园林不相称。于是，不得不继续扩建。1678—1688年间小孟莎负责增建了长长的南北两翼之后，宫殿的规模才勉强跟园林相适应。

路易十四急急忙忙催赶进度，不断追加工人，甚至开来一团瑞士卫队，参加土方工程。府邸里，木匠们日夜两班赶工。路易十四命令凡尔赛的本堂神父，要他给工人以宗教特许，允许他们在星期日和节日做完弥撒之后再加班干活。

勒瑙特亥不只做设计，还要领导施工。每逢国王要来，还得安排给路面铺砂，给花坛添花。

国王本人，不但要审批每一项工程，而且喜欢亲自过问施工。他经常到现场去，不怕弄一身土、沾两脚泥。他去察看粉刷、看绘壁画，指挥搬运和安置家具。有时候自己拿一把大剪子去修绿篱，或者亲手调试喷泉的阀门。他跟勒瑙特亥一起在花园里走来走去，视察和评论喷泉、栏栅、景点，提出修改建议。有机会炫耀他的高雅口味和对比例权衡的敏锐的判断力，他很得意。路易十四跟勒瑙特亥的意见经常一致。国王在回忆录里写道，他并不想自己去创作什么东西，而仅仅是"理解一切"。勒瑙特亥则说，他从来没有见过国王激动，虽然实际上有许多事情足以使绝大多数人发怒，但国王却以最好不过的脾气把它们搁在一边。勒瑙特亥跟国王建立起真正的友谊。

1662年，一个阳光明媚的日子，一队马车，由骑兵队护送，由鼓手、号手簇拥，沿着大道走向凡尔赛，扬起一天尘土。彩饰鲜艳的马车，每辆套六匹马，上面乘着路易十四的王后、太后和近幸内宠。年轻的骑士们跟在后面，其中有身材健美、气度轩昂的国王本人。车队临近凡尔赛，擂起了鼓，吹起了号；凡尔赛这边，卫士们肃立在大路边，高尔拜、勒伏、勒瑙特亥和其他的官员们在门前迎候。国王以优雅的姿势下了马，所有的人，除勒瑙特亥之外，都深深弯腰，鞠躬敬礼。独有勒瑙特亥一个人，按照惯例，像老朋友一样拥抱国王，吻他的双颊，尊敬和热爱融合在一起。

勒瑙特亥甚至可以跟国王开开玩笑。当凡尔赛的小林园设计完成时，他夹着一卷图纸，跟路易十四并肩穿过宫殿里的脚手架，走到外面

凡尔赛花园北花圃。雕像为维纳斯，林园中树木已无个性，与意大利的不同。

准备造第一个花圃的小台地上，背后跟着一帮官儿、建筑师和承包商。在两匹马背上架一块木板当台子，勒瑙特亥摊开一张图，国王看了一看，高兴起来，说："勒瑙特亥，为了这张图，我要赏你两万利弗！"勒瑙特亥谢过，摊开第二张图，国王一看，又乐了，一面召唤别人过来看，一面扭头对勒瑙特亥说："为这张图，我还要再赏你两万利弗！"勒瑙特亥再一次鞠躬谢赏，高兴得满面红光，兴冲冲再打开第三张图。国王把双手举起，叫起来："勒瑙特亥，好极了！我非再赏你两万利弗不可！"勒瑙特亥又一次谢赏之后，国王等他继续打开别的图纸，但勒瑙特亥却用手压住图纸，双眼闪着蓝光，说："陛下，您不能再看了，否则，我会使您破产的！"

　　1664年5月5日，宫殿的第一期工程还没有完工，路易十四就迫不及待，为了他的情妇拉瓦利埃（La Vallière），在凡尔赛举行了盛大的招待会，连续七天。盛会的节目单由莫里哀拟定，他这次在宫殿东面的大理石院演出了好几出戏。

国王带了600人到凡尔赛参加这次盛会。一开始是赛马，人们扮成古代人物或者寓言人物，国王扮成中世纪的诺曼人领袖罗歇（Roger），衣服上和坐骑上闪着珠宝的光芒。王后和300位命妇看他们入场，大家望着国王一个人，而国王望着拉瓦利埃一个人。骑士队伍后面跟着金色的"太阳车"，由乐队围护，有人朗诵诗歌。赛马之后，夜色降临，4000支粗大的火炬把欢乐的场所照得通明。200人在小林园里侍宴，宴会桌上有500座枝形烛台。

这次以后，国王常常来办大宴会，寻欢作乐。路易十四好热闹，好排场，好演戏。他使整个宫廷贵族养成这种爱好。日常的生活都像热闹的戏剧演出。而这些，都向百姓们公开。他自己说："有一些国家，国王是不让人见到的，这是因为他们只靠人们的敬畏和恐怖来统治。但这对我们法国不适用，我们宫廷有个不同寻常的特点，这就是平头百姓能自由地、轻易地接近国王。"

1682年5月6日，路易十四正式把宫廷和中央政府迁到凡尔赛之后，仍然把凡尔赛向公众开放。无马无车的人，从巴黎乘驿车到凡尔赛，每天两班，花钱不多。只要穿戴合乎礼仪，每个人都可以在花园游逛，可以到各个画廊去参观，甚至观看王家夜宴。每星期有三个晚上，从7点到10点，举行"起居室招待会"。老百姓带一份证件，在看门人那儿租一支佩剑、一顶帽子，就可以参加。沙龙里挤满了人，"既闷热又臭气熏人"。

花园的第一期工程完成之后，赞美声像暴雨一样浇到勒瑙特亥头上。但他自己还不满意。1665年，当他陪同意大利巴洛克艺术家伯尼尼参观时，说："这仅仅是个粗线条的毛坯，而且整个儿太窄了。"那时，北面的儿童像林荫道还没有造（1670造成），南面的瑞士兵湖和橘园也没有完成，宫殿西侧的水花圃还没有定型。

勒瑙特亥规划园林，着眼于大气派的总体布局，偏好那些有气势的大开大阖。虽然在凡尔赛宫的西面跟前布置了绣花植坛，但他对这些并没有很大兴趣。据圣西门说，勒瑙特亥谈起植坛，表示很轻视，说"它们只是小保姆才喜欢的东西，她们离不开受她们照顾的婴孩，只好从楼上贪婪地望望这些植坛，幻想着在里面散步"。他把主要精力放在林园的建设上。

穿过林园的中轴，是凡尔赛园林最重要的地方，它是整个园林的主题，太阳神阿波罗的象征。它的东段在陆上，叫王家大道，长330米，宽45米，东端的起点是拉东娜喷泉，中央向西立着阿波罗的母亲拉东娜像。西端的终点是"阿波罗之车"喷泉，大池子里，阿波罗驾着马车破水而出，向西疾驰，开始他一天的巡行。它前面是120米宽、1600米长的大水渠，笔直向西，是大轴线的西段。夕阳在它的尽头沉没。当时诗人说，从这里所见的景致直通天穹，太阳神可以在凡尔赛找到下沉的地方。这段轴线，表现了太阳神从诞生到他巡游天穹的全过程。太阳神是路易十四的象征，拉东娜象征他的母亲、奥地利的安娜。根据希腊神话，拉东娜被神后赫拉逐出、四处流浪的时候，有一些愚昧的农民骂她，在丢给她的残食上先唾口水。宙斯大怒，把这些人变成了癞蛤蟆。这些癞蛤蟆被造像在拉东娜喷泉里，围成一圈向拉东娜像喷水。据说，路易十四用它们寓意"福隆德"叛乱分子，他们曾在路易十四年幼未能亲政时反对太后。

这段中轴线的艺术构思有很浓厚的巴洛克色彩。勒瑙特亥的绘画老师孚埃有一个朋友和学生彼利埃（François Perrier，1596—1650），跟勒瑙特亥大约也是熟悉的，他曾经两度到罗马学习，画风是早期巴洛克的，属卡拉奇派。1645年，他在维里埃亥府邸（Hôtel de la Villière）的画廊里作了几幅天顶画，中央一幅，四周金框上是裸女和淫羊怪的像，画中极深远的透视导向一方天空，在这小小一方天空上，阿波罗驾车飞驰而过。在凡尔赛花园里，从拉东娜喷泉远望阿波罗喷泉，两侧的视野被浓密的树林封闭，树列、雕像和草毯形成的急剧的透视线引向远处明亮的一方天，就在那儿，阿波罗驱车从水中喷薄而出。它的构思跟那幅画完全一致。深远的透视、强烈的明暗对比和开阖变化、戏剧性的效果，这些都是巴洛克的特点。

宫廷史家斐立宾（A. Félibien，1619—1695）记载："应当指出，因为太阳是国王纹章的母题，又因为诗人们把太阳跟阿波罗等同起来，所以在这幢豪华的建筑物里，没有什么东西不跟这位神祇联系在一起。"

1679年，小孟莎把宫殿的大阳台改为大镜厅（又称大镜廊）之后，它正中对着轴线的窗口的两侧是阿波罗和他的妹妹戴安娜的像，向西望着喷泉上的母亲拉东娜的背影。

凡尔赛的园林里，巴洛克趣味还浓重地表现在小林园里。这些小林园是路易十四的情妇蒙特斯庞夫人（Mme de Montespan）的宠物，在她最红的十年（1668—1678）里造成。小林园在王家大道两侧，由道路分割成12块，每块独立设计。在小林园的丛林隙地里，布置了舞厅、剧场、音乐厅等，有些可以容纳300名观众。过去，各种招待会在临时凉棚里举行，从此由小丛林代替。丛林里点缀着各种喷泉、水嬉和雕像，还用桶植树、帷幔、绦带等装饰起来。晚上照明的灯千姿百态：水晶球里、枝形架上、银盆中、纱罩下，点着明晃晃的烛。

造这些小丛林时，沾边的人都想插手搞出些与众不同的设计来。蒙特斯庞夫人想出一个主意：在一个叫"沼泽地"（Marais）的丛林里，中央挖一个池子，池当中立一棵铜铸的树，长着用锡片做的叶子。树的四周是金属的芦苇，每片苇叶和每片树叶都能喷水。据说，勒瑙特亥拒绝考虑这个蠢东西。但高尔拜看到，国王想讨好夫人，就自己去把它造成了。1678年夫人失宠之后，荒废了，1704年拆掉，后来把从特底斯岩洞（Grottoe de Tétys）迁出的铜像、假山等装到了这个"沼泽地"丛林里，改名为"阿波罗浴池"。因为移来的这组雕像是希腊神话中女巨人特底斯的女儿们给巡游回来的阿波罗的马饮水，而阿波罗则准备洗澡，是吉拉尔东的作品。原来的特底斯岩洞在凡尔赛宫北翼的南端，一个意大利巴洛克式的玩意儿，有机关水嬉、水风琴等，很不庄重。因为建造宫殿的北翼而迁出。

拉东娜像的北面，丛林中有一个水剧场，也是个巴洛克的代表作。

剧场是圆形的，分两半，高的是舞台，低的是观众席，有三层升起。观众席背后护着绿篱，舞台后面是草坡，有三条路放射出去。水剧场也装着机关水嬉，有一些是很恶作剧的，还有些水风琴之类。

拉东娜像的南面，丛林里有个迷阵，由齐腰高的常青树绿篱形成。平面不是规则的几何形，局部有复杂的曲线。交叉点上用喷泉、水池、花架、石山等点缀。那时，拉封丹刚刚译完《伊索寓言》，全法国的学童都要背诵。这迷阵用寓言中角色的雕像来装饰。入口处，一侧是伊索像，另一侧是小爱神丘比特像。袋形死胡同里，立着狐狸吃葡萄、天鹅与鹅、狼与鹅等情节性的铅铸像，像上涂油彩。在迷阵里迷路的人，常常为出乎意料地

凡尔赛小林园内的三泉园

见到这些雕像而高兴万分。太子和他的老师费纳龙爱在里面散步，凡尔赛的情人们也爱在这里幽会。

这些巴洛克的东西，隐蔽在丛林深处，镶嵌进古典主义的简洁而严谨的大几何格局里，就跟建筑物一样：大构图由一板一眼的古典主义柱式控制，局部作巴洛克的装饰，尤其在室内。

1683年7月30日，路易十四的王后死了，大约同年10月，国王秘密地跟曼德侬夫人（Mme de Maintenon，1635—1719）结婚。她不太爱好

热闹，加上当时国力大减，小林园就因弃置不用而渐渐荒废了，一些设备也搬走了。

包围在西部大林园当中的十字形水渠，是凡尔赛园林的重要部分，这里的景色比较自然。国王和大贵族们爱在里面划船，昼夜桨声不绝。路易十四本来想从各国弄来不同的船，后来实际弄到的只有威尼斯的"冈朵拉"。每当主子们荡桨泛舟时，后面总跟着另一只船，载着乐队，弦歌助兴。斐立宾写道："夜色沉沉，国王的船后飘出悠扬的琴声。船儿们向前轻轻游动，浪花闪光，桨声匀停，暗暗的水面上划出银色的线。"

勒瑙特亥设计宽阔的水渠、水池和大量喷泉的时候，凡尔赛并没有水源，供水问题远远没有解决。但路易十四支持他做，动用当时最高的科学技术，调来大批军队参加施工。路易十四从前线把军事工程师伏波元帅（Vaubau，1633—1707）召回来负责寻找水源。指定科学院帮忙，由数学家于根（Christian Huyghens，1629—1695）担任咨询。第一步，把邻近地区所有的地面水都用管子引到一个贮水池。这工程水平很高，到现在还完整。但水量仍然大大不足。1665年造了泵房、水塔，很花钱，但不起什么大作用。1666年，用仅有的一点水开动第一批喷泉，国王很兴奋，跟勒瑙特亥、弗朗奇尼兄弟（意大利人，喷泉装置专家）和高尔拜一起，亲自去调试阀门，搞得浑身湿透。开始，放出来的是浑水，后来清亮亮的水高高喷出，路易十四高兴得不得了。

以后，陆续做过多次引水设计。把远处的水用地下水管引来，水管甚至穿过几座山。一度打算引比埃芙河（Le Bièvre）。勒瑙特亥驰骋想象，建议把罗亚尔河引来，描绘了一番从罗亚尔河滨的王庄乘船到凡尔赛的赏心乐事，中间用橇把船拖过沙道利山（Satory）。国王很动心，但高尔拜和克洛德·彼洛都反对。高尔拜伤了许多脑筋证明这个想法行不通。伏波做了从于亥河（Eure）引水的方案，派军队施工，1685年开工，三万士兵昼夜不停干了三年，路易十四多次到工地视察督促。当时施工队伍瘴疠大发，死亡枕藉，国王吃了预防药，没有染上，但高尔拜的后继人卢瓦（Louvois）却染上了。后来前线战争失利，国力大大下降，工程被迫停止，白白丢了800万利弗。就在这80年代，造了个"玛利机"（Machine de Marly），从塞纳河提水。这是一组矿井用的大水轮泵，一共14个，从技术上说是当时机械工程的奇迹。

凡尔赛的供水问题始终没有解决。当时，王公贵族和大臣们每天只有一小盆清洁用水，所以卫生情况很差，以致盛行喷洒香水。喷泉远远不能全部开放，平日只有宫殿近旁的喷嘴，北面的尼普顿湖和小林园里的四季喷泉放水。路易十四游园的时候，高尔拜派小童们跑在前面给喷泉放水，国王一过，就关上闸门。小童们在林荫路的交叉点上打旗语报告路易十四走动的方向。这个措置对路易十四是保密的。瑞典女王克里斯蒂娜（Christina，1626—1689）主动逊位后，曾经到凡尔赛做客，知道喷泉供水的困难。后来她到罗马，受到盛大欢迎，以为圣彼得大教堂前面的喷泉是专为她而放水的，所以传话说："不必浪费了。"人们告诉她，罗马的喷泉不分四季，不分日夜，都是澎湃不息，她大大吃了一惊。

17世纪，开花灌木还没有引进法国。所以，只有雕像才能使园林活跃起来。高伯兰的雕刻作坊里有46名雕刻家给凡尔赛创作，草样由1666年设在罗马的法兰西学院供稿。创作题材的选择卷入了崇古派与现代派的争论，请了院士们来公断，结果是折衷的：做20组古代神话题材，由勒勃亨、勒保特和克洛德·彼洛等几个人作草图；另外，再从莫里哀的现代题材戏剧和《凡尔赛即兴》里选取一些题材。雕像大多用石或铅锡合金制作。合金做的镀金或者刷油彩，其中有许多后来改成大理石或青铜的。勒瑙特亥负责安置雕像，水平很高，使它们恰到好处，仿佛天生就在这个地方。他也安置了一些高卢罗马时代的古雕像。

凡尔赛本来没有树，到全国去挖来，大棵的。赛维涅夫人（Mme de Sevigné，1626—1696）写道："整座茂盛的树林都搬到凡尔赛来了。"树的品种多样。勒瑙特亥规定，要给每棵大树浇两桶水，但是死亡率仍然达到75%。圣西门公爵在回忆录里谴责这种浪费，说"这是一种征服自然的狂妄娱乐"。

鲜花集中在贴近宫殿的南北两个花圃和拉东娜喷泉两侧。高尔拜向南方各省征集花卉。他在一封给普罗旺斯长官的信里说："为装饰国王宫殿里的花园，需要大量的鲜花。普罗旺斯盛产鲜花，我请求您尽力搜求黄水仙、夜来香以及其他足以用来装饰的奇花异草，并请火速送来，俾明春可以种植。"

1694年，勒瑙特亥在一封致瑞典大使的信里说，全园有200万盆以上的花，可以迅速换掉花坛里的花卉。

路易十四不但津津有味地亲自参加凡尔赛的规划和建设，而且喜欢亲自陪外国大使参观。他多次制定了最佳参观路线。有一份印刷的游览路线图，注明"1689年7月19日下午6点"，是他欢迎因资产阶级革命而被迫流亡的英国国王詹姆士二世的王后用的。还有一份大约1699—1704年间他的手稿本。这两份导游图，都写着每个景致要注意看些什么。1714年印过一张导游图，是按路易十四设计的路线画的。

凡尔赛的宫殿和园林在欧洲影响极大，但各国的文化背景不同，对它的评价也就不一样。最特殊的是已经发生过资产阶级革命的英国。那里个人的意识已经觉醒，对大自然的美已经有了认识。1698年，英国医生李斯特（Martin Lister）游历法国，参观了凡尔赛，回去写了一本书叫《1698年巴黎之旅》。他说："我们英国没有这种骑马游览的园林，骑马散步或乘车散步不是英国方式。我们吃不消损失这么多村庄去造几个园林。""总之，这些园林好像把村庄变成了林荫道和小径、丛林、水渠和喷泉，以及装饰在各处的古今雕像和花盆。"这时候，英国已经在酝酿着浪漫主义的自然风致式园林了。

宫廷里人口众多。路易十四的各级侍从有1.4万多人。500个侍候他吃饭，100个贵人侍候他起床，侍候睡觉的贵人更多。王后每次更衣，按仪礼规定送卫生纸的命妇有四十多个。为这许多人在凡尔赛宫东面造了个凡尔赛小城。路易十四打算把它建成首都，代替巴黎，由小孟莎规划，勒瑙特亥参加了意见，采取了罗马巴洛克式的三叉戟式道路，像包勃罗广场（Piazza Popolo）一样。小城、宫殿和园林，三者合一，这是最完整的一个建筑总体。

勒瑙特亥在一条街上买了一幢房子（今Rue Hoche 18），跟喷泉家弗朗奇尼、建筑师夏勒·彼洛和园艺家拉甘迪尼（Jean de La Quintinie）做邻居。后来，小孟莎设计的凡尔赛宫南翼对面的一幢房子，叫"大厢房"（Grand Commun）的落成，专给官员们和艺术家们住，勒瑙特亥在这里买了一套公寓，把原来的房子卖掉了。

9

1661年之后，勒瑙特亥的人生进入高潮，他精力充沛，头脑敏捷，创作力旺盛。一面在凡尔赛、卢浮宫、杜乐丽、枫丹白露工作，一面又给许多大小贵族搞园林，甚至给英国国王做设计。他的想象力丰富，始终保持高水准，每个园林都有特色：反映主人的身份和性格，适应地形，跟房屋配称。

他经常让国王路易十四知道他的工作和设计想法。1680年，国王的堂妹大公主买下舒阿西（Choisy）之后，请勒瑙特亥给她改造园林，她在日记里写道："他说必须把林子大部分砍光，而我却喜欢在树荫下散步。勒瑙特亥告诉国王，我挑选了世界上最坏的一块地方，而且只能从老虎窗见到那条河。几天后我到宫里去，陛下很高兴我买了舒阿西，问了许多情况。待我把那儿的一切告诉他之后，他说，这些勒瑙特亥都已经告诉过他了。"为了砍树的争执，勒瑙特亥拒绝给大公主工作，直到许多年后，大公主结了婚，她丈夫才再度把勒瑙特亥请到。

勒瑙特亥最喜欢的是商迪府邸。他给那儿工作了二十年之久。为了他外甥笛高（Claude Degots）给英国国王做的花园设计，他写信给英国的波特兰公爵（Duke of Portland），其中说："请记住您在法国见到的花园：凡尔赛、枫丹白露、孚-勒-维贡、杜乐丽，尤其是商迪。"

商迪府邸鸟瞰

　　商迪历史悠久，是孔戴家族的猎庄。波瓦罗、拉封丹、莫里哀常来，诗人桑德（Santeul）和拉布吕埃（Jean de La Bruyère，1645—1696）长住在这儿。路易十四的表兄、元帅大孔戴亲王在富凯的那次空前盛会上委托勒瑙特亥给他设计商迪的园林。这人脾气暴烈，但对勒瑙特亥很好，还在商迪花园里给他安了一尊雕像，坐着，一手拿着设计图。勒瑙特亥知恩图报。有一次，他为只有十岁的外甥向大孔戴求恩赏，大孔戴准了，他给大孔戴写信说："大人殿下，您对我恩宠有加，赐我以地产，这是许多头戴王冠的人都不能从您那儿得到的。我深感荣幸。虽然我曾经拥抱教皇，但那荣誉给我的快活远不如您的恩宠所给我的，我将铭记终生。大人殿下，我永远祈祷您福寿无疆，并将专心致志，美化商迪花园的植坛、喷泉和瀑布。"

　　在商迪，没有高尔拜来压低经费，没有卢瓦来专横地指手画脚，勒瑙特亥干得痛快。加上这里土地肥沃，水源充足，地形好，大孔戴自己又是个业余工程师，会装水泵提水，这些都使勒瑙特亥兴致勃勃。他的

商迪府邸园林。大渠与芒斯亭（Pavilion de Manse）。

外甥笛高和学生吉达（Gittard）协助他。

　　1661年，勒瑙特亥初到商迪时，只有四四方方的一座中世纪府邸位于沼泽地的小岛上。门前隔一道桥是一方平台，平台下展开一片草地。勒瑙特亥立即放弃了孚–勒–维贡和凡尔赛以平台为轴线起点的布局，把府邸撂在一边。扩大平台，加以装饰，只有短短的轴线。轴线的尽端也是一个十字形的水渠，不过横臂长一千五百多米，宽60米，而直臂只长300米。勒瑙特亥别开生面，以水池代植坛，造成了水花圃，以大面积的水池"水镜"为园林主体，可见他创新的自觉性很高。

　　勒瑙特亥在商迪还兼任勒勃亨的角色，主持装饰，不但自己设计，还安排别人设计制作。大平台前的大台阶就是他的作品，显出他的建筑专业的功夫很好。

　　商迪的建筑标准非常高。牛圈是大理石的，门口有壁画，画着拉封丹的寓言故事。家畜舍前有水仙喷泉，装饰着铅铸的雕像，涂着漆。连鸡舍都很华丽。

商迪府邸水花园

　　花园里的一个迷阵跟凡尔赛的相仿，也用拉封丹的寓言故事题材做雕塑装饰。

　　树林浓密，有广阔的猎场。林里还隐藏着秘室秘园，氤氲着浪漫气息。

　　路易十四有一次到商迪来玩，很喜欢，对大孔戴亲王说："兄弟，你应该把商迪给我。"亲王回答："商迪任陛下使用，陛下只要把我当作一个看门人就行了。"

　　法国大革命期间，商迪被毁，只剩下遗迹，后来经过修复。

　　路易十四出生在圣日耳曼（St. Germain）离宫。1682年整个宫廷迁往凡尔赛前，他住在这儿。他青年时代的情人拉瓦利埃夫人和中年时代的情人蒙特斯庞夫人都曾经在这里住过。这里有一幢12世纪的老府邸和一幢亨利四世的新府邸。在勒瑙特亥之前，雅克·布阿依索的叔叔和莫莱们曾在这里工作，布置了几层台地和岩洞，还造了巴洛克式的机关水嬉。

1668—1673年间，勒瑙特亥在圣日耳曼陆陆续续造了些台地和植坛。新府邸前面的台地过于空阔，无遮无盖，所以住在圣日耳曼的人在夏天叫它塞内加尔（Senegal，在西非，当时为法国属地），在冬天叫它西伯利亚。他最重要的作品是"大平台"（Grande Terrace），有一条2400米长的大林荫道，挂在塞纳河高高的陡岸上。它比例良好，用草地分开人行道和车行道。一侧是亭亭如盖的大树，另一侧是陡崖下深处的河，路边有花栏杆挡着。这条林荫道从新府邸通向花园另一头的"河谷府邸"，从那儿可以到栗树林里去猎鹿。

　　勒瑙特亥对杜乐丽宫花园有特殊的感情。他家三代人在这里工作过，他在这里长大、成家，从这里开始他的事业，最后死在这里。

　　杜乐丽宫是1564年为亨利二世的王后凯萨琳·美第奇（Catherina de Medici）造的，以后历代国王都改造过它。17世纪几乎所有的宫廷造园家都在这里工作过。早在路易十三时期（1610—1643）它就开放成了世界上第一座公共的市民花园。但是，杜乐丽花园却相当乱，有铁匠和车匠作坊，还有演兵场。勒瑙特亥首先加以清理，然后沿塞纳河边造了一长溜台地，跟花园另一侧天然地形形成的台地对称。台地上种树，可以跑马。两侧的台地在花园尽头会合，成半环形，抱住一个八角形水池。这里有一对弧形斜坡道，勒瑙特亥的雕像就安在北面的坡道上方。台地的大台阶、坡道和堡坎等都是勒瑙特亥设计的，建筑水平相当高。

　　杜乐丽花园西北，林园的中轴线，三千米长的林荫道，直抵后来拿破仑的凯旋门所在的山顶。为建造这条轴线，拆掉了许多破烂、拥挤的房屋和小巷子。它后来是巴黎城的轴线——香榭丽舍大街。

　　此外，勒瑙特亥比较重要的作品还有蒙特斯庞夫人的克拉尼府邸园林（Clagny，1674—1676），大公主的舒阿西园林（Choisy，1680—），王弟的圣克鲁园林（St. Cloud，1665—）和高尔拜的庄园索（Sceaux，1673—），大部分是改建。圣克鲁和索都有意大利巴洛克的链式瀑布，变化很奇诡，有各种各样的装饰雕刻。他为路易十四设计的玛利离宫

杜乐丽宫花园。阿凡林（Aveline）木刻。

（Marly，1679—），以53级链式瀑布为轴线，构思更像意大利的朗特别墅（Villa Lante）。

早在1662年，英国国王查理二世（Charles II，1660—1685在位）通过法国大使，要求路易十四派勒瑙特亥给他去做设计。路易十四回信说："虽然我总是需要勒瑙特亥，他正在枫丹白露忙我的工作，但我仍乐于让他赴英国，因为这是国王的愿望。"

勒瑙特亥在英国设计了白宫和格林威治的园林，给汉普顿宫（Hampton Court）设计了个半圆花园。还有其他一些。因为英国的社会历史条件不同于法国，所以影响不大。他很快回到法国，留下了助手和一些园丁（但也有史学家论定他并没有去过英国）。

后来，英国国王威廉三世（William III，1689—1702在位）派波特兰

圣克鲁府邸与园林

圣克鲁园林的一段中轴线

公爵到法国办外交，趁便求勒瑙特亥给国王做个设计，他因年老，不能再去，派外甥笛高去了。

10

"意大利人的造园艺术修养比我们差远了，他们简直不知道怎么造园。"这是1678年勒瑙特亥到意大利后说的话，那年他65岁，是欧洲第一号造园家。法国人认为过去只有意大利人教导法国人，而勒瑙特亥则可以教教意大利人。

罗马的法兰西学院院长埃哈（Charle Errard）请他去，为了趁机看看在那里学习的外甥笛高，他去了。高尔拜托他了解一下学院的工作，写个报告，并且跟伯尼尼讲妥给路易十四造骑马雕像的事。

高尔拜给埃哈写信道："勒瑙特亥要去罗马了，请您尽力帮助他，向他报告学院的一切情况和您将怎样训练我送给您的年轻人的计划。您知道他的才能，要听从他关于培养学生和有关学院的一切事情的意见。"

同一天，高尔拜给驻意大利大使埃斯特雷公爵（Duc d'Estrées）写信："勒瑙特亥先生即将赴意大利，不是为好奇，而是为仔细寻求一些美好的、值得王宫里仿制的东西，或者一些能启发他在造园上的新意境的东西，他正在为使陛下满意高兴而天天造园不息。总之，您应当尽一切努力给他以需要的帮助，使他能参观罗马和近郊所有的宫殿和府邸。"他到罗马就住在大使家。

跟他一起去的有蒙特斯庞夫人的母亲斯福查公爵夫人和她的妹妹和妹夫纳瓦尔公爵，还有一位元帅。

勒瑙特亥一到罗马，教皇英诺森十一就请他见面。勒瑙特亥带着凡尔赛花园和喷泉的图去了，由笛高陪着。笛高后来给路易十四的首席近卫彭当（Bontemps）写信详细报告了这次会见的情况：

勒瑙特亥向教皇致敬后，教皇要看凡尔赛的图纸。勒瑙特亥打开图纸，教皇很为水渠、喷泉、瀑布、池子等等之多而感到惊讶。他说，看来非得要整整一条河来供水不可。勒瑙特亥回答说没有河，水由池塘汇集，经缸瓦管流进大贮水池。教皇大吃一惊，问这是不是要花很多钱。勒瑙特亥吹牛说："圣父，到现在还没有超过两亿利弗。"教皇吃惊到"难以形容的程度"。

勒瑙特亥大为开心，叫道："现在我死而无憾了。我见到了世界上最伟大的两个人，神圣的教皇和我的国王。"教皇回答："这两个人之间有很大差别。国王是强大的、战无不胜的；我不过是个贫穷的神甫，上帝的众仆之仆。国王那么年轻而我已经是个老头。"

勒瑙特亥深深受到感动，拍着教皇的肩膀说："尊敬的父，您身体健康，您将死在全体圣职人员之后。"教皇懂法语，听到这些话就笑了起来，勒瑙特亥被教皇的亲切友好弄得忘乎所以，拥抱并亲吻了他。

彭当读到这儿，路易十四笑了。克海勾公爵（Duc de Creguy），国王的第一侍寝，要打1000个金路易的赌，说勒瑙特亥不可能吻教皇。路易十四说："不要打这个赌，我从乡下回来的时候，勒瑙特亥总是吻我

索府邸园林。17世纪。

索府邸园林中的大渠

的，所以他很可能吻教皇。"

教皇约勒瑙特亥再见，并托他改造梵蒂冈的园林，用法国式。据说他给潘菲利别墅（Villa Pamphilj）和卢多维西别墅（Villa Ludovisi）设计了园林。但意大利的造园艺术出自本乡本土，出自特定的生活，所以他在意大利没有很大影响。

他也办妥了伯尼尼做的雕像的事，把它送回法国。

勒瑙特亥给高尔拜写过一份关于法兰西学院情况的报告，已经遗失。高尔拜回信说："您说得对，天才和良好的趣味来自上帝，极难把它传给人们。……即使学院不能培养伟大的艺术家，它也能使匠人的技巧完善，给法国以最好的匠人……尽快回来罢！"

11

路易十四的"伟大时代"到17世纪80年代中叶就走下坡路了。17世纪初，从亨利四世开始，建立绝对君权的斗争是进步的，为统一，为国内安定，为发展生产，为海外贸易。到了17世纪末，君主专制已经成了进一步发展的桎梏。

大贵族们在凡尔赛毁灭了自己，小贵族们住在封地里，相当拮据，前途难卜，惶惶不安。资产阶级因捐税苛重多变、贸易停滞而吃苦。金融财主们仿佛兴旺起来，但也是忽儿暴发，忽儿破产。

国王的权力越来越没有限制。高尔拜死去（1683），路易十四的老年来到，什么意见都听不进去，大臣们只能盲目服从，拍马屁，揣摩国王的心思口味想出话来讨欢喜。全国的命运系于国王的一句话，而他已经成了一个自大狂，一个顽固分子。

他发动了一次又一次的对外战争，都以失败告终。大肆搜刮军费，引起资产阶级的反对。为削弱资产阶级，1685年他废除了"南特敕令"，以致40万新教徒逃亡国外，都是些水平很高的工艺人才、工商业主。他们有不少投入敌国军队，对法国作战。

1686年路易十四发动了对奥格斯堡联盟的战争，弄得财政枯竭。1689年，他决定把全国的银质家具交到铸币厂去。路易十四拿出了凡尔赛宫和其他宫殿里的所有银家具，包括凡尔赛国王卧室（Salon de Mercule）里的床前银栏杆，八个银烛台，四个盥洗银盘，两个银香炉，一对银壁炉架，一个银枝形烛台，以及大镜厅里的银桌、银椅等。它们都是高伯兰的出品，有一些出自金银细工大师巴兰（Ballin）之手，按勒勃亨的设计制作的。交出的家具价值至少一万利弗，但只铸成300万利弗。

路易十四疲倦了。曼德依夫人记载说："他读圣经，他承认衰弱，承认过去的错误。"他寻求退隐的生活。于是，改建特里阿农，1687年，拆掉为蒙特斯庞夫人造的瓷特里阿农，为曼德依夫人造新的。新的特里阿农叫大特里阿农，是17世纪末法国文化潮流开始转变的标志。它是小孟莎设计的，不求宏伟庄严，不求豪华气派，表现出一种随意、亲切、接近自然的愿望。"伟大风格"随着"伟大时代"一起过去了。

文化中出现了对君主专制的批评和怀疑的思潮。

戏剧家拉辛（J. Racine, 1639—1699），一向歌颂古代帝王，却在1689年发表了《爱赛尔》（Esther）。第三幕中，合唱队唱道："权力至高无上的国王啊，回心转意吧。掉转您的耳朵，不要听信残暴的骗人的佞谀吧。是时候了，您应该清醒了。就在您瞌睡时，您的手快浸到无辜者的血泊里了。"1691年的《阿塔莉》（Athalie），甚至直接写了武装的人民处死暴君的情节。

有一天，拉辛对曼德依夫人谈起民间的疾苦，夫人请他用实录形式详细写下来。路易十四看到，大为不满，说："他会写很好的诗，难道他还想当大臣吗？"拉辛听说，非常不安。一天，他在凡尔赛花园里散步，遇见曼德依夫人，她说："您的不幸是我造成的，我一定要让国王重新喜欢您，耐心等着吧！"拉辛回答："不必了，这是永远办不到的了，厄运紧迫我不放……"忽然，他们听到马车驶来的响声，夫人失声叫道："快躲起来，陛下来了。"拉辛赶快藏到树丛里。后来，路易十四甚至不许拉辛到凡尔赛去了。

路易十四就这样跟曾经簇拥在他身边，为他的统治增添灿烂光辉的人们疏远了，对立起来了。到17世纪末，凡尔赛就不再是法国文化的中心了。为宫廷服务过的古典主义文化遭到各方面越来越多的怀疑，学院的权威开始动摇。

对学院和古典主义教条的最大挑战是"古今之争"。这场争论的实质是资产阶级不满意文艺只歌颂伟大的帝王，他们要求文艺中有他们的形象。

崇今派最杰出的理论家是圣埃佛赫蒙（Saint Evremond，1616—1703）。1685年，他在《论古代的诗》中说："宗教、政府、风俗、习惯，在今天世界上变化如此之大，以至我们必须创造新的艺术，以适应我们所处世纪的趣味和才华。""……如果荷马活到今天，他也会写出适合描绘新时代的绝妙好诗来。但我们的诗人却以古人诗歌为绳尺，以过时的规则为指导，以不再存在的事物为对象来创作诗歌，因而写出了一些坏作品。……企图以过时的法则来永远规范新作品是荒谬可笑的。"古典主义者把亚里士多德的《诗学》当作最高法则，他却说："这固然是一部好书，但它并没有完善到可以指导一切民族和一切时代。"又说："荷马的诗歌永远是杰作，但不会永远是楷模。"这样的意见，在当时是非常勇敢的挑战。

1687年1月27日，夏勒·彼洛在学士院宣读了一首诗：《路易大帝的时代》，反对崇古非今，向古典主义教条发动冲击。诗里写道："我平视古人，不向他们屈膝；他们确实伟大，但跟我们是一样的人。"古典主义文学的"立法者"波瓦罗当场提出抗议，退席而去。"古今之争"正式开始。彼洛在以后的文章里进一步阐发他的观点。他的基本观点大约是：第一，今人无论在物质方面还是在精神方面，都不亚于古人；第二，不仅科学进步，人类的精神也在进步，今人应当在文学艺术上超过古人；第三，今人在文学方面实际上已有超过古人之处。革新派的阵营里还有封德奈（Fontenelle）和彼洛的兄弟等。

崇古派的应战由波瓦罗挂帅，有拉辛、拉封丹、拉布吕埃等。他们当然拿不出有力的论据来，只有舞弄权威，加上辱骂和讽刺。但他们有宫廷支持，所以革新派暂时还扳不倒他们。

不过，经过争论，文学还是有了变化，题材广了，更多反映现实，更富于想象力，更注意热烈的激情和精细的柔情了，又重视眼泪了。

跟文学上古今之争同时，绘画界也发生了争论。夏勒·彼洛就曾经说过，今人可以用新风格绘画，可以用古人不知道的透视术，实际上胜过古人。不过，绘画界的争论题目是色彩与素描哪一个更重要。早在17世纪上半叶，孚埃等几位大师已经从提香、维罗内斯等的经验得到了许多好处。但当时，色彩是跟巴洛克艺术联系在一起的，而古典主义者崇奉素描，轻视色彩，所以，连威尼斯画派的影响也被压下去了。到1667年，弗雷斯诺的诗《论品尚蒂的艺术》（*De Arte Pingendi*）出版，宣扬威尼斯画派的色彩理论，罗杰·德·皮尔斯（Roger de Piles）给这诗作注，借机深入阐述了色彩的价值。1671年，雅各·勃朗夏（Jacques Blanchard）的儿子加布里哀（Gabriel）宣读论文，向勒勃亨理论教条的最顽固坚持者斐利浦·尚巴涅（Philippe de Champaigne）开火，立即引起了一场大辩论。勒勃亨在1672年1月亲自出来做出权威结论，给素描派树立正统地位。但罗杰·德·皮尔斯仍然继续争论，1673年出版《关于色彩的对话》（*Dialogue sur le Coloris*），1677年出版《论绘画的保护》（*Conversation sur la Peinture*）。他推崇鲁本斯，说他的价值在"自然"，这其实就是反对普桑的以理性改造自然。他赞扬鲁本斯的独创性，其实就是反对学院的复古，学院甚至把仿古都写进章程里去了。他也肯定鲁本斯的构图生动有力，而鲁本斯的构图是巴洛克的、动态的、纠结的，不同于普桑的稳定而简明的几何构图。

古典主义的学院派认为，素描之所以优于色彩，是因为它是理性的，靠头脑思考的，而色彩是感性的，靠眼睛感觉的。所以素描是绘画的灵魂，而色彩不过是躯壳。色彩派认为，绘画的目的在于欺骗眼睛，而色彩比素描更善于做到这一点。古典主义者决不能同意"欺骗"这个词儿，坚持说艺术家要从自然中选取最美的部分加以模仿。他们说，素描模仿真实，而色彩只表现偶然的、非本质的东西。另一些色彩派反驳说：色彩表现的是真实的本身，而素描表现的不过是理性的真实，就是经过改造、适应理性的真实。这观点意味着，理性并不是判断艺术的最终标准。他们说，素描只适于经过训练的专家，而色彩适合于每个人。这是一种带有民主色彩的观念，其实就是要求把艺术的鉴赏者从封建贵族和宫廷的小圈子扩大到资产阶级。

到17世纪末，色彩派取得了一些胜利。古典主义者也开始向威尼斯派学习了。鲁本斯的追随者科佩尔（A. Coypel）和儒弗内（J. B. Jouvenet）受到路易十四的眷爱。

绘画的题材也发生了变化。高尔拜时代，绘画的主题是君主的伟大、胜利和成就，宗教画是次要的。80年代以后，题材转向宫廷的日常生活，如婚嫁、接见外国使臣等，或者画一些轻松的神话题材。宗教画也流行起来。风景画已经成了独立的画种，画得很自然。宫廷里，年轻的一、二代，也厌烦堂而皇之的学院派，喜爱轻松愉快的画，无论是题材还是形式。肖像画也更生动、更鲜亮。洛可可的风格已经在酝酿了。

有巴洛克倾向的雕刻家皮热（Pierre Puget）和科伊热伏克斯（A. Coysevox）这时候活跃起来，受到重视。后者的主要作品全在凡尔赛，许多房间里都有，水平高的在大镜厅、大楼梯和战史陈列厅等几处。战史陈列厅里的路易十四胸像是他的代表作，动态很强，有显著的伯尼尼的影响。

在建筑中，也出现了新倾向，许多巴洛克特征又流行起来，并且向洛可可转变。新倾向的代表人物就是小孟莎。他在凡尔赛宫、大特里阿农和玛利离宫等处设计的一些房屋内部，檐口缩小，墙上用轻快的格板，色彩富丽鲜艳，有镀金的卷草，用大面积的绸缎贴墙或作大幅壁画。喜欢用大镜子、晶体玻璃吊灯，光线闪烁而变幻，装饰增加，雕刻、绘画和建筑渐渐互相渗透。最典型的例子就是凡尔赛的大镜厅。小孟莎的新倾向反映着宫廷趣味的改变。1698年，路易十四

玛利宫园林。玛丁（J. B. Martin）绘。

看到小孟莎给孙媳妇布高涅夫人设计的在枫丹白露的一套卧室的图纸，说："依我看，题材太严肃了，应当在这些东西里加进些青春气息去……处处要有孩子。"

17世纪一位作家说，路易十四时代的住宅，"人们住在里面是为了讲排场，自我表现，完全忘了怎么才能住得舒服，自己实惠"。17世纪末年，小孟莎设计的城市私人住宅，讲求实惠、讲求舒服，而不再一味追求宏伟壮丽了。平面上出现了曲线，开了洛可可的先河。

1680年，小孟莎设计恩瓦利德（Invalides）新教堂，1691年建成，1708年完成内部装饰。这座教堂外貌有很明显的巴洛克特征：鼓座用双柱、檐口断折，正面中央是柱子而不是开间；采光亭用抹角方形，顶着个方尖碑；强调垂直线；穹顶表面用灿烂的镀金铅质"战利品"装饰；等等。1688年他设计了凡尔赛的教堂，1703年完成建筑，1710年完成装饰。这教堂像哥特式教堂，用巴西利卡式平面。光线对比强，深度变化大，都跟古典主义很不一样。天花上的透视幻景画（1708—1709，科佩尔作）是巴洛克的趣味，宗教气氛浓郁。

但这两座教堂的内部建筑是古典主义的，有节制，结构的表现简洁明确，柱式组合合乎规范，细节很规矩。凡尔赛的小教堂，本来准备照巴洛克的做法用彩色大理石，1698年在一次审图时被否定了，仍然跟恩瓦利德新教堂一起，保持了古典主义的单色，米黄的石头本色。用彩色大理石还是用单色，是跟色彩派与素描派的争论联系着的。

古今之争同样也反映到建筑中来。夏勒·彼洛的哥哥，克洛德·彼洛，是建筑中崇今派的鼓吹者。他在建筑学院中反对勃隆台，不承认古典建筑的权威性，认为不可能硬搬古典建筑的比例，因为古代建筑物千变万化，彼此不一致，根本不能从其中得出固定的比例规则来。维特鲁威的著作中规定的比例，在实际建筑物中并不存在。因此，建筑师应当创新。古典主义者把比例的和谐当作建筑美的最高准则，但彼洛却说，比例不过是互相抄袭的建筑师们的约定俗成。建筑物的比例不经详细测绘是看不出来的。"完善的、卓越的美可以在不严格地遵守比例的情况下获得。"他否认只有一种理性的美，他说，还有一种由习惯口味形成的美，产生"令人愉快的比例的变态"。这些意见，都针对着古典主义的基本原理。

勒瑙特亥在古今之争里站在革新派一边。这对一个造园家来说是很自然的。造园需要想象，而又最有利于驰骋想象。他的作品里本来就有巴洛克的因素，何况他又是彼洛兄弟的好朋友。勒瑙特亥是博学的人，他的藏书里有笛卡尔的，他知道笛卡尔一段名论："我们没有任何理由为了古人的古老而尊敬他们。我们才是真正的古人，因为现在的世界比他们那时的世界要更老一些，而且我们已经有了更多的经验。"他在实践中也是很富有创新精神的人。

就在文化中发生向自然和自由、向生活和感情、向色彩和想象转变的时候，勒瑙特亥设计了大特里阿农的园林。这个花园跟孚-勒-

维贡、凡尔赛以及其他古典主义园林相比，很有不同。首先是它不再有大轴线、大林荫道和大花圃。它不再追求神气活现，而追求静谧和平易。用浓密的树林把大特里阿农包围起来，造成一个封闭的、隐退的环境。其次是，色彩鲜丽的花成了重要的造园手段。在不大的花园里，布置了大面积的绣花花坛。所以，特里阿农得名为"花特里阿农"（Trianon de Flore）。1694年，勒瑙特亥在给瑞典驻法国大使的信里说，特里阿农有20万盆花，时时掉换，所以"你绝看不到一片枯叶，也绝看不到一棵不盛开花朵的植株"。圣西门记载，"数量惊人的花，种在盆里，埋到花坛中，所以可以更换。一天不但可以换一次，甚至可以换两次"。有一回，国王到大特里阿农，观赏了鲜花花坛，进屋过了几小时，再出来时花坛已经全部更换了。还有一回，圣西门亲眼看到，由于晚香玉太香，国王和近幸内宠们怕呛，不得不离开花园。勒瑙特亥的姐夫在大特里阿农的第二花圃上造了个永久性的玻璃花房，保护橘树、茉莉、晚香玉等越冬。勒瑙特亥的外甥勒波多（Michel Le Bouteau）负责照料花坛。最重要的是，在大特里阿农的北翼，叫作"林下翼"的周围，勒瑙特亥造了一个"泉水林"（Bosquet des Sourses）。不大，大略是个三角形的斜坡，采用了不规则的布置。这是个大转折。1687年，瑞典王家建筑师和造园家特山（Nicodemus Tessin）来到凡尔赛向勒瑙特亥学习，他描写这个"泉水林"说，小溪在林间自由地流，"在大树之间顺势转折"，两侧是天然草岸，没有甃砌。

1694年，勒瑙特亥给瑞典驻法国大使画了这个园子平面，用中国墨和绿、蓝、棕色渲染。他写了一段说明，文字很蹩脚，语法和拼写都有错误。他说："这里的美没有言语可以形容；它很凉爽，夫人们到这里来工作、游戏和野餐，它非常美丽。从一间卧室出来，进入园林，在浓荫覆盖下顺小路到丛林深处，游逛赏景。我敢说，只有这个园林和杜乐丽园林，才是便于散步的，是最美丽的。其余的园林都美丽然而壮观，但这座园林却以舒适取胜。""小河不规则地蜿蜒，在大树之间的空隙里拐来拐去，距离不等地点缀着喷泉。"勒瑙特亥不善写作，他在最后写道:"请原谅我的缺乏知识和把这份说明写成这个德性。我已经花了很大力气,对我来说,描写这座园林比设计这座园林难得多了。"这也是他终生没有著述的原因。

路易十四在他拟写的凡尔赛导游上,介绍大特里阿农:"要指出树林的幽深,喷泉的大水头,以及与浓荫相对一侧的那片水面。"那水面就是十字形大水渠横臂的北端。从几乎封闭的大特里阿农的花园,向南透过树隙望这片水,很像一幅克洛德·洛兰(Claude Lorrain, 1600—1682)画的风景画。

大特里阿农的园林在整体上还是几何的,花坛也是几何的。勒瑙特亥在这里只做了自然化的初步尝试和突破。但这突破却预

凡尔赛大特里阿农宫。1724年玛丁(P. D. Martin)绘。

示了18世纪法国造园艺术的大变化。勒瑙特亥既是古典主义造园艺术的第一个创造者,也是它的第一个突破者,为更新的时代开辟新路的人。

凡尔赛的总管唐受在回忆录里记下一则关于大特里阿农的建设的故事,可以看出路易十四的眼力和他对勒瑙特亥的信任,以及勒瑙特亥的性格。

"国王眼光非常敏锐,能够明察一件东西是否做得准确,比例是否和谐、是否匀称,虽然他的鉴赏力并没有达到同样的水平。有一天他到特里阿农去,看到底层的一个窗口有毛病,就告诉了卢瓦。卢瓦当时主管许许多多事情,其中之一是继高尔拜任建筑总监。这位大臣性格粗

暴，自恃国王的宠信而很狂傲。他接受不了他的主子的指正，激烈地争辩，嗓门很大，硬说窗口挺好，没有问题。国王转开身看了建筑物的其他部分。第二天他去找勒瑙特亥先生，这是对法国造园艺术造诣很高的名人，他的园林设计达到了造园艺术最完美的高峰，并且也是一位建筑师。国王问他，到特里阿农去过没有。勒瑙特亥回答说没有。国王就告诉他在那里见到的，嘱咐他去看一看那窗口。第二天重复了同样的回答，第三天又重复了一遍。国王明白，勒瑙特亥不愿意指出卢瓦的错误。他生了气，命令勒瑙特亥第二天当他散步到特里阿农时一定要在场。这么一来，麻烦就躲不开了，勒瑙特亥先生只好到特里阿农见了国王和卢瓦。窗口问题立即提了出来。卢瓦先生还是辩护，而勒瑙特亥先生一言不发。最后，国王命令勒瑙特亥量一量窗口的尺寸，吊一吊线。勒瑙特亥干着，卢瓦吵吵闹闹，嘟嘟嚷嚷地骂，说这个窗口跟其余六个一模一样。国王这时默不作声。待勒瑙特亥开始结结巴巴起来，国王发了火，叫他立即说个清楚。于是，他承认，国王是对的，他找出了毛病。还没有等他说完，国王就向卢瓦说，他不能容忍他的顽固，说，要不是他发现这窗口歪了，照这样子造起来，这房子一完工就得整个儿扒掉。换句话说，国王大声把卢瓦叱骂了一顿。"

12

77岁时，勒瑙特亥把大部分工作交给小孟莎，只保持了建筑总监的位置，直到死前几年。

他在"大厢房"的邻居，德巴受蒙（Louis de Bachaumond）写到这位老人："他是古往今来最讨人喜欢的老先生，总是快快活活，干干净净，穿戴整齐。他相貌亲切而又总是笑眯眯的。"德巴受蒙幼年时，勒瑙特亥以"惊人的快速"画小人儿逗他，使他从此迷上了绘画，终于成了一个画家。

1694年，勒瑙特亥81岁时，还关心着不少工作：给瑞典的造园家特山写信、寄平面图，给彭查特罕先生（Monsieur de Pontchartrais）设计园林，关心外甥笛高给英国国王设计的园林，等等。1696年，他还担任着建筑总监，不辞辛苦，去察看卢森堡宫一堵倒塌的墙，确定重建的位置和高度。

勒瑙特亥是个大收藏家，很珍惜艺术品。高尔拜的儿子想出8万利弗买他几件藏品，他拒绝了。当时，贵族中流行向路易十四献艺术品的风气，1693年，他请路易十四到他家挑选想要的东西。国王选了20幅画，其中3幅普桑的，2幅洛兰的，一些青铜像，包括米开朗琪罗的Captine，9尊大理石像，2个花盆，8个胸像，6个像座，据估计当时至少值15万利弗。国王赠给他6000利弗的年金作报酬。画挂在国王居住部分的小画室内，雕像和花盆放到各王家园林里。有些画现在在卢浮宫。当时的《法兰西水星报》为一个出身园丁的人能收藏如此珍贵的艺术品而感到光荣，说这些藏品"跟欧洲最好的作品放在一起绝不逊色"。

1700年，勒瑙特亥到公证人家签了遗嘱。在这种庄严的时刻，他还开了太太一个玩笑，说她抠他的钱，舍不得花，不肯买艺术品。

他的遗物中有壁毯、绣花窗帘、铜炊具、夫人的缎罩梳妆桌、珠宝首饰和衣物。保险箱里装着19袋金银币，还有银餐具。路易十四熔掉银器时他没有照办。

他要求以园丁的身份死去，"埋葬在圣霍什教堂的圣昂德雷礼拜室。丧事从简，不接受任何爵位封赠。在这圣昂德雷礼拜室里，只许他、夫人和雷德蒙太太葬人"。死后为他做弥撒超度亡灵时，要向穷人布施。

死前一个月，7月份，晴朗的一天，他最后一次跟路易十四同游凡尔赛花园。国王等着他，高高兴兴欢迎他。国王这时已经六十多岁，不能步行游园了，他请勒瑙特亥跟他一样，也乘一辆轿车，由人推着，并肩走去。这时，园丁回顾一生的劳作、生活和荣誉，百感交集，心潮澎湃，向国王大声喊起来："啊！我可怜的爸爸！如果您还活着，能够看到一个可怜的园丁，我，您的儿子，乘着轿车走在世界上最伟大的君主的身边，那么，我的喜悦就十全十美了。"

1700年9月15日晨4点钟，昂德雷·勒瑙特亥在巴黎去世。《法兰西水星报》报道："国王失去了一位稀世之才，他事君尽忠竭力，在艺术上出类拔萃，并使艺术获得殊荣。这就是勒瑙特亥先生，王家建筑与园林总监，法兰西艺术与工艺总监。国王赐他以圣米谢勒爵位（Order de Saint-Michel），表彰他的功绩和天才。再没有任何人像他那样精通造园艺术的一切，连意大利人也承认这一点。要想知道他的伟大才能，只消看一看凡尔赛和杜乐丽就行了。他的作品所引起的爱慕是克制不住的。他在园林里没有留下有些人所喜欢的那么多的浓荫，他不能容忍一个闭塞的景致，他不认为一座园林应该像一片森林。他受到欧洲所有国王们的尊重，几乎所有的国王都请他设计过园林。"

　　勒瑙特亥的墓志铭是："此地躺着勒瑙特亥的遗体，他是圣米谢勒级骑士，国王的顾问，王家建筑总监，法兰西艺术和工艺总监。凡尔赛园林及其他所有王家御苑的造园总监。他天才的深厚和宽广使他在造园艺术方面无与伦比，可以认为，他发明了造园艺术的精奥，并使其他一切都达到至善至美。他的作品的光辉卓越跟他忠心报效的国王的伟大英明相称。国王赐给他无穷的恩典。不仅法兰西受惠于他的勤奋，整个欧洲的君主们都延揽他的学生。没有人能跟他争胜比美。他生于1613年，死于1700年9月。"

后记

　　又到写后记的时候了。

　　赶紧要写的第一句话是：这篇文章的第2、第10和第12节，基本是从福克斯（H. M. Fox）写的《昂德雷·勒瑙特亥——国王们的造园师》（*André Le Nôtre, Garden Architect to Kings*）摘译的，我只做了很少一点增补，发了几句议论而已。

　　福克斯的这本书写了15年。15年的时间咱们可不在乎，不过，在这15年里，这位作者反复参观了勒瑙特亥设计的全部园林和一些据说他参与过设计的园林，分别在法国、英国和意大利。还阅读了大量关于法国古园林的有插图的手稿，其他的参考书籍更是不用说了。

这可不能不叫我又叹息、又羡慕了。福克斯是美国人，但是为了帮助她写这本勒瑙特亥传记，卢浮宫博物馆特许她阅读收藏的古书和古版画，把为纪念勒瑙特亥诞生300周年而搜集到的全部资料提供给她。凡尔赛博物馆则在一个夏天里让她在闭馆时间自己细细地看个够。我记得，有一次到北京图书馆去，看见一位满头白发的老先生在门厅存了书包，小姑娘把小小一块木牌隔柜台扔了出来，掉在地下。门厅很暗——因为是"民族形式"的建筑——老先生眼力又不济，就只好蹲下去，双手在地下摸呀，摸呀！小姑娘们在柜台后面一边嗑瓜子，一边交谈家里人从海外带来了什么新鲜的洋货。——咱们的同志，要想做点儿工作，实在难！

但工作总还是要做。历史属于辛勤劳动的人们，不属于那些在各种条件下以各种方式和身份寄生或者半寄生的人们。

在许许多多创造历史的人物里，有一个就是勒瑙特亥。他是一个造园家，他的一生也像一座古典主义园林那样，方正平直，光辉灿烂，叫人赏心悦目，得大欢喜。

勒瑙特亥的成就离不开路易十四的信任和支持。咱们一向知道路易十四的政体是"绝对君权"，他说过一句名言是"朕即国家"，总以为这是一个好不厉害的人，但是，其实不然，这个人挺有教养。

有一则小小故事：路易十四到他堂兄弟的商迪府邸去玩。大孔戴亲王的总管家，过去富凯的总管家瓦代（Vatel），因为原定招待国王的鲜鱼没有及时运到，自杀了。倒不是怕惩罚，而是觉得失了职，有损荣誉。路易十四听说之后，立了一条规矩，从此之后，他出去，一概自备食品。有把工作好坏看得比生命还重的臣下，有多少懂得点儿体恤臣下的国王，那么，只要历史条件适合，经济繁荣、文化昌盛，就是当然的了。

勒瑙特亥的一生际遇固然很使我羡慕，但我毕竟不能为他的幸运而写他的传记。

孟子说："颂其诗，读其书，不知其人，可乎？是以论其世也。"（《孟子·万章下》）要真正了解一种造园艺术（或建筑），同样也应该知其人，论其世。写这篇文章的目的有两个：

第一，我想用一个例子，比较充分地说明，造园艺术是时代的产物，社会的产物。它跟文化的各个领域都是配套的，它们互相影响，在一个共同的历史趋势里发展。这就是"论其世"。这点儿道理早就人人皆知了，但是，在造园艺术里把它说充分，却还需要下一番功夫。

第二，近二十年来，国外有不少建筑史或艺术史家，抹杀了古典主义这个独特的历史阶段，把它归到了巴洛克的名下。立论的根据无非是说它们俩都追求宏伟。这说法虽然肤浅，却很盛行。我想发表些不同的看法。还想借这个题目说明，包括造园艺术在内的文化史，也是在矛盾斗争中发展的。

如果我能找一个例子说明以上这两点，那么，也就连带着说明了建筑史中的同样问题。

我终于选择了法国17世纪的造园艺术。理由无非是我目前的情况下，这方面的资料比较好找。

不过，这工作有一个难点，其实也是一切历史工作的难点，这就是：一方面，文章不管怎么写，都写不出历史的复杂性；另一方面，不论什么文章，都应当写得比历史本身明白，特别是要写清楚历史的基本矛盾、基本趋势。这么一来，写文章就面对一个危险：一不小心就会把复杂的历史简单化、模式化。这里，得引用列宁的一段话："无论在自然界或社会中，'纯粹的'现象是没有而且也不可能有的，——马克思的辩证法就是这样教导我们的，它向我们指出，纯粹这个概念本身就表明人的认识的某些狭隘性和片面性，因为人的认识不能洞悉事物的全部复杂性。"（《列宁选集》第二卷，人民出版社，1960，617页）

所以，不会有"纯粹的"古典主义或者"纯粹的"巴洛克，它们的阶级属性和它们之间的矛盾斗争也不会"纯粹"。勒瑙特亥的造园艺术是典型的古典主义的，但是，他的园林里有不少本来属于巴洛克的东西。古典主义文化是绝对君权的宫廷文化，但是，反对中央集权的封建贵族也请勒瑙特亥去设计园林。不过，尽管复杂，我们还是必须明白地说：这是古典主义，那是宫廷文化。不指出历史现象的基本特征、基本倾向性，我们就找不到历史发展的规律性。反过来，如果把任何一种文化潮流、艺术流派，看成是静止的、固定的、封闭的，那也只能得到虚构的规律性。

至于为什么要找勒瑙特亥的传记这么个题目来写，主要理由也有两条：

第一，历史毕竟是由那些有积极的主动精神的人创造的。他们个人的经历、教育、性格、品德，都会在历史上留下痕迹。用一个例子，比较详细地说明这一点，也是很有好处的。这就是"知其人"。

第二，这样可以使文章生动一点，有趣一点，多一点人情味儿。当然，他的传记里也确实有不少值得读读的东西。

不过，这篇文章的结构因此不免有点儿异样，也就是说，好像不大统一，不大集中，不大均衡。我想，从材料的编排组织上看来是这样，但从主题思想的阐明来说，大概还不至于。这就好像凡尔赛园林的轴线，从王家大道突然变成了一条大水渠，仿佛两段接不上茬。但是，从表现阿波罗的巡天来看，轴线的艺术构思是完整的。

传记里有一些材料，可能有一部分读者会觉得没有意思，或者觉得像晚报上的杂拌儿，虽然可以消遣，毕竟不大该在学术性著作里出现。

关于这个问题，我要说：第一，有些闲话其实不闲，它们对了解当时生活和人物有用处，历史著作没有生活和人物，就没有血肉；第二，学术性著作里搞点趣味性，不但无伤大雅，而且几乎可以说是必要的。不知从什么时候起，咱们的学术性著作都讲究枯燥干巴，不许有一点油水，读起来真得预备下头痛药片。

这种习惯已经被一些编辑发展成了死规矩。写文章，从这个全集那个选集摘引多少都不在乎，但是写上点亲眼看见的东西，就要被指斥为

"游记"，非刷掉不可。其实呢，玄奘的游记、马可·波罗的游记，都已经有了很高的史料价值，更不用说徐霞客游记了。要照咱们现在一些编辑的做法，学术刊物说它是文学，不得发表，文学刊物说它是科学，也不得发表，这部著作就完蛋了。

幸好法国人和美国人一向灵活，著作里油水多，我这才能零零碎碎找到些材料。否则，我也只好打干硬性混凝土了。

当然，像另一类刊物那样，把某些人的老婆孩子、吃喝拉撒，甚至不大体面的私事，都当作要紧的事儿没完没了地刊登出来，那也未免教人"腻歪"。但愿我不是个逐臭嗜痂之徒。

1984年6月27日

主要参考文献

1 Fox H M, *André Le Nôtre, Garden Architect to Kings*

2 Weight R-A, *Le Style Louis* XIV, 1941

3 Gordey J, *Vaux-le-Vicomte*, 1924

4 Simon S, *Mémoires*

5 Escholier R, *Versailles*, 1930

6 Dunlop I, *Versailles*, 1956

7 Page P du, *Versailles*, 1956

8 Jeannel B, *Le Nôtre*, 1985

9 Woodbridge K, *Princely Gardens*, 1986

10 Monticlos J-M, *Pérouse de.Versailles*, 1991

11 Mosser M, Teyssot G, *The History of Garden design*, 1991

五 英国的造园艺术

这里的自然，回荡她的青春活力……

弥尔顿

1

　　欧洲的造园艺术，有过三个最重要的时期：从16世纪中叶往后的一百年，是意大利领导潮流；从17世纪中叶往后的一百年，是法国领导潮流；从18世纪中叶起，领导潮流的就是英国。所以，写英国的造园艺术，只要写18世纪就可以了。把18世纪以前的英国造园艺术回顾一下也有好处，可以看到变化之大。

　　在古罗马时代，罗马人在不列颠造了些花园别墅；中世纪，流行的是田字形四块式的修道院院落和堡垒壕堑外小小的菜畦式花圃；文艺复兴时期，意大利的影响很强，红衣主教沃尔赛（Thomas Wolsey，1475—1530）的汉普顿（Hampton）花园里就有意大利的造园匠在工作。这花园后来归了国王亨利八世（Henry VIII，1509—1547在位），成了他的宫

霍尔干姆府邸（Holkham Hall）花园绣花植坛。法国式。

莱汶府邸（Levens Hall）花园的荷兰式剪树

斯道克·艾迪斯（Stoke Edith）花园植坛。法国式。

殿。17世纪，斯图亚特王朝（The Stuards，1603—1649，1660—1714）与法国宫廷有亲戚关系，两国来往密切。17世纪中叶，法国造园世家莫莱家族的安德烈和迦贝里哀尔兄弟（André et Gabriel Mollet）到英国工作，前者在斯得哥尔摩出版了《游乐性花园》（*La jardin de plaisir*，1651）。他们带来了父亲克洛德（Claude）的未成熟的古典主义造园艺术。1640—1648年，英国发生了资产阶级和新贵族的革命。1660年王朝复辟之后，宫廷贵族力求重新建立专制君权，处处模仿法国的路易十四宫廷，这时法国的造园艺术达到了顶峰，领导了欧洲的潮流，于是，英国在造园艺术方面也追随勒瑙特亥（André Le Nôtre）。派了罗斯（John Rose）到法国向勒瑙特亥求艺，回来之后，莫莱兄弟去世（同在1666年），罗斯担任了宫廷造园家。他的学生仑顿（George London，London亦有书写作Loudon）和怀斯（Henry Wise）合作，于1689年设立了商业性的造园公司。罗斯、仑顿和怀斯跟他们的追随者一起，在英国造了大量的古典主义园林。其中有汉普顿宫花园和农莎契（Nonesuch）宫花园的改造。后者本是亨利八世请意大利人于1538年建造的，它的名字的含义就是"天下无双"。英国的古典主义园林有几个特点：一是林园并不像法国的那样全是茂密的树林，而是大片牧场间杂着小片的树丛，以放牧为主（那时候羊毛业在英国已经蓬勃兴起），因此英国园林显得非常开阔；二是因此在花园跟林园之间有一道封闭的围墙，以防牲畜蹿进花园，只在林荫道穿过之处开个口子；三是没有大片平静的水面；四是喜欢栽培花卉。1688年的光荣革命，从荷兰迎来了新的国王，荷兰的造园艺术跟着来了。于是，绿色雕刻更精致毕肖，植坛更小巧，空间更多分隔，花园显得更整洁、亲切。

英国从大陆学了这么多，直到18世纪中叶才回报她的恩师们。这回报，是对大陆造园传统的彻底否定。就像她在政治领域里率先进行了资产阶级革命一样，她在造园艺术里也带头掀起了一场革命，同样带有资产阶级性质，不妨说，这两场革命是兄弟，是姐妹。

这一场造园艺术史上空前的大革命，虽然没有断头台和内战，没有清教徒的狂热和克伦威尔的铁腕，但是，它同样需要有反传统的斗争，有这斗争所需要的自觉性和勇气。

这场革命，就是干净利落地抛弃规则的几何式园林，创造不规则的自然风致园。

2

要说清楚自然风致式园林在英国的产生和发展，难度是很大的。它远远比意大利巴洛克园林和法国古典主义园林的历史复杂得多。这里有政治的、经济的、社会的、哲学的、美学的原因，还有外国的影响，这就是中国的影响。

为了避免在叙述中过分错综复杂，我把这许多原因中最重要的先在这里说个大概。希望读者跟我合作，往下看的时候，时时回过头来想一想。

先从英国的哲学传统说起。17世纪，正当大陆上唯理主义渗透到文化的各个领域里去，促成古典主义文化的时候，英国却在自然科学影响之下产生了以培根（Francis Bacon，1561—1626）和洛克（John Locke，1632—1704）为代表的经验主义。他们否认先天理性的至高无上的作用，相信感性经验是一切知识的来源。因此，古典主义文化在英国没有像在大陆上那样深厚的哲学基础。经验主义者的美学在几个基本点上跟古典主义对立。例如，培根不赞成从古希腊人直到古典主义者一贯主张的美在比例的和谐的看法。他说："凡是高度的美都在比例上显得有点儿古怪。"而比例的和谐是古典主义造园艺术的根本。培根强调动态的美，强调灵心妙运和想象，而想象的特征在于"放纵自由"。霍布斯（Thomas Hobbes，1588—1679）则指出，想象是必然与情感联系的。想象和情感，跟作为古典主义的灵魂的理性直接冲突。所以经验主义哲学家都反对古典主义的教条主义。想象和情感是自然风致式园林基本的审美要求，它们后来把自然风致园引进了浪漫主义的潮流中去。

经验主义给18世纪造园艺术的革命准备了哲学基础和美学基础。

培根自己对造园艺术就很有兴趣，不但在自己的庄园里实践，还常常在文字中讨论。早在《训示》（*Sermons*）中，他就批评了花园里的"对称、修剪树木和死水池子"。他在1625年写的《论花园》（*On Gardens*）中说，花园里应该有一块"自然荒野"的部分。他设想了一个30英亩（注：1英亩等于4046.86平方米）的花园，里面有6英亩是"自然荒野"的，"处处有花儿开放，并不规则"。他反对绿色雕刻，说："我不喜欢用杜松或者其他园林要素剪出来的形象，它们是儿童的玩意儿。"

到18世纪中叶，经验主义哲学家、美学家博克（Edmund Burke，1729—1797）对造园艺术还发生了重要的影响。

其次，17世纪中叶英国发生了资产阶级革命，18世纪，革命继续深入。大陆上正酝酿着18世纪末年的法国资产阶级大革命。这时，资产阶级启蒙主义思想声势浩大，批判封建专制制度的一切方面。因此，作为宫廷文化的古典主义失去了它的政治基础。规则的几何式园林被看作专制主义的象征，压迫和强制的象征。

早在1667年，弥尔顿（John Milton，1608—1674）在《失乐园》中激烈批判君主专制，同时，在这本书里把伊甸园描绘成一派自然风光，并且明确提出，自然之美超过了几何式园林。他说："这里的自然，回荡她的青春活力，恣意驰骋她那处女的幻想，倾注更多的新鲜泼辣之气，超越于技术或绳墨规矩之外，洋溢了无限幸福。"到了18世纪，对几何式园林的批判更富有政治色彩了，自然风致园的最重要的理论家沃波尔（Horace Walpole，1717—1797）和博克把"追随自然的赏心乐事"跟英国18世纪的宪章运动直接联系起来。

第三，启蒙思想家大都是自然神论者，他们绝大多数认为自然状态优于文明。认为自然状态是健康的，合于道德的状态，而文明使人堕落，并且失去自由。法国的卢梭说，"文明是对人的自由和自然生活的奴役"，他主张"回到自然去"。

因此，他们反对园林中一切不自然的东西：把几何布局专横地硬加给不同的地形；修剪树木不许它们自由生长；用压力逼迫水柱向天空喷出；等等。斥责这些是"戕害天性"。反对这些，就是提倡"自由、平等、博爱"。他们认为，对人的奴役跟对自然的奴役是联系着的，为了粉碎对人的奴役，就必须制止对自然的奴役。

18世纪的自然风致园里常常有许多亭子之类的小建筑物，它们的匾额和题铭，有不少是歌颂自由的。例如，斯托花园（Stowe, Buckinhamshire）的一个哥特式小教堂门上过去有一句铭文，写着："感谢上苍没有生我为罗马人。"

第四，从15世纪起，英国的资本主义开始深入农业体系。经过宗教改革和政治革命，天主教会和旧贵族的大批土地转到了新贵族和农业资产者手中，到18世纪中叶，这个过程大体完成。地产的规模变小了，但大都成为新式的牧场和农庄。农业经济迅猛发展，道路修筑起来，乡村面貌大变。新贵族和农业资产者很乐于闲住在牧场和农庄里。1668年，作家彼普斯（Samuel Pepys, 1633—1673）做横断索尔斯伯里平原（Salisbury Plain）的旅行时，对它的荒凉十分吃惊，在《日记》里，他说他跟伙伴们要翻越"一些教我们胆战心惊的高山"。到了18世纪，英国就出现了汤姆逊（James Thomson, 1700—1748）、格雷（Thomas Gray, 1716—1771）和考柏（William Cowper, 1731—1800）这样描写美丽的大自然的诗人。农业的繁荣，山河的开发，改变了人们跟自然的关系，人们觉得自然亲切和可爱了。这就为自然风致园的诞生和发展准备了审美心理的必要条件。

第五，18世纪的自然风致园就是从这些新贵族的牧场和农庄里发展起来的。他们大多是辉格党人，温和的启蒙思想家，鼓吹民主自由和宪章运动。他们的造园艺术理论是他们的哲学和政治思想的一部分。他们反对图解专制政体的几何园林，提倡象征自由的不规则的园林；他们认为修剪树木成"绿色雕刻"是对天性的戕害，而让树木顺乎自然地生长则是"推人及物"的博爱之道。这些新贵族的文化教养很高，都是文人、学者、政治家、思想家等一时俊彦。他们不但躬自造园，而且著书立说，建设造园理论，所以使这场造园艺术的革命声势浩大，半个世纪里就波及整个欧洲，打败了足足有两千年历史的传统。

诗人麦森（William Mason）在侬罕园（Nuneham Park）里设计了一方小小的花园，那里有他一座胸像，在一个骨灰瓮上刻着一首献给他的诗，头两句写出了18世纪自然风致园的精髓。这两句是：

> 诗人的感觉画家的眼，
> 你在这儿隐居逍遥悠闲……

第六，因为"文艺之士"在自然风致园的形成和发展中起着重要作用，所以，18世纪的造园史是跟文学史和美术史同步的。这期间文学史和美术史的基本内容是从古典主义向浪漫主义过渡，造园艺术也明显地反映着这个过程。自然风致园的胜利就是浪漫主义精神的胜利。浪漫主义的精神是情感、想象、好奇、心灵的解放和个性的自由。未经人工扰动的大自然是这种精神最好的寄托处和抒发者。浪漫主义者谴责崇尚理性的古典主义。诗人柯勒律治（Samuel Taylar Coleridge，1772—1834）说，古典主义"为了理智的精巧……牺牲了情感和诗的情感流露，为了头脑而牺牲了心灵"。另一位诗人华兹华斯（William Wordsworth，1770—1850）则说："一切好诗都是强烈感情的自然流露。"造园艺术的理论，也是这样在批判理性的教条和追求性灵的解放中发展的。

最后，很重要的一点是，英国自然风致园的形成和发展，始终是在中国造园艺术的强烈影响之下的。18世纪全欧洲的启蒙思想家都向东方，尤其是向中国，借鉴政治、伦理等思想，他们对中国的文学、艺术、园林等文化的各个领域发生了浓厚的兴趣，造成"中国热"（Chinoiserie）。就像文艺复兴时意大利的人文主义者借用古代希腊、罗马的文化来对宗教神学做斗争一样，18世纪的英国人，借用中国的造园艺术来对古典主义的宫廷文化传统做斗争。

通过商人和使节，尤其是传教士从中国带回去的报道，欧洲人到17

圣简坦花园（St. Jan ten Héere，1770）中的中国式建筑

世纪末已经有了不少关于中国园林的知识。1685年，英国的政治家兼作家坦伯尔爵士（Sir William Temple，1628—1699）写了一篇《论伊壁鸠鲁的花园，或论造园艺术》（Upon the Gardens of Epicurus，or of Gardening，1692），其中说，中国人会笑话英国的几何式的种植。"中国人运用极其丰富的想象力来造成十分美丽夺目的形象，但不用那种一眼就看得出来的规则和配置各部分的方法。……虽然我们未必有关于这种美的观念，但他们却有一个专门的词来表达它……这就是Sharawaggi。"这个Sharawaggi是坦伯尔杜撰的，意思也许是"千变万化"，也许是"诗情画意"，两百年来没有人真正说清楚，但是，造园史家泰克尔（Christopher Thacker）说，在18世纪初，这个Sharawaggi却是反几何式花园的最常用的武器。坎布里奇曼（Richard Owen Cambridge，1717—1802）在1755年的第18期《世界报》上撰文，把坦伯尔爵士称为近代造园艺术的先驱，说他"有预言家的精神，指明了一种更为高超的园林风格，即自由不受束缚的风格"。他认为，坦伯尔的"正确而崇高的想法"在"当今……得到实现，实在是莫大的幸福；现在规则式的布局已被废弃了，人们的

阿尔弗莱斯福特府邸（Alfresford Hall，Essex）园林中的中国式建筑

视野开阔了，田野景色已被收入园内了，大自然得到拯救和美化，艺术隐藏在其自身的完善之中而不露形迹。"不但坦伯尔爵士的"想法"深深受到过中国的影响，以后整个18世纪，中国的影响始终存在。所以，泰克尔在写英国自然风致园的历史时，索性一开始就专门辟一节来写中国的影响。

我在"中国造园艺术在欧洲的影响"一文中，介绍了这方面的情况，这里从简，而且在必须提到的地方，也尽量避免重复使用资料。

还有重要的一点要交代一下：园林是十分容易改造或荒废的，所以真正18世纪的园林至今已如凤毛麟角，而文献资料却很丰富，所以，写这段历史主要靠文献。但是，文献里关于造园的理论写得清清楚楚，而记述实物的却又不大说得明白，不如几何式布局那样容易描绘。于是，我这篇文章只好基本上写18世纪的造园思想。好在这些思想对我们有很高的理论价值，还不致索然寡味。

3

虽然有人把坦伯尔称作英国自然风致园的先驱，但真正给自然风致园奠定理论基础的是艾迪生（Joseph Addison, 1672—1719），他的朋友斯蒂尔（Richard Steele, 1672—1729）辅翼他。跟艾迪生同时的造园家凡布娄（John Vanbrugh, 1664—1726）和布里奇曼（Charles Bridgeman）开始摆脱完全的规则几何式布局，但还没有形成自然风致式园林。

1712年，艾迪生在他主编的杂志《旁观者》（The Spectator）上发表了连载文章，阐明他的基本美学思想。艾迪生认为，视觉形象和诗歌给人的愉快，不来自它的形式的比例适合于某种理想的完美，而是，仅仅是，来自它激发想象，满足想象。和美一样，巨大和奇特也能激发和满足想象。他把美跟巨大和奇特并列，并且进一步说："奇特赋予魔鬼以魅力，甚至使自然界中的不完善变得可爱。"古典主义者从形式的和谐完美出发，认为未经加工的大自然不可能是美的。但艾迪生以想象、以巨大和奇特可以激发想象，论证了大自然的美。

艾迪生在《旁观者》（1712年6月25日）上说："如果我们把大自然的作品和艺术的作品都看成是能够满足想象的东西，那么，我们就会发现，后者跟前者比较是大有缺陷的；因为，虽然后者有时也会显得同样美丽或奇妙，却没有那种浩瀚和无限来为观赏者的心灵提供巨大的享受。艺术作品可以像大自然的作品一样雅致纤巧，却永远也不会显示出大自然在构图上的宏伟壮丽。比起艺术的精雕细琢来，大自然的粗犷而率意的笔触就更加胆大高明。"

对艺术和自然的这种审美理解，成了新的浪漫主义造园艺术的美学基础，对英国18世纪的造园艺术大变革和以后的发展产生了深远的影响。艾迪生在1711年读过法国耶稣会赴华传教士李明写的《中国现状新志》（参见《旁观者》第189期），知道中国造园艺术的基本特点。他也读过坦伯尔爵士提到中国园林的文章，在1712年6月25日的《旁观者》里，大体复述了我在前面引过的那一段坦伯尔的话，并且提到了"那个字"，就是Sharawaggi。他给这个字的解释是"意即乍一看便使人浮想联翩，只觉得美不胜收而又不知其所以然"。这一段解释，就等于说中国园林能够激发想象，拨动心弦。而这恰是艾迪生和18世纪英国人的审美要求。

与中国的园林相对照，艾迪生说："我们英国的花园，恰恰相反，不是去顺应自然，而是喜欢脱离自然，越远越好。"他接着批评了把树木修剪成各种形状的怪异现象。他说："我主张的园林结构是希腊诗人品达的长短句兼备的颂歌式的，具有自然的粗犷之美，而又不失艺术的细腻风雅。""先生，您必须知道……一座花园……天然能给人以宁静和安定之感，并提供许多问题让人沉思。"

艾迪生自称他的庄园里的花园就像洪荒未辟的原始自然。

1713年9月29日的《卫报》（Gardian）上，艾迪生的好朋友斯蒂尔发表了一篇文章（也有人判定是蒲伯写的），他在引了古希腊诗人荷马描写阿尔喀诺俄斯（Alcinous）的果园的文字之后说："现在的造园艺术同这种简朴性格是多么背道而驰呀！"又说："天才和最有艺术才能的人总是最喜欢自然，因为他们真正体会到一切艺术的目的都在于模仿和研究自然。相反，只有一般见识的人……总觉得最不自然的东西才是最美的东西。"

他虚拟了一份园艺匠出售绿色雕刻的《目录》，其中开列："紫杉的亚当和夏娃，亚当因智慧树被暴风雨刮倒而砸伤了一点儿，夏娃和蛇长得很茂盛。黄杨的圣乔治，他的胳膊还不够长，不过到明年四月就会长得足够刺死孽龙了。龙也是黄杨的，目前尾巴暂时用青藤接续。……"他跟绿色雕刻开了个玩笑。

造园家中最先响应艾迪生的是斯威奢（Stephen Switzer，1718出

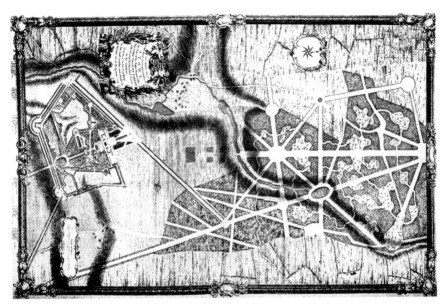

斯托庄园总平面图（1720年代）。布里奇曼设计。

斯托庄园中的自然式花园鸟瞰（后人从总图中提出改绘）

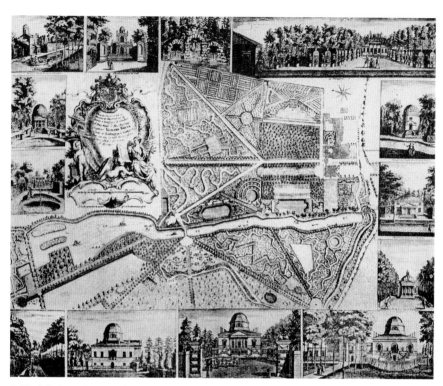

切斯威克府邸总图和局部景观。1720年代伯灵顿伯爵与布里奇曼设计，1730年代坎特修改。

版 *Iconographia Rustica*）和蓝格雷（Batty Langley，1728出版 *New Principles of Gardening*）。斯威奢曾经在古典主义造园家怀斯和仑顿手下工作过，但受新思潮的影响，他主张只在主要建筑物近旁搞一点规则化，而离主建筑稍远一点之后就应该是越远越自然，以软化规则的花园跟荒野的林园之间的过渡。他反对种植花和灌木以及将树木修剪成形，主张把树一直种到建筑物墙根，也就是把林园渗入花园里。他声称不喜欢任何一种"图案式的边框"。蓝格雷更明确地反对规则性。他说：没有什么东西"比规则式的花园更荒谬、更可厌的了，这种花园总是要毁掉高古的橡树"而代之以一钱不值的常青树。"再也没有什么别的东西比自然的光辉的美更能增加花园的乐趣了。醉心于规则的花花公子总爱把丘冈和沟谷弄平，费多少钱都不在乎。"

18世纪初，在实践中真正启动了新潮流的，一般推为凡布娄和布里奇曼，他们都是辉格党人。不过，他们的作品还远远说不上是自然风致的，仅仅在几何形大布局的空隙里搞一点点自由，设置像波浪一样的曲线的小径。

凡布娄的作品还略有痕迹可寻的是霍华德（Castle Howard, York-shire）和勃仑南庄园（Blenheim, Oxfordshire）。从1699年起，凡布娄在霍华德工作，现在还可以看到一些树丛，看到整个地段的布置，确实有意摆脱了对称的几何格式。*1707年，他给马尔波罗公爵夫人（Duchess of Marlborough）写信，建议把勃仑南林园里的一所旧府邸的废墟保留下来，说它"将是最杰出的风景画家所能想象的最美的题材"。他说：画家们认为"荒野的自然比经过修剪的树木和规整的林荫路更加有趣，更有戏剧性"。有人问他，勃仑南应该怎么设计，他回答："去请一位风景画家来商量。"可见，凡布娄已经从风景画的角度来考虑园林景观了。

古典主义者，以勒瑙特亥为代表，是从建筑角度来考虑园林构图的，他们把园林当作建筑物的延续。所以，凡布娄从风景画的角度来考虑园林景观，这是观念上的很有本质意义的革新。

布里奇曼设计过许多园林，包括勃仑南、切斯威克、斯托**、伊斯特伯里（Eastbury in Dorsetshire）等18世纪初年最著名的园林。不过所有这些园林都已经过很大的改造，布里奇曼留下来的能给人完整印象的作品，不过是一张斯托的总平面图。这张图，跟沃波尔关于他的评述完全一致：笔直的林荫道分割整个园林，有中轴，但并不完全对称，在林荫道之间的部分顺应地形，有波形曲线的小径，东侧的溪涧很自然。

---

* 当时的主人是查理·霍华德（Charles Howard）子爵，一位辉格党人。

** 勃仑南是马尔波罗公爵的庄园；切斯威克是伯灵顿伯爵的庄园，在伦敦郊区；斯托是辉格党人考班勋爵（Lord Cobham，1699—1749）的庄园。

切斯威克府邸园林。布里奇曼设计，坎特修改（1725—1737）。

凡布娄和布里奇曼都曾经用干沟代替围墙作花园的边界，在景观上把花园跟林园连成一片，也就是把自然引进了花园，打破了两者之间的界限。干沟又叫"哈哈墙"，因为游人看不见墙，以为可以前进，来到沟前才知道不能走了，于是哈哈一笑。沃波尔给干沟评了很高的历史意义。他在1770年的《论现代造园艺术》（*On Modern Gardening*）里说："决定性的一招是拆掉了围墙，这一招引起了随后的所有招数。"

以凡布娄和布里奇曼为代表的这个时期，包括18世纪头20年，叫作"不规则化时期"，也有人叫它"洛可可时期"，因为在法国，这时候正是洛可可艺术突破了古典主义的束缚，追求自然，追求变化，追求曲线等，而且也在园林中有所表现。

4

下一个时期，叫作"庄园园林化"时期。这才是真正的自然风致园的第一个阶段。从18世纪20年代末到40年代末，伯灵顿伯爵（Earl

Burlington，1695—1753）的画家、诗人、建筑师的文人集团起主要作用，最重要的造园家是坎特（William Kent，1685—1748），理论家是蒲伯（Alexander Pope，1688—1744）。到60年代至80年代，起主要作用的是勃朗（Lancelot Brown，1715—1783）。跟勃朗同时的钱伯斯（William Chambers，1723—1796），前半属于这个时期，后半开拓了下一个时期。

蒲伯是一位古典主义的诗人，温和的启蒙主义者，辉格党的在野派。他对中国文化很有兴趣，在作品中提到过孔子和长城。他认为坦伯尔爵士是造园艺术的权威，在他给朋友的信里说到Sharawaggi。在1731年致伯灵顿伯爵的一封诗函里，蒲伯第一个全面表述了自然风致园的基本原则。

在诗函里，他嘲笑富人蒂蒙（Timon）的古典主义园林：

> 随后请你把花园欣赏，
> 处处都是围墙在望！
> 既没有赏心悦目的奥妙，
> 也不见模拟荒野的技巧；
> 树丛互相应答，小径成对成双，
> 这一半花圃，恰是那一半的反照。

上面最后两句，被认为是对几何对称式园林最确切的讽刺，人们广泛引用。

他阐述造园的原理：

> 造房、种树，不论什么你想干，
> 立一棵柱子，砌一道发券，
> 起一方台地，挖一眼洞穴，
> 都切切不可忘了自然。
> 要待女神如腼腆的仙子，

既不盛妆艳饰，也不可不挂一丝，

不可处处都见到每个美景，

一半的技巧在善于掩映；

愉快地变化，使人迷惑，使人惊愕，

并隐藏了边墙的人，将有最大收获。

这里说的"变化""惊愕"和"掩映"，后来成了英国自然风致园的三项基本原则。

蒲伯接着写道：

到哪儿都得向当地的魂灵求教，

它使河流湖泊有涨有落，

它帮狂妄的山攀登上天，

或把深谷修成层层梯田，

要把田野风光和辽阔的树林收为园景，

顺地形植树，疏密变化有致，

忽儿断开，忽儿引导那些构形的线，

你种树时它绘画，你工作时它设计。

这一段生动的话很重要，"当地的魂灵"主宰着园林，连种树和工作都要按着这魂灵的绘画和设计去做。这实际上就是"因地制宜"的意思。后来，整个18世纪，寻找每一个造园地段的"魂灵"就成了热门的话题。

蒲伯最后说：

每种艺术的灵魂，都要服从理性，

各部分终要融为一体彼此呼应。

从困难中和机遇中拼搏而出，

天然的美呈现在处处；

自然与你同在，时间使它成长，

一个奇迹——斯托。

要服从理性，这是蒲伯作为古典主义诗人的话。

在1718—1723年间，蒲伯重新布置了他在阙根海姆（Twinkenheim）的5英亩（英亩为非法定计量单位，1英亩等于4046.86平方米；5英亩约20 234平方米）的小地产。沃波尔说，园中既没有平行的小径，也没有对称的树丛或花坛。那儿"幽径交错引人入胜"，"人造荒野巧夺天工"。没有围墙，"诗歌女神在里面散步，会被叼着烟斗的过路的乡巴佬看见"。

伯灵顿集团里的卡斯台尔（Robert Castell）把古罗马的小普里尼（Pliny the Younger，61—113）写的关于他的花园别墅的信译成英文，在1728年出版，书名《古人的别墅》（*Villas of the Ancients*）。小普里尼在信里描写他在塔斯干（Tuscane）的别墅的环境说："你会以为这不是真的，而是一幅以精致的美画成的风景画。"所以卡斯台尔在把书献给伯灵顿伯爵时，开玩笑说："普里尼一定知道坦伯尔爵士所说的中国式园林。"他认为这种园林就是在中央部分模仿乡村，其中山、水、石、树、建筑物等都在一种"令人愉快的不规则状态中，从好几个角度看去都很悦目，就像美丽的风景画"。

坎特是艾迪生和蒲伯思想的实践者，他的设计比布里奇曼更进一步。作为蒲伯和卡斯台尔的朋友，他当然是知道中国园林的基本特色的。他又是个建筑师，是伯灵顿集团提倡的帕拉第奥主义（Palladianism）的主将。他活跃在18世纪20年代末至40年代末，设计过许多园林，有些是英国造园史中最重要的。他几乎改掉了布里奇曼所有的作品，但他自己的作品后来也几乎全都被改掉了。他的作品有斯托、鲁谢姆（Rousham in Oxford）、艾舍（Esher Park）、切斯威克和潘英山（Pain's Hill in Surrey）等。

切斯威克府邸园林。坎特设计，1730年代。

沃波尔很重视坎特的历史作用。他赞扬坎特道："干沟引起了特殊的设计；一旦自然被请了进来，就开始改善自然，采取的每个步骤都导致新的美，激发出新的思想。坎特在这时候出现，他是画家，对自然的魅力有足够的敏感。他有足够的勇气和信念去探索，去制胜。而且，他有足够的天才能从初露端倪的新事物中搞出一个伟大的体系来。他跳出围墙，发现整个自然是一个大花园。"

坎特从干沟得到启发，抛弃了蒲伯在诗函里嘲讽过的围墙，把林园跟花园连成一片。而花园又是追求自然的，所以，有人说这是林园吃掉了花园，从此，园林不再有花园（garden）而只有林园（park）。我在前面说过，英国的林园并不是法国那样的密林，而是草坡牧场和树丛，所以，自从林园吃掉了花园，整个庄园就牧场化了。这是造园艺术的一个根本性的变化，意义重大。它取消了古典主义园林的基本观念：花园是建筑与自然之间的过渡部分。

艾迪生在1712年6月25日的《旁观者》中说，在庄园里维持一个整洁精致的几何式花园实在是太大的经济负担，还不如以"一点点艺术处理"，"把整个庄园变成一种花园"，把"地产变成美丽的自然风光"。坎特走的正是这条路，他的作品常常被称作"美化了的庄园"（ferme ornée）。以坎特为代表的时期被称为"庄园园林化时期"。这种庄园园林的规模很大，很可能像中国唐代的辋川别业和平泉庄之类的园林。

从坎特开始，造园艺术既不是用花园美化自然，也不是用自然美化花园，而是直接去美化自然本身。既然要去美化自然本身，坎特就必须像蒲伯说的那样："到哪儿都得向当地的魂灵求教"，也就是因地制宜。沃波尔说："造园从此不过是展示自然的色彩而已，人们在眼前看到了新的创造。活生生的自然受到控制或加工，而不是改变。"

坎特曾经学习过绘画，他以画家的眼光去"控制或加工"自然。他和当时的人们一样最推崇的风景画家是克洛德·洛兰（Claude Lorrain，1600—1682）和嘎斯巴·普桑（Gaspard Poussin，1615—1675）。这两位画家画的都是罗马郊区的风景，坎特按照他们的画来造园构景，因此，多少有点使庄园园林罗马化了。这其中包括把罗马东北郊蒂沃里（Tivoli）的古罗马的圆形西比尔（Sibyl）庙仿造在园林中。在坎特的带动下，克洛德·洛兰风格的园林在英国处处可见，西比尔庙的复制品就有二十几个，有完整的，也有的就做成破损的样子。

克洛德·洛兰的罗马郊区风景写生里，多的是残败的宏伟建筑、荒草中的断碑或者苔痕斑斑的雕像。这些古代遗物最能引起联想。铜驼荆棘，千古兴亡；美人英雄，一抔黄土。联想是丰富而自由的，带着淡淡的愁绪。为了造成浓郁的既甜蜜又凄凉的情调，坎特和他的追随者们甚至在园林里造残迹，立枯树断墙，也造一些浪漫色彩很重的哥特式小建筑物，缅怀中世纪的牧歌式田园生活。坎特是一个非常多愁善感的人，在切斯威克，有一夜，他坐在方尖碑下，神驰心移，像中了魔法一样，直到黎明的曙光把他唤了回来。

这种轻愁和敏感正是这时庄园园林风格的基调。在18世纪20—40年代，造园理论和历史家沃波尔的父亲、辉格党的老沃波尔当朝，政治腐败，社会混乱。辉格党中有教养、有理想的一大批人被排挤出来，他们成了在野派，退居在自己的乡村庄园里。这时候的造园艺术，就是在他们的庄园里发展的。他们沉潜静默的避世生活就是对现实的抗议，所以，他们的园林不但要彻底抛弃勒瑙特亥的反映专制主义的样式，而且不可免地要有一种淡远的却又富有想象力的风格，笼罩着轻愁和敏感。

坎特的作品都经过后人的改造，要具体地了解他的作品已经很难。沃波尔在《论现代造园艺术》里说："他的富有想象力的铅笔赋予他布置的每一个景以自然风光的艺术。他在创作中所依据的主要原则是透视、光和影。用树丛来弥补草地的单调和空洞；长青藤和树木同阳光炫目的旷地相对照；在景色不够优美或者一览无余的地方，他点缀上一些浓荫，使景色富有变化，或者使很美的景致增加层次，游览者要向前走才能逐步观赏得到，从而更加诱人。他把美景挑选出来，把缺点用树丛掩盖起来。有时候用最荒野粗糙的东西加到最豪华的剧场布景里去。他把最伟大的画家的作品变成了现实。当缺乏一个对景来活跃他的天际线时，他作为一个建筑师，总是立刻就为视线搞一个归宿。他造的建筑物，他的凳子，他的庙宇，都是他用铅笔作的，不是用量规作的。他顺应自然，甚至顺应自然的缺陷。……他的基本信条是，自然憎厌直线。"在他设计的园林里，河流是曲折的，小径是曲折的，湖岸也是曲折的，四周的草坡缓缓斜插到水中。树木大多成丛，也有一些散植的。善于利用地形，例如在斯托，把山丘和峡谷处理得很有特色。排除了古典主义的单一构图，把景色像一幅一幅的画逐个沿游览路线展开，在鲁谢姆，有意使一些好景可以从不同角度、不同高度、不同距离去欣赏。每幅画面的构图都很讲究，保持着一个画家的鉴赏力。鹿群、羊群在园林里随意放牧，很增加了生趣。

坎特的缺点是过于喜欢用建筑来造景，以致园林里小建筑物太多。斯托至少有38座建筑物，而且什么式样、什么风格的都有。建筑的拥挤和杂乱成了园林的累赘，受到很多人（包括卢梭）的批评。在斯托和切斯威克，坎特并没有完全排除掉原有的笔直的林荫路和其他一些几何处理，加上主建筑物又是几何性很强的帕拉第奥主义的，所以园林的风格不够统一。

沃波尔把坎特称作"现代造园艺术之父"，"是使绘画成为现实并改善自然的艺术的创始人和发明人。穆罕默德设想了一座天园，而坎特造了许多"。

就在坎特活跃的时期，造园活动在英国十分普及。这时农业的资本主义改造接近完成，农业经济蒸蒸日上，新贵族和农业资产者精心经营他们的农庄牧场，也"美化"他们的农庄牧场。1750年8月12日，沃波尔给老朋友霍瑞士·曼（Horace Mann）写信说："全国面貌一新，人人都在美化自己的园子。他们不再给园子围上墙垣和高高的篱笆，过路的人都能欣赏园子里的花木。点缀着园子各处的建筑物、庙宇、桥梁等，全都是哥特式或中国式的，新颖别致，十分可爱。"

在这场造园的热潮中，有许多庄园主成了很有水平的业余造园家和造园理论家。其中最有影响的是诗人申斯通（William Shenstone，1714—1763）。从40年代起，他把自己的里索威（Leasowes，Worcestershire）庄园经营成一个园林，成了18世纪中叶造园艺术的中心。当时许多人到这里来参观，交流经验。他写的一本《造园艺术断想》（*Unconnected Thoughts on Gardening*，1764）是18世纪上半叶造园艺术的大总结。

里索威的范围不大。申斯通布置了一条大体呈环状的游览路线，循路设40个景。每个景点有石凳，还有碑、瓮之类的东西。景点上都有题铭，内容是一段诗、一段箴言或者几句古谚，它们指出这个景点的"魂灵"。各个景点的景观有的是内景、近景，有的是远景、借景，包括近郊的园子和比较远一点的乡村教堂。它有高地和谷地，景观变化多。

作为申斯通的朋友而络绎到里索威来参观小住的人，有许多英国文化史上很重要的人物，包括哲学家博克，经济学家亚当·斯密（Adam Smith，1723—1790），政治家比特（William Pitt，1708—1778）、派西

（Thomas Percy，1729—1811），牛津大学诗学教授斯本塞（Rew Joseph Spence），诗人魏斯雷（Charles Wesley，1707—1788）、汤姆逊，小说家、诗人金史密斯（Oliver Goldsmith，1728—1771）和沃波尔等人。其中大多数是造园艺术的爱好者，他们互相切磋，共同促进造园艺术的进步。特别值得提到的是，斯本塞是第一个英译了王致诚神父（P. Jean-Denis Attiret，1702—1768）关于圆明园的报道的人（1759年出版节译本）*；派西编译过一本《中国文粹》（*Miscellaneous Pieces Retating to the Chinese*，1762），里面收入王致诚关于圆明园报道的另一个新节译本；金史密斯给《莱吉公报》（*Public Ledger*）写文章介绍过中国园林。所以，毫无疑问，申斯通是了解中国的造园艺术的。他在经营里索威的时候，圆明园四十景图已经传入欧洲，里索威有四十景，恐怕不是偶然的，何况其中一景就叫"中国的山洞"（China's Vain Alcoves）。大学者约翰逊（Samuel Johnson，1709—1784）一生不爱乡居，不爱庄园园林，他在申斯通死后到里索威，写道："至少应该承认，美化装点自然是一种无邪的娱乐；应该允许适当地称赞……"在他编写的《英国诗人生平》（*Lives of English Poets*）中，认为里索威是申斯通的抒情的表现，跟他的诗歌一样。

里索威在申斯通去世后不久就衰败了。但申斯通的著作《造园艺术断想》却产生了长远的影响。

申斯通把园林分为三类：菜园、几何式植坛和自然风致园或画意园。他偏爱第三种。然后又把第三种再分为三种：崇高的、美丽的和忧郁的。他偏爱崇高的。

申斯通的朋友博克在1756年出版了一册《论崇高和美的观念的起源》（*Enquiry into the Origin of Our Idea of the Sublime and the Beautiful*），总结了关于崇高观念的发展史，竭力推崇崇高。他说："崇高是引起惊羡的，它总是在一些巨大的、可怕的事物上面见出"；"自然界的伟大和崇高……所引起的情绪是惊惧。……惊惧是崇高的最高度效果，

---

* 关于英译本，各种资料颇有出入，本文无从判断，采其一种。

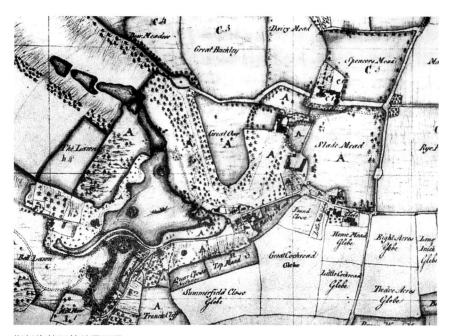

斯托海德园林总平面图

次要的效果是钦慕和尊敬"。"在任何情况下，惊惧都是崇高的基本原则。"他认为粗糙、幽暗、激烈、巨大的东西是崇高的，洪荒未辟的荒野有这些品格，所以它崇高。

申斯通把博克的理论引进到造园艺术中来，强调荒野里姿态自然而苍老的大树和峭壁深谷这些能强烈地激发想象的景观。所以，里索威比起坎特的园林来，是更加粗犷得多的。不过，它仍然属于"美化了的庄园"一类。至于美丽的园林，那就比较小、比较平和细致、有某种程度的规则性。忧郁的园林则介乎二者之间，得有一些废墟残址之类引起思古幽情的东西。

申斯通像艾迪生一样，认为美离不开想象。他说："造园艺术就是要使想象力得到满足。"园子是抒情的，它应当是"一个相当友好的环境，人可以在里面充满信心地活动，不论迈着从容的、端庄的，还是一腔闲愁的步子。"

斯托海德园林"和谐亭"

要驰骋想象力，最好是有真正的古迹引起历史的联想，特别是那些在古典著作里写到过的。如果没有，就仿造几个古典建筑或者哥特式建筑，甚至造一些假的遗址。

提倡想象和抒情，申斯通就走向诗和画。他说："为在造园艺术中追求我们当代的趣味，我看，每一个优秀的风景画家都是最合适的设计师。"他又说："我有时候想，自然风致园完全有可能搞得像一首史诗或者一出诗剧。"他设计里索威的立意，就是要叫人们游览的时候像在诗里穿过。

另一座由业余爱好者设计的园林，斯托海德（Stourhead, Wiltshire）*，也是顺一条限定的路线去看一幅一幅的景，景点有山洞、铭刻、瓮、庙之类，它们依次展示古罗马诗人维吉尔（Virgil）的《埃涅阿斯纪》（Aeneid），所以有人说斯托海德是在"讲故事"。

园林要有画意，就必须富有变化。申斯通说，一座成功的自然风致

---

* 有人认为是业主霍尔二世（Henry Hoare II, 1705—1785）自己设计的。

哈瑞伍德府邸园林（Harewood）。勃朗（Brown）设计。

园"应该有足够用来在画布上绘画所需要的变化"，"如果要复制自然的话，就必须有变化"。

因此，他反对单调甚于反对规则式，反对规则式就为了反对它的单调。他写道："凡是眼光已经走过的路，脚步就绝不应该再走。"对着一个景笔直地走上长长一段路程，"就好像被判刑到帆船上去划桨一样倒霉"。同一性意味着失去变化，失去变化意味着失去想象力。

在《造园艺术断想》里还有一些经验性的内容。例如"总要让人低着头看水，这是自然的要求"，等等。

自然风致园的第一阶段，也就是"庄园园林化"阶段，在勃朗的创作中完全成熟。他的活跃期在18世纪60—80年代。

勃朗出身园艺世家，早年在坎特手下做过一些低微的工作。18世纪60年代之后，声名大著，被人称为"本行业的天才"。沃波尔说他是"自然风致式造园艺术之王"。

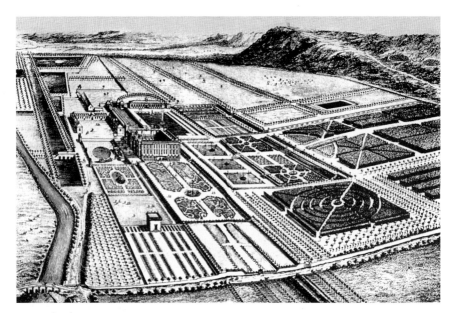

查茨沃斯庄园鸟瞰图（1727）

查茨沃斯庄园花园。自然风致式。

勃朗设计过大量的园林。凡经过他手的老园子，原来的布局等统统被改掉，不留痕迹。他创作的年代，正是圈地运动刚刚完成的时候，新的农业和畜牧业大规模地改造国土。趁这个机缘，勃朗的影响远远超过了以前任何一位造园家。庄园主纷纷请他设计，请他顾问，哪怕听他提一点意见都好。因此，人们说勃朗改动了整个英国国土的面貌。他被夸张地称为"无所不能的勃朗"。散文家坎布里奇曼在跟勃朗聊天的时候说，他愿意死在勃朗之前，以便赶去看一看还没有被勃朗改造过的天堂是什么样子。

勃朗在自然风致园中相当于勒瑙特亥之在规则的几何式园林中，他在自然风致园中创造了气派很大的、英雄史诗般的风格，宏大、庄严、简洁、开阔、明朗，确实是大手笔。这风格反映着新兴的资本主义农业和畜牧业的大发展。

勃朗基本上走坎特开辟的路，搞庄园园林化。但是不过分追求变化，不过分追求荒野，大处着眼，平淡处落墨，得一种高雅悠远的趣味。他彻底肃清了几何式的处理，充分利用自然地形的起伏，也不再搞那么多的小建筑物。前三四十年间园林里小建筑的滥用已经引起普遍的反感。他的主要作品是勃仑南、斯托、查茨沃斯（Chatsworth, Derbyshire）和克鲁姆（Croome Court, Worcestershire），前三处都是改建旧园子。

勃朗风格的第一个特点，是完全取消花园跟林园的区别，连干沟都不要了。大片随坡起伏的草地是园林的主体，一直伸展到主建筑物的墙根。建筑物跟前不留一点几何影迹，连平台都没有。以致小说家柏雷（Fanny Burry）于1786年到勃朗设计的侬罕园（Nuneham Park, Oxford）去的时候，埋怨一下车就踩到了潮湿的草地上。

勃朗的第二个特点是更善于使用坎特和申斯通使用的成片树丛。这些树丛外缘清晰，呈椭圆形，种在高地的顶上，或者用来遮挡边界，遮挡不美的东西。它们颜色深黝，被阳光照耀下的浅绿色草地衬托得很明显。勃朗利用它们在草地的大背景上纵横抹下了大笔触的色块，构图单纯而有力。博克在《论崇高》里说："圆柱形光溜溜地不挂碍眼光，隐喻着无限，不论在一幢建筑物上还是一片树丛上，圆柱形都有壮丽的效果。"

第三个特点是，勃朗善于用水，他是英国造园家里第一个重视水的作用的。他修筑闸坝，提高水位，形成各种样子的湖泊，且常常以湖泊为园子的中心，如勃仑南和斯托都是。大片水面给园子带来一种宁静亲切的感觉，而且明亮开阔。造园史家格罗莫尔（G. Gromort）甚至说，使用水面是勃朗唯一的特点。勃朗自己开玩笑说："泰晤士河，你能原谅我吗？"

勃朗的第四个特点是极度追求纯净。在他的园林里，甚至园林外目力所及的范围里，不允许有村庄和农舍。原有的都要搬到看不见的地方去。他也不允许主建筑物旁边有菜园、杂务院、下房、马厩、车库等，把它们弄到远离主建筑物的地方，并且用树丛遮挡起来。有一些服务性的房间设在地下室，而把地下室的入口造在离房子相当远处，经过长长的隧道才能进去。当勃朗的造园艺术普遍流行时，就不免有许多村庄和农舍被迫拆除。诗

派特渥斯园林（Petworth）。勃朗设计。

艾什贝堡园林（Castle Ashby）。勃朗设计。

查茨沃斯花园。自然风致式。

纽珊寺园林（Temple Newsam）中的树丛（1765）。勃朗设计。

人金史密斯1770年写过一首诗《荒村》（The Deserted Village），谴责这种情况说："乡下开了两朵花——一朵是园林，一朵是坟墓。"

1787年，桂冠诗人怀特海（William Whitehead）在《侬罕园近来的改造》（*The Late Improvement at Nuneham*）中写道，有一次勃朗跟自然对话，他说："看看所有这些变化，我坦率地承认：当你赤身裸体的时候，我给你穿上衣服；当你穿戴过分的时候，我把你剥得只剩下裤衩和背心。"他追求恰当的分寸。

赫赛（Christopher Hussey）在他写的《风景如画》（The Picturesque）中记载了摩尔（Hannah More）的话，说有一次勃朗向他解释他的设计方法，完全使用写作文章的术语。"他告诉我，他把他的艺术比作写文章。他指向一处，说，我在那儿下了一个逗点，指向另一处，说，那儿的景色应该有一点断开，我使用了圆括弧——再过去是句号，下面改变主题。"

但是，批评勃朗的人说，他从来没有改变主题，而是又重复第一个主题。

赫赛又说，勃朗不断重复同样一些办法，是个严重错误。这是"一个最危险的现象，一个实际工作者受到一种理论的鼓舞，而这理论，虽然是从视觉质量中提炼出来的，已经变得抽象化了，标准化了"。

勃朗晚年担任王家造园师，成为一代宗师，十分富有。儿子进了伊顿公学。他死的时候，沃波尔给上奥索莱伯爵夫人（Countess of Upper Ossory）写信说："夫人，您的森林女神们要带上黑手套了，她们的公公，自然太太的第二位丈夫，去世了。"

哈瑞伍德府邸园林中的湖。勃朗设计。

国王乔治三世在听到勃朗的死讯时，对另一位王家造园师麦立坎（Mellicant）说："我听说勃朗死了，现在咱们可以随自己的喜好来干了。"

沃波尔在总结勃朗和在他影响下的一代人的成就时说："乡村的面貌多么丰富，多么快活，多么入画！墙垣拆去，把一切美化措施都显露出来了，每次旅行都是穿过一系列的图画；甚至在那些美化得趣味不高的地方，总的景观还是因富有变化而十分美丽。只要不犯野蛮、规则化、与世隔绝等错误，那么，当植物长成、茂盛的时候，我们的每一寸土地都将多么高贵！"勃朗和坎特都被认为是对英国国土人性化有大贡献的人。

5

就在勃朗把自然风致园洁净化、简练化，把整个庄园牧场化的时候，早先以坎特的主张为代表的追求更多野趣、更有变化、更能激发想象力的造园理想，仍在发展，并且渐渐加强，在勃朗死后开始了另一个新时期：图画式园林时期，也就是自然风致园的第二个阶段。

这一个潮流的新发展，还是要从文化的大背景说起。

法国的启蒙运动，到18世纪中叶，已经声势大盛，影响到全欧洲。启蒙主义者，几乎毫无例外，都推崇人类在自然状态下的生活，认为那是最合乎人性、合乎道德的。其中有一部分人，主要是卢梭，甚至于否定文明，认为文明首先是君主"对人们自由而自然的生活的压迫"。他提出口号："回到自然"去。他写的轰动欧洲的小说《新爱洛绮丝》（1761），故事就在一个假想的自然风致式的爱丽舍园（L'Elysée）里展开。他描写的爱丽舍风光引起了全欧洲文化界的向往。

卢梭热爱的自然是荒野的自然。1767年2月12日他给英国的波特兰公爵夫人（Duchess of Portland）写信说："我们树林里的和山上的植物还跟刚刚出自上帝之手的时候一模一样，我在这些地方研究自然——而在一所花园里，我就不能同样享受研究植物学的乐趣。我认为花园里的自然是不同的，它更漂亮，但它不能感动我。人们说，它们使自然更美了，但我相信，它们歪曲了它。"他在这里所说的花园，还是法国几何式的花园。

卢梭认为花园和人都是自然中的疵点，既没有人也没有花园的地方才像自然。造园要造到跟花园毫无相似之处的时候，才算到了家。他笔下的爱丽舍园是一个肥沃的荒岛，没有人居住、照料，也没有人干扰，"免于人类的污染"。

在《新爱洛绮丝》中，卢梭批评斯托的建筑物太多、太乱，仿佛企图"把上下几千年、纵横几万里的东西都放在一个园林里"。

卢梭在英国很有影响，18世纪70年代，诗人麦森在侬罕园就曾仿造

法国美瑞维勒（Méréville）公园的英国式园林

爱丽舍园。

另一个更富有浪漫主义色彩的启蒙主义者是狄德罗（Denis Di-derot，1713—1784）。他在1765年出版的《画论》里，开头就说："凡是自然造出来的东西没有不正确的。"他说："看啊！水、空气、泥土、火，在自然中的一切都是好的；……秋末的狂风……把折断的枯枝扫去；……暴雨把海水刷洗得更为洁净；……火山喷出熔岩……把大气荡涤。"又说："人需要的是什么呢？生野的自然还是经过调弄的自然？动荡的自然还是平静的自然？他宁愿要哪一种美？纯净肃穆的白昼的美，还是狂风暴雨、雷电交作、阴森可怖的黑夜里的美呢？……诗需要的是一种巨大的、粗犷的、野蛮的气魄。"他激动地向诗人呼吁："请打动我，震撼我，撕毁我！请首先使我跳，使我哭，使我震颤，使我气愤！如果你有余力，你才怡悦我的双目。"

在《天才论》中，狄德罗说："力、精气饱满，我无以名之的粗糙、紊乱、崇高、激动，正是天才在艺术里的特征；它的感动不是软弱无力，它给予的喜悦令人震惊，它的过失也令人震惊。"

狄德罗把情感、心灵的震动提到艺术中极高的位置上。跟狄德罗相呼应，在英国有博克，他对崇高的理解在前面介绍过了。狄德罗和博克一起，为浪漫主义美学建立了基础。

18世纪中叶，在英国文化中开始了先浪漫主义。沃波尔就是先浪漫主义最重要的代表性作家。先浪漫主义又叫感伤主义，它的特点是对情感和自然的崇拜，倾向于自然状态而否定文明，把中世纪宗法制度下的田园生活理想化，喜欢抒发个人对生、死、黑夜和孤独的哀思，作品中往往充满怜悯和悲观的情调。这是从艾迪生以来长期酝酿的一种文学思潮的成形。

先浪漫主义在造园艺术中的表现是进一步发展坎特、申斯通等人所倡导的艺术的感情因素和想象力，批评勃朗的平淡、单纯、缺乏惊人之笔，引不起情感的激动。勃朗死的时候，《世界报》评论他："过去他是最快乐的人，将来人们会忘记他；他过分模仿自然，以致他的作品一无是处。"所谓过分模仿自然，就是说他没有像画家和诗人那样去剪裁自然，获得诗情画意。

站在先浪漫主义立场上跟勃朗竞争的，是钱伯斯。钱伯斯在1740年代到过中国的广州，对中国的建筑、园林和工艺美术有很高的兴趣。1757—1763年间，他给王太后主持过丘园（Kew Garden）的设计，1782年任乔治三世的宫廷总建筑师，设计了萨默塞特宫（Sommerset House）和阿尔巴尼园（Albany）。

钱伯斯以很高的热情向英国介绍了中国的建筑和造园艺术，他是在欧洲传播中国造园艺术的最有影响的人之一。1757年，他出版了《中国建筑、家具、服装和器物的设计》（以下简称《设计》）（*Designs of Chinese Buildings, Furnitures, Dresses, Machines and Utensils*），1772年，又出版了《东方造园艺术泛论》（*A Dissertation on Oriental Gardening*）。

在《设计》的"前言"中，他认为这本书"可能有助于制止当时的假中国之名而终日粗制滥造之风，这些粗滥的作品大部分是捏造的，一部分是从瓷器和糊墙纸上的低劣装饰画中抄来的。"他指责的粗制滥造的作品，是照哈夫帕内兄弟（William and John Halfpenny）编的几本建筑图册造的所谓中国式建筑。这些图册包括《中国风的乡村建筑》（1750—1755）、《中国建筑和哥特建筑》（1751—1752）、《新设计二十例》（1751—1752）等。18世纪中叶"中国热"达到最高潮，园林里处处都有所谓"中国式"小建筑，但资料根据都不足，样子畸形古怪。哈夫帕内赶风出书，胡编乱造，所以受到钱伯斯的批评。

在造园艺术方面，钱伯斯的这本《设计》是针对古典主义的，反复批评，而着重用中国园林的自然去压倒古典主义园林的规则。所以，他写道：对中国的园林，"大自然是他们的仿效对象，他们的目的是模仿它的一切美丽的无规则性"。跟博克的美学相应，钱伯斯说中国的园林里的景，可以分为"爽朗可喜之景、怪骇惊怖之景和奇变诡谲之景"三种。也就是博克说的悦目、可畏和迷人。可见钱伯斯是套用了博克的美学，来伪造所谓中国园林的三种景的。

15年之后出版的那本《东方造园艺术泛论》（以下简称《泛论》），批评的对象已经不是几何式园林，而是正在走运的勃朗。他在书里说，勃朗的园林太自然，跟牧场相差无几，"艺术已被逐出了园林"，勃朗的园林"既不足以欢娱宾客，也不能闲适自遣"。他描绘勃朗的园林说："一个陌生人初次走进（勃朗设计的）园林，他看到一大片绿色的草场，散布着一些零零落落的树木，边缘上镶着一带小灌木和花。进一步看，他能见到一条曲折的小径，很规则地在边缘的灌木丛中左右摆动。他得循小径绕园参观，一侧是围墙，离他才几码远，总是抢入他的眼帘。他时时看见一个小小的凳子或者庙宇靠着墙，他为这个发现高兴，坐下去，休息他疲倦了的四肢。然后再蹒跚前进，同时咒骂'最美的线'〔按：画家霍迦斯（William Hogarth，1697—1764）把正弦曲线叫作最美的线，当时在造园家中很流行这说法〕，直到疲惫不堪，被太阳烤炙得半焦（因为决没有树荫），又因为没有娱乐而闷得无聊。他决定不再参观了——但这是毫无意义的决定，因为只有一条路，他只能拖着两条腿走到头，或者顺他来的那条叫人厌烦的老路退回去。我们的小园林爱用的平面就是这样。而我们的大园林不过是小园林的重复，就像单身汉的宴会，那只不过把他自己的伙食加上几倍就是了：三条羊腿，三只烤鹅，三块奶油苹果派。"

钱伯斯认为，"自然不经过艺术加工是不会赏心悦目的"。他反对沃波尔说的"现代造园家要花心思去掩盖他的艺术"，也反对申斯通说的"绝不能让艺术插足于自然之中，除非是暗地里或者在夜晚"。为了宣传他的主张，他又请出中国人来。他说，中国人认为"必须以艺术补救自然之不足"，中国人"并不反对采用直线，因为直线一般都能给人以宏伟之感……他们也不反对规则式的几何图形，他们说这种图形本身就是一种美"。他又说，中国艺术家虽然仿效自然，却并不"一概排除艺术表现"，中国人认为有必要把园地"提高、修饰，并且使景致更为新颖"。

他在《泛论》里说的这些话虽然也不错，但显然跟15年前在《设计》里说的不很一样，两本书的侧重点明显不同。

钱伯斯反对的是勃朗的过于平淡自然，把园林搞得像一片天然牧场，因而提倡艺术加工，但并不是要恢复古典主义的那种直线，那种规则。他在《泛论》里重新提出在《设计》里说过的中国园林的三种景：怡悦的、惊怖的和奇幻的。他进一步扩充了三种景的描写，尤其着重渲染惊怖的和奇幻的两种。为了强调他的主张，他竭力驰骋想象，可惜把"中国经验"夸张到荒谬的程度。他说："为了加强这些景色的可怖和崇高"，中国人在园林里掩藏着"熔铁炉、石灰窑和玻璃作坊，从那儿喷出熊熊的火焰，浓厚的烟柱长久不散，以至使这些山头像火山"。他在后面又说：如果可怖之景腻烦乏味了，那么，奇幻之景又生发出许多变化，游览园林的人可以见到"岩石中幽暗的山洞……巨大的狮子、青面獠牙的恶魔和其他吓人的东西的塑像……时不时地他要为一次又一次的雷击、人造暴雨或者猛烈的阵风及意外爆发的火焰而大吃一惊……"所描绘的简直比巴洛克式园林还离奇，不过显然以巴洛克园林为蓝本。

在这些叙述中，非常清晰地见到从艾迪生到博克以及法国的狄德罗的美学思想——要新奇，要可怖，要震撼心灵。可怖是崇高的感情反映，而崇高，这时正在全欧洲受到普遍的推戴。文学、绘画、建筑和造园，都追求崇高。博克说："任何建筑物，如果打算引起崇高的观念，就必须幽暗。"钱伯斯就常常描写中国园林里的幽暗，不论是山洞还是树荫。

18世纪60—80年代，钱伯斯跟勃朗一起在丘园工作，1761—1762年在那里造了一座中国宝塔，后来又造了一座中国式的孔庙。1763年，国王乔治三世用王家经费出版了一本书，叫《丘园的园林和建筑物的平面、立面、局部以及透视图》(*Plans, Elevations, Sections and Perspective Views of the Gardens and Buildings at Kew*)，是钱伯斯主撰的，其中收入了这座塔和庙的图。宝塔保存至今。

钱伯斯是第一个在造园中注意树木花卉的颜色效果的，把各种颜色的植物组成和谐的整体。这时期，英国造园植物的品种增加很快，1785年，马歇尔(William Marshall)的园艺书(*Planting and Ornamental Gardening*)里列乔木和灌木270种，1789年的丘园植物志里有6000种。从中国传入的杜鹃、玉兰等已经成了英国园林里的主要花种。

钱伯斯开辟了一个更野性的、更感伤的、更激动人心的时期，这个时期叫后期自然风致园时期，或者叫图画式园林时期。它属于总的先浪漫主义时期。

虽然坎特和他同时代的人的园林追求克洛德·洛兰的画意，并且也有人把他们设计的园林叫图画式园林，但还是把钱伯斯的园林叫图画式园林更合适。这种画意，不是一般的风景画，而是充满了野趣、荒凉，情调忧郁的罗莎(Salvator Rosa, 1615—1673)式的画。

先浪漫主义的一个重要特点是缅怀中世纪的田园风光。所以，18世纪下半叶，哥特式建筑渐渐取代中国式建筑和古典建筑而成为园林里最爱用的。不但用来造点景的小建筑，也有用来造主要建筑和教堂的。于是，在建筑领域里就形成了"哥特复兴"。哥特复兴的鼓吹者就是自然风致园的重要鼓吹者沃波尔。他说："要能敏感地欣赏希腊建筑的美，必须要有修养；而要欣赏哥特建筑，只要有激情就行了。"法国启蒙主义者孟德斯鸠（Montesquieu，1689—1755）在《论修养》（*Essay on Taste*）里曾经批评哥特建筑的复杂、混乱和烦琐。但先浪漫主义者普里斯（Uvedale Price，1747—1829）却说，混乱正是哥特建筑的优点。他赞美哥特建筑的粗犷、变化和不规则，认为最美、最动人的是哥特建筑的废墟。

18世纪上半叶，伯灵顿集团一方面提倡自然风致园，一方面提倡帕拉第奥主义的建筑。帕拉第奥主义的建筑非常强调几何性，而且庄园府邸的规模又非常宏伟，因此，府邸与自然风致园之间的过渡问题没有解决，府邸在园林里是一个格格不入的庞然大物。沃波尔在他的浆果山庄园（Estate at Strawberry Hill，1753—1776）首先采用了中世纪的封建寨堡式府邸，影响很大。这种活泼如画的样式跟自然风致园很协调，解决了建筑跟园林的风格和构图统一的问题，统一在浪漫主义的情趣里。这府邸的装饰细部

英国1766年的一种壁纸。以丘园中的中国塔为题材。

丘园的中国塔。钱伯斯设计，以南京大报恩寺琉璃塔为蓝本。

采用了许多中国式的
手法。

这时期出版了不
少关于哥特建筑的书，
例如戴克尔的《哥特
建筑》（Paul Decker,
Gothic Architecture,
1759）, 莱特的《怪
异的建筑或乡村里的
消遣》（W. Wright,
*Grothesque Architecture
or Rural Amusement*,
1767）。

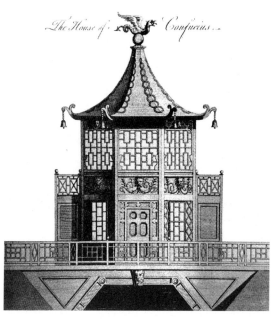

钱伯斯的丘园中的孔庙设计图（1763）

茅屋、村舍、山洞和瀑布，也是先浪漫主义园林中最爱用的题材。山洞大多是中国式的，如在潘英山采用水蚀石灰岩仿中国的太湖石做假山，以后广泛流传。先浪漫主义的园林很爱保存或者制造废墟、荒坟、残垒、断碣等，它们能造成强烈的感伤气氛和时光流逝的悲剧性。

勃朗和钱伯斯这一对竞争者相继去世之后，英国造园界发生了进一步的争论。主要是三个人，一个是雷普敦（Humphrey Repton, 1752—1818），另外两个是奈特（Richard Payne Knight, 1750—1824）和上面已经提到过的普里斯。雷普敦基本上是勃朗的继承者，号称"自然风致园之新王"。普里斯和奈特大体继承钱伯斯的图画式园林。不过，他们双方在著作中都曾经既批评勃朗，也批评钱伯斯。

1794年7月1日，雷普敦写了一封信给普里斯，提出了一些主张，普里斯跟奈特反对雷普敦，三人用公开信的方式进行了驳难。1796年（一说1794年），普里斯出版了他的《论画意》，而奈特则写了一首长达1200

维尔顿府邸（Wilton House）园林中的帕拉第奥式桥亭（1737）。亨利（Henry）设计，受中国意匠启发。

行的长诗"自然风致"（The Landscape）。

　　争论的焦点之一是园林跟绘画的关系，造园是否要模仿画家。雷普敦在给普里斯的信里说：绘画跟造园"不是姐妹艺术，而是由情意相投结合在一起的夫妻。……你要留神，不可以干涉它们之间偶然发生的分歧，更不可以让它们俩穿上一模一样的衣服。"

　　雷普敦批评一味模仿克洛德·洛兰的绘画的坎特，在1794年出版的《自然风致园的草图和说明》（*Sketches and Hints on Landscape Garden-ing*）中说："有些现代的改革家把弯曲错当作美的线条，把邋里邋遢错当作天然自在；他们把一切种类的规则性都叫作装腔作势，而且坚持那个陈词滥调，说什么'自然憎厌直线'。"他认为矫揉造作的曲线跟直线一样不自然。

　　普里斯和奈特则主张造园要向绘画学习，要有画意。普里斯批评坎特和勃朗的创作方法"跟风景画的原则格格不入，跟所有最杰出的大师们的实践相抵触"。他说勃朗的作品"没有才气，没有修养也没有分寸感"，"死气沉沉，淡而寡味"。说勃朗是"一只蜗牛，在地上爬来爬去，爬到哪里就在哪里留下该死的黏液"。他说，如果勃朗仔细研究过克洛德、普桑和罗莎的画，他的作品就会更富有灵感。他也批评坎特，说"他的头脑一定比琐屑平庸更鄙陋无价值，而且也一定顽固偏执；……他的思想异乎寻常地寡淡、狭隘和僵化"。

另一个争论之点是，究竟是实用重要，还是画意重要。雷普敦倾向实用、方便、舒适。他说："我已经发觉，在人的居屋的近处，功能应该优先于美，方便应该优先于画意效果"，"一切都要合乎雅致地生活的需要"。而普里斯和奈特则主张以追求画意为主，要有感情色彩、浪漫情调。奈特在长诗里说，园林里的树木"命运和机遇要它怎么样，就让它长成怎么样，在这儿高耸入云，在那儿被砍断，或者践踏得倒下"。

三个人都认为造园艺术必须改革。

雷普敦是第一个真正职业的自然风致式造园家，设计过上百座园林，包括谢林罕姆厅（Sheringham Hall, Norfolk）和渥班修院（Woburn Abbey）等。他并没有受过专门的训练，但为人精干，工作顺利，在画意方面有趣味高雅的修养。他自称既取勃朗之长，也取勒瑙特亥之长，他们"每人都有他所适合的条件，而良好的修养能使时髦样式服从于良好的鉴赏力"。在他看来，自然风致式还是几何规则式，不过是个条件问题，不过是鉴赏力问题，而不是具有政治色彩的、有关审美理想的问题。他已经不再有启蒙主义者的那种思想家品质，所以他的理论和作品有折衷主义的倾向。

在1790年设计的考班（Cobham in Kent）和稍后的渥班修院的园林里，他为了实现"方便重于美观"的主张，把各种附属房屋和菜园、果园等重新聚集到主建筑物旁边，重新使用了干沟，把牲畜栏造得离主建筑物远远的，在渥班修院还造了个"中国式奶牛场"。他在主建筑物前面造了平台，主要为了功能需要，其次也为了好看。他认为把草地直铺到主建筑物墙根，使建筑跟自然之间失去了过渡，也失去了联系。他也反对边界清晰的一团一团的树丛。他给园里的小径铺上路面。这些做法都跟勃朗相反。

他也不爱废墟。在他设计的阿丁罕（Attingham in Shropshire）园林里，离主建筑物不远本来有一座桥和磨坊的废墟，这在坎特、钱伯斯和普里斯看来都是绝妙的造园题材，但雷普敦却叫人把它拆掉了。不过，他设计的各种小建筑物常用很粗的毛石砌筑，保持了野趣。在阿什里奇（Ashridge）造的一所园子，拼拼凑凑搞成祭坛、圣井、游廊、喷泉、僧院、珍稀植物园、山洞、绣花植坛、绿屋、美式花园、玫瑰园、木兰花园等的大杂烩，给19世纪的园林开了风气之先。

除了这些主张和做法之外，雷普敦在理论著作里是推崇勃朗的。他认为前一时期园林的单调、做作等，完全是因为"勃朗的不学无术的追随者们只知道模仿勃朗使用的手法，而不是模仿他倡导的原型"，即自然。

卢顿（J. C. Loudon, 1783—1843）收集、编纂了雷普敦为给顾客看的200例设计图，于1840年出版，名为《红书》（*Red Books*）。这些图很别致，两幅为一套，一幅画着田园原状，一幅画他的改造设计，后者是画在透明纸上的，可以叠合到前者上去，对比改造前后的不同景观。照这些设计图看，他的作品还是勃朗式的：有宽阔的水面、漫坡的草地、一丛一丛的树木和千姿百态的散植的大树。所用的树品种很多。水体的岸线比较多变。

普里斯和奈特不是职业造园家，虽然也有些作品，但主要从事理论著作。

普里斯反对雷普敦在主建筑物前面造平台，在它旁边造各种附属建筑物。他在1796年的《论画意》里说："建筑物的四周也要处理得像是出于大自然之手……总的印象应该是荒野的、忧郁的，因为这是真正爱好画意的人的趣味特征。"他像艾迪生一样强调新奇。新奇就是画意景致的不规则性、掩映和变化。所谓"掩映"（intricacy），他说就是"把对象部分地、隐隐约约地遮挡起来，挑逗和诱发好奇心"。

奈特是个作家，古币收藏家，大英博物馆的奠基者之一。他在著作《鉴赏力原理探索》（*Analytical Enquiry into the Principles of Taste*）里支持普里斯关于新奇的说法。他补充说，新奇的东西次第呈现是园林的特点，同时呈现是绘画的特点。这个区分跟上一个世纪的古典主义造园家所追求的恰恰相反，他们要求花园跟绘画一样，也同时呈现它的全部面貌。奈特还认为，建筑学中没有有效的规则，跟政治中相同。一般规则的"说得准的一点是它们毫无用处"。这是针对古典主义建筑和帕拉第奥主义建筑而发的。他主张"哥特复兴"，说，为了跟地形、树木、草地相协调，建筑物必须是不对称的，也就是哥特式的。这是"画意园"的重要特点。这种协调建筑物与自然的方法也跟雷普敦的相反：一个以使自然风致压倒建筑物去协调，一个用建筑手段向四周延伸去协调。

在一般描述理想的自然风致园的特点时，普里斯跟雷普敦也有不同。他说："树木要种成大小高矮不同的树丛，低处长满了常青藤和浓密的小杂木。河的两岸应该高低不平，而且要狼牙锯齿似的避免互相平行。车道和小径都应该是一副粗糙而曲折的样子，转弯要突然，出乎意料，路基破破烂烂，车辙很深，上面浓荫交覆。两侧有灌木林或者大石头，使得向前走更加有冒险的味儿。"这是一种典型的浪漫主义的追求。

普里斯在他自己的福克斯莱（Foxley in Herefordshire）庄园里实践自己的主张，奈特帮助他。奈特的庄园当登堡（Downton Castle）就紧挨着福克斯莱。浪漫主义作家斯各特（Sir Walter Scott, 1771—1832）曾经细细研究过福克斯莱，作为他作品里的一个场景。

跟普里斯一致的还有吉尔平（William Gilpin），他更强调园林中的

奈特1794年的园林设计。图画式。

情感因素。他在18世纪末年写道："没有自然的蛮荒和粗犷，园林是绝不可能如画的。"要"如画"，就必须具有"适于作为绘画对象的视觉品质"，这品质就是荒野、奇特、多变，像老树干、曲折的岸、废墟、石矶等所具有的。他力求把可怖和阴郁引进园林中，但是说来容易，做起来很难。他在勃瑞德葛特园林（Bradgate Park）中，把入口处的车道造在陡峭的河岸上，一边傍着悬岩峭壁，长着老橡树、老柏树，姿态龙钟，确有一种浪漫的阴郁情调。著名学者约翰逊在他设计的豪克斯东（Hawkstone in Shropshire）园林中深深感受到了一种感情的激动，他说，这是由于"视野之寥廓开阔，阴影之森然可怖，悬崖之惊心动魄，谷底里树林之茂密和岩石之崔嵬。强有力地作用于头脑的思想是崇高、敬畏和无垠。上是高不可攀，下是深不可测"。

6

英国的自然风致园形成于18世纪中叶，大盛于下半叶，重要原因之一，是这时期有大批文人学士参与了园林创作，即使专业的造园家也是很有学养的。他们有鲜明的审美理想，在其中倾注了他们的政治态度和生活态度。园林是体现这种审美理想的最合适的艺术品。因此，造园艺术在18世纪下半叶成了英国的代表性艺术，并且对整个欧洲发生了影响，完全取代了古典主义的几何规则式园林。

但是，到了18世纪末，造园终于又成了职业造园家的事。雷普敦已经表现出这种造园家的特点：没有审美理想，折衷主义，商业性的态度作风。于是，造园艺术的衰落就是必不可免的了。

雷普敦批评勃朗的一些不学无术的追随者，说他们只模仿勃朗的手法，而不去模仿勃朗指出的原型，就是自然本身。雷普敦自己也许注意模仿自然了，但他也不过模仿自然的外貌而已，并没有去发掘"地段的魂灵"，既不能像坎特那样在大自然中感动得如痴如醉，通宵在园子里默坐，也不能像勃朗那样跟大自然对话，固执地清除掉一切使自然破相的东西，更没有钱伯斯、普里斯和奈特那种浪漫主义的追求和对崇高的向往。

模仿自然的外貌，跟模仿勃朗的手法，相差不过五十步与百步之间。不过，这倒是符合历史规律的：每一个艺术时期，都是从有所追求、有所创造开始，最后以模仿大师的作品而告终。大师因此成了顶峰。

雷普敦之后，19世纪的艺术又逐渐转变方向。基本风格、大的布局，经过半个多世纪的创作，已经成熟定型，没有特殊的历史条件，就很难突破。于是，造园家的兴趣渐渐转向花卉的培植上去，在布局上，也渐渐着重展示这些花卉树木。结果，从整体上看，造园艺术的水平下降了，但植物的美增加了。

园林的布局虽然大体还是自然风致式的，或者说不规则的，但收

俄罗斯圣彼得堡叶凯萨琳娜宫中的英国式园林

拾得过于整洁。1827年，普克勒-麦斯考王子（Prince Pückler-Muskau）
参观坎特设计的切斯威克，这本应是它最成熟的时期，但王子见到的却
是"在目前的英国，流行在游赏的园林中种植单棵乔木或灌木，间距很
大，几乎成行。因此草地类乎苗圃。灌木丛外缘修剪，以免互相碰着，
它们四周的土地天天清理，草地沿边修剪成挺括的线条，所以人们见黑
土多于绿叶，大自然的自由之美大受损伤"。

　　另一个园子，阿尔东·陶沃（Alton Towers in Staffordshire），在19
世纪初年本是很有浪漫色彩的，周围有莽野的树林，地上有岩石露头，
主建筑物在陡岸边上，下面就是弯弯曲曲的深谷。深谷对岸峭壁上挂满
了攀缘植物，谷底有小溪，有落水。但原经营人什洛斯伯雷勋爵（Lord
Shrewsbury）在1827年去世之后，这园子就被改造了：陡坡种上草，修
剪得整整齐齐；白桦林里种上针叶树；筑起有踏步的小路下到谷里去，
半途造些小平台挂在岸坡上，种玫瑰等花卉；溪流被闸断，堵成荷花池

和小瀑布；园子里各处造起庙宇、绿廊、绿屋、山洞、喷泉等。格调变得芜杂了。

跟这时期的建筑潮流一样，造园艺术变得似乎既无方向，又无原则。

1829年出版的一本书，考百特（William Cobbet）写的《英国造园家》（*The English Gardener*）里说，作者不知道怎么建议一个游乐性园林的布局。"现在的口味是喜好不规则的园林。笔直的道路、笔直的水池、笔直的树木行列全都过时了；但是，同它们一起，雅洁的韵致、真正美丽的灌木和花圃也都过时了。在这方面，人们应当按照自己的口味办事，向他们建议这样或者那样去布置园林是没用处的。"

个别人想回到规则式去。设计英国国会大厦的建筑师巴雷（Sir Charles Barry，1795—1860）造了哈瑞伍德府邸（Harewood House, near Leeds）南边的大平台，作为建筑物与地面的联系。有一些建筑师采用意大利式的台阶和花栏杆做装饰。但是没有形成大潮流。

另一方面，由于世界市场的形成，由于英国海外贸易的发展和殖民事业的得逞，美洲和亚洲的许多树木花卉传入了英国，英国的花木品种大大增加。同时，温室技术大有进步。有关的书籍不断出版。1840年，巴克斯登（Joseph Paxton）在查茨沃斯造了第一个大玻璃温室。园林里，从此四季有花，春花可在冬季开，秋实可在夏天采。小小的植物园或品种圃成了园林中最流行的装饰。

于是，园林中就渐渐以陈列奇花异卉、珍木嘉果为主要内容了。草地上设了一块块不规则的花坛，以各种鲜花密植在一起，花期、颜色和株形都经过仔细的搭配。树木也精心选择搭配，不仅注意它们的高矮、形状、姿态，还注意颜色和四季的变化。

这一种园林，称为"自然风致园的造园派"（Gardenesque School of Landscape），这是卢顿自封的。他说："自然风致的造园派已经多多少少被乡村住宅府邸接受了，它是由于园艺家和植物爱好者急于最大限度地炫耀他们的树木花草而产生的。"

自然风致的造园派成了19世纪的主要流派。

后记

这篇文章几乎全讲的是造园思想，简直没有完整地介绍一个园子。这原因在前面已经说过，一是因为当年的园林保留至今而没有经过大改造的几乎没有，二是因为自然风致园很难用笔墨描绘。所见到的一些当年的游记、笔记之类，描绘的园林都不大有个性，很不鲜明。当年欧阳修写《醉翁亭记》，几经修改，终于开头只写了一句"环滁皆山也"，大约也是这个道理。四周的山，如果一一具体去写，其实也写不出多少特色。

为了避免跟早写的另外两篇文章重复，我在这篇文章里的有些地方没有使用最典型的资料，而是尽量使用没有用过的。用同样一些材料，反复地写，长一篇、短一篇、左一篇、右一篇，先后炒出许多盘冷饭来，这种做法在学术界并不少见。不过，我想，如果没有特殊必要，还是不炒冷饭为好。读者时间宝贵，出版条件也很困难，少一点重复总是好的。

欧洲的文化史里，文学、艺术、建筑的潮流有过许多次变化，有几次变化的幅度也很大，但是，像18世纪英国造园艺术那样激烈的变化，倒还是绝无仅有。在短短的几十年里，自然风致园完全代替了规则的几何式园林，而且代替得那么彻底，到勃朗时代，简直是没有留下一点旧痕迹。

规则的几何式园林，是有两千年的传统作后盾的。最早有古罗马的权威，那是神圣难犯的；后来有文艺复兴和古典主义的光荣，那是耀人眼目的。历史的成就，硕果累累，既有丰富的典籍，又有遍布欧洲的庄严、辉煌的作品。理论的基础在哲学的最高层，实践的经验又那么精巧细致。这个凝重的传统，几乎可以使任何一个想要有所突破的人气短。

但是，英国人把它突破了，不但突破，而且扫除得那么干净。

规则的几何式园林被抛弃，是因为布局的单纯、构图的和谐、风格的庄严忽然都变成丑的了吗？当然不是！是因为它忽然变得不适于在里面散步、饮宴、接待宾客了吗？当然也不是！旧传统的淘汰并不一定都要有多少条罪状，也不一定就是耗尽了生命力，气绝身亡。旧传统的保卫者常常企图证明传统的清白无辜，或者证明它还有生育能力，这其实是毫无意义的。在英国的自然风致园兴起之后，凡尔赛并没有丧失价值。人们不再喜欢造规则的几何式园林，只不过是因为在新的历史时期，人们有新的理想，不再愿意照旧规章办事罢了。

规则的几何式园林，极盛于法国专制君权的最高峰时期，它体现专制主义的政治理想；而自然风致园产生于英国资产阶级革命之后、法国资产阶级革命的酝酿时期，它体现反专制主义的政治理想。因此，它反对把几何布局强加于自然地形而提倡向"地段的魂灵"求教；它反对把树木修剪成各种形状，而提倡任其生长。这些主张，反映着启蒙主义者的人道主义和自由意识的觉醒。

几何的古典主义园林，它们的业主都是国王、王族和炙手可热的大贵族，它们体现出他们颐指气使、以我为尊的生活理想；而18世纪英国的自然风致园的业主，大多是辉格党的在野派，他们厌恶朝政的腐败，以隐退表示抗议，因此他们要求园林具有自由自在的风格，表现出摆脱一切束缚的愿望。

古典主义园林的哲学基础是唯理主义，它以形式的先验的和谐为美的本质；自然风致园的哲学基础是经验主义，它强调感性经验在审美中的主导作用，进而强调情感、想象、新奇和崇高，这也就为向浪漫主义的发展开辟了道路。

古典主义的造园艺术形成于专制君主为削平贵族割据混战而斗争的时期，统一是那时的最高政治理想，同时，破败不堪而又动荡不安的农村也没有可能激发人们对自然美的向往；自然风致园却形成于农业的资本主义化过程之中，自由经济是新贵族和农业资产者追求的目标，农业经济的繁荣使牧场和农场的主人们认识了自然的美。

同时，为法国资产阶级革命做准备的启蒙主义，又使封建传统在全欧洲失去了权威性。所有这些新的政治理想、社会理想、生活理想和审

勃仑南庄园19世纪的水花园

美理想，要摧毁旧的传统，还要有一个重要的条件，那就是旧传统的物质基础被破坏。英国资产阶级革命的成功和深入提供了这个条件。

当所有这些新的因素和新的条件具备之后，一切伟大的传统，一切过去光荣的历史，都挡不住革新的变化。

英国自然风致式园林的发展过程，就是古典主义的几何式园林传统的破坏过程。从布里奇曼到坎特再到勃朗，旧传统一步一步被突破、被抛弃，新的造园艺术也就一步一步地成熟起来。而旧传统被干净利落地彻底清除之日，就是新造园艺术完全成熟之时。

在欧洲造园艺术这一场大变革中，中国的造园艺术发生了重大的影响，这当然是很值得我们自豪的。

18世纪中叶，欧洲人学习中国文化成了热潮。哲学、伦理、政治、文学、艺术、工艺等各方面都有人研究，有人介绍，有人鼓吹。但是，真正发生了实际影响的，却只有造园艺术，这首先通过英国。

瑞斯特公园（Wrest Park，Bedfordshire）中的中国桥

　　中国造园艺术能够对英国发生实际影响，是因为，18世纪的英国园林成了政治上在野派的退隐闲居之地，这一点跟中国造园艺术十分投契。于是，要求性灵的自由而反专制，要求抒发情感而反理性，推崇生野的自然状态而厌恶文明的束缚，就成了中英造园家共同的追求。

　　不过，英国的自然风致园其实是园林化的庄园。所以，它们或许很近似中国唐代的辋川别业和平泉庄之类的庄园园林，而与明清时代，也就是18世纪当时，中国的城市私家园林和皇家园林都是十分不同的。英国庄园园林范围广阔，造园艺术是装点自然本身；而中国明清两代的私家园林范围局促，是用自然因素装点庭院。因此，虽然中国的城市私家园林更富有想象力，但毕竟不免流于矫揉造作；而英国的自然风致园则更舒展开阔得多，更真切自然得多，没有中国明清私家小型园林那种闭塞、郁闷的弊病。

　　英国的自然风致园是在资产阶级革命的宪章运动时期形成的，提倡的人又多是启蒙主义者、新型的牧场主和农场主，那些园林因此多少表现出一些开拓精神，气象清新。所以虽然原来也不过是私产，但到19世纪，城市公共园林兴起的时候，这些自然风致园的造园艺术能够适应。而中国的城市小园则是典型的封建时代的产物。伍蠡甫先生评论中国的古代园林说，它们"原是皇帝以至权贵、官僚、地主游憩之所，骚人墨客亦栖身其间，附和风雅，园中楼阁亭榭，树石花卉，都有名儿，加上诗文书画，榻椅几案种种点缀，它们无一不精，并综合而为园林之美，但突出一个私字，只供主人的审美享受"。所以，在现代建设为大众设想的公用园林时，"私人园林的曲径通幽、房栊深静那一套，无所用之，用上了也碍手碍脚"。至于旧有园林，由于游客拥挤，"纵然园林学专家讲了一套园林美学，并写下不少佳著，游客想去印证一番，都不可能"。

因此，我们在近年的城市绿化建设中，又可以见到一些新的现象，这就是我们吸收了英国自然风致园的许多特点，而传统的中国城市私家小园的一些惯用处置，反倒成了局部的点缀。这当然是理所必至，势在必行。既然英国人在二百多年前借用了中国的经验突破他们的旧传统，那么，现在我们借用他们的经验来突破我们的旧传统，也应该是不成问题的。

文化越交流就越丰富，就越发达。提出"数典忘祖"来当作鬼面具吓人，借以保护封建的僵尸，实在是大可不必。

1987年8月

主要参考文献

1　Thacken Christopher, *The History of Gardens*, 1979

2　Gromort George, *L'Art des Jardins*, 1953

3　Clifford Derek, *A History of Garden design*, 1966

4   Newton N T, *Design on the Land*, 1971

5   Clark H F, *The English Landscape Garden*, 1980

6   Jarrett David, *The English Landscape Garden*, 1978

7   Hinde Thomas, *Stately Gardens of Britain*, 1983

8   Gothein M-L, *A History of Garden Art*, 1928

9   Hadfield Miles, *A History of British Gardening*, 1969

10 Dutton R, *The English Garden*, 1950

11 Chifford D, *A History of Garden Design*, 1962

12 Chambers W, *Traité des édifices, meubles, habits, machines et Ustensiles des Chinois*（法译本）, 1776

13 Malan A H, *Famous Homes of Great Britain and Their Stories*, 1899, 1900

14 Addison J, Steele R, et al, *The Spectator*, 1907

15 Turner R, *Capability Brown*, New York: Rizzoli, 1985

16 Conner P, *Oriental Architecture in the West*, London: Thames and Hudson, 1979

17 Jacobson D, *Chinoisefie*, London: Phaidon, 1993

18 Mosser M, Teyssot G, *The History of Garden Design*, London: Thames and Hudson, 1991

六 伊斯兰国家的造园艺术

所许给众敬慎者的天园情形是：诸河流于其中，
果实常时不断……

《古兰经》

1

伊斯兰国家，从西班牙到印度，相去万里，这其间山川风物、人文教化总还是随方域而有殊异，但是，它们的造园艺术却大体一致，这原因是它们相当刻板地以"天园"作为蓝本。

"天园"就是伊斯兰教的天堂，唯一的神安拉给他的虔诚的信徒们造的。《古兰经》里常常描写"天园"的旖旎风光和信徒们在那里的安逸的享乐。

"所许给众敬慎者的天园情形是：诸河流于其中，果实常时不断；它的阴影也是这样。"（卷十三，十三章）阴影、鲜果和流水或"汹涌的泉"，这三样是所有关于"天园"的描写都要提到的。在不详细描写的地方，说的总是"诸河流于其下的天园"。

住在"天园"里的人，"是在被编的床榻上，彼此相向着靠在那里。常少的童男持着盏觞，与满盛清酒的杯，往返至他们。他们不因那酒感觉头痛，也不昏晕。更有他们所选的鲜果和他们想望的禽肉。更有宽目面白的女子，如同是隐伏的珠子。依他们所做的施以报酬。他们在那里听不到妄言与罪恶，只有说：平安！平安！……紧密的香蕉，时常的阴影，倾流的水，并有许多无尽无阻的鲜果与高贵的铺垫"（卷二十七，五十六章）。

更有特色，而且对造园艺术影响更大的是说："许给敬慎之人天园的情形：内有常久不浊的水河，滋味不变的乳河，在饮者感觉味美的酒河，和清澈的蜜河。他们在那里享受各项果实，并蒙其养主的饶恕。"（卷二十六，四十七章）

这样的"天园"以及"敬慎之人"在天园里的生活，不是别的，正是游牧的阿拉伯人从荒瘠而炎热的沙漠里走出来，到了两河流域和波斯，所见到的贵人们的花园和他们在园中的逸乐。

文化还处于蒙昧状态的阿拉伯人，首先策马来到两河下游。这里，早在公元前6世纪，尼布甲尼撒（Nebuchadnezzar，前605—前562）就建造了巴比伦的空中花园。古罗马历史学家席库勒斯（Diodrus Siculus，死于公元前21年之后）记述这座花园："通向花园的路倾斜着登上山坡，花园的各部分一层高过一层……所以它像一座剧场……最上一层有50肘高（注：约22.86米）的廊子，它的顶是全园的最高处……廊子的顶由石梁支承……（上面铺着沥青、芦苇、砖、铅皮和泥土）厚度足够树木扎根；地面弄平，密密种植各种树木……使游览的人赏心悦目……廊子里有许多御用寝室。有一个廊子，里面安一台机器把水提上来，通过一个口子，流向花园最高处，灌溉花园。"这座空中花园，不惜工本，在屋顶上种植树木，用机械提水浇灌，就是因为两河下游又旱又热。阿拉伯人驰骋到巴比伦的时候，空中花园虽然已经是一片废墟，但他们大约还能见到一些权势人家的小型花园。

阿拉伯人然后又从两河流域策马来到波斯。古希腊历史学家色诺芬（约前430—约前355）在《家政论》（Oeconomicus）里曾经描写过波斯国王大流士（约前558—约前486）和居鲁士（前558—前529在位）的花园：希腊使臣李山德（Lysander）到了波斯，当时还是王子的居鲁士招待他游览在萨蒂斯（Sardis）的一座花园，观看"园里树木之美，它们间隔一致，行列严整，转折合度，散发着浓郁的香气"。色诺芬还说，居鲁士喜欢亲自规划花园，栽花莳草。在波斯的帕萨迦德（Pasargadae），曾发掘出公元前6世纪的私家花园，主建筑物前面有一个敞廊，从那里可以望见笔直的石砌的水渠布置成网，沿渠隔相等的距离有池子。由此看来，当时的植物配置也必定是几何形的。它们印证了色诺芬的记载。

一千年之后，萨珊波斯的国王胡斯鲁二世（Khusrau II，591—618）在卡斯里西林（Qasr-i-Shirin）造的一座花园，大体还跟古波斯的相仿。宫殿位于一个台地上，围着墙，近于长方形。台地之外还有一道围墙，它们之间有个长方形的大水池。坐在宫里，穿过围墙上的券洞，可以望到水池，一个深远的"景"。胡斯鲁二世死后不久，637年，阿拉伯人征服了波斯，他们应当还来得及见到这座花园。

阿拉伯人占领萨珊波斯的克泰西封（Ctesiphon）时，虏获了老国王胡斯鲁一世的一块大毯子，据说竟足足有137.2米长，27.4米宽，上面绣着王宫内"春园"（Spring Garden）的景致。这是一所纯为游乐的花园，排列着整齐的花畦，边上绕一圈花坛。树上挂着累累果实，水渠流过，灌溉着果树。这种毯子，在那之前已经有几百年的织造历史，以后还一直流传到现在。

阿拉伯人再回缮向西，疾驰到叙利亚和埃及，那里，在安提奥什（Antioch）和亚历山大里亚（Alexandria），有亚历山大东征之后从波斯带回去的园林。古希腊人根据波斯文里国王的苑囿Pairidaeza，把这些花园叫paradeisos，意思是神气的、豪华的、阔绰的花园，后来，这个词就衍化成了英文里的paradise，"天堂"。亚历山大的东征还把波斯园林带到撒马尔罕，据克提乌斯（Quintus Curtius）记载：撒马尔罕的园子是"宽阔的、迷人的、隐秘的花园，有人工种植的灌木丛"。

两河流域、波斯和北非的自然环境，都是干热少雨，瘠薄不毛，空冈野阜，一望无际。在这样的环境里，权贵们的园林，以草木丰美、花果繁密敌荒芜贫赤；以水润荫浓、凉爽可人敌酷暑蒸溽；以幽秘宁静、方正整齐敌野漠粗犷。这样的园林和园林中的享乐，是那种环境里最高的理想。

阿拉伯人游牧在更加严酷的环境中，那里是赤日炎炎的无边沙漠，生活极其艰辛。他们横刀跃马，跑到两河流域、波斯和北非，见到这些园林，它们的精致美丽，连梦寐中都不曾想到过，一下子就被迷住，把它们当成了至善至美的境界。于是，《古兰经》称它作"天园"，应许给虔敬的信徒。

当然，只有赏心悦目还不够，只有湿润凉爽也不够，还要有丰裕的享受。于是，人们设想了四条河：水河、乳河、酒河和蜜河。马可·波罗到中国来，于13世纪60年代路过波斯，他在《游记》里专辟一章（23

章"山老和他的迷宫花园")叙述了一个小酋长的花园。他说："这个人名叫阿洛丁，信奉回教。他在两座高山之间的一条风景优美的峡谷中，建造了一座华丽的花园。园内遍栽各种奇花异草，鲜瓜美果。还有各种形态不一的大小宫室，坐落在园内的各个地方，宫室内装饰着富丽堂皇的金线刺绣、绘画、家具陈设，铺着美丽的丝绸，而且还安装有水管，可以看见美酒、牛乳、蜂蜜和清澈的水向各处流动。"

"住在这些宫室里的，都是十分姣美的妙龄女郎。她们吹弹歌舞的技艺无一不精，尤其擅长挑逗和迷惑别人陷入情网的手段。这些美女浓妆艳服，嬉戏于花园内的亭台水榭之中，服侍她们的女侍者和仆役，都锁闭在深宫内院，不准轻易抛头露面。"

这段记载，跟《古兰经》里描写的"天园"和其中的生活几乎完全一样。马可·波罗讲到了水、乳、酒、蜜四条河，《游记》里说，他"也是从各式各样的人那里，人云亦云地传闻来的"。显然，他所根据的正是穆斯林们告诉他的《古兰经》里的"天园"。《游记》里也说，山老造这所花园，就是为了模仿"天园"。

伊斯兰文化受到波斯文化强烈的影响，有大量的因素来自波斯，一般都认为伊斯兰的造园艺术，基本上是波斯的造园艺术，所以四条河的设想也是从波斯来的。但没有有力的佐证。

水、乳、酒、蜜四条河对伊斯兰各国的造园艺术非常重要。以后从西班牙到印度，所有典型的伊斯兰园林，都由十字形的水渠划分成四等份，中央一个喷泉，泉水从地下引来，喷出来之后由水渠向四方流去，每方的渠代表一条河，就是水、乳、酒、蜜四条河。

不过，这种布局在古罗马的住宅庭园里，在拜占庭的庭园里，在欧洲中世纪的天主教修道院里，也是常见的。所以，霍格（D. Hoag）说，伊斯兰国家的花园的格局是从拜占庭传播过去的（见 *Islamic Architecture*）。

水渠两侧夹着小径，四块花圃低于水渠和小径，花梢跟它们大致齐平，看上去像一块色彩绚丽的地毯。这种构思，显然是跟波斯人习惯于席地而坐有关系的。17世纪下半叶夏尔丹（Chardin）到波斯，写下波斯人的风俗，说他们并不"像我们一样在花园散步，而是心满意足地看看他们所有的东西，呼吸新鲜空气。他们一到花园就在一个地点坐下来，一直坐到离去"。这种习惯也几乎传遍整个伊斯兰世界。不过，四块花圃里也种树木，看来，采用下沉式还为了减少蒸发，节省十分珍贵的泉水。

埃及开罗孟鲁克（Mamlūk）私宅内小园

整个伊斯兰世界，向西循北非到西班牙，向东经波斯、阿富汗到印度，地域十分广阔，但是，气候大体一致，都是干热少雨。而且伊斯兰教教律严格，对穆斯林们的生活方式影响很深，所以，在这个辽阔的地域里，"天园"式的园林就到处流行。

穆斯林们大都深居简出，很少大型的亲朋聚会，很少举行狂欢的酒宴。妇女们又被禁锢在深闺里，不能露面。因此，花园只为主人和极少几个知心人起居之用，不必求其大，不必求其华丽。伊斯兰国家的园林，一般布局很简单，基本上是个绿化庭院。天热，喜爱在露天乘凉，所以求花木繁密多荫。干旱，所以必须筑渠引水，才能灌溉花木，滋润空气。而水量又不丰沛，只不过涓涓细流而已。由这些条件，造成伊斯兰园林的风格是亲切、精致、静谧的。但萨马拉附近有一座9世纪时的乔赛格·赫尔盖尼宫（Jausaq al-Kharqani palace），占地很大，有174.8公顷，其中69.6公顷是花园，分散成几个小型的。

波斯人有一种美学观，认为客体世界"有它自己的规律"，客体世界"是形和色的世界"。这种美学观表现在建筑艺术上,波斯人追求单纯的几何性:方墙、穹顶、圆塔。装饰图案都用精确的几何形,成了后来的所谓arabesque。他们也追求鲜艳的彩色,直至把建筑物整个地用琉璃砖贴面。所以,波斯的园林也是以"形和色"为主要特征,早在居鲁士的花园,大格局就是几何的,地毯式的植坛则是色彩缤纷的,树木都经过修剪。

可能是这种美学观渗入到伊斯兰教的观念中去,早期的伊斯兰艺术,都不摹写动物和自然形态的植物形象。所以在花园里也就没有意大利和法国花园里那么大量布置的雕刻品。这样就更加显出图案的重要,力求构图精美,比例和谐。

造园史家格罗莫尔(G. Gromort)评论阿拉伯花园说:"当然,阿拉伯人喜爱花卉,但这些无敌的艺术家们更欣赏人工,把它看作深思熟虑的意志的表现。他们更喜爱大自然慷慨赐予的仙境般的绚丽色彩,更喜爱黄杨植坛的推敲得精致入微的和谐。也许,他们跟我们一样,对比例有一种细腻的感觉,这种感觉使他们能用很简陋的手段获得如此迷人的效果。"

"毫无疑问,阿拉伯人要求造园艺术具有细腻微妙的感觉,具有难以置信的精致完美。他们有本事从他们对自然的理解中提炼出造园艺术所需要的一切,而且好像一点都不费力气。"在阿拉伯的花园中,人们可以见到"古风的纯朴,线条中古典式的精确,只有在希腊艺术中才能见到的那种完美所表现出来的自信"。

2

公元710年,信奉伊斯兰教、继承了阿拉伯文化的摩尔人攻入西班牙,几乎占领全境,到1492年,西班牙人克复格兰纳达(Granada),结束了摩尔人在西班牙的历史,这其间一共有七个世纪之久。

阿拉伯人带来了伊斯兰宗教和文化,也带来了"天园"式的花园。

作家伊本·哈甘（Ibn Khaqan）记述过一座叫作哈拉勒–扎雅利（Hairal-Zajjali）的阿拉伯式花园。他说："庭园全用白大理石造；一条小溪流过，像蛇一样颤动。有一个池子汇聚全园的水。亭子的顶是金、蓝两色的，它的其余部分也用这两种颜色装饰。花园里有一排一排均匀整齐的树木，含苞吐花。树木的枝叶挡住阳光，使它照不到地上；花园上空昼夜吹拂的微风，带着芳香。"水、树木、建筑小品，这是园林的基本要素，布局要均匀整齐。

在赛维尔（Seville）的阿尔卡扎（Alcazar，即城堡）里，发掘出一座叫作卡斯拉尔–穆巴拉克（Qasral-Mubarak）的11世纪的花园的一部分，它的花圃是典型的阿拉伯式的，下沉如池子，在它的侧壁上抹灰作画。比这座花园高一点，紧挨着它，还发掘出一座12世纪的花园，比较完整，是被十字形的四条河分成四块的，每块花圃也都下沉。在这个阿尔卡扎，还发现了另一座四块式花园的一部分，花圃下沉竟有4.6米左右。1634年，也就是这座花园被毁前一个世纪，洛特里哥·卡洛（Rodrigo Caro）记述过它，把它叫作"十字架"，"因为它的平面是十字形的"，"这是一座下沉式的柑橘园，被分成四份……树梢刚刚跟小路一般齐"。

1248年西班牙人收复赛维尔之后，伊斯兰传统中断了。1364—1366年，卡斯底国王残酷的彼得洛（Pedro the Cruel）重建阿尔卡扎的一部分，雇用了一些阿拉伯工匠，以致新的花园里仍然有一些阿拉伯式的处理。最明显的是用围墙分隔开来，成为几个连续的小园。不过，围墙上留着口子，从一个园子可以隐约望见另一个。贴近宫殿的玛丽亚·巴迪拉花园（Maria Padilla）和它北侧比较大的一个花园，都还影影绰绰看得出十字形四块式的意思。此外，还有方角圆边式的水池，彩色阿拉伯图案的饰面瓷砖等。

方角圆边式水池，是阿拉伯花园里最有特征的因素。它大体有八个角。伊斯兰教认为地狱有七层，因此"天园"里的常用数字就是八。除了方角圆边的水池外，有时花园的台地有八层，四块花圃再划分为八块，等等。

西班牙赛维尔的阿尔卡扎内，玛丽亚·巴迪拉院内的六角水池和喷泉。水已从灌溉的必需变成艺术因素。

　　西班牙最美的阿拉伯式花园在格兰纳达。格兰纳达最美的花园在著名的摩尔人的阿尔罕布拉宫（Alhambra，13—14世纪）。

　　按照西班牙民间住宅的式样，阿尔罕布拉宫是由几个院落组成的。西班牙著名的造园艺术爱好者卡萨·瓦尔德斯侯爵（Marquesa de Casa Valdes）说：阿尔罕布拉宫的花园"不妨说是由一连串的绿化房间组成的，那里的主角是水的潺潺声和时时刻刻都在变化着的光线。每逢月满之夜，那里的美达到极致，饱含着茉莉花和橙柑花香味的空气，能把人熏醉"。

　　摩尔人修筑了水库和水渠，把水引到阿尔罕布拉宫的里里外外。一首阿拉伯诗说："水是阿尔罕布拉的音乐。"

　　阿尔罕布拉宫的第一个院落叫桃金娘院（Court of Myrtles），是1369年造的。它长47米，宽33米，正中沿纵轴一条水池，长45米，宽7米。两侧种着3米宽的桃金娘的绿篱。院子的两端都有柱廊，廊子里各有一个喷泉，泉水喷出之后，静静地流入池子。这个院子非常典雅，非常单纯，而两端的建筑物很纤细华丽，富有色彩。

另一个院落叫达拉克萨花园（Daraxa Court，也叫Lindaraja院），梯形而略近正方形，边长平均是19米。它正中有一个方角圆边的水池，装着个盘式喷泉。边上房子里的墙上有阿拉伯文的题字赞美它：

> 这花园多美好，
> 地上的花朵儿和天上的星星争艳斗光。
> 有什么能和清泉洋溢的池中洁白的盆子比美呢？
> 只有那高悬在万里晴空中的一轮明月。

现在，水池四周锦绣般的花坛和苍老的柏树，都是16世纪的旧物。

阿尔罕布拉宫最著名的院子是狮子院（Court of Lions），长28米，宽16米，这是后妃们住的后宫。它正中有一个由12头石狮子驮着的水池，十字形的水渠向四方伸去。院子里目前全是平坦的石铺地，但在摩尔人时期，是四块下沉式花圃，低于现今地面60厘米，种植树木。这是阿尔罕布拉宫内最典型的阿拉伯花园。

为了过更加私密的生活，为了更接近自然，格兰纳达的国王们在阿尔罕布拉附近的山上造了些小离宫，其中最重要的是阿尔罕布拉东北150米左右的琴纳腊里夫（Generalife）。"琴纳腊里夫"的字面意思大概是"最陡峭的果园，天下无双"。

它占地不到半公顷，分八层台地。高处几层已经改造成意大利式的了，下面两层还保留比较多的阿拉伯特色。

跟一切阿拉伯式花园一样，这座花园也要穿过起居房间才能进去。首先进到第二层台地，叫作里亚德院（Court of Riadh），它南北长约40米，东西宽只有13米。入口在南端，有个小柱廊。顺着院子的纵轴，通长一条水渠，不到两米宽。渠岸上摆着盆花，两侧种着黄杨、柏树、灌木和各种鲜花，茂盛郁勃，无限的生机在这里欢快地升腾。两排喷嘴，

阿尔罕布拉宫的达拉克萨花园中央的喷泉。汲取了西欧的做法，方角圆边的水池则是伊斯兰的特点。

阿尔罕布拉宫的狮子院

用水柱在水渠上搭起了闪光的、游动的拱顶。它们敲打出玻璃般的清脆声响，使院落更加宁静。1958年，琴纳腊里夫失火。事后发掘，发现里亚德院中央有过一座亭子，从它的基础看，当年还有一道横向水渠，可见这院子本来也是由十字形水渠划分为四块的，而且四块花圃都是下沉式。它曾经是典型的阿拉伯花园。现今水渠两侧的小喷嘴是13世纪之后加上去的。院子的西沿顺着一道廊子，透过它可以俯看第一层台地的花坛。由廊子向前看，卡萨·瓦尔德斯侯爵描写道："壮丽而开阔的景色在琴纳腊里夫前展开，阿尔罕布拉宫的塔楼映衬着格兰纳达富饶的谷地，极目远望，这幅画消失在天边。西班牙最高的山峰之一，巍峨的内华达山，终年白雪皑皑，排开湛蓝的天空，走向前来，使这个院子成了全世界最能畅览胜境的地方之一。"不论内景还是外景，里亚德院都是阿拉伯园林中最美的，所以，侯爵说："所有这些在一起组成了一首佳妙之至的交响诗，它向我们展现了伊斯兰精神的欢快而又迷离的性质。"

从里亚德院北端的大厅，可以进入它东侧的一座，用墙围起来的园中园。里面沿东、南、西三面墙脚有两米多宽的水渠，北面是敞廊。水渠围着的半岛上，正中一方喷泉，南北各一方植坛。这座小院，单纯而雅洁，也是阿拉伯风味。院里有一株千年古柏，传说，一位王后经常在这棵树下跟骑士幽会。所以院子就得名为王后的柏树院（Court of the Sultana's Cypress）。

里亚德院的东侧是逐一升高的六层台地，一层比一层窄，一

格兰纳达琴纳腊里夫的里亚德院

层比一层短，都布置着图案式植坛。东北角是浓密的丛林。

琴纳腊里夫不但跟意大利和法国的园林大不相同，没有大理石，没有雕像，没有青铜的大型喷泉，甚至跟阿尔罕布拉宫也大不相同，没有那许多华丽纤巧的柱廊。建筑物甚至可以说是简陋的，木柱子，粗糙的抹灰。东北角丛林里一道大台阶，两侧的短墙是泥糊的，墙脊上用筒瓦排成水沟，泉水就从这儿流下，淙淙琤琤，奏出悦耳的小曲，去浇灌整个花园。这跟意大利的朗特别墅或阿尔多布兰迪尼别墅的链式瀑布，意趣完全相反，跟中国的寄畅园的八音涧或者谐趣园的清琴峡，意趣也相去很远。琴纳腊里夫几乎没有一件珍贵的东西，但是它很美，它的美来自它完全像个朴素的果园，来自它的优雅、精洁、和谐以及四处洋溢着的生趣。不过，它需要欣赏者有一种恬适的心境，就像欣赏蜜蜂在绿纱窗上嘤嘤啼叫。

3

公元前323年亚历山大大帝死去，过后不久，希腊人麦迦斯蒂尼（Megasthenes）到印度，记述了印度东北角的古帕达（Gupta）的一所贵族府邸。在它的花园里，"养着温驯的孔雀和锦雉，它们生活在园丁们精心培植的灌木丛中。此外，还有浓密的小树林和牧草，看林人把树枝编织起来……大树都是常绿的，叶子永不凋落。有些树是乡土品种，有些则是从外地引种的"。虽然从记述中看不出这园子的样式，但可以判断，它在很大程度上是观赏性的。

一千年过去，7世纪时，玄奘西游天竺。他在印度看到许多伽蓝、精舍和窣堵波（一种埋藏佛骨的半球形纪念建筑），都有池沼流泉、嘉树茂草、奇花异果。中印度的奔那伐弹那国的都城，"居人殷盛，池馆花林，往往相间"（《大唐西域记》卷十）。一位苾刍，来到蓝摩国的一座伽蓝，"有终焉之志，于是葺茅为宇，引流成池，采掇时花，洒扫莹域"（卷六）。描写得最详细的是北印度僧诃补罗国都城附近的一座园林："城东南四五十里，至石窣堵波，无忧王建也。高二百余尺，池沼十数，映带左右，雕石为岸，殊形异类，激水清流，汩淴漂注，龙鱼水族，窟穴潜泳。四色莲花，弥漫清潭。百果具繁，同荣异色。林沼交映，诚可游玩。"（卷三）看来，这时造园艺术已经很普及，而且很发达。水在园林中起非常重要的作用，不仅给动植物以生命，本身也成了观赏的对象。

但是，印度的造园艺术，在伊斯兰教徒建立统治之后，还是阿拉伯化了。印度的阿拉伯式园林的盛期是16、17两个世纪，那正是莫卧儿帝国时期。

莫卧儿王朝的创建者巴布尔（Babur，1483—1530）是帖木儿

印度莫卧儿王朝的巴布尔王（Babur）在诚笃园里。十字形水渠分花园为四块。

（Timour）的后裔，他年轻时在撒马尔罕，熟稔四块式的阿拉伯花园。在他的回忆录里，充满着他对花卉和造园艺术的热爱。他怀念故乡大宛的景色，写道："大宛的紫罗兰真是可爱，还有大片的郁金香和玫瑰。"他引用波斯诗人奥玛·开俨（Oma Khaiyam，？—1123）的诗：

> 在原野的花树下，
> 一本诗，一块饼，一瓶佳酿，
> 再有你歌唱在我身旁，
> 这原野便如人间天上。（常任侠译文）

他亲自在德里附近阿格拉堡（Agra Fort）的花园里培植了三十几个品种的郁金香。

巴布尔在回忆录里记述得最详细的花园是他在杰拉拉巴德（Jalala-bad）附近造的一所"诚笃园"（Garden of Fidelity, 1508—1509）。他说："园的西南角有一个水池，十码见方，它四周种着柑橘树和少量石榴树，它们整个又被大片酢浆草草地包围……柑橘金黄的时节，景色再美不过了……"一幅1589年画的他的回忆录的插图，表现的是这座花园中央的一个方形的水池，向四方引出水渠，四块花圃是下沉式的。这是一个典型的阿拉伯式花园。

巴布尔的墓在喀布尔（Kabul，今阿富汗首都），已经十分荒废，无法印证他在回忆录里的描述了。

陵墓在印度的阿拉伯式花园中占着十分重要的地位。巴布尔之后的几个国王，胡马雍（Humayun, 1530—1556在位）、阿克巴（Akbar, 1556—1605在位）、日汉吉（Jahangir, 1605—1627在位）的陵墓，以及沙日汉（Shah Jehan, 1627—1658在位）的王后的陵墓泰姬·玛哈尔陵（Taj Mahal），全都是阿拉伯式的花园。

胡马雍的陵墓（1555—1565）在德里，阿克巴的（1605—1615）在席坎德拉（Sikandra，阿格拉堡附近），日汉吉的（1627—1634）在拉哈尔（Lahore）附近。它们的陵园都是方形的，陵墓本身在正当中，前后左右沿轴线的路成十字形，把陵园分成四大块，然后每块再分成小方块。十字形的路没有水渠，只有阿克巴的陵园里在它四臂上各设两个水池。陵园里树木花卉非常茂盛，1632年，英国旅行家蒙蒂（Peter Mun-dy）到印度，描写过阿克巴陵园里嘉树连荫、鲜花绣锦的迷人风光。

阿克巴陵园的大门上有波斯文的题壁，是当时诗人阿卜杜勒·哈克（Abdul Haq）写的，他说：

神佑的福地比天园更好！
巍峨的杰构比宝座更高！

天园里美婢如云，
天园里仙境无垠。
那制定教律者提笔写道：
这里是伊甸园，进来罢，
在这里永生不老。

可见，陵园布局的意匠是在地上建设"天园"，这是阿拉伯造园艺术的基本思想。不过，陵园里把陵墓造在中央代替喷泉或凉亭，而且没有水渠。这几座陵园都很大，胡马雍陵为400米见方，阿克巴陵为765米见方，日汉吉陵为457米见方，所以，当然就失去了阿拉伯式花园特有的那种亲切宁静的气氛，而代之以肃穆庄严。

胡马雍和日汉吉的陵墓，都是由他们才华横溢的王后督造的，而沙日汉却督造了他的王后的陵墓。这座泰姬·玛哈尔陵（1632—1654），大约是全世界最美丽的陵墓了，它凝集着沙日汉对妻子的深情密意。1631年她逝世之后，他选了离阿格拉堡两千米的这块墓地，隔一条朱姆那河，在自己宫殿的阳台上，天天望着陵墓的兴建、完成、草木滋荣。1658年，他儿子篡夺政权，把他软禁在阿格拉堡，1666年他死后把棺木放在妻子身边。印度诗人泰戈尔（R. Tagore，1861—1941）说，泰姬·玛哈尔陵是"历史面颊上挂着的一颗泪珠"。

泰姬·玛哈尔陵有很大的创新。它突破了父祖几代的传统，把陵墓放到正方形花园的后面，把花园完整地呈现在陵墓之前。这样，也就突破了阿拉伯式花园的向心格局，而这种格局曾经在那么大的地域内统治了几百年之久，并且有《古兰经》那么高的权威支持着这个传统。

布局的创新，大大提高了陵园的艺术水平。本来，把陵墓放在花园正中，因为它远远比喷泉或凉亭高大，所以破坏了花园的整体性，它自己也缺乏必要的正面观赏距离。把陵墓移到后面，这两个缺陷都避免了。

泰姬·玛哈尔陵的花园本身，却因此恢复了阿拉伯式的基本特

印度西·沙·苏陵墓（Mausoleum of Shir Shāh Sur）。16世纪中叶，大水面中建造，高50米。把陵墓造成园林，是印度莫卧儿王朝的习俗。

点，它由十字形的水渠分为四大块，渠里装着喷嘴。1663年，泰姬·玛哈尔陵完工不到十年，法国人贝尼埃（François Bernier）来参观，他记述，这十字形水渠和夹岸的路比四块花圃高出很多。20世纪五六十年代的发掘，证明花圃原来是下沉式的。贝尼埃又说："花园里的路被浓荫覆盖，花坛开满鲜花。"花坛不用绿篱做图案，而用大理石。一幅18世纪初的细密画，画着这座陵园里，花树高大，密密丛丛，既不排成行列，也不修剪。

沙日汉自己写了一首波斯诗在陵墓上：

印度胡马雍陵。树木花草为陵园所必需。

像天园一样光明灿烂，
芬芳馥郁，仿佛龙涎香在天园洋溢；
这是我心爱的人儿
胸前花球的气息。

　　现今，花园改变很多：四大块草地与水渠、道路取平；大树伐尽，
只剩下不高的行道树；在轴线两旁才有大理石的图案。与18世纪初的那
幅图画相比，显然有西方古典主义的影响。这个改变，使陵园庄严隆重
多了，也许更适合一位帝王的永恒居处，但多情的丈夫，在他生死不渝
地热恋着的妻子墓前，一定更愿意原来那样荫如盖、花如锦，笼罩着甜
蜜的相思。

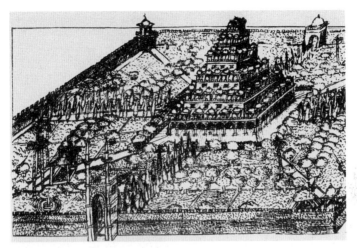

1632年蒙蒂画的阿克巴大帝陵墓。显示陵墓位于十字形路的交点上，四周绿荫密布，是个大花园。

阿克巴大帝的"葡萄园"内的草地。用大理石条压在上面作装饰图案（arabesque）。

除了陵园之外，宫廷里也有些花园。日汉吉在回忆录里写过他的红玫瑰园。阿克巴规划的葡萄园（Anguri Bagh）和沙日汉在阿格拉堡的后宫花园（Khas Ma-hal）都还在，布局都是典型的阿拉伯式。值得重视的是，它们的四块花圃里绿草如茵，用雪白的大理石细条在上面铺成精巧的图案。大概，泰姬·玛哈尔陵当初也曾这样。

泰姬·玛哈尔陵（18世纪初的一幅画）。显示当年陵墓四周漫植花树，并不加修剪。

沙日汉建造的德里的"红堡"（Red Fort，1638—1647），里面大大小小五六个花园都是十字形四块式的。一条"天河"循里面的水渠流过，时时点缀着石刻的莲花形喷嘴。园子边的大敞厅里，裙墙上都用珍贵的彩色石头镶嵌出盛开的花。其中一座礼拜殿（Diwan-i-Khas），刻着波斯诗人杰米（Jami）的名句："如果人间有天园，那就是这儿，就是这儿，就是这块地方！"

后记

这一篇文章写得很尴尬。阿拉伯式园林，既没有机会去亲眼看一看，在书本上能得到的材料也不多。我之所以把这份单薄的读书札记拿出来发表，是因为知道别的同志的条件未必会比我的好，在一个相当长的时期里也不会有很大的改善。而搞园林艺术的一些同志，却又很希望多少了解一些阿拉伯园林。

中国古典园林的成就很高，现在还没有完全失去生命力。不过，这倒不等于说古典的造园艺术已经足够现代之用，不必有所发展、有所创

印度德里"红堡"内的大理石莲花形喷嘴

新、有所突破了。事实恰恰相反，旧有的园林，不论是北京的皇家园林还是苏州的私家园林，都已经不能适应公众游览的需要，拥挤不堪的人群，早就破坏了它们的意趣，而那些意趣正是中国古典园林的灵魂。又何况越来越多的生意经，正在把它们败坏得庸俗不堪。至于新的园林，当然比旧的更能适应当今的需要，不过艺术上达到比较高的水平，以至赢得交相赞誉的口碑的，似乎还没有。新风格的追求还不够自觉，艺术的创作还不够精致。更糟糕的是，往往也塞进了许多饭铺、茶馆、冷饮摊、小卖部之类的东西，以致虽然教科书上说园林是城市的肺，规划图上抹的是一片绿，大约也已经列入平均每个居民有多少绿地的统计表里，但实际是不少茶炉饭灶在那里滚滚地冒烟。这大约是"买卖街"的传统罢！而造园艺术的研究，到现在好像还把主要精力放在欣赏古典园林上，放在体味造园艺术的古典名著上，放在探寻古代造园家的生平家世上。为一片废墟成立了专门的学会，出了专门的刊物，但为新园林的创造的，却还没有。

现在必须为创造新的造园艺术而大声疾呼了。

为了创新，就得借鉴中外古今的经验，当然以现代的经验为主。我因为工作沾边，写了一些外国古代造园艺术的稿子。新的则不是我的能力所及。但我的本意，并非好古，只是为造园界同志们的创新努力，提供一些思想资料罢了。

1983年12月

主要参考文献

1   Thacker C, *The History of Gardens*, 1979

2   Coats P, *Great Garden of the Western World*, 1963

3   Gormort G, *L'Art des Jardins*, 1953

4   Hoag J D, *Islamic Architecture*, 1939

5   Paradupoulo A, *L'Islam et L'Art Musulman*, 1976

6   Gromort G, *Jardins d'Espagne*, 1926

7   Bevan B, *History of Spanish Architecture*, 1939

8   Michell G, *Architecture of the Islamic World*, London: Thames and Hudson, 1989

9   Cameron R, *Shadows from India*, 1958

10 王静斋译,《古兰经译解》

11 玄奘,《大唐西域记》, 商务印书馆, 1934

12 马可·波罗,《马可波罗游记》, 陈开俊、戴树英、刘贞琼等译, 福建科学技术出版社, 1981

13 海屯行纪,《鄂多立克东游录——沙哈鲁遣使中国记》, 何高济译, 中华书局, 1981

七 中国造园艺术在欧洲的影响

中国人关于园林布局的观念，在英国和法国造成了很大的进步。

杜切斯纳

1978年，看到一份资料，知道全国各地有许多珍贵的古代园林遭到破坏，有的甚至干净、彻底地毁灭了。这些破坏和毁灭，并不是由于万不得已，仅仅是因为某些人的无知和蛮横。大家愤慨之余，有的就怂恿我把中国造园艺术曾经在欧洲发生的影响写出来，好教那些人知道中国造园艺术在世界文化史里的地位，懂得爱惜。我抱着"匹夫有责"的心情，着手这项工作。我想，更多的人知道了中国造园艺术的世界意义，总会有助于抵制那些人的蛮横。因此，就顾不得自己的学力单薄了。希望这篇文章的读者体谅我的用心，不要责我太深。

　　着手之后，我发现，要深入地而不是泛泛地写这篇文章，头绪很多。虽然从17世纪之末到19世纪之初，欧洲各国都有过"中国热"，但是，各有各的原因，各有各的特点，侧重之处不同，时间也先后参差。因此，不能把欧洲简单地当作一个整体来写。可是，欧洲各国的关系又非常密切，人物和著作经常交流，彼此反复影响。怎样把事情写清楚，有条有理，而又不把纷纭复杂的关系简单化，确实很不容易。我把文章的结构拆改了几次，最后采用了有分有合、分合穿插的写法，并且以英国和法国为主，舍去了一些次要的国家。

　　花园不同于建筑物，它比较容易改造。18世纪中国影响正盛的时候，欧洲大量的中国式花园是改掉了原有的古典主义花园而形成的。19世纪初，潮流变化之后，中国式的花园又被改掉了。真正还保留着18世纪面貌的花园，在欧洲已经寥寥无几。既然实物所剩不多，我这篇文章主要的内容，就是18世纪欧洲造园艺术的思潮，也就是以书本理论资料为主。这些资料相当丰富，引多了，怕读者觉得沉闷，引少了，又不足以反映当时欧洲人对中国造园艺术那种热烈爱好的劲头。左思右想，我把各节的架子搭得大一点，完整一点，有点独立性，这样，可以多容纳几段资料。同时，读者读这篇文章的时候，又可以不必一气呵成，分节读，不至于很沉闷。

为了帮助分节阅读的读者对这一段历史有一个完整的印象，我先给它勾画一个简略的轮廓。

　　欧洲的近代造园艺术，16世纪时在文艺复兴期的意大利兴起，到巴洛克时期而极盛。它的主要特征是循山坡的台阶式园林。随着意大利文化的传播，造园艺术也传到了法国、英国等国家。

　　17世纪下半叶，在法国，君主集权制度发展到最高峰，改造了从意大利传来的造园艺术，形成了古典主义造园艺术，以对称的几何形布局为基本特色。当时法国文化在欧洲居于领导地位，这种古典主义造园艺术就传遍了英国、德国、俄国，总之，整个欧洲，而以宫廷园林为代表。从此，它成了欧洲造园艺术的正宗。

　　到18世纪初年，法国的绝对君权已经衰落，古典主义的权威就不免动摇。同时，随着海外贸易的发展，欧洲有许多商人和耶稣会传教士来到中国。带回去的大量商品和书面报告，在欧洲人眼前展现了一个前所未知的、水平相当高的文化，十分新奇。于是在欧洲形成了"中国热"，带头的是法国人。是法国的来华传教士最早介绍了中国的造园艺术。

　　中国造园艺术首先在英国发生了实际的影响。18世纪上半叶，英国资产阶级牢固地掌握了政权之后，抛弃了法国古典主义式园林，兴起了一种新的园林，叫作自然风致园（Landscape Garden）。18世纪下半叶，随着先浪漫主义潮流的发展，这种园林又进一步发展成图画式园（Picturesque Garden）。这两种园林的形成，都受到过中国经验的推动。它们以庄园府邸的园林为代表。

　　18世纪中叶，法国酝酿着资产阶级革命。启蒙思想家一方面从中国借用伦理思想，甚至政治观念，掀起了更加深刻的"中国热"的新高潮；一方面对已经进行了资产阶级政治革命，并且开始了产业革命的英国大为倾倒。因此，中国的造园艺术，主要通过英国的自然风致园和图画式园在法国流行起来。法国人把它叫作"中国式花园"（Jardin chinois），或者"英中式花园"（Jardin anglo-chinois）。也有人把它叫作洛可可式花园，与建筑中的洛可可风格联系起来。不久之后，它流行到德国、俄国，直至整个欧洲。德国的一位美学教授赫什菲尔德（Christian Cajus Lorenz Hirschfeld，1742—1792）1779年在《造园学》（*Theorie der Gartenkunst*）里不大满意地写道："现在人建造花园，不是依照他自己的想法，或者依照先前的比较高雅的趣味，而只问是不是中国式的或英中式的。"他无可奈何地承认了中国造园艺术在欧洲影响的广泛。

到19世纪初，由于法国资产阶级大革命震荡了整个欧洲，思想文化潮流又发生了新的变化，学习中国造园艺术的热潮才平落下来。鸦片战争之后，"中国热"完全消失。但是，欧洲的造园艺术也没有回到纯净的古典主义去，至今仍以自然风致园为基调。所以，可以说，中国造园艺术在欧洲的影响一直维持到现在。

1

为了说清楚中国造园艺术在欧洲的影响，有必要先把意大利的和古典主义的园林的特点谈一谈，这样才好比较。

16世纪意大利的园林，大多属于郊外别墅。这些园林的基本特点是：

第一，把园林分成两个部分，紧挨着主要建筑物的是花园（Garden），花园之外是林园（Park）。林园是天然景色，一片茂密的树木。花园是建筑物和林园之间的过渡，是人工和天然之间的过渡。花园里不种高大的乔木，花圃、草地、灌木之类都修剪得整整齐齐，组成很规则的几何图案，构图和尺度同建筑物协调。原则是："种植的东西要反映建造的东西的形状。"因此，花园是由建筑师设计的。

林园是花园的背景，郁郁森森的树木衬托着织花地毯一样的花园。

以后欧洲造园艺术的变化，主要是花园风格的变化。中国的影响，也在花园上。

第二，花园采取不很严格的几何式布局。大致对称，有中轴线，不过艺术上不很突出，同这时候的建筑物相像。主要建筑物虽然在图案的中心位置上，常常是中轴线的一端，但是，由于体量小，风格平易，它们一般不起统率整个构图的作用。

中轴线和主要道路通常以山头作对景。

第三，别墅多造在山坡上，坡度比较陡，所以花园通常分成几层不宽的台地。台地的前沿，挡土墙头，立一排石栏杆，有时候在上面放一些雕像、花盆之类做装饰。主建筑物在偏上的台地里，视野开阔，但不在顶层。

第四，山泉在道路两侧砌筑整齐的渠道里流过，层层下跌，叮咚作响。在绝大多数意大利园林里，泉水都是最活跃的造园因素。它们经常和雕像、小品建筑结合，装饰大台阶和水池。巴洛克时期，更喜欢做喷泉和水嬉。水在意大利园林里是动态的。

在法国和英国，庄园园林深受意大利的影响，但因地势比较平坦，花园很少有台地式的。

法国的园林，到17世纪下半叶发生了变化，这时候，国王路易十四在位，君主集权制达到巅峰。整个封建制度等级森严，国王在最高处，他的意志就是法律。国王消灭了贵族的拥地割据，统一了全国，符合资产阶级的利益。绝对君权制是新兴资产阶级同封建贵族双方暂时妥协的产物。

这种情况下，法国文化中形成了古典主义潮流。它是一种宫廷文化，在哲学上反映着由于科学的进步而产生的唯理主义，在政治上，它反映着绝对君权制度，这制度当时被认为体现了理性的秩序。古典主义者力求在文学、艺术、戏剧等一切文化领域里建立符合理性原则的格律规范，却又盲目地崇奉它们为神圣的权威，不可违犯。而文学、艺术、戏剧等的内容，则是颂赞君主。

建筑和造园艺术当然也是这样，主要为宫廷服务，反映着绝对君权制的意识形态。

古杭斯府邸（Courances）水池。比例精致，古典的和谐之美。

唯理主义哲学家笛卡尔说，美和经验、情感、习惯都没有关系，它是先验的。艺术中最重要的是结构要像数学一样清晰明确。不应该有想象力，也不能把自然当作艺术创作的题材。同这样的唯理主义美学相应，法兰西建筑学院里的理论权威大勃隆台（François Blondel，1617—1686）认为，建筑艺术的永恒规则就是纯粹的几何结构和数学关系。

唯理主义哲学家吹捧君主集权制是社会理性的最高体现，说它是最有秩序的、最有组织的、永恒的。与此相应，古典主义建筑的构图原则是，平面和立面都要突出中轴线，使它统率全局，其余部分都要从属于它，而且以下还有一层一层的主从关系。要死守刻板的对称，要服从僵硬的几何规则。古典主义的建筑物，简直成了以国王为首的整个封建等级体系的形象表现，它的图解。造园艺术也要服从这样的格律规范。

造园艺术中，法国古典主义的第一个成熟的作品是距巴黎51.2千米的孚-勒-维贡府邸的园林，原属路易十四的财务大臣富凯所有。路易十四看了中意，把它的设计人勒瑙特亥调去主持建造凡尔赛的园林。勒瑙特亥是法国古典主义造园艺术的创始人。

古典主义的园林，基本格局从意大利式的脱胎而来，最重要的变化是：

第一，宫廷和府邸的园林，规模远比意大利的贵族庄园园林大得多。它追求反映"伟大时代"的"伟大风格"。

第二，建筑物的体积大，中轴线突出，而且高踞于园林中轴线的起点，统率着园林，与园林成为一体。

第三，大大加强花园的中轴线，在它上面布置宽阔的林荫道、植坛、河渠、水池、喷泉、雕像等。这条中轴线从花园一直延伸到林园里，它统率着整个园林。

第四，在中轴线的两侧，对称地设置副轴线，有些还有横轴线。它们之间开辟了笔直的道路，交叉点形成小小的广场，点缀上小建筑物或喷泉、雕像。这样，几何性不但控制了花园而且扩大到了林园。

第五，地形比较平坦，虽然也修成台地，但台面宽，落差小，基本上是平地园林。因此水体也是平静的，没有动态。不过，水面限制在用石块砌就的整整齐齐的池子或者沟渠里。利用当时机械工程的成就，设置大量喷泉。

孚-勒-维贡府邸的园林和凡尔赛的园林，规模都很大。前者中轴线长一千米多，后者的长三千米。巴黎城的中轴线，香榭丽舍大道，本来是杜乐丽宫的园林的林园部分里那一段中轴线，花园部分就是现在的杜乐丽花园，设计人也是勒瑙特亥。

古典主义的园林着重平面构图的变化统一和几何的和谐。喜欢布置植坛和水池。植坛很像地毯，树木经过修剪，得名为绣花植坛（Parterre de la Broderie）。这样的园林，不加掩映，人的视点要稍高一点，才能一览无余，充分领略它的图案美；而且，范围大，不宜步行，所以，有人把它叫作"骑马者的园林"。

这种园林，像唯理主义者所主张的那样，明白纯净，体现出严谨的理性，完全排斥了自然。当时法国造园家布阿依索（Jacques Boyceau de la Barauderie，1560—1635）在他的著作《论依据自然和艺术的原则造园》（*Traité du Jardinage Selon les Raisons de la Nature et de L'art*，1638）里说："如果不加以调理和安排均齐，那么，人们所能找到的最完美的东西都是有缺陷的。"勒瑙特亥则简捷明了地说，他要"强迫自然接受匀称的法则"。这些都是古典主义造园艺术的基本信条。

荷兰的海特·鲁（Het Loo）花园。法国影响下的。

古典主义文化在法国形成的时候，英国资产阶级进行了革命。虽然有一些资产阶级思想家信奉唯理主义，但经验主义哲学已经流行。所以，古典主义文化虽然传到英国，却不像在法国那样垄断一切，宫廷气息尤其淡薄。不过，1660—1688年，有过一个王政复辟时期，复辟的国王查理二世曾经逃亡到凡尔赛，复辟之后，一心建立君主集权制，着力提倡凡尔赛式的古典主义文化。他派人到法国跟勒瑙特亥学习造园艺术，还从法国聘请造园

英国苏格兰屈伦蒙堡（Drummond Castle）花园。法国影响下的。

艺术家，古典主义园林在英国一时大盛，尤其在宫廷园林里。

自从文艺复兴时期以来，英国园林有一个特点：在花园四周造一道高高的围墙或者栅栏，把花园林园隔开，而林园比较荒芜，多野趣。古典主义造园艺术流行之后，在围墙或者栅栏上打开几个豁口，把笔直的林荫道通过它们伸展到林园里去。遇到树木稀疏的地方，就在林荫道旁边一丛一丛地补种些树木，每丛五棵。

为了把视点提高一点，以便更好地欣赏图案式的花圃，通常在主要建筑物前面设一片平台，高于花园。

古典主义的花园里，树木大都修剪成简单的几何形，而荷兰的剪树术尤其特别，喜欢把树剪成塔、船、花瓶、人或者各种飞禽走兽的样子，称为"绿色雕刻"。1688年，英国人推翻了复辟王朝，建立君主立宪制，从荷兰接回来另一个国王，威廉三世。于是，引进了荷兰的文化，包括建筑和"绿色雕刻"，一直流行到18世纪上半叶。

对于欧洲的古典主义园林有了这样一个大概的了解，我们就能看到，它同中国传统的造园艺术简直是完全相反的，从基本意境到具体的形式，都是相反的。看到这些，那么，一旦中国造园艺术传到欧洲，就能很敏锐地看出来了。

2

中国造园艺术的影响，从18世纪初年起作用。从此，从英国开始，欧洲的造园艺术发生了变化。

任何一种艺术，都是从一定的社会历史土壤里生长出来的，造园艺术也不例外。欧洲造园艺术的变化，要从欧洲本身的社会历史条件的变化去找原因，也要用这样的原因，来解释为什么中国的造园艺术在这时候受到欧洲人的欢迎。

英国园林领先发生变化，当然有它自己的条件。可是，在写英国之前，我要先写18世纪上半叶法国的思想文化潮流的变化。这是因为，英国和法国的关系实在太密切。法国的思想文化在欧洲一直处于领导地位，它那儿刮一点风，都会引起全欧洲的反响。这时候，法国的思想文化里发生两件事：第一，古典主义衰落；第二，掀起了"中国热"，包括介绍中国的造园艺术。这两点对英国园林的变化，当然不能不起作用。

在法国，路易十四在位的晚期，绝对君权的鼎盛时代就过去了。18世纪上半叶，社会矛盾一天比一天尖锐，对外作战，败多胜少，加上贪污横行，官吏无能，引起了经济的崩溃。眼看着英国在革命之后经济飞快进步，海外扩张顺利，法国的资产阶级渐渐不能容忍专制君权的统治了。腐朽到了极致的国王路易十五，预感到末日的来临，没有能力也没有兴致去表现"伟大的"场面，只顾寻欢作乐。烂透了的贵族们，百无聊赖，卖弄风情，躲到华丽的府邸里去过荒淫的日子。

于是，路易十五在位时期（1715—1774），一种叫作洛可可的潮流，在建筑、造型艺术、家具和其他手工艺中盛行。它反对古典主义的清冷和僵硬，而追求轻巧纤细、光鲜俏丽、变幻诡谲；反对古典主义的严格教条，追求新奇。为对抗古典主义的理性权威而标榜借鉴自然。

洛可可的建筑装饰，以卷草为主要题材，构图力求突破呆板的几何形式。它盛期的代表人物麦松尼埃（J. A. Meissonier，1693—1750），认为自然中任何东西都是不对称的，自然美是均衡、和谐而多变的。他设计的装饰，花草流转舒卷，千姿百态，处处破坏对称的格局。

这种装饰风格，当然要波及造园艺术。虽然花园的大布局仍然是勒瑙特亥式的，但是用各色花草组成的植坛图案却越来越生动活泼。题材也是卷草，回环盘绕，更加复杂精巧，有时候故意突破边框，有时候避免对称。这是造园艺术发生变化的最初信号。

洛可可的绘画突破了古典主义在题材上的限制，继承普桑（Nicolas Poussin）的传统，画家们，如沃都（Jean Antoine Watteau）、于埃（Christophe Huet）和布歇（François Boucher）等，开始描绘自然风光。布歇还画过一张画，就叫作"农家乐"（Les Charms de la vie champêtre）。

从不承认自然的美，到喜爱它，从完全不在绘画里表现自然，到用它作为主要题材，这反映着人们审美意识的重要变化、人同自然的关系的重要变化。注意到这种变化，就能知道，欧洲的造园艺术史快要到新的章节了。

在新潮流的冲击下，法国建筑学院的第二代理论权威，小勃隆台（Jean-François Blondel, 1705—1756），不得不稍稍修正古典主义的教条，推荐洛可可风格的作品，并且提倡建筑要表现情感和性灵。同爱不爱自然的美一样，表现还是不表现情感和性灵，对造园艺术有很大的关系。很明显，法国的几何式花园的基本精神是理性，中国的自然式花园的基本精神是情感和性灵。当法国人提倡情感和性灵的时候，就为中国造园艺术的影响开了方便之门。

洛可可艺术喜好新颖奇异、迷离的幻想，当然就对海外异域的文化抱着浓厚的兴趣。这时候，欧洲的先进国家，葡萄牙、荷兰、英国和法国，纷纷到东方来贸易和殖民，大大开拓了眼界。大批东方的商品，包括艺术品和工艺品，源源运到欧洲；东方的哲学和文学也传到欧洲。欧洲人见所未见，大为倾倒。这里面，中国的文化尤其受到欢迎。

从17世纪下半叶以来，中国的绘画、瓷器、漆器、壁纸、年画、刺绣、绸缎、服装、家具等在法国的造型艺术、工艺美术和建筑装饰中就发生了影响。在法国出现了仿制中国工艺品的热潮，因为它们已经成了"上流生活"的标志。瓷器、漆器、刺绣、壁纸、地毯、家具等，不但款式模仿中国的，连上面的装饰画都模仿中国的。画上有仕女、官吏、隐士，甚至有孙悟空和他的儿郎们。作为这些人物的活动天地的，除了山水之外，就是花园和建筑物，特别是花园里的建筑物。

这些整个地或者局部地模仿中国器物、采用中国装饰题材、带有中国风味的艺术品和工艺品，被法国人叫作"中国巧艺"（chinoiserie），它在18世纪上半叶取代了以前一度流行过的"土耳其巧艺"（turquerie）。中国巧艺渗透在洛可可艺术之中。有些美术史家因此把整个洛可可艺术说成是中国影响的产物，这是不很确切的。

法国巴黎拉里布阿希埃亥府邸（Lariboisière）的洛可可壁板上所绘的中国园林

掀起中国热的，还有欧洲的商人和传教士们写回去的书面报告。起初是意大利、荷兰和葡萄牙的。1685年，路易十四派了六名耶稣会士赴北京，其中五名到达，组成传教会。他们受到康熙皇帝和上层人士的礼遇，广泛而相当深入地接触了中国的各个方面。在写回去的大量报告中，他们详细描写了中国的地理历史、政治军事、民情风习、文化艺术、方物特产，也描写了中国的建筑和园林。这些报告都及时汇集出版，而且译成各国文字。1697年，其中一名传教士白晋（P. Joachim Bouvet, 1656—1730）回国，在巴黎举办了一个中国文物展览，轰动一时。

美术品和工艺品上画着的中国园林，商人和传教士的报告里写着的中国园林，对于当时追求新奇、迷恋异国情调、标榜自然的法国人，不能不起影响。画家沃都和于埃，都曾经在装饰性绘画里画过所谓中国花园。特别是于埃，他在1735年给商迪府邸画的壁画，题材就是中国花园。这时候他对中国花园的了解很不够，这些画基本上是揣度想象，同真正的中国花园相去很远。不过，它们证明了法国人对中国花园已经怀着很强烈的兴趣了。

这种兴趣，还可以有别的证据。1719年，路易十五的摄政王的母亲写道："一座装饰着雕像和喷泉的花园，依我看，还不如一个菜园；一道小小的溪流比一道雄伟的瀑布更使我心喜；总之，凡是自然的东西，都比那些人工的、豪华的东西更合我的心意。"这位妇女，不是别人，乃是路易十四的妹妹。轮到她说这番话，必定是先有相当多的人抱着这种观点了。

1722年，出版了一本叫作《于埃传》的书，记录了著名的于埃主教（Huet, évêque d'Avranches, 1630—1721）的话，他说他"喜爱自然的美，胜过于艺术的美"，谴责人工的作品。他赞美天然的泉水、"莽野的草地"和"荒芜的郊原"；他反对"时髦的花园"、几何对称的花园，也就是古典主义的花园，而爱好"自然毫无矫饰地展现它的丰富性的美丽的风景"，前者是令人烦闷的、厌倦的，后者是赏心悦目的，总有能引起人惊叹的新东西。当然，关于这位主教的爱好，我们必须注意到当时英国一些人鼓吹的思想，那些思想，我们以后要写到的。总之，英国和法国，不断发生交叉的影响，不能把它们断然分开。

对17世纪下半叶和18世纪上半叶的法国文化有了这样一个大概的了解，而且记得，欧洲各国总是把法国当作它们的文化老师，那么，就不难明白，为什么中国的造园艺术会在整个欧洲引起那么热烈的羡慕之忱。

但是，中国的造园艺术却没有首先在法国产生实际的影响。这原因主要是，古典主义在法国的建筑和造园艺术里特别根深蒂固，它诞生在这里，成就也确实很高。法国人是把勒瑙特亥的造园艺术当作民族的骄傲的。因此，没有很大的冲击力，就突破不了它有力的传统。而当时，从装饰画和报告文字中得到的关于中国园林的零星知识，还远不足以形成很大的冲击力。

然而，这些知识，由于具体的条件不同，在英国却起了作用。

3

在写英国造园艺术在中国影响之下发生变化之前，先要用一节的篇幅，来写一写17世纪和18世纪初，欧洲的商人和传教士，特别是法国的传教士，向欧洲人介绍的关于中国园林的知识。这一节的资料比较零碎，但是很重要。因为有一些英国人虽然不得不承认18世纪中叶以后的图画式园林受到了中国的影响，却不承认这以前的自然风致园也受到了中国的影响。1763年，写过《墓畔哀吟》的著名浪漫主义诗人格雷（Thomas Gray，1716—1771）说："可以完全肯定，我们没有从中国人那里抄袭过什么东西，除了大自然之外，他们也没有什么东西值得模仿。这种新式园林的历史还不足四十年，四十年前，欧洲还没有我们这样的园林。同时，可以肯定，那时候，我们还不知道中国有些什么东西。"直到现在，英国学术界还有人这样说，甚至有人连中国造园艺术对图画式园林的影响都缄口不提，大失学者风度。

毫无疑问，应该尊重各民族对世界文化独立地做出的贡献，但是，不能因此伪饰历史。我花了大量时间，翻阅了17世纪和18世纪初出版的使节和传教士的报告，搜集了第一手资料，准备实事求是地、恰如其分地说明事实的真相。

欧洲人知道中国园林，大约可以上溯到马可·波罗（Marco Polo，约1254—1324），他在元代初年见过杭州的南宋园林。例如他在游记里写道，在南宋的宫殿里，"有世界最美丽而最堪娱乐之园囿，世界良果充满其中，并有喷泉及湖沼，湖中充满鱼类"（冯承钧译文）。接着，描写了皇帝在园林里的生活。马可·波罗并没有认识中国园林的特色，也没有试图描述。但是，他无疑引起了欧洲人对中国园林的注意，17世纪的商人和传教士，到中国来的，经常提起他的著作。

16世纪末年，利玛窦（Mathieu Ricci，1552—1610）来到中国，长期居留。他的同伴金尼阁神父（Nicolas Trigault，1577—1628）把他们在中国的活动写了一本《基督徒中国布教记》（*Histoire de l'expédition Chréstienne en la Chine*，1618）。书里描写了中国各地的山川风物，虽然一般地评价中国建筑水平不高，不如欧洲的那样华美坚实，但对宫殿、庙宇、牌楼、塔、桥等还是很赞赏。他几次提到中国的园林，都称道它们是"美丽的"。他记述利玛窦在南京时，到一个皇族长官家里做客，被约到花园里，这"是全城最精妙的花园。在这花园里，有许多从来没见到过的东西，连记述它们都是愉快的。那儿有一座人工的假山，全用各种粗犷毛石堆叠起来，恰到好处地开着几个山洞。洞里有房屋、厅堂、踏级、池塘、树木和其他珍奇稀有的东西，它们都处理得素净淡雅。夏天，山洞里有凉气，人们到那里去躲避炎暑，在里面读书和宴会。山洞像迷宫一样曲折，更增加了它的风韵。花园不大，各处玩一遍只要两三个钟头，然后就从另一个门出来了"。金尼阁神父关于假山洞的描写显然过于夸张，但是引人入胜，以后到中国来的使节和传教士都对假山和山洞有浓厚的兴趣，有几位曾经转述过金尼阁神父描写的这个大山洞。

金尼阁到过上海，这儿的富饶给他很深的印象。他说，"可以把整个近郊农村叫作布满了花园的城市，而不是城外的田野，因为那里到处都是塔、田庄和村落……"他给欧洲人一个花园的新概念，而且第一个把塔引进到这个概念里来。

1655年，出版了意大利传教士卫匡国神父（Martino Martini，1614—1661）的《中华新图》（*Novus Atlas Siensis*）。这是一本简略的中国地理书，零零星星介绍一些中国建筑，跟金尼阁一样，也是对塔、庙、牌楼、桥特别有兴趣。卫匡国着重描述了北京的皇宫，说到皇宫里的花园："……有一条人工河引进皇宫，可以行舟，它在宫里分成许多小汊，既可交通，也可游乐，它们随着一些小山而曲折，小山在河的两侧，全由人工堆成。中国人堆山的奇技发展到极其精细的水平，山上按照特殊的规则种着树木和花卉；有人在花园里见到过非常奇特的假山。"以下就复述了金尼阁所说的那座山。

卫匡国关于皇宫里的花园的描写并不真实，不过，他大概在别处见过中国的花园，或者听人说过皇家园林的景致，所以说中国皇宫花园里有小河，随山曲折，后来欧洲人议论中国花园，一直很重视这一点。

荷属东印度公司在1655年派了一个使节到北京来，随员纽浩夫（Johan Nieuhoff，1618—1672）写了一本详尽的记事报告（*L'Ambassade de*

纽浩夫书中的插图———南京大报恩寺琉璃塔（1665）

la Compagine Orientale des Provinces Unis vers I'Empereur de la Chine），
于1665年出版，欧洲各主要国家很快翻译，流传很广。1669年，译成英
文出版。

　　纽浩夫一行到中国的时候，明清两朝易代不久，战争的严重破坏还
没有恢复，他们在旅途中处处见到城镇村落一片废墟。但是，中国的庙
宇、塔、牌楼、桥，尤其是北京的宫殿，还是给了他们强烈的印象。

　　他们到中国不久，刚刚从广州出发到北京来，在广东省境内一个叫
作Pekkinsa的村里（可能是从化的陂下），见到一座叠石假山。纽浩夫
说："进村之前很远，就见到一些悬岩，艺术和手工把它们雕琢和叠落
得如此精彩，以至远远地见到它们就使我们充满了钦羡之忱；可惜新近
的战争破坏了它们的美[*]，现在只有从留下的残迹去判断它们曾经是多
么富有创造的装饰品。……为了对这些人造的悬岩峭壁的异乎寻常的奇
妙表示敬意，我测量一下其中一个破坏得比较轻的，它至少还有40英尺

---

[*]　明清易代之战。

纽浩夫书中的插图——人工叠石山（1665）

（注：约12.2米）高。"

纽浩夫在说到北京的皇宫时，也说有一条河流到宫里去，有许多回环和转折，灌溉宫里的树林和花园。河的两岸有人工叠石的假山。"中国人的天才在这些叠石假山上表现得比在任何别的东西上更鲜明，这些假山造型如此奇特，以至人力看起来胜过了自然。这些假山是用一种石头（有时是大理石）造成的，用树木和花草精心装饰起来，使所有见过的人都大为吃惊，并且赞赏不已。"接着，也复述了金尼阁描写过的大假山洞，误记为在北京郊外。

看来，关于皇宫里小河的记述，纽浩夫是根据卫匡国写的，也没有真实的观察。不过，总算向欧洲人介绍了欧洲花园里没有的、而中国花园里很重要的一种造园要素。

纽浩夫的书，最有价值的是它的精致的插图。它们数量很多，刻画中国建筑相当准确，非常难得，尤其是刻画了许多塔，很传神。可惜比较小，细节不清楚，只有南京大报恩寺的琉璃塔，有一张比例尺大一些的立面图，栏楯、梁柱、檐铎、刹，历历可见。那个Pekkinsa村的假山，也有一张图，怪石突兀，峰峦空灵，有许多透漏的洞穴，几个大的，里面还有踏级，正有人向上攀登。有一些描绘庙宇或城市全景的图，实际上就是风景画，也很像园林图。例如，江西湖口城，水中起陡直的山，山上散布着房屋，点缀一些树木。还有几座类似的庙宇的图。

这些图，引起了欧洲人很大的兴趣，在许多著作里都提到它们。它们对扩大欧洲人的眼界，活跃思想，激发想象力，无疑是起了作用的。

1668年，耶稣会士葡萄牙人安文思（R. P. Gabriel de Magaillans, 1609—1677）写了一本《中华新记》（*Nouvelle Relation de la Chine*，法译本1690年出版），书里详细描述了北京的皇宫、庙宇、衙署、街市等，也记载了北海、中南海、金鳌玉蝀桥、团城和景山。关于三海，他以水面为中心，一一描写了四岸的殿堂。记述得比较完整的是景山。他说，出了皇宫的北门，"再向前走，就是一所用高墙围着的花园……花园正当中有五座不很高的山，中央的最高，其他四座矮一点，东边两座，西边两座，以同样的比例降低。它们都是用挖河和挖湖的泥土堆成的，一直到山顶都种满了整齐的成排的树木……园里养着麋、鹿等兽类和家禽……山之北有一带密林，密林尽处是三幢离宫，比例优美，台阶和平台很漂亮，这是真正的皇家的建筑，十分赏心悦目"。

安文思的记载虽然过于简单，但是，宫廷园林以空阔的水面或者人工的山冈为中心，是欧洲人从来没有见过的，不能不使他们感到新奇，也有助于使他们认识中国园林丰富多彩的变化，不像欧洲古典主义园林那样，总是以一片图案式花圃为主的刻板程式。

1688年，在德国的纽伦堡出版了一本《东西印度及中国的游乐园林和宫廷园林》（英译名：*East- and West-Indian and Likewise Chinese Pleasure- and State-Garden*），这也许是最早的一本关于东方园林的专著，可惜我没有见到。既然出现了专著，至少可以说，中国造园艺术已经引起了欧洲人普遍的注意。

路易十四派遣来华的法国耶稣会士之一李明（Louise le Comte，1655—1728），出入清朝宫廷，也曾经在外地传教。他在《中国现状新志》（*Nouveaux mémoires sur l'état présent de la Chine*，1796）里，描述了北京的皇宫、城门，南京的大报恩寺塔，以及北京和外省城市的庙宇、住宅、街道等。关于建筑的记载相当细致，甚至评论了斗栱。李明生活的时代，在法国正是古典主义的盛期，所以他对中国建筑和园林，抱着深深的偏见。他把中国花园的自然看作是"荒芜"。他说："中国人很少花功夫去经管花园，不在那里布置真正的装饰品，不到那里去逍遥游憩，甚至不舍得为它花钱。"李明比较早地发现，在维护管理上，中国花园比法国花园省工省钱。这一点，后来受到不少人的重视，然而李明自己本来是怀着不屑情绪的。

　　李明说："他们在园林里垒岩洞，造小小的人工假山，他们把整个悬岩峭壁打成一块块的运到园林里来，然后再一块块堆起来，除了模仿自然外，没有别的打算。"他说到，中国园林里没有林荫大道，除了某一个宫廷园林外，没有喷泉。显然，这一个喷泉也是误传。

　　李明很明确地指出，中国园林的设计意图是"模仿自然"。虽然这说法不足以概括中国造园艺术的基本精神，但毕竟近似地指出了中国园林的外表特征。后来，欧洲人一般都说中国园林"模仿自然"，并且正是从这一点开始向中国学习的。

　　意大利传教士马国贤（Matteo Ripa，1682—1746），18世纪初年在清宫当了13年画师（1711—1723），曾经游览过畅春园，也到过热河避暑山庄，去绘制"三十六景图"。他在回忆录（*Memoires of Father Ripa during Thirteen Years' Residense at the Court of Peking in the Service of the Emperor of China*，英译本1855年新版）里写道："畅春园，以及我在中国见过的其他乡间别墅，都同欧洲的大异其趣。我们追求以艺术排斥自然，铲平山丘，干涸湖泊，砍伐树木，把道路修成直线一条，花许多钱建造喷泉，把花卉种得成行成列。而中国人相反，他们通过艺术来模仿自然。因此，在他们的花园里，人工的山丘造成复杂的地形，许多小径在里面穿来穿去，有一些是直的，有一些曲折；有一些在平地和洞谷里通过，有一些越过桥梁，由荒石磴道攀跻山巅。湖里点缀着小岛，上面造着小小的庵庙，用船只或者桥梁通过去。"

同前面几位传教士和使节相比，马国贤对中国造园艺术的认识深了一步，描写比较具体，又有一般概括，并且同欧洲古典主义造园艺术做了相当确切的对照。他已经基本上勾画出了一个同欧洲人习见的园林完全不同的中国花园。虽然这本回忆录直到1832年才出版，但它反映了18世纪初年传教士达到的认识深度，是一本很重要的著作。在回忆录出版之前，1724年他返回欧洲，带去了他绘制的避暑山庄图，而且拜会过一些很有文化影响的人士，对欧洲的"中国热"起过促进作用。

德国人斐舍（Johann Gerhardt Fischer von Erlach）在1725年出版了一本《建筑简史》（*Entwurff einer Historischen Architektur*），破天荒第一遭辟了远东国家的建筑的专章。他从传教士、使节和商人的著作里搜罗了一些资料，包括文字和插图。中国方面有石拱桥、牌楼、北京的城楼、南京的大报恩寺塔和其他各地的塔等。关于造园艺术的，有太湖石堆叠的假山和山洞。这本书引起了很大的兴趣，1730年有英国的译本。

1729年，荷兰人冈帕菲（Engelbert Kaempfer）写的《日本通史》（*Histoire Naturelle, Civil et Ecclesiastique de l'Empire du Japon*，法译本1732年出版）出版。作者在日本住过。书里专门写了一段日本的花园，特别是小型的庭园，最后归纳了五点。第一，局部地面铺卵石或毛石，极其整洁。上面再用大石块铺成矴步，人在矴步上走，不践踏卵石或毛石。第二，一些开花的树，种得散乱错杂，虽然也有某种规则。还爱种一些夭矫古拙的矮树。第三，庭园的一角有叠石假山，模仿自然。山上，经常在悬岩峭壁上造小小的象征性的庙宇。间或有小溪从山上倾泻而下，哗哗作响。第四，山上种树，不高大，但树形经精心修理，亭亭如盖，极其自然。第五，有一个养鱼的小池，周围种树。冈帕菲说："按照艺术的原则发明和创造叠石假山，这需要很大的机智和灵巧"，对假山做了很高的评价。

日本园林同中国的不完全一样，但是同属一个类型。欧洲人这时候分不清中国和日本的文化，常常混为一谈。日本园林同中国园林一起，作为同几何式园林相对立的自然式园林，对欧洲的造园艺术发生影响。

冈帕菲在他的著作里提到了小型庭园里树木、假山和建筑物的小尺度，这是欧洲人的一个新认识。

法国人杜赫德神父（Jean Baptiste Du Hadel，1674—1743）编纂的《中华帝国通志》（*Description Geographique, Historique, Chronologique, Politique, et Physique de L'empire de la Chine et de la Tartarie Chinoise*，1735），是一部篇幅很大的书。它综合了一百多年来欧洲传教士关于中国各方面的调查报告。有的编录原著，有的经过杜赫德改写。里面有宫廷园林和府邸园林的描述。杜赫德写道，在大型府邸的后部，"人们可以看到花园、树木、池塘和各种悦目的东西；那里有人工堆叠的假山和悬岩峭壁，四面八方透进去，盘萦曲折，像迷宫一般，可以在那儿乘凉。"（第二卷）

这部书里，记述了瀛台和畅春园，也简略地提到过热河。1689年3月，耶稣会士法国人张诚（Jean François Gerbillon，1654—1707）和葡萄牙人徐日升（Thomas Pereira，1645—1708）参观了畅春园。他们记述说，康熙的住所附近，"是全园最美丽可喜的，虽然它既不豪华，也不壮观。它在两个大池之间，一个在南，一个在北。两个池子周围几乎全是人工的小高地，是用挖池子的土堆起来的。小高地上种满了杏树、桃树和其他这类的树；当这些树绿叶成荫的时候，它们造成了很足以舒心开怀的景色"。"在北边池子的北岸，紧靠着水，有一溜小廊子，它的景色很美。"在康熙的另一处住所，"那儿一切都很朴素，但自有一种中国式的雅洁。离宫和花园之美，在于非常雅洁，在于有一些很奇特的石块，它们好像是在最荒凉的沙漠里见到的那种；但他们更加喜爱小小的书斋、小小的花圃，花圃四周是绿篱，它们形成小小的过道——这是这个民族的天才"（第四卷）。

这两位神父注意到了：中国园林建筑物的一个重要特点是朴素和雅洁，规模小小的，连康熙的住所都不例外。而当时法国宫廷园林的建筑物，规模很大，豪华壮丽。18世纪初年，英国的庄园府邸，规模和豪华也不下于欧洲一般的国王宫殿。园林建筑物这两种风格的对立，同两种对立的园林风格是一致的。法国和英国的园林，总是同主要的宫殿和府邸建筑物配合；而中国的园林，却只同离宫别墅配合。所以，在法国和英国的几何式园林里，追求的是仪典性的排场；而中国的自然式花园，只求悠然安逸。

18世纪上半叶，最深入地介绍中国造园艺术的是耶稣会士、法国人王致诚神父（P. Jean-Denis Attiret，1702—1768）。因为他的介绍的主要作用是推动18世纪下半叶欧洲造园艺术的进一步变化，所以，把它留到后面再说。

传教士、使节和商人的著作，再加上绘画和工艺品，关于中国造园艺术的介绍是肤浅的、零碎的；不深入，不全面，也不形象、具体。它们远远不足以形成对中国造园艺术的完整而真切的认识。

但是，"模仿自然"；以山、水为重要的造园手段，甚至成为园林的主体；曲折的水、错落的山；主要采用自由随宜方式种植的树木花草；迂回盘绕的小径；人工假山的悬崖峭壁和山洞；淡雅俭素的建筑物，以及乘凉、读书、宴会等同自然怡然相得的生活方式——传教士们描述的这一切，都同法国古典主义园林的几何式格局，绣花式植坛，整整齐齐的水池，笔直的林荫路，华丽的雕像和喷泉，壮丽的建筑物，修剪过的、排成行列的树木，盛大的狂欢舞会和戏剧式的生活排场等，形成十分鲜明的对比。这种对比，已经可以形成一个新的造园艺术的观念。这个新观念，正好同欧洲，首先是英国，18世纪上半叶的思想文化潮流合拍。因此，中国的造园艺术，就在英国造园艺术的新发展中起了一定的借鉴和促进作用。

上面列举的这些著作，当时在欧洲都是风行一时的名著，在各国流传很广。18世纪上半叶英国造园艺术的转变，是由一些学者、思想家、诗人、文学家等鼓吹起来的，他们绝不会孤陋寡闻到连这些著作都不知道的程度。所以，诗人格雷说，在那时候，英国人不知道中国园林，不免小看了他的思想界、文化界的杰出的同胞们。想为国家争点光，结果适得其反。

而且，当时那些思想家、文学家自己清清楚楚说明他们是知道中国花园的，这些话，我在下一节里就要引证。

4

中国的造园艺术对18世纪上半叶英国造园艺术的变化起了促进的作用，但这个变化的根本原因，还在英国的历史条件和现实情况。

在英国，唯理主义哲学和古典主义的文化，根子都比在法国浅。

由于英国资本主义经济发展比较快，实证科学发展起来，所以，16世纪之末，哲学里就出现了经验主义。经验主义哲学家培根（Francis Bacon，1561—1626）同唯理主义者相反，把感性认识当作知识的基础。在美学上，他怀疑先验的几何比例的决定性作用。他认为，诗是一种创造性的想象，它的特征在于"放纵自由"。培根承认未经雕琢的自然可以是美的。在1625年发表的《论花园》里，他主张，理想的花园应该有一块很大的、草木丛生的野地。在《训示》里，他谴责"对称、修剪树木和死水池子"，而提倡"完全的野趣，土生土长的乔木和灌木"。在另一篇著作（Novum Organum）里，他又希望"苗圃尽可能地像荒野的自然"。这些观点，都跟后来古典主义者的观点很不相同，而接近于自然式花园的观念。他自己经营过一个花园，其中一部分是"自然的荒野气氛"。可惜没有留下遗迹。

杰出的英国诗人弥尔顿（John Milton，1608—1674）在他的诗里，经常怀着深切的感情描写葱茏的森林、潺湲的流水之类自然的风光。他在名著《失乐园》里，设想极乐世界伊甸园里充满了新鲜的朝气、清晨的鸣禽、初阳的光华、草木上明丽的露珠等等，一派天然景色。

另一个诗人柯雷（Abraham Cowley, 1618—1667）写道："我的花园由自然的手描成，而不是由艺术的手，它赏心悦目……"

在绘画方面，则有克洛德·洛兰（Claude Lorrain, 1600—1682）和罗莎（Salvator Rosa, 1615—1673）。他们爱好描绘农村朴野的风光，认为荒野的状态更富有戏剧性，远比经过修剪的树木和几何形的林荫道更加有趣。他们相信，自然胜过艺术。

由于英国文化里有这么强烈的爱好大自然的传统，所以，他们很容易理解和接受中国造园艺术的基本意匠，即使在有关的知识还不很丰富的时候。

1685年，王政复辟期间，古典主义的造园艺术在英国正在大行其时，关于中国造园艺术的信息就传到了英国。坦伯尔爵士（Sir William Temple, 1628—1699）写了一篇文章，叫《论伊壁鸠鲁的花园，或论造园艺术》（Upon the Gardens of Epicurus, or of Gardening）。这是一篇全面论述造园艺术的文章，从欧洲的造园史讲起，直到植树的技术细节。那时候他隐居在伦敦近郊的莎里（Surrey），园林叫莫尔（Moo Park），是荷兰式的。他以非常动人的笔墨赞赏这所园林的景色。在这篇文章的最后几段，坦伯尔说："前面我所说的关于花园的最好式样的那些话，只不过是针对规则形的花园的；因为还可以有另外一种完全不规则形的花园，它们可能比任何其他形式的都更美，不过，它们所在的地段必须有非常好的自然条件，同时，又需要一个在人工修饰方面富有想象力和判断力的伟大民族，经过他们的修饰，能把许多难看的部分变得十分赏心悦目。我在一些地方见到过一些这样的花园，但是，更多的是从在中国住过的人那儿听来的……在我们这儿，房屋和种植的美，都主要表现在一定的比例、对称和整齐划一上；我们的道路和我们的树木一棵挨一棵地排列成行，间隔准确。中国人要讥笑这种植树的方法。他们说，一个会数数到一百的小孩子，就能把树种成直线，一棵对着一棵，硬性定出间距。中国人运用极其丰富的想象力来造成十分美丽夺目的形象，但是，不用那种肤浅地就看得出来的规则和配置各部分的方法。"坦伯尔还写过："中国的花园如同大自然的一个单元"，它的布局的均衡性是隐而不显的。

在那么早的时候，坦伯尔就那么毫不含糊地赞颂了中国的造园艺术，怎么能说18世纪初年英国人不知道中国花园？更不用说早在1669年纽浩夫的书已经译成英文出版了。坦伯尔是一个著名的政治活动家，又是一个知识渊博的学者，他的著作很有影响，所以，中国造园艺术对英国造园艺术在18世纪初的变化起过促进作用，这是显而易见的。

就在当时，坦伯尔也并不孤立。例如，1685年的查茨沃斯府邸（Chatsworth House，Derbyshire），花园没有中轴线，不做对称的布局和绣花花圃，植树相当自由。

强有力的热爱自然的传统，法国古典主义文化随着君主集权制的衰落而衰落，洛可可艺术的兴起，以及全欧洲对中国文化的仰慕，这些条件，都有利于英国造园艺术的变化。而变化的基本根据是18世纪初年，英国已经确立了君主立宪制，宫廷文化解体。由于农业的迅速资本主义化，新式的土地贵族和农业资产阶级在政治上举足轻重，他们成了思想文化潮流的领导者。他们的庄园园林的重要性大大超过了宫廷园林，领导了造园艺术的潮流。新贵族和农业资产阶级在他们作为安身立命之基的田园牧场里见到了风光之美，厌弃了依附于集权制宫廷的几何图案式花园。于是，自然风致园就逐渐发展起来了。所以，新潮流的鼓吹者大多是新式的土地贵族和同他们关系密切的文化人。除了审美趣味的变化之外，新贵族们精明地看到了自然式的园林在经济上的重大好处。奥尔佛特伯爵霍勒斯·沃波尔（Horace Walpole，4th Earl of Orford，1717—1797）在热烈地提倡自然风致园的时候，就说过，自然风致园是一种最经济的园林，它的维护费用要比古典主义的低得多。

一进入18世纪，新潮流就萌芽了。1709年出版的《道德家》（*The Moralistes*）里，作者谢夫兹拜雷伯爵库柏（Anthony Ashley Cooper，

3rd Earl of Shaftesbury, 1671—1713)借虚拟的人物台欧克里斯(Theo-cles)的嘴以一种自然崇拜的感情颂赞道："呵，光荣的自然！至上的美，至高的善！无外的爱，无外的慈，无外的圣！她的神态如此适称，无限优雅；她的探索带来如此智慧，她的思考带来如此愉悦；她的每一个小小的角落都是变幻丰富的舞台，都是壮丽的奇观，这是艺术从来做不到的。"后来，被深深感化了的另一个虚拟的人物斐洛克里斯(Philocles)说："我不再抵抗正在我心里升起的对自然物的热情了，那些还没有被人的技艺、想象和任性闯进它们原始状态而扰乱了真诚的秩序的自然物。甚至那些蛮荒的岩石，长满了苔藓的窟穴，曲折的、未经开发的山洞和断断续续的瀑布，它们洪荒未辟的粗犷的美，由于更能表现自然，所以比豪华堂皇的花园的矫揉造作更加引人入胜，更加壮丽。"谢夫兹拜雷伯爵把规整的花园视为典型的人造物，跟自然对立。

不久，英国最早的现实主义散文家艾迪生(Joseph Addison, 1672—1719)，1712年6月25日在他主编的杂志《旁观者》上，发表了一篇专论造园的文章，响应谢夫兹拜雷伯爵。他认为自然远远胜过最精致的人工。壮丽的宫殿和园林不能满足人们的想象力，而广阔的自然田野则能够。他说："前面我们已经评说过，在自然中通常有一些东西比我们在艺术奇迹里见到的更伟大、更雄浑。因此，多多少少地模仿自然的东西，能给我们一种愉悦，比我们从最精巧、最细致的艺术品上所得到的更高尚、更有价值。"他因此对英国当时的园林大为不满，谴责它们甚至比法国和意大利的都不如，因为英国的花园受荷兰的影响，特别整洁，特别纤巧。

同人工气太重的欧洲园林相对立，艾迪生在这篇文章中不经指明地引用了坦伯尔的话，赞美中国的园林，他说："有一些曾经给我们介绍过中国情况的作家说，中国人讥笑我们欧洲靠绳子和尺子来种树的方法，因为任何人都会按一样的行列、相同的间距来种树。他们宁愿去表现大自然的创造力，因此，总是把他们所使用的艺术隐藏起来。……我们英国的园林，恰恰相反，不是去适应自然，而是喜欢脱离自然，越远越好。我们的树木修成圆锥形、球形和方锥形。我们在每一棵树、每一丛灌木上都见到剪刀的痕迹。……我欣赏一棵枝叶茂盛而舒展的树，胜过一棵被修剪成几何形的树。我认为花朵繁密的果园毫无疑问要比整整齐齐的花圃组成的回纹图案美丽得多。"

虽然对中国造园艺术所知不多，艾迪生还是尽量借重欧洲正在高涨的"中国热"，利用中国的经验来推进他的主张，来启迪人们的想象。

艾迪生替农庄经营者筹划，在1712年9月6日的《旁观者》上说，把大大有利可图的耕地或牧场圈起来做花园，损失太大。最好是在各处种上一些树木，整修几条道路，用花木代替篱笆，再点缀上一些艺术品，把整个农庄变成一座大花园，那么，又赚钱，又好玩。这个主张，很反映18世纪资产阶级和新式贵族同17世纪国王和宫廷贵族的思想差别。

艾迪生在他自家的地产（在Biltno Grange, near Rugby）里试行他的理论。他写道："……如果一个外国人初次到英国就来参观我的花园，他会把它当作自然的荒野，是我们国家未曾开发的部分之一。"花园里有蜿蜒的小溪，有仿佛天然生长的花丛。

艾迪生的亲密朋友，散文家斯蒂尔爵士（Sir Richard Steele, 1672—1729），在同艾迪生合编的《卫报》上，更加尖锐地批评当时的造园艺术。他引用了一段荷马描写阿尔喀诺俄斯（Alcinous）果园的诗，然后感慨："现在的造园艺术同这种简朴性格是多么格格不入呀！"他说："我们好像致力于脱离自然，不仅像教士剃光头那样把树木修剪成一律的、规则的形状，而且还要心生邪念，妄图超过自然。我们陷到雕刻里去了，偏偏喜欢把树木搞成像人和动物的奇形怪状，而不喜欢它们最正常的样子。"他谴责当时人只喜爱人工技巧，好像"越不自然就越美"。

虽然倡导自然式园林，艾迪生还是认为，在靠近建筑物跟前的部分，应该保持建筑性。

艾迪生和斯蒂尔的合作者，著名的诗人蒲伯（Alexander Pope,

1688—1744）也是一个自然式园林的积极鼓吹者。1713年9月29日，他在《卫报》上撰文说："没有装饰过的自然的那种和悦的简朴，在人的心灵上展开一片雅洁的宁静和愉快的崇高感……"又把修剪树木的艺术用很生动形象的笔墨大大讽刺挖苦了一番。在名作《论批评》（*Essay on Criticism*）里，他说："没有走样的自然始终是闪闪发光的。"1731年在致当时左右着建筑潮流、在其他艺术领域也有很大影响的伯灵顿伯爵（Earl Burlington，1695—1753）的诗函里，蒲伯说，不论在哪里造房子或者种树，立柱子或者发券，筑平台或者叠山洞，干什么"都切切不可忘了自然"。不过，他的思想其实并没有完全从古典主义挣脱出来，他所见的自然，还免不了有经过修剪的树木、又平又直的小径、对称地布置的花圃。伯灵顿伯爵这时候对中国园林已经有所了解，1724年意大利传教士马国贤返欧在英国逗留期间曾经见过他，并把避暑山庄三十六景图送了一些给他。

蒲伯把自家在阙根海姆（Twinkenheim）的几何式花园毁掉，在1718—1723年重新按照自由的风格建造。据沃波尔说，花园地段是矩形的，大约5英亩（约2公顷），三面有道路，一面临泰晤士河。虽然有一条轴线，但不强求对称，两侧是盘绕如羊肠的曲蹊小径。不剪树木，有叠石山洞，而且有一条隧道，从临泰晤士河的大门前直通房子后面的大路。蒲伯认为，尽可能地适应自然地形，加强地形，最大限度地利用它的潜在特质，可以得到最好的效果。树应该种在小山顶上，使它显得更高，山谷应该空着，显得更深，或者在山谷里存上一泓清水，潺潺流出。蒲伯在1731年出版的《书信集》里，发表过这座园林的草图。它的设计人是拉厄特（Laerte），有布里奇曼（Charles Bridgeman，主要活动在18世纪10—20年代）的协助。

在阙根海姆的花园里，最值得注意的是出现了叠石假山和山洞。这是中国园林里最独特的东西，也是17世纪来华的耶稣会士和商人们最感兴趣的东西，曾经大加渲染。蒲伯在他的花园里引进中国的叠石假山和山洞，在英国开了风气之先。

在每一个时代，诗人和散文家对文化潮流的演变总是最敏感的。英国18世纪造园艺术的演变也是这样，新的历史要求首先经过他们适应、提倡，上升到美学甚至伦理学的高度，然后，引进广泛的实际创作。

比较早地响应诗人和文士的造园家，有斯威奢（Stephen Switzer）和蓝格雷（Batty Langley）。但是，在英国创造了自然风致园的代表人物，是布里奇曼、坎特（William Kent，1685—1748）和勃朗（Lancelot "Capability" Brown，1715—1783）。其他如凡布娄（John Vanbrugh，1664—1726）等，也推波助澜，不过作用小一点。这三位造园家和建筑师的劳绩都由自然风致园的积极鼓吹者、作家沃波尔伯爵记载在他1771年写的《论当代造园艺术》（On Modern Gardening，1785）里。可惜，由于历经反复改造，他们的造园作品已经没有保持原来面貌的了，仍然只能依靠文字资料来论述他们。

布里奇曼曾经协助蒲伯设计阙根海姆的花园，被认为是自然风致园的第一个代表人物。他进一步实现了斯威奢提出来的设想，把林园逐步引进花园，使它们之间的过渡不要太突然，完全取消了英国园林里特有的、花园和林园之间的围墙或者栅栏，而用从远处看不见的壕沟来作花园的防御性边界。后来坎特见到了，很钦佩，推广了开去。这样，花园就渐渐同自然没有了界限。

沃波尔说，布里奇曼"排斥绿色雕刻，甚至不肯像前一代人那样把树木修剪得方棱方角。他更进一步，憎恶把每一部分都搞成对称的。他虽然还大量采用两侧有经过修剪的高高绿篱的笔直道路，但它们只不过是大的基线，其余部分，他都处理得很朴野，在花园里稀稀疏疏点缀着一丛丛的橡树"。

一本当时出版的叫作《不列颠的维特鲁威》（Vitruvius Britannicus）的书，是专门介绍著名建筑师的作品的，里面有伊斯特伯里（Eastbury in Dorsetshire）地方的一所大府邸的园林的平面图，据说是布里奇曼设计的。可是它严格对称，有中轴线，完全采用几何布局。看来，布里奇曼还是一个过渡阶段的造园家，或者受到业主的拘束。不过，著名的感伤主义诗人汤姆逊（James Thomson, 1700—1748）在他的名诗《秋》（1730）里，描写这所花园说："这里是纯朴的自然，每个景都……展向无穷的远方。"可见，诗人是按照他自己的口味来描写的，描写的是他的愿望。汤姆逊是著名的歌唱自然的诗人，对当时的文化潮流有很大的影响。他说过："我不知道还有别的什么东西比大自然的作品更能鼓舞人心，更能使人愉快，更能唤醒诗意的热忱、哲理的思考和道德的感情。"他也是造园艺术新潮流的推动者之一。

坎特的创作比布里奇曼进了一步。他同诗人蒲伯一起，在伯灵顿伯爵的支持下，对18世纪上半叶的英国文化有左右风气的作用。在建筑中，他是帕拉第奥主义（Palladianism）的主将，也设计过不少哥特式建筑，有折衷主义的倾向。关于他的造园艺术，沃波尔写道："他在创作中所依据的主要原则是透视、光和影。用树丛来弥补草地的单调和空洞；常春藤和树木同阳光炫目的旷地相对照；在景色不够优美或者一览无余的地方，他点缀上一些浓荫，使景色富有变化，或者使很美的景致增加层次，游览者要向前走才能逐步观赏得到，从而更加诱人。……他顺应自然，甚至顺应自然的缺陷。……他的基本信条是，自然憎厌直线。"顺应自然、憎厌直线、增加层次、随步易景，这些都同古典主义造园艺术相反，而是中国造园艺术的特色。虽然不能说这些都一定得自中国，但坎特对中国花园有相当的知识，那是一定的，因为，他曾经在花园里做了叠石假山。那么，说坎特受到过中国经验的启发，不是没有根据。

坎特为伯灵顿伯爵设计了切斯威克府邸（Chiswick House, Middlesex, 1734）的园林，有一张1736年画的平面图留了下来（Inigo Triggs绘，另有法国人Jean la Rocque所绘的一张），虽然它仍然有古典主义园林里典型的三叉式林荫路，但是，在林荫路之间和它们的外侧，却是萦回曲折的羊肠小径，这样的部分占地比例很大。没有几何式的花圃，没有绿色雕刻，没有昂贵的喷泉，也没有方整的水渠和池子。自然的手法一直逼到府邸的窗下，墙根前就有浓密的树荫。花园已经快与林园分不开了。

有一所著名的斯托（Stowe, Buckinhamshire）花园，是1714年由布里奇曼和凡布娄开始设计的，他们死后，于1734年由坎特继续。有一张1739年发表的平面图，看来同切斯威克府邸的花园大体一致。据说除了对称、有盘绕迂曲的小径之外，也不剪树木，用壕沟代替围墙。更有意思的，是有坎特设计的中国式叠石假山和山洞。

虽然倾慕自然式花园的风气已经越来越强，18世纪上半叶的前期，古典主义还是占着统治地位的。古典主义的造园家们嘲笑坎特和蒲伯，说他们设计的园林，不是正统的建筑师的园林，而是"画家和诗人"的园林。因为坎特在从事建筑和造园之前本来是一个画家，而且，他在园林设计中，常常有意追摹洛兰和罗莎的风景画，以致有一次在一座花园里故意栽了一棵枯树，后来后悔得不得了。但是，古典主义者的讽刺恰恰说出了新潮流的一个重要特点，就是它追求诗情画意。同古典主义园林的纯粹理性相反，新的园林力求表现情感。因此，诗人和画家，或者文人学士，对园林设计起着比建筑师更大的作用。在这一点上，新潮流同中国造园艺术息息相通。中国人正是以诗入画，以画入园，从而使园子里充满了诗情画意的。

新的造园艺术的最后成功，是由勃朗达到的。他在园林里不再使用轴线对称的几何构图，也不再造笔直的林荫道。他干脆连花园四周的壕沟也取消了，把花园和林园连成一片。把水面从石头砌的几何形池子里解放出来，而用自然式的池塘和小河。所有的道路都是回环萦曲的。主要建筑物规模比较小，成了花园里普通的组成部分，不再在构图上起统率园林的作用，因此，它身旁不要建筑性的花圃，林园的榛莽一直伸展到它的阶砌之下，而并不觉得有明显的不协调。虽然也许并不完全协调。

勃朗的作品很多，并且被任命为宫廷造园家，因而影响很大。他最终形成了自然风致园这个造园艺术的新流派，生前就赢得了很大的荣誉。当时就有人说，很少有哪一个绅士不去找勃朗，请他改建花园，或者至少提几条意见。他的绰号"Capability"，就是因为他有求必应，不论改建哪个花园，他都说"行，行"。

所谓自然风致园，最纯净的形态就是把花园布置得像田野牧场一样，就像从乡村的自然界里取来的一部分。当年艾迪生提出的设想，大致就是这样。当然，这是经过加工提炼的田园牧场，它更加优雅、宁静、清爽。勃朗喜欢把陡坡搞得平缓一些，河岸简洁一些，大致平行，把杂沓的树木伐掉一些。他追求的是平淡恬静的风格。

大约在1748年至1750年间，勃朗改建了先后由布里奇曼和坎特设计过的斯托花园。有一张鸟瞰图（1769年Desmadryl绘）遗留了下来，从图上看，没有轴线，没有直路，没有对称布局，没有几何式的花圃。所有的道路都是曲曲折折，在草地和树木之间绕来绕去。树木或者成丛成片，或者三三两两，有疏有密，散布在草地上。小河和湖泊也是两岸弯弯，一忽儿宽，一忽儿窄，形状自然，岸边芳草萋萋。有一些小建筑物点缀在各处，大多是希腊式的。还有中国式的石拱桥，一直遗留到现在。

18世纪中叶，这种自然风致园在英国风靡一时，古典主义的造园艺术被取代了，有一些原有的古典主义的园林也被改造掉了。这种附属于新贵族庄园的自然风致园，经济、闲适，具有日常起居生活的散逸情趣，同以勒瑙特亥为代表的法国式园林对立。

这样的自然风致园确实是英国人独创的英国式园林，英国人一向很以为荣。不过，在它的诞生和发展过程中，得到过中国经验的启发，借鉴过中国的手法和题材，这是毫无问题的。从坦伯尔和艾迪生的文章，到坎特和勃朗设计的叠石假山、山洞和拱桥，都是明证。所以，当这种自然风致园流传到法国之后，法国人就把它叫作"英中式园林"或"中英式园林"，甚至干脆叫"中国式园林"。这后一种叫法，其实并不合适。

但是，一些英国人很不愿意承认自然风致园受到过中国的影响。其中比较有代表性的人物，前面已经提到过一个诗人格雷。还有一个有名的沃波尔。在1750年，自然风致园刚刚形成的时候，沃波尔曾经说他喜爱中国建筑和花园不讲求对称、自由活泼。他的草莓堡（Strawberry Castle）外观是哥特式的，但内外装饰都用中国式的不规则造型。1750年2月25日，他在给朋友霍瑞士·曼（Horace Mann）的信里说："你无论何时回到英国来，都会因为我们有自由去追求我们的爱好而高兴，你想不到：公共建筑是希腊式的，小型建筑和园林则是哥特式或中国式的。"到了1771年，自然风致园已经大大盛行，他在《论当代造园艺术》里，却忽然改了腔调，埋怨法国人采取了英国的园林式样，却不说来自英国，"把我们这种式样的园林称作英中式园林，从而否定了我们的成就的一半，便是否定了我们的独创性，说是中国人发明的，这是十分荒谬的"。更加差劲的是过河拆桥，转过来大大贬低中国的造园艺术。

对于这种反科学的态度，18世纪的法国人和德国人当时就纷纷来驳正。但是我们不必引证，因为有一个叫马歇尔（W. Marshall）的英国人说过（见*On Planting and Rural Ornament*，1803），法国人把自然风致园叫作英中式园林，是因为他们嫉妒英国人的成就。那么，我们就引证英国人自己的话罢。在自然风致园形成的初期，就像沃波尔在1750年时一样，有一个叫坎布里奇曼（Richard Owen Cambridge，1717—1802）的人，他是鼓吹"中国热"的《世界》（*The World*）杂志的撰稿人，沃波尔叫他"百事通"。他称坦伯尔爵士为"近代园林艺术的先驱"，说坦伯尔"有预言家的精神，指明了一种更为高超的园林风格，即自由而不受束缚的风格"。1755年他在《世界》杂志18号上撰文说："当今能看到这种正确而高尚的观念得到实现，实在是莫大的幸福。"他因此很得意地说：在园林方面，"我们是欧洲最早发现中国风格的人"。1768年出版的著名建筑师沃尔（Isaac Ware，？—1766）的《建筑学大全》（*A Com-*

plete Body of Architecture）里说，尽管英国人反对，但是，"中国人是自然风致园的创造者"。不过，他对当时流行的不伦不类的仿造建筑很不满意。他写道：希望"废除那些法国式、中国式和哥特式的装饰，这些东西都同样低级而庸俗，在崇尚建筑艺术的国度里不配占有一席之地，它们败坏建筑物主人的情趣"。

总之，18世纪上半叶，英国的自然风致园，在观念上和一些手法上，是受到中国的影响的，但是，限于知识不足，这种影响不很具体。这是中国造园艺术在欧洲的影响的第一个阶段。

5

第二个阶段也在英国发展，从18世纪中叶开始，进程很快，形成了图画式园林。在这个转变中，中国造园艺术的影响具体得多了，中国式的造园因素甚至成了新园林的标志。

这次转变的根本原因，是在英国文化中，先浪漫主义成了声势很盛的潮流。先浪漫主义是很复杂的。它包括一些先进的资产阶级知识分子，为彻底摆脱封建思想的牢笼，争取个性的自由解放，而在大自然里见到了无拘无束、生气勃勃的景象。这些人深深受到法国启蒙思想家卢梭的影响。先浪漫主义也包括一些没落的封建贵族，借大自然来抒发他们愤世嫉俗的感情。而这个潮流中有别于18世纪上半叶的新因素，则是思想界对原始积累时期资本主义制度的抗议。这时候，由于资本主义的迅猛发展，劳动人民无产化，城市生活越来越混乱，并且，对东方人民进行了残酷的掠夺。对这些早期资本主义的种种矛盾，一些敏感的知识分子痛心疾首，于是，在文学艺术中，反映为颂赞宁谧的田家情趣、自然山野风光、中世纪式的生活，也对东方各民族的文化产生了同情和爱好，而不仅仅是好奇。法国启蒙思想家这时候掀起的新的"中国热"，同这后一部分思想合流。

思想解放也好，愤世嫉俗也好，抗议也好，都是在胸中郁积着强烈的感情。因此，先浪漫主义的一个重要标志，就是抒情。新一代的文艺家们，认为文学和艺术的首要任务是培养人的感情，而主要的方法是打动人心。他们认为，丰富而纯真的感情，只有在大自然的怀抱里才能培养出来。山川草木，全都脉脉含情，能够通人心灵。

渥顿府邸（Wharton House）中国式花园中的双鹤铜像——"长寿"

先浪漫主义者在中国园林里见到了他们所需要的艺术形式，一种能够培养他们所追求的精神和情感的形式，而不仅仅是自然的美。于是，英国人就更加热烈地爱好起中国式的园林来了。

以勃朗为代表的自然风致园从18世纪中叶起受到了激烈的批评：它同周围的村野风光合而为一，没有特色，没有变化，不足以激起人们深沉的感情。

就在这样的时候，有两个人空前具体、空前生动地介绍了中国的造园艺术。一个是前面说到过的法国画家王致诚神父，一个是英国建筑师钱伯斯爵士（William Chambers，1723—1796）。

王致诚是耶稣会的传教士，到北京后，被清廷安排在如意馆作画。因为参与绘制圆明园四十景的图，也可能协助监造西洋楼，有机会在园里活动。1743年，他给住在巴黎的达索（M. d'Assaut）写了一封长信，详细地描述了圆明园。他是一个画家，所以对中国造园艺术感受比较深，信的文字也很有色彩，被各种书籍一再转载，起了很大的作用。

王致诚热烈地赞美圆明园，说："这是一座真正的人间天堂"，"再没有比这些山野之中、巉岩之上、只有蛇行斗折的荒芜小径可通的亭阁更像神仙宫阙的了"。

把这些话同五十多年前李明的话对照一下，就可以看出，法国人对中国文化的态度有了多么大的变化。传教士们终于在摆脱了古典主义的偏见之后，看到了他们十分陌生的中国艺术的价值了。

王致诚所理解的中国造园艺术的基本原则是："人们所要表现的是天然朴野的农村，而不是一所按照对称和比例的规则严谨地安排过的宫殿。"丘壑、蹊径、水涯、山石、磴道，都仿佛"自然的作品"，"由自然作成"，"那儿是一片令人心醉神迷的乡野风光"。湖边的花儿"从山石缝里长出来，全是天然之物"。离房屋不远，便是"只有最荒僻的深山里才有的一丛野树"。

追求自然，就在形式上同欧洲的古典主义园林有显著的差别。王致诚对比二者，看到，圆明园里，"道路是蜿蜒曲折的……不同于欧洲的那种笔直的美丽的林荫道……""水渠富有野趣，两岸天然石块，或进或退……"它"弯成弧形，好像因为小丘和岩石的推挡而盘绕弯曲……""美丽的池岸变化无穷，没有一处地方与别处相同"，所以，"不同于欧洲的用方整的石块按墨线砌成的边岸"。

在一所曲折而多变化的园林里，建筑物也必须曲折而多变化，才能统一协调，就像古典主义花园里，必须有地毯式的几何形花圃，才能同几何形的建筑物协调一样。王致诚不很自觉地感觉到这一点，说，"离宫里人们几乎处处喜欢美丽的无秩序，喜欢不对称"，跟欧洲的"处处喜欢统一和对称"截然不同。建筑物不但总体配置自由，形体参差错落，而且连细节，如门窗等，也姿态百出，"有正圆、长圆、正方、多角，有扇形、花形、瓶形以至鸟兽鳞介等各种形状"。王致诚以很大的兴趣描写了游廊："……不取直线，有无数转折，忽隐灌木丛后，忽现假山石前，间或绕小池而行，其美无与伦比。"他很好地说明了，圆明园里建筑物同花园之间互相渗透、互相融合得多么巧妙。有了这许多处理，所以建筑物不是一览无余，而是越看越有味。"一切都趣味高雅，并且安排得体，以至于不能一眼就看尽它的美，而必须一间又一间地赏鉴；因此可以长时间地游目骋怀，满足好奇之心。"

王致诚正确地描写了圆明园的特点：它是由许多组小花园汇合起来的，因此层次和变化格外丰富。他说："人工堆起来的二丈至五六丈高的小山丘，形成了无数的小谷地"，谷地里有河渠池沼，各种样式的建筑物，同花坛、流泉组成了可爱的整体。"由蜿蜒的小径从一个谷地出来……穿亭过榭又钻进山洞，出了山洞便是另一个谷地，地形和建筑物都跟前一个完全不同。"这样的谷地有两百处以上，相距很远，"彼此之间没有一点相同的重复"。

虽然没有明确地意识到，但王致诚通过对圆明园这些谷地的描写，已经接触到了中国园林的一个重要结构原理：以或大或小的景作为布局的基本单位，而景往往以建筑物为主体。以景为基本单位，则园林就不是简单的自然的一角，而是经过剪裁、提炼、集中，经过典型化的自然。这样，就有更浓的诗情画意，更有深度。正是在这一点上，可以很明确地把中国园林同英国的自然风致园区别开来。

王致诚敏锐地指出，虽然处处仿佛"成自天然"，但圆明园里的土丘、石山、河湖等全是人工的，"一切都由人工筑成"。

中国的园林追求自然，却从来不像英国的自然风致园那样追求逼真地模仿自然。中国园林里的师法自然，是写意式的，它不回避人工痕迹，而且常常要卖弄人工技巧，这是和中国的山水画要卖弄笔墨是一样的。不过，王致诚当然还没有认识到这些，只是感觉到了人工罢了。

王致诚的信很长，其中还有一些具体的叙述，我把它放在第九部分里再说。他介绍的缺点，是仅仅作为一个游览者，一一记录了见到的景致，并没有认真去研究圆明园的造园艺术，所以，有些事，我只说他不自觉地感觉到、接触到，并没有认识到。当然，所谓缺点，不过是对我们要研究造园艺术的人说的，作为一篇游记，它很出色，里面还生动地描述了皇帝在圆明园的生活。

这封信汇编在《传教士书简》（*Letters édifiantes et curieuses, écrités des missions étrangers*，1713—1774分册出版）里，于1747年问世，轰动

了整个欧洲。1749年译为英文出版。1752年又以《中国第一园林特写》（*A Particular Account of the Emperor of China's Gardens*）的书名再度在英国出版，译者为牛津大学诗学教授斯本塞（Rew Joseph Spence）。斯本塞是一位园林艺术爱好者，他在1747年的著作《波利默蒂斯》中说，中国园林是绘画、诗歌和建筑相结合的典范。于是有一些王公贵族，千方百计搜集有关中国园林的资料，托人复制1744年唐岱和沈源画的圆明园四十景图，也有复制热河避暑山庄三十六景图的。1770年，巴黎曾有人出售王致诚寄回去的圆明园四十景图。巴伐利亚的路德维希二世（Ludwig II，1845—1886，Bavaria），很想仿造圆明园，曾经设法复制四十景图。不过，这些复制品似乎是在第二次鸦片战争之后，于1862年才流到法国。

英国人在王致诚的信里至少可以认识到两点：第一，真正的中国园林同他们的自然风致园原来有这么大的差别。中国园林如此丰富，充满了胜境幽处、意想不到的变化，而自然风致园不免失之于单调。第二，中国园林里充满了浪漫情趣，山重水复，木老石古，比起来，自然风致园就太平淡了。于是，在造园艺术里开始了新的转变。大约在18世纪50年代，洛克斯顿（Wroxton）地方的一所花园，可能是这种转变的初期尝试。

但是，真正的转变，却要在钱伯斯的著作出版之后。

苏格兰人钱伯斯，青年时代从事商业，经常航海到各地。这期间却对语言、数学、建筑等发生了浓厚的兴趣。1742—1744年间，以瑞典东印度公司押货员的身份来到中国的广州，搜集了一批建筑、园林、服装和其他艺术资料（一说1744年、1748年两次来华）。他对中国的园林很有兴趣，参观过一些，并且向一个叫李嘉（Lepqua）的中国画家讨教过造园艺术。1749年，辞去商业职务，到巴黎学习建筑，受的是古典主义的教育。1750年，又到意大利学习。1755年回到英国，担任威尔士亲王（Prince of Wales）的绘画教师。1757—1763年间，为王太后主持丘

钱伯斯《中国建筑、家具、服装和器物的设计》(1757)中的建筑图

园（Kew Garden）的园林和建筑设计。1761年，成为宫廷建筑师，1782年，任宫廷总建筑师。

　　1757年（或说1753年），钱伯斯出版了一本介绍中国建筑和园林的书，叫作《中国建筑、家具、服装和器物的设计》(*Designs of Chinese Buildings, Furnitures, Dresses, Machines, and Utensils*)。内容主要是介绍各种建筑物，有相当精确的插图。后面大约四分之一的篇幅介绍中国的园林，在开头和结尾，两次提到，关于造园的知识都是从李嘉学习的。同年，在5月份的《绅士杂志》(*The Gentleman's Magazine*)上发表了一篇《中国园林的布局艺术》(Of the Art of Laying out Gardens Among the Chinese)。1772年，又出版了《东方造园艺术泛论》(*A Dissertation on Oriental Gardening*)，在这本书里，向当时流行的、以勃朗为代表的自然风致园猛烈开火。1773年再版这本书的时候，增加了一位姓谭（Tan Chet-Qua）的中国人的注释（Explantory Discourse），用来提高战斗力。

钱伯斯的著作在欧洲造成很大的影响。作为一名建筑师，他对中国建筑和园林的理解都比过去的商人和传教士深刻得多，也比王致诚强。他不是记录见闻，而是综合地、概括地描绘中国的造园艺术，有所分析，说出了一些见解。钱伯斯把《设计》的手稿给著名学者约翰逊（Samuel Johnson, 1709—1784）看，他十分赞赏，说"这部书不需要补充和修改，只要写几行序言就行了"。他动手写了序言，说："要恰如其分地赞扬，不少也不多，这是很难的。中国学术、政治和艺术已经受到无限的颂扬，这说明新鲜的事物有多么大的吸引力，而尊敬又如何容易变为钦佩。"作为一个宫廷建筑师，钱伯斯的地位足以大大增强他的影响。他在丘园里略略实现了一些中国园林的手法，造了一座地道的中国式的塔，整个欧洲，哄传一时。他是英国18世纪下半叶图画式园林的奠基人，在英国造园史上划了一个时代。1775年，杜切斯纳在《论园林构成》（A. N. Duchesne, *Sur la Formation des Jardins*）里说："1757年钱伯斯先生所介绍的……中国人关于园林布局的观念，在英国和法国造成了很大的进步。"

钱伯斯既反对古典主义的花园，说它像城市里的街道和广场，像士兵的行列，也反对以勃朗为代表的自然风致园，批评它"与普通的旷野几无区别，完全粗俗地抄袭自然。人行其中，不知是在野外，抑在花园中，但却花了很多钱，使人毫无所觉，既不能取悦于观者，抑且不能自愉，没有任何足以引起兴趣和新奇感的地方，顶多只是一幅旷野风景，毫无情绪上的共鸣"（贺陈词译文）。钱伯斯正确地指出，造园艺术作为一种艺术，它就绝不能只限于模仿自然。他说："花园里的景色应该同一般的自然景色有所区别，就像英雄史诗区别于叙述性的散文"，"如果以酷肖自然作为评判完美的一种尺度，那么舰队街（Fleet Street）的蜡人将超过米开朗琪罗的一切作品了"。钱伯斯认为，古典主义的花园"太雕琢，过于不自然……态度是荒唐的"，而自然风致园"不加选择和品鉴……又枯燥又粗俗"，最好是"明智地调和艺术与自然，取双方的长处，这才是一种比较完美的花园"，这种花园，不是别的，正是中国的花园。钱伯斯在《设计》的前言里说："任何真正中国的东西至少都有它独创的优点，中国人极少或从不照搬或模仿别国的发明。"

钱伯斯在《泛论》里说：中国人"虽然处处师法自然，但并不摒除人为。相反地有时加入很多劳力。他们说：自然不过是供给我们工作对象，如花草木石，不同的安排会有不同的情趣"（贺陈词译文）。利用大自然来抒写情趣，这正是当时先浪漫主义的一个重要特点。在1757年的《设计》里，他说："中国人的园林布局是杰出的，他们在那上面表现出来的趣味，是英国长期追求而没有达到的。"

钱伯斯关于造园艺术的理解，比他的前人确实深刻多了。他对中国园林的认识，也已经处处超出了"模仿自然""不规则""曲折"等直觉的表面观察。他在中国园林里见到了英国人追求而未得的趣味，对于扩大中国造园艺术在英国的影响很有意义。

1757年，在《设计》中，钱伯斯相当系统而全面地论述了中国的造园艺术。关于基本特点，他在开头说："大自然是他们的仿效对象，他们的目的是模仿它的一切美丽的无规则性。"接着，他说到造园之前的相地："首先，他们详察所选定的地址的地貌，看看它是平川还是坡地，有土丘还是有山冈，是开阔的还是幽闭的，干的还是湿的，是不是有许多小河和泉水，或者根本没有水。他们对各种各样的环境很重视，选择最适合于自然地貌的布局方法，这种方法花钱最少，最能遮盖缺点，而又最能充分发扬一切优点。"这些话，钱伯斯自己在以后的著作里重复过，欧洲许多关于造园艺术的书里也曾经或明或暗地引用过。例如，申斯通（1714—1763）在他的《造园艺术断想》（William Shenstone, *Unconnected Thoughts on Gardening*, 1770，一说1764印行）里就大体相似地说过这段话。

钱伯斯比王致诚进了一步，明确地说出，"中国园林的实际设计原则，在于创造各种各样的景，以适应理智的或感情的享受的各种各样的目的"。1757年，他说："整个地段被分划成许多不同的景；他们的园林的完美之处，在于这些景致之多、之美和千变万化。中国的造园家，就像欧洲的画家一样，从大自然中收集最赏心悦目的东西，把它们巧加安排，以至不仅仅这些东西本身都是最好的，更要使它们在一起组成一个最赏心悦目、最动人的整体。"他已经看到了自然美的剪裁、提炼和集中，看到了园林的整体性。

中国园林里的这些景，都有性情。1757年，钱伯斯写道："他们的艺术家把景分为三种，分别称为爽朗可喜之景、怪骇惊怖之景和奇变诡谲之景。这后一种景是传奇性的，中国人利用各种手段在那儿造成诧异之感。有时候，他们把小溪或者急流引入地下，它们异常的响声使不知它从何而来的人感到奇怪。在另一些时候，他们把石头、建筑物和其他东西巧妙布置起来，以至当风通过它们的间隙和空洞时，会发出从来没有听到过的奇异的声音。怪骇惊怖之景有摇摇欲坠的悬岩、黑暗幽冥的山洞、从山顶四面八方奔泻而下的汹涌湍急的瀑布。树木都奇形怪状，好像被风霜雨雪折磨得枝干断裂。……在这些景色之后，接踵而来的是爽朗可喜之景。"钱伯斯的这一段话也许有点夸张，也可能是李嘉做了一点想象。但是，钱伯斯看到的是广州的一些小花园，岭南的园林，一般在意境上比较刻露，比较多地玩弄一些戏剧性效果，则钱伯斯的话并非全无根据。1772年，他在《泛论》里进一步分析了这三种景。例如，关于怪骇惊怖之景，他写道："所有的建筑物都是废墟；不是被火烧得半焦，就是被洪水冲得七零八落：没有留下什么完整的东西，只有山间散布着的破烂小舍，它们表示有人活着，但活得凄惨。蝙蝠、猫头鹰、秃鹰和各种猛禽挤满山洞，狼、虎、豺出没在密林，饥饿的野兽在荒地里觅食，从大路上可以见到绞架、十字架、碟轮和各种各样的刑具。"游园者可以见到"岩石中幽暗的山洞……巨大的狮子、青面獠牙的恶魔和其他吓人的东西的塑像……时不时地他要为一次又一次的雷击、人造暴雨或者猛烈的阵风及意外爆发的火焰而大吃一惊……"这种戏剧性的描写和真实的中国园林相差太远，显然出自空想，有意大利巴洛克式园林的味道。对恐怖的渲染，则大约受到哲学家博克（Edmund Burke，

钱伯斯《设计》中的中国商人住宅剖面图

1729—1797）的影响，他认为："在任何情况下，惊惧都是崇高的基本原则。"

钱伯斯看到了中国园林的善于利用对比。1757年，他说："中国艺术家们知道，对比能够特别强烈地扣人心弦。他们经常运用突然的转变和形、色、光、影的强烈反衬。同样，从两边有屏障的狭路变为阔远的境界，从可怖之景变为可喜之景，从河、湖变为坡、冈和丛林。他们用明亮的色调同灰暗沉郁的色调对比，用简单的形状同复杂的形状对比；精心地布置各种物体的光和影，以至花园的景色在局部上是明确的，在总体上是夺目的。"这种景色的对比处理，是中国园林中保持新鲜感、丰富印象、使人始终兴致勃勃并且虚幻地扩大园林的范围的重要方法，钱伯斯有所认识，以后不少欧洲造园家在著作中也都反复指出。

不同规模的园林有不同的处理方法。钱伯斯说："当地段宽阔而人们能够在其中布设许多景色的时候，每个景通常只有一个良好的观赏点；但是，当地段狭小，不能容纳很多景色的时候，人们为了补救这个缺点，就把每一个景布置得从各个角度看过去有各种不同的表现。这项技巧非常之高，以至各种不同表现之间没有丝毫相似之处。"

"在大型的园林里，中国人为清晨、中午和黄昏布置不同的景；并且在合适的观景点建造建筑物，供一天内不同时间的消遣之用。小型的园林里，一个景有各种不同的表现，为不同的观赏点设置建筑物，它们提示出，在一天内的什么时间可以欣赏一个景的最完美的表现。"不但按一天的晨昏设景，钱伯斯说，中国园林还按一年的四季变化设景，主要是配植不同的花木。

不仅创造为了观赏的景，园林里"也创造适合于各种活动的环境，如宴饮、阅读、睡眠、沉思等"（贺陈词译文）。

钱伯斯叙述了中国园林里由掩映层次而造成的悬念和意外。他写道："中国人的另一种技巧是，用树木或者其他中间物把园林的某一部分隐蔽起来。它们挑逗起游客的好奇心，他想走近去看一看，而走近之后，由于看到完全没有预料到的景色或者同原来想寻找的景色完全相反的景色而大大觉得意外。湖的尽端经常是掩蔽起来的，为的是让人去驰骋想象。这样的方法被用在所有中国园林里。"

更有趣的，是钱伯斯说到中国园林里用尺度和色调的变化来造成空间的深远效果。1757年，他说："通过与观景点的距离成正比而逐渐缩小房屋、船只和其他东西，他们造成透视的景；为了引起最使人印象深刻的幻觉，他们给花园远处的东西以灰色色调，远处种的树，颜色深暗，而且比近处的树低矮。用这种方法，那些很小的、局促的园林就显得好像很大、很宽阔了。"关于透视，他显然说得过于机械了一点，不符合园林艺术的特点。也许会有个别的观赏点可以这样处理。但是钱伯斯看出了中国私家园林刻意追求"小中见大"，则是很可贵的。

和王致诚一样，钱伯斯注意到了建筑物在中国园林里的重要作用，注意到它们同园林的协调一致。他说，中国园林里的建筑物的样式和风格也配合喜悦的、恐怖的和令人惊讶的景。他描写了中国园林里多种多样、千变万化的小建筑物，说，它们主要是用在令人喜悦的景里的。

一百多年来，欧洲人对中国园林的介绍，非常突出"曲折"。一般说来，这是对的。对一个习惯于古典主义园林的人来说，特别注意到中国园林的曲折，也是一定的。但是，像坎特那样，认为在自然式花园里不能有直线，就过于片面了。钱伯斯指出，中国园林里的曲折是自然而合理的，并不故作姿态。他在《泛论》里说，"中国人并不仇视直线，也不嫌恶直线图形，认为其本身仍然是美的，不过只适宜于小面积"（贺陈词译文）。其实，在重要建筑物前面的小小花圃里，中国造园家们也是布置对称的、"建筑性"的花池或者树木的，只不过不引人注意罢了。

在《设计》里，钱伯斯说："布置中国式园林的艺术是极其困难的，对于智能平平的人来说几乎是完全办不到的。因为虽然这些规则好像是简单的，自然地合乎人的天性，但它的实践要求天才、鉴赏力和经验，要求很强的想象力和对人类心灵的全面的知识；这些方法不遵循任何一种固定的规则，而是随着创造性的作品中每一种不同的布局而有不同的变化。"因此，中国的造园家不是花儿匠，而是画家和哲学家。在《泛论》里，他说："在中国，不像在意大利和法国那样，每一个不学无术的建筑师都是一个造园家……在中国，造园是一种专门的职业，需要广博的才能，只有很少的人能达到化境。"

钱伯斯的著作，大大深化了欧洲人对中国造园艺术的认识，也更进一步激起了对中国造园艺术的兴趣。这种造园艺术，正是英国先浪漫主义所需要的。

钱伯斯在丘园里的一角采用了一些中国式的造园题材和手法。园里辟了湖，叠了山，筑了岩洞，把一个本来"地势低平，毫无景色可言，既没有森林，也没有水"的地方，变成了很美的园林。我在这篇文章一开头就引用过的德国艺术评论家、美学教授赫什菲尔德的《造园学》里，有这样的话："钱伯斯建园，用曲线而不以直线，一湾流水，小丘耸然，灌木丛生，绿草满径，林树成行，盎然悦目——总而言之，肯德

钱伯斯的丘园中的中国塔（1761—1762）

公爵入此园中，感到如在自然境界。"（朱杰勤译文）

　　1761—1762年，在丘园里，钱伯斯造了一座中国塔，砖的，八角，十层，高48.8米。塔上塑了80条龙。他自己在一篇关于丘园的记述中说，塔身装饰着"薄薄的彩色琉璃，五彩缤纷，令人目眩"。此外又造了一座阁子。这两幢建筑物比以前欧洲任何一幢中国式建筑都更接近真正的中国式样。在这些之前，丘园里已经有一座中国式的小小孔庙（建筑师Joseph Goupy，？—1782），全是空花木格装修。此外，丘园里还有一些土耳其式的、印度式的、摩尔式的等小建筑物，反映着当时英国人对东方的普遍兴趣。1763年，钱伯斯把丘园里这些小建筑物的平、立、剖面图汇编出版。1771年，瑞典国王见到这本书后，封钱伯斯为骑士，授北极星勋章。英王乔治三世恩准他在英国使用这个头衔，他的声望到了顶峰。

　　钱伯斯的著作和在丘园里的创作，出现在迫切需要这样一种能够撩拨人心的艺术的时节，因此，风逐浪奔，浪随风起，一时造成了仿造中国式园林的新高潮。王公贵族、富商巨贾，纷纷新建园林，或者改造原有园林，追求时髦趣味。

赫什菲尔德在《造园学》里说："外国的所有园林里，近来没有别的园林像中国园林或者被称为中国式的园林那样受到重视的了。它不仅成了爱慕的对象，而且成了模仿的对象。"但是当时批评钱伯斯和中国式园林的书和文章也很多。诗人麦森（William Mason）1773年写了一篇《给威廉·钱伯斯爵士的英雄体致敬书》，大加讽刺挖苦。

从18世纪中叶起的这种园林，英国人称为图画式园林。在钱伯斯时期，比较有代表性的，有德洛普摩尔花园（Dropmore，1772年始建），艾姆斯伯里花园（Amesbury），夏波罗花园（Shugborough）等。德洛普摩尔花园里，不但有假山、水池和灌木丛，还有竹子和绿釉的空花瓷墩，中国风味很浓。

英国派到中国来的第一任大使马戛尔尼伯爵（Earl of Macartney，1793到中国）讲述在中国的见闻时说，热河避暑山庄的湖区像鲁登花园（Luton in Bedfordshire），它的山区像罗赛豪尔花园（Lowther Hall in Westmoreland），又说，在避暑山庄所享受到的田园之乐，同在斯托、伍本（Wooburn）和潘英山（Pain's Hill）三座园林里所享受到的一样。马戛尔尼伯爵的随员巴罗（John Barrow）在圆明园里住过一些日子，说圆明园像里士满德园（Richmond Park）。可见那些园林当时都是相当有中国风味的（均见John Barrow, *Travels in China*, 1804）。

不过，中国的造园艺术，正像钱伯斯说过的那样，十分精深奥妙，不论是用文字还是用铜版画，要描述它都很不容易，要靠那些描述来模仿它，就更加困难了。而且，钱伯斯所见到的，都是些广州的私家园林，规模很小。大型的皇家园林的布局手法，他并不知道。虽然也说了几句关于大型园林的话，大约是从李嘉那儿听来的一些零杂。但是，英国的庄园里的园林，一般规模都很大。这种大型园林有可能布置得像真正的乡野一样，却不能像中国小型园林那样完全采用写意的方法。相反，中国的小型私家园林根本不可能直接仿造自然，而只有通过典型

马戛尔尼伯爵带回伦敦、挂在伦敦银行的中国壁毯。所绘为中国乡野景色。

化，在粉墙里写意式地再现自然景色。没有中国大型皇家园林的经验，要把中国小型园林的手法用到英国大型园林里去，几乎是办不到的。

因此，英国的图画式园林，大多是在自然风致园的基础上，加一些中国式的片断：堆几座土丘，叠几处石假山，再点缀上错落的树丛，造成景色的掩映曲折，增加层次，引三两道淙淙作响的流水，穿过高高的拱桥，偶

1755年伍德莎德（Woodside，Berkshire）的中国亭。T. Robins 绘。

尔形成急湍飞瀑，汇聚到一片兼葭苍苍的小湖里去，湖里零散着小岛或者石矶。溪畔湖岸，芦蒲丛生，乱石突兀，夹杂几片青青草地伸到水中。道路在这些假山、土丘、溪流、树丛之间弯来绕去，寻胜探幽。有意识地造一些景，大多以建筑物为中心，配上假山和岩洞，或者在登高眺远的地方，或者傍密林深处的水涯。

更多的是建造一些中国式的小建筑物，例如亭、阁、榭、桥、塔等。这些小建筑物成了图画式园林区别于自然风致园的重要标志之一。因为王致诚和钱伯斯都曾经说过，在中国园林里，建筑物是造景的重要因素，往往是构成风景的主体。而且，模仿中国式小建筑物，虽然也很难，但毕竟不像模仿中国园林那样无从下手，绅士们就用它们来满足追求时髦的炫奇心理。不过，建筑物同园林的结合，却是中国造园艺术中最高深、最有情趣的课题之一，尤其在南方小型私家园林里。欧洲的建筑传统，是室内室外断然分明的。过去，在古典主义的园林里，用几何式的花圃、水池、道路、树木使园林"建筑化"来协调建筑物和园林，而一旦放弃了建筑性的园林，"自然化"的园林一直逼近到阶前砌下，需要建筑物的"园林化"来使二者协调的时候，欧洲人当时无能为力。他们仿照中国园林，在园林里造了很多建筑物，但是不能理解王致诚着力描写过的房屋周围的外廊和曲折的游廊的作用：使建筑物和园林穿插贯通、融合无间。因此，图画式园林里，往往显得建筑物堆砌过多，拥挤杂沓，徒然大大破坏了园林的自然性，而图画式园林本来是以自然作为灵魂的。这种情况，不久就引起了许多批评指摘，再加上中国建筑其实很不容易模仿，常常搞得怪模怪样，趣味低劣。所以，新鲜感一过去，这些建筑物败坏倒塌，就不加维修了。到18世纪末，图画式园林虽然还继续发展，中国式小建筑物却基本淘汰了。

有一些没落的先浪漫主义者，反映着封建贵族的末世情绪，喜欢在图画式园林里假造一些荒坟、废墟、枯木等，表达对失去了的中世纪的怀恋，凄凄切切，那就更加无聊了。

6

　　我在这里插进短短的一节，实际上是附录。对正文来说，这些资料关系不大，可以不写，但我不忍删去。因为，第一，写上这一点，英国的图画式园林就写全了，也就是英国18世纪的造园史就大体完整了。我想，读者是乐于看到的。第二，有一段马戛尔尼伯爵论中国造园艺术的话，有他独到的见解，虽然时间在18世纪末，晚了一点，但弃之可惜。我想，读者也是乐于看到的。

　　当时，同钱伯斯一起鼓吹造园艺术的改革的，还有魏特利（Thomas Whately）和前面提到过的申斯通等人。

　　申斯通写的《造园艺术断想》，不很成功，但也有一些可取的话，例如，他说："只有变化丰富的风景，才能在画布上构成一幅出色的画。……我想，风景画家会同时是一个园林设计家。"他指出造园家和画家有共同的修养，这是对的，但是，反过来，一个画家，如果没有专门的训练，也不可能成为好的造园家。德国哲学家康德（Immanuel Kant, 1724—1804）说过，绘画艺术应该"分为美丽地描绘自然和美丽地布置自然物两种。前一种就是现在的绘画，后一种就是规划游览用的园林"。他很正确地说明，造园同绘画虽然有关联，但并不是一个东西。1761年，霍姆（Home）写道："造园有一项其他艺术绝不能跟它并驾齐驱的优点：在不同的景里，它能够一个接一个地引起庄严、甜蜜、快活、愁闷、狂野等所有各种各样的感情。"斯开尔（Skell）则指出："在花园里创造自然图画，比在画布上创造它们要困难得多了。"（以上三段引文均出自*The Age of Rococo*。）

　　从1745年开始，申斯通在他自己300英亩（注：约121.4公顷）大的庄园里索威（Leasowes, Worcestershire）长期从事新式园林的建设。从大路岔出来，一条曲折的小路通向山谷深处，那里有一段故作残败的墙和一座门，这就是他的庄园的大门。住宅四周有一片草地，小径穿过草地和小小的池子，走进浓密的树林里去。整个庄园划成几个山谷盆地，它们的溪流、跌水、湖泊、曲径各各不同。在树木稀朗之处，可以远远望见一座教堂的尖塔。在适当的地方，布置着一些凳子：两个树桩上架一块板，有橡树或者白桦为它们遮阴。还设了几个休息之处，那里可以眺望邻近的几所花园，就同中国造园艺术里常说的"借景"一样。

魏特利是个业余著作家，写过一本书，叫作《现代造园艺术》(*The Observations on Modern Gardening*, 1770)。他所说的，基本上就是当时欧洲人所知道的中国造园艺术，但是他却否认中国的影响，以致这本书的法文译者拉达必（Latapie）在译者序（1771）里不得不指出，"……大量用来装饰他们园林的建筑物最清楚不过地说明，他们是在模仿中国人"。魏特利对勃朗的态度比较缓和，还相当赞赏。

到18世纪末年和19世纪初，普里斯、奈特（Richard Payne Knight, 1750—1824）和雷普敦（Humphrey Repton, 1752—1818）造成了图画式园林的高潮。此外，还有一个吉尔平（William Gilpin），他出版过一本书，叫《论画意之美》(*On Picturesque Beauty*, 1792)。

普里斯的观点是钱伯斯的继续。他反对坎特和勃朗的自然风致园，批评它们太过于单调、平淡、千篇一律。普里斯在1796年（一说1794年或说1810年）出版的《论画意》(*Essays on the Picturesque*) 里说，园林应该有戏剧性，应该出奇制胜，有远古的幽情，有异域的遐思。他主张，"建筑物的四周也要处理得像是出于大自然之手"。树木必须成丛，大小不一，树上缠绕着古藤，下面错错杂杂长着灌木。河岸要有高低起伏，两岸绝不可以平行。蹊径是弯曲的，陡坡断谷，浓荫蔓草，充满野趣。虽然如此，普里斯并不单纯鼓吹"自然"，而主张对自然做必要的提炼和剪裁。他说："园林不能孤立于其他的艺术，拒绝人为的加工，而一味骄傲地要求原始的贞洁……造园艺术的困难，不在于处理个别的部件，如喷泉、平台、道路、溪流和花卉树木，它的困难之处在于千变万化地把它们组合起来，连贯它们，搭配它们，形成一个能够触发人的感情的整体。"他对造园艺术的认识显然更高了一阶。

普里斯在他自己的福克斯莱（Foxley in Herefordshire）庄园里，在奈特的协助下，建设了一个图画式园林。奈特是他的邻居，就在附近的唐顿堡（Downton Castle），1774年也建造了一座园林。奈特写了一首1200行的长诗给普里斯（普里斯的《论画意》就是答复这首诗的），诗题就叫作"自然风致"（The Landscape），叙述了他对造园艺术的主张。在诗里，他痛贬勃朗，说："他们只配叫作修路的人、种树的人、打扫草地的人、演乡下土戏的人。他们所设计的不能算风景，把他们叫作自然风致园的设计师是根本没有道理的。"言词不免过于偏激。

雷普敦在1785年获得了英国历史上第一个正式的"自然风致园设计师"（landscape gardener）的称号。他是一个实践家，专门替人改造花园，一生大约改造了两百所左右。但他也有一本理论著作，叫《自然风致园的理论和实践》（Observation on the Theory and Practice of Landscape Gardening，1805）。他在理论上趋向保守，崇敬勃朗。他说："我不承认我追随勒瑙特亥或者勃朗，而是从二者的风格里选取美：从前者采取壮丽来同府邸协调；从后者取来优雅，产生自然风景的魅力。"为了适应业主的口味，他的作品的风格变化很大。当时图画式园林正在盛期，所以，他的作品里，图画式园林还很多，富于野趣，并不像勃朗的那样，不过，已经不用中国式的小建筑物了。1795年出版的他的一本《自然风致园的草图和说明》（Sketches and Hints on Landscape Gardening），影响很大。他的主要作品有考班（Cobham in Kent）的花园（1790始建）、阿丁罕（Attingham in Shropshire）花园和恰波罗花园（Charborough Park in Dorset）。它们实际上都不是勃朗一派。

不过，雷普敦的思想，既不主张单纯模仿自然，也不主张单纯模仿绘画，已经反映出图画式园林的衰落，反映出以勃朗为代表的自然风致园又渐渐时兴起来。19世纪之后，英国园林的主流就是自然风致园，局部地区既有图画式园林的手法，也有古典主义的手法。

钱伯斯之后，热情而又深入地介绍中国造园艺术的，是英国第一任赴华大使马戛尔尼。他是一个著名的业余造园爱好者，游览过圆明园，1793年参观了热河避暑山庄。他的随员巴罗在《中国游记》(*Travels in China*，1804)里详尽叙述了马戛尔尼对避暑山庄的描述。他说，山庄的"美丽、高雅和愉悦几乎是无与伦比的"。在这一篇描述之后，马戛尔尼又一般地论述了中国的造园艺术，很有出色的见解。

马戛尔尼说："……我们的园林和中国的园林十分相像，不过，我们擅长于改善自然，而他们擅长于征服自然，二者殊途同归。对中国人来说，在什么地方造园林是无所谓的，在自然之神宠赐优渥的地方也好，弃置不顾的地方也好。如果那地方属于后者，他把神请回来，或者强迫他们回来。他改变一切现成的东西，破除原来的样子，在所有的角落里都添加进新鲜事物去。如果那里是不毛的荒地，他种树来装饰它；如果是干燥的沙漠，他引河灌溉，或者索性造一个湖泊；如果那儿是光秃秃的十分平坦，他用尽各种可能的改造方法使它丰富多变。他把地壳搞得起伏不平，垒起山丘，挖出沟谷，再加上几块石头。他使生硬的地方缓和一些，使荒野的地方富有乐趣，用树林使单调沉闷的开阔地生动起来。……总体上说，主要的面貌是兴高采烈的，每个景都气色明朗。为了使景更有生气，就借助于建筑物：所有的建筑物都是它那一类里的佼佼者，根据预定要求的效果，不是雅致简洁，就是堂皇华丽，间隔合宜，恰到好处地互相衬托，从不乱七八糟地挤在一起，也不故作姿态，毫无意义地对峙着。适当的建筑物造在适当的地点。凉亭、台榭、塔，各有切合的位置，它们点缀和美化所在环境，而如果换一座建筑物，就会损害或者丑化这个环境。"

马戛尔尼说中国人"征服自然"，能在条件很不利的地方造出一个自然来，这个认识，比在他之前的造园家们都更深刻。仅仅说"模仿自然""顺应自然""宛若生成"等，并没有说明白中国造园艺术的精髓，特别对城市私家小型园林，这些说法大体并不适用。

同他的前人相反，马戛尔尼很不喜欢中国的叠石假山，认为趣味恶劣。

巴罗在圆明园里住了些日子，对中国造园艺术感受不深，对他住所附近的描述，比较平常。

1795年初，荷兰东印度公司派了使节到北京觐见皇帝，被允准参观了颐和园（清漪园）。使团人员之一在《使华报告》（André Eve-rard van Braam Houckgeest, *Voyage de l'Ambassade de la Compagnie des Indes Orientales Hollandaises*, vers l'*Empereur de la Chine*, en 1794 et 1795）里记录了这次参观，提到十七孔桥、南湖、西堤、玉带桥、智慧海、香岩宗印之阁等，但是，这些荷兰人始终以为他们参观的是圆明园。

7

写完英国的图画式园林，下面就该写法国的英中式，或者说，中国式的园林了。它是和英国的图画式园林大致同时平行发展的，在思想上、理论上不断同英国交流，甚至对英国有所推动，而在技巧手法上，则除了揣摩中国园林外，还向英国借鉴，因为英国人开始得比较早一点。

在第2节，我写过法国18世纪上半叶古典主义的没落、洛可可艺术的兴起和"中国巧艺"的流行，那是为了给铺叙英国造园艺术的变化勾画出一个国际环境。如果当时法国的古典主义潮流还很强有力，那么，英国造园艺术的变化未必有这样顺利。而且，促进英国造园艺术变化的种种因素之中，有许多来自法国。法国人最早掀起了"中国热"，介绍了中国园林，形成了热爱大自然的新思想，尤其在18世纪中叶之后，启蒙主义者卢梭对英国的先浪漫主义起了推动作用。不过，我在前面说过，由于法国的古典主义传统特别强有力，没有特别大的冲击力就不能突破它，所以，造园艺术的实际变化，是英国走在了法国的前头。

现在，就要先说说，18世纪中叶，在法国怎样形成了一股强大的冲击力。从18世纪中叶起，法国酝酿着资产阶级大革命。这时候，新的一代理性主义者成了思想界的领袖。他们不把抽象的数学几何法则当作理性规范。他们的提倡理性，是穷究一切事物存在的根据，一切事物的本性。他们是资产阶级革命运动的启蒙者，对行将崩溃的封建专制制度怀着强烈的仇恨，因此对适应这种制度的思想文化抱着批判的态度。同资产阶级大革命相联系的这种批判，它的冲击力远远超过了以前的任何一种。

启蒙思想家为了攻击封建专制制度，从中国借用伦理学、道德、政治学等一切用得着的精神武器。最有影响的思想家伏尔泰就是一个中国文化的热烈崇拜者。一位不很赞成过分崇拜中国的作家格罕姆（Friedrich Melchoir Grimm，1723—1807）在1766年也不得不描述了这样一种情况："在我们的时代里，中华帝国已经成为特殊研究的对象。传教士的报告，以一味推美的文笔，描写远方的中国人，首先使公众为之神往……接着，哲学家从中利用所有对他们有用的材料，来攻击和改造他们看到的本国的各种弊害。因此，在短期内，这个国家就成为智慧、道德及纯正的宗教的产生地：它的政体是最悠久而最可能完善的；它的道德是世界上最高尚而完美的；它的法律、政治，它的艺术、实业，都同样可以作为世界各国的模范。"（见*Correspondance littéraire*，朱杰勤译文）

启蒙主义所掀起的对中国文化的热潮，它的深刻和强有力，是洛可可艺术的"中国巧艺"所远远不能比拟的。这是法国的造园艺术到了18世纪中叶终于要在中国影响之下发生变化的一个原因。

启蒙主义者憎恶为封建专制制度服务的装腔作势的古典主义文化和粉香脂腻的洛可可艺术。为了表示同腐朽恶浊的封建意识决裂，为了提倡个性的觉醒，他们号召"回到自然去"，认为只有在原始的自然中才有真挚纯洁的感情，而"人只因感情才伟大"。启蒙主义思想家狄德罗在他的《画论》（*Essai sur la Peinture*）里，第一句话就说："凡是自然所

法国某英中式园林设计图

造出来的东西没有不正确的。"（朱光潜译文）他要求信任自然，模仿自然，"模仿得愈完善……我们就会愈觉得满意"。他鼓吹文艺必须表现强烈的情感。

一方面渴望着感情的解放，一方面号召回到自然去，两方面结合起来，反映在造园艺术上，启蒙思想家主张来一个彻底的变化。

伏尔泰早在1738年的"致普鲁士国王书"（Epître au Prince Royal de Prusse）里就讽刺几何式的花园。他说：

> 园子里花木双双对称，
> 矮树成行顺着一根绳；
> …………
> 花园呀！我一定要离开您，
> 人工过多使我反感又厌倦，
> 我更爱宽阔的森林；

空旷的自然并不规矩整齐，

它无拘无束，

这才合我的心意。

最有力地推动法国造园艺术的变化的，是启蒙思想家卢梭。他仇恨封建贵族统治下的腐朽社会，因而提倡弃绝文明，"归真返璞"，返回纯素的自然状态中去。

卢梭说："我相信，总有一天，人们会厌弃毫无乡野气息的花园……"，"只有附庸风雅的俗夫，才处处喜欢刻露的人工"，而"真正的高雅趣味要求把人工掩盖起来，尤其是涉及大自然的作品的时候"。他认为，花园应该"如此简朴自然，以至好像没有一点人工"。"千万不要搞对称，对称是自然的真实之敌。"

卢梭的小说，1761年发表的《新爱洛绮丝》（*Julie ou la Nouvelle Héloïse*），被称为轰击法国古典主义造园艺术的霹雳。这本书里，描写了一个假想的园林：克拉涵的"爱丽舍"花园（L'Elysée de Clarens）。这是一座自然式园林，没有一点人工痕迹，不循规矩，不守对称，处处鲜花盛开。道路是曲折而不规则的，"沿着透明澄澈的小河，并且时时跨过它。小河在草丛花簇之间盘绕，或者成为几乎看不见的细流，或者变成比较宽的小溪，在卵石上流过"，闪闪发光。池沼也是自然的。

"你既看不到排成直线，也看不到铲成平面；墨线从来到不了这儿，自然是不用拉墨线来种树的；不规则地迂回的小径，经过巧妙的安排，为的是要延长散步的路程，掩藏小岛的边岸，以至于好像扩大了它的范围，但又避免不方便的转折和在原地徘徊。"

卢梭说，那些爱好自然，但又不能亲身到"高山顶峰、密林深处和荒矶野岛"上去直接探访自然的人，他们绝不"对自然施加暴力、强迫它，而是和自然同住，当然，要借助于一点想象"。借助一点想象来和自然同住，这正是中国造园艺术的基本意图。

更有意思的是，卢梭借书中人沃尔玛（Wolmer）的嘴说："真的，是自然做了这一切，但是，是在我的指导下做的，处处都经过我的安排。"这段话正同中国造园艺术的要领相合。

当然，任何一个明眼人都能看得出来，没有一百年来以各种方式对中国园林的介绍，特别是没有王致诚和钱伯斯的介绍，卢梭是不可能构想出他的爱丽舍花园来的。

卢梭在这样一个环境里，展开了他的故事，淋漓尽致地刻画了男女主人公强烈的爱慕和痛苦。抒情和绘景交融，使花园的景色都染上了浓郁的感情。这部小说轰动欧洲，使反封建的个性解放运动达到了新的高潮。同时，也就使假想的克拉涵的爱丽舍花园成了年轻人羡慕向往的地方。一时之间，吟咏这样的环境、这样的爱情故事的诗歌大大盛行。蜿蜒弯曲的小径和溪流，深邃幽谧的花丛和茂林，从此同恋人们的柔情蜜意联系在一起，于是，大大促进了英国和法国造园艺术的变化。

新的潮流，在勒莎-马内西亚的《田园论》(Lezay-Marnezia, *Essai sur la Nature Champêtre*, 1787) 里表达得很好。他认为，造园艺术的任务，是把自然界的各种景色加以提炼概括，形成多变而又统一的园林，来表现各种情感；造园艺术的理论应该成为一种研究精神活动和思想活动的学问，使园林能够无穷无尽地引起人们感情上的反应。

造园艺术要变化，在启蒙主义者热烈推崇中国文化的情况下，当然就意味着向中国学习。严峻的建筑理论家劳吉埃长老 (Le père Marc-Antoine Laugier, 1713—1769)，在1755年再版他的《论建筑》(*Essai sur l'Architecture*) 的时候，增加了关于造园艺术的第六章。他说："我们喜好寻觅那种乡村中的悠闲气氛，造园的目的是提供这样的场所。"他激烈地批评古典主义园林排斥乡野的自然真实和优美。他说，在自然中，"我们欣赏树荫、草地和小溪细流……欣赏景色的变化和它们荒芜的面貌"。园林应当采集所有这些美景，加以安排，保证不失去"纯朴和优雅"。为了达到这样的境界，劳吉埃长老建议：学习中国的榜样！他说："我认为，中国园林的品位比我们的好。""巧妙地把中国人的造园观念和我们的融合起来，我们便能成功地创造出具有自然的全部魅力的园林来。"

向中国学习，有两条途径：一条是继续直接介绍中国经验，一条是间接通过英国的自然风致园和图画式园林。

驻北京的耶稣会传教士，依然在介绍中国造园艺术方面起着重要的作用。他们的信件、报告和著作里，还是常常有关于园林的内容。比起17世纪的传教士来，甚至比王致诚，这时候的传教士的认识都提高了一步。

长春园大水法的设计人和施工主持人，欧式建筑物的设计参与者，半生劳瘁、为中法文化交流作出重大贡献的蒋友仁神父（P. Michel Benoit，1715—1774），在1767年给巴比翁（M. Papillon d'Auteroche）的信里，说到了中国皇家园林的特点。他写道："在装饰他们的园林方面，中国人十分成功地用艺术去使自然完善。一个艺术家，只有在很好地模仿了自然而他的艺术毫不外露的时候，才受到称赞。这里没有欧洲那种一直望不见头的林荫路，没有那种人们站在上面可以看到远处无数美景的平台；在那儿，美景在一瞥之下如此之多，以致人们不能把想象力集中到特别的几个景物上。在中国园林里，眼光绝不会疲劳，因为它几乎总是被限制在同视力范围相称的空间里。你看到了一个景，它的美丽打动你，使你迷醉，而走过几百步之后，又有新的景在你眼前呈现，又引起你新的赞赏。

"所有的园林里都有弯弯曲曲的河道纵横交叉，它们在小山之间流过，在有些地方，它们流到岩石之上，在那里下泻成瀑，有些时候，它们汇潴到山谷里，形成一片水，随面积的大小而得名为湖或海。这些河流或者湖泊的岸是不规则的，沿岸有护身。但这护身不同于我们用人工打凿方整的石块做成的那种，那种太不自然了。他们的护身是用毛石做的，牢靠地立在木桩上。工匠们在它们身上花了很多功夫，花的功夫是为了使它们更加不整齐，使它们的形式更加粗犷。

"河边的这些石头，在有些地方，形成很方便的上船的踏步，人们

湖中茶亭设计。丢古亥（Dugour）作。

很愿意在它们上面走。在山上，人们用这样的毛石造成悬崖峭壁……另一些时候，它们形成山洞，在山腹里曲曲折折，把人引到一处处精美的宫殿。在两堵危崖之间，或在水边，或在山上，人们布置了石窟，好像天然的一样。从石窟里长出乔木，有些地方是灌木，花期里开着各种各样的花……"

　　除了宫殿之外，"园林里还有许多别的房屋，有的围绕着一片池塘，有的在湖中央的岛上，也有一些在山坡上或山谷里。园林里还有种稻麦杂粮的地方，农民住在村子里，不能走出他们的围墙。园林里还有两侧全是商店的街道……"这里说的是"多稼如云""北远山村"和买卖街之类的地方。

　　蒋友仁的这封信，跟王致诚的一样，也收在《传教士书简》里。

　　1777—1814年间，法国传教士陆陆续续分册出版了一部篇幅很大的《中华全书》（*Mémoires Concernant l'histoires, les sciences, les arts, les moeurs, les usages, etc. des Chinois*），全都是传教士们写的，正文一共16册，里面有不少关于造园艺术的文字。

在第2册（1777）和第8册（1782）里，各有一篇韩国英神父（P. Pierre Martial Cibot，1727—1780）的文章。前一篇是他用散文翻译的司马光关于独乐园的长诗，附了他自己写的一篇短文，论述中国园林的一般特点。后一篇叫《论中国园林》（Essai sur les Jardins de Plaisance des Chinois），分两部分：第一部分是中国的造园史，从上古到清代；第二部分详细论述了中国造园艺术的基本原则和手法。

韩国英神父是画家，曾经长期在圆明园里作画，时间同蒋友仁神父大致相同而略晚。他亲身观察了卓越的园林，又同一个叫作刘舟（Lieou-tcheou）的中国人研究过中国造园艺术，知识比较深入，文章水平相当高。

所译的那首司马光关于独乐园的诗，不见于现有的司马光各种诗文集（头上几段同《独乐园记》很像，以后则大不同，而且篇幅长于《独乐园记》几倍），可能是伪托的。但作伪者显然对中国造园艺术有精湛的造诣，叙述得详尽而且生动，富有情趣，对于渴望学习中国造园艺术的欧洲人，参考价值很高，因此在法国盛传一时，以至后来杜博戛日夫人（Mme du Boccage）根据韩国英的译文重新改写成诗，刊登在《中华全书》上（见第11册，1786）。

韩国英在译文前附的短文，自称借用了一份按国内指令搜集并送回法国的关于圆明园资料的一些内容，可见法国人对圆明园的重视。这篇短文有些新见解，相当明确地说到了咫尺山林、小中见大的问题。他说：中国园林，旨在"模仿美丽的自然"，要"在很狭窄的空间里汇集散布在大自然各处的无数美景"。"中国园林是经过精心推敲而又自然而然地模仿乡野的各种各样的美景，山、谷、峡、盆地、小平原、一平如镜的湖水、小溪、岛、峭壁、岩洞、其他古怪的东西、树和花。这门艺术的最杰出的成就是：通过景的密集、变化和使人感到意外，来扩大小小的空间；从大自然取来它的一切富源，并用它们来颂扬自然。"接下去，韩国英叙述了用山、水、岸、建筑物、草地、树木等的各种变化和组合来扩大花园的空间感觉的处理方法。这就比以前的传教士仅仅作一番眼前景致的记录要高明很多了。

韩国英进一步写出了中国园林的思想意义。他说："还要想到，人们到园林里来是为了避开世间的烦扰，自由地呼吸，在沉寂独处中享受心灵和思想的宁静，人们力求把花园做得纯朴而有乡野气息，使它能引起人的幻想。"这样的情趣，显然得自所谓司马光的诗，它正符合当时法国启蒙主义者的思想，引起了共鸣。

在《论中国园林》的第二部分里，论述更加严谨深入，大量直接引用了刘舟的话。韩国英先说选址："他们首先追求的，是空气新鲜、朝向良好、土地肥沃；浅冈长阜、平坂深壑、丛林芳草、澄湖急湍都要搭配得好。他们希望北面有一座山，可以挡风，夏季则招来凉意，且有泉脉下注，并在天际远景有个悦目的收束，一年四季都可以反照第一道和末一道光线。"

刘舟对中国园林基本特点的叙述不着重在人们早已听熟了的"模仿自然"，而着重在景色对人的感染。他说："一座园林应该是乡野中各种景色的生动而活泼的缩影，在人们心灵里引起乡野景色所能引起的同样感情，以乡野景色所能引起的同样喜悦满足人们的眼睛。"

刘舟很强调总体布局的重要性。他说："如果地段上的总体布局搞得不好，那么，用来掩盖某些缺点的修饰，只会使不均衡、不调和以及畸形更加突出，而在一个布局得体的地段里，这些是容易补救或者消除的。不过，布局得体的、设想周到的平面，也不一定就会成为美丽的园林，还需要设计者在给它以装饰的时候，慎重地选择位置，经济地分布它们，格调高雅地加以变化，把它们配称和协调起来而不失之于畸轻畸重。并且，重要的是，做这一切绝不应该破坏美丽的大自然的奇幻和野趣，相反，要保留它的素朴的风韵，要使它更加大大地赏心悦目。"

美瑞维勒（Méréville）园林。英中式。

关于布局的原则，刘舟说："乡野景色中永恒的和首要的美是变化，在布置园林的总构图的时候，就要把它放在第一位。"虽然园林的范围里不足以容纳自然界河湖丘壑的全部变化，但是要尽量地具备它们。如果地段过于狭小，那么，就要有所选择。在十分狭小的地段里，"天才可以大有作为，同自然争胜，甚至超过自然，这就要靠把丘阜、树木和水面安排得恰当，以便提高它们的美，增强它们的效果，而且要无数次地变化它们的观赏点。在小小的空间里，不应该有任何巨大的东西，但又绝不可以局促、拘束，也不能夸张。至于在很大的地段上，只要比例和谐就能产生美丽的、真实的、扣人心弦而且永恒的景，它们使人感到赏心悦目，却不使人的眼睛感到餍足"。刘舟在讨论布局的时候，区分大小不同的园林，虽然说得还嫌不够，但是，毕竟明确地提出了这个问题。在条件十分困难的时候，刘舟却认为是可以"同自然争胜，甚至超过自然"，而"大有作为"的时候。这说法同马戛尔尼所说的中国园林"征服自然"，是一致的。他们都深刻地认识到中国造园艺术里所反映的以人力主宰自然的英雄气概。可惜，看出这一点的人不多。

刘舟告诫说："各种气候都有它相宜的和不相宜的。如果不注意这一点，一座园林就会失败。"他列举了干燥地区、潮湿多雨地区、炎热地区和多雾地区布置园林时的不同内容和不同方法，包括水域的多寡、山势的缓急、树木的配置，以及主风向的考虑等，相当精致。这是以前的传教士没有说到过的。

像王致诚一样，韩国英也指出，小小谷地里的景是中国园林的组成单元，这是因为，他所见的大约主要也是圆明园。他说："谷地的围墙越不规则、越弯曲、越迂回，它就随着不同的视点而越多变化。人们在各方顺着墙边走，每一步都会使景物的排列组合发生变化，构成新的图画。……园林越大，小谷地就越要多；但不可以彼此相像……"接着，韩国英描述了小谷地的各种不同的入口方式，不同的围墙，不同的外形；开阖不同，曲直不同，情调不同。

在列举了中国园林里水域的许多不同形式之后，韩国英又论述了关于水、关于谷、关于山、关于树等各种各样的处理方法。

韩国英对中国园林的研究，水平同钱伯斯不相上下，时间也差不多。钱伯斯的著作轰动欧洲时，韩国英的著作也不会默默无闻，这是可以想见的。在这两个人的著作里，中国人李嘉和刘舟起了重大的作用。从著作的成就看来，这两位中国人应该列入中国造园史，特别是刘舟，因为韩国英直接引用了他许多话，可以钩稽得出来的。

这部《中华全书》的第8册里，一位没有署名的传教士在1768年记述了他从广州到北京的旅行，其中写到扬州的花园。从他所提到的范围之广阔来看，大约写的是瘦西湖。他写道："园林里处处都是人工堆垒的山冈和危崖绝壁、幽谷，忽宽忽窄的河渠，两岸有时用整齐的石块砌筑，有时随意散置一些毛石。还有一些建筑物，各不相同，有大厅、有院落、有开敞的或者封闭的廊子，有花圃和跌水，有做工精致的桥和亭

枫丹白露（Fontainbleau）园林的岩洞。中国意匠。

子，有树丛，也有牌楼，每件东西都美丽而高雅。正是这些美丽东西的数量之多，使人惊奇，并且终于使人说：这是真正伟大的巨匠之作。"介绍苏州、扬州一带的园林，这位传教士是比较早的。

这时候，有一个叫保务的人（Cornelius de Paw / Pauw，1739—1799），写了一本书，叫作《对埃及和中国所做的哲学研究》（*Recherches Philosophe Sur les Egyptiens et les Chinois*），里面对许多中国事物妄加贬抑，引起传教士们的不满。1777年，钱德明神父（Jean-Joseph-Marie Amiot，1718—1793）写了一篇长文《评一本关于中国的书》（*Remarques Sur un Écrit Concernant les Chinois*），一一予以驳斥，收录在《中华全书》的第2册里。其中有几条是关于中国建筑和造园艺术的。

例如，保务说："看到中国建筑立在他们称之为花园里的假山上，那是非常之古怪的。"在评论里，钱德明赞美了中国的造园艺术和假山，有一些话是别人没有说过的。他说："……一座格调高雅的中国园林里，地形之美，环境之协调，视点之多变，被进一步用自然而适当的'异类杂交'来美化：缓坡和冈阜，山谷和平川，急流和平湖，小岛和水湾，丛林和孤树，乔木和花卉，亭阁和岩洞，以及，令人喜悦的景色和那些荒野的、肃穆的、仿佛与世隔绝的隐遁之所……"钱德明说："叠石假山、山洞和窟穴，需要很高的艺术和修养才能瞒过人的眼睛，看不出人工斧凿的痕迹"；保务之所以错误地指摘它们，"是因为他只看到大理石的雕像和花盆比这些毛石头块值钱"。

保务还挖苦说，"只有一种荒唐的妄想，才能创造出中国园林的意匠来"。钱德明神父以牙还牙，回敬他："依我看，这份研究主张我们的园林的布局最好退转到老样子去，以便证明我们是正宗的法国人。在三四十年前，荒唐的妄想这个词也许会起作用，但是，现在，这个词落在只欣赏自己老一套做法的英国人、法国人和其他欧洲人身上，比落在不幸的中国人身上更合适。中国人幸好没有作者（指保务）那么多的'洞察力'，他们能够援引美丽的大自然，利用大自然在这块地方所教导于人们的东西。这块地方，肥沃的土壤，充足的阳光，温和的气候，使自然直接展现它一切的美。中国人的园林是由互相连接的山冈丘阜，曲折的道路，无秩序地、不对称地、散漫地种植的树木，各式各样的水面和人工开挖的弯弯绕绕的河流组成的，这样，人们的眼睛得到娱乐和满足，并且总能愉快地看到一个又一个的新景色。但是，为了挽救这位具有如此稀奇的'洞察力'的哲学家，我们还有别的话要对他说。如果他拿起羽毛笔，算一算建造和维持那样一个直线的、对称的、规矩的、整齐的、图案式的、打扮和装饰起来的，以至得到'洞察力'赞赏的花园，需要花费多少汗水、辛苦和劳累，那么，他所得到的结论，不是有多少人能够获得这样的花园，并且能够获得它而无损于公众，恰恰相反，结论是，人们结合成社会是否是为了让一些人在称心如意的园林里享受浮华的、没有用处的愉悦，而使他们的同胞们负担汗水、辛苦、劳累和折磨！"

将近一百年前，李明曾经嘲笑中国园林的寒酸，后来，英国的新贵族们欣赏起中国式园林的节约来了，而钱德明，在同中国园林相比之下，从人道的角度愤怒斥责了古典主义花园的奢华靡费。这个转变，不能不同法国从路易十四的极盛时期到资产阶级大革命爆发前夜，这期间的政治和经济变化以及相应的启蒙思想有密切的关系。

　　《中华全书》是一本常见书，这些法国传教士的著作像钱伯斯的著作一样，对整个欧洲起作用，不过在叙述的时候，我只能把它们分开就是了。

　　至于向英国的自然风致园和图画式园林借鉴，这在法国是很容易的。许多法国人到英国去游历，许多英国著作传到法国来，有建筑师和造园家到英国去考察，也可以聘请英国的建筑师和造园家到法国来。这时候，已经有一些英国新园林的图片在大陆流行。

　　启蒙主义的代表作品，由狄德罗和达兰贝尔（Jean Le Rond d'Alembert，1717—1783）主编的《百科全书》（Encyclopédie, ou Diction-naire Raisonnédes Sciences, des Arts et des Métiers），也提倡学习英国的造园艺术。

　　英国人的几部重要的造园著作，很快译成了法文，有钱伯斯的、沃波尔的、魏特利的等。资产阶级革命后的英国，在思想文化潮流上对欧洲有很大影响。

　　在全欧洲普遍掀起了学习中国造园艺术热潮的时候，18世纪下半叶，出版了一些大部头的资料书，起了交流各国经验、进一步促进热潮发展的作用。其中最重要的是勒古日编纂的《英中式园林》（Le Rouge，Jardins Anglo-Chinois，1774），一共21册，内容非常驳杂，搜罗了英国和大陆上各国的英中式园林和它们的中国式建筑物（一说资料来自中国的园林和建筑图的摹本）。第14、15、16三个分册，有97幅图表现了11所中国皇家园林，是从法国宫廷收藏的北京的绢质原作上拓下来的，其中有3幅圆明园的图。

约略同时，还有一部潘赛龙编的汇集，《中国和英国的园林》（Pierre Panseron, *Jardins Anglaís et Chinois*，或名*Recueil de Jardinage*, 1783），共四卷，性质同勒古日的相似。

更晚一些，则有克拉夫特编的《法国、英国和德国的最美的图画式园林的平面图集》（J. C. Krafft, *Plans des Plus Beaux Jardins Pittoreques de France, d'Angleterre et d'Allemagne*, 1809），共两卷。

18世纪70年代之后，法国涌现了一批提倡新的造园艺术的著作家。他们纷纷议论中国的造园艺术，可以看出当时这种知识的普及程度。例如，达古亥公爵说："装饰一座园林，这就是打扮自然，这就是在一块小小的地皮上接近那些在广阔的空间里形成的美。"（Le Duc d'Harcourt, *Décoration des Dehors, des Jardins et des Parcs*, 1774）他又说：艺术的妙谛在于要使人看不出艺术。穆瑞勒（Jean-Marie Morel）写道："造园艺术的目的并不在于人工地再现自然，它是根据美丽的自然所显示的规律来布置园林的。"又说：艺术家研究自然，并不是为了学会去模仿它，而是为了去促成它（Theorie des Jardins, 1776）。吉拉丹侯爵（Louis-Rene, Marquis de Girardin）在他的论文《结合美观与功能的造景术》里说到中国造园艺术的优点：整体性强，在深入细部之前，总是全局在胸。而且，中国园林的设计不在图纸上进行，是在现场进行，因此最能同自然协调。他指出，中国式的园林避免大片的平地，喜好范围有限的像图画一样的景致。又说：中国式的园林中，"构造景致的，既不应该是建筑师，也不应该是造园家，而应该是诗人和画家"（De la Composition des Paysages, ou des Moyens d'Embelir la Nature autour des Habitations, en Joignant l'Angréable a l'Utile, 1777）。

但是，法国毕竟是古典主义文化的发祥地，几何式园林的传统根深蒂固，所以，这时候的著作家们，一方面接受中国园林的影响，主张不规则的自然格局，一方面要给古典主义的造园艺术做一点辩护，留一点尾巴。主要的是：还要求区分林园和花园，花园在接近主要建筑物的部分还应该是几何式的，同建筑物的比例一致等等。

勒古日《英中式园林》中巴黎附近的博奈勒（Bonnelle）花园

克拉夫特《法国、英国和德国的最美的图画式园林的平面图集》（1809）中的中国茶亭。在巴黎附近的桑德尼（Santeny）。

对于中国造园艺术的兴趣，笼罩着浪漫主义的气氛，突出地表现在一些理论家关于园林的分类上。沃特莱特（Claude-Henri Watelet）把园林分成三类：画意的、诗情的和传奇式的（*Essai Sur les Jardins*，1774）。传奇式的就是中国式的，要像钱伯斯描写过的那样，有怪异的声响，造成令人惊讶的气氛；还要像王致诚描写过的那样，有焰火。王致诚曾经夸耀过圆明园里的焰火，说那是欧洲人远远不能及的。穆瑞勒也把园林分成诗意的、传奇的、田园牧歌式的和

爱默农维勒园林。英中式。

模仿的几种。其中传奇的就是中国式的，同样认为，传奇式的园林里应该有"令人惊讶的"景、"仙女般的"景和恐怖的景。

自然风致园，18世纪上半叶在法国并不多。1762年，狄德罗在致索菲·伏朗（Sophie Volland）的信里描写过拉布里什（La Briche）的园林，说那里"气氛荒野"，"有大片的水面，陡峭的岸边长满了青藤和水草，一座满是苍苔的坍塌的古桥……树丛没有经过园丁刀剪的修理……树木的种植不以规矩，清泉随地而出"。约略同时，比较著名的还有达古亥公爵的园林，本来是古典主义的，1760年代初改成英中式的了，里面有叠石假山。吉拉丹到英国考察学习之后，回家建造了爱默农维勒（Ermenonville，1766—1776）园林，它的一角，按照《新爱洛绮丝》里描写的爱丽舍花园布置。卢梭死后就埋葬在这里，他的坟头上，石碑上刻着"这儿安息着属于自然和真实的人"。这座园林，大体还是自然风致园。

1770年代后，园林里图画式手法多了，主要的新特点是：有中国式的小建筑物，如塔、桥、亭、阁之类，形成图画式的景；有叠石假山和岩洞；道路和溪流萦回曲折，在山冈和丛林间绕来绕去；河、湖的形状都是不规则的，边岸以天然粗石、土坡、草地相间杂，丛生着芦苇之类的水草；布置一些"令人惊讶"的玩意儿。

1772年，巴黎郊区的商迪府邸（Château de Chantilly），在花园大草地的东边扩建，水域比较大，可以划船，有叠石岩洞，有画廊。

1774年，凡尔赛的小特里阿农花园（Jardin du Petit Trianon，设计人Antoine Richard，？—1807）建成。设计人熟知英国的斯托花园。它非常复杂，当时被认为是"最中国式"的。曲蹊小径无穷无尽地转来转去，有假石山、岩洞。毛石叠的拱桥跨在迂回的溪流上。湖面是不规则的，沿岸垂柳拂水。这个花园位置在小特里阿农的东北、北和西北三面，在凡尔赛花园里自成一区。1783年又被改建（由Coutant de la Motte主持），比较简洁了一些，减少了曲折，增加了草地树木，拆掉一些小建筑物。

蒙梭花园（Monceau，属Le duc Chartres，1773始建，1787、1860两次扩建）也是一个图画式的园林，水面多而且富有变化，有小溪、跌水和湖泊。湖心一座小岛，岛上造了一幢中国式建筑物。还有中国式的桥和岩洞、假山。它的建筑师卡蒙泰尔（Louis Carrogis de Carmontelle，1717—1806）在园林里还安置了清真寺、埃及式的墓、中世纪的寨堡、古典的庙宇等，他说，要把这座园林造成"一个幻想之国"。

巴黎近郊有个蒙维勒园林（Désert de Monville），业主是一个音乐家，爱好造园艺术。主要入口就是一个大叠石山洞，里面森林很大，小溪、湖泊、道路，蜿蜒曲折。主要的府邸是中国式的建筑物，重檐，有类似斗栱的装饰品。外檐装修全用槅扇，漏空木格。

法国的大型中国式园林里，流行一种"哈莫"（Le Hameau），就是"村落"。它在园林里自成一区，包括磨坊、鸡舍、牛棚、谷仓、农家等，围着一片草地或者一湾池水。著名的有商迪府邸园林里的（1774）和小特里阿农的（1782—1789，设计人Richard Mique，1728—1794）。王致诚在他的信里曾经描写过圆明园里的一区农村，说："那里有专门一处，里面有农田、牧场、草庐茅舍。那儿有牛、犁和其他农具。人们在那儿播种稻麦、蔬菜和五谷杂粮；春种秋收，做着农村里所做的一切，力求逼真地模仿农村生活的朴野方式。"蒋友仁也介绍过中国园林里的村落。他们说的可能是圆明园里"课农轩""多稼如云""北远山村"一类的风景点。钱伯斯在提到这类村子时说，中央应该是庙宇，各类农舍围在四周，要有一湾河水，上面架着石头砌的拱桥。"哈莫"显然是在这类介绍的启示下产生的。

克拉夫特《图集》中巴黎附近耐伊（Neuilly）的圣詹姆士花园中的建筑

18世纪下半叶，法国还建造了一些大型的公共园林，其中有几个也采用了中国式。例如，巴黎西端布劳涅森林里的巴嘎代勒（Bagatelle，路易十六时期）花园和它北面不远的圣詹姆士花园（Sainte-James，1782，原属私人），都是贝朗士（François-Joseph Bélanger，1744—1818）设计的。这两处的中国风味很浓，叠石假山、岩洞、拱桥，应有尽有。小溪曲径在乱石间穿过，溪流汇成湖，湖心有岛。中国式的建筑物也比较多。圣詹姆士花园还有"溶洞大厅"（Salle en rocaille），有地下厅堂和迷宫一样的地下走廊，把流水引到里面去，在岩石上奔腾跳跃，哗哗作响。出入口设在乱石砌成的亭阁里，极其奇幻。这一处的设想，可能受到金尼阁所描述的叠石假山的影响。

勒古日在他的《英中式园林》里，有一幅"水下居室"（appartement sous l'eau）的平面图，可能是圣勒厄园林（Saint-Leu，1777）里的。这"居屋"设在河底,从河的两岸各有踏级下去。勒古日还说过,"中国人十分喜好"水下的居室。他所根据的,很可能是孙悟空的"水帘洞"或者"龙宫"之类。这时候,《西游记》故事早已西传。虽然这种做法不免杜撰,但是,从这里倒可以看出,法国人的确把中国园林看作"传奇式"的了。

法国的中国式园林虽然一时风气很盛,而且比较能够得中国园林的真趣,但到18世纪末,很快就不流行了。这是因为,法国的资产阶级大革命爆发,接着就是拿破仑的战争,这场激烈的社会变动,带来了更加强有力得多的新思潮,中国热过去了。

但是,中国式园林,尤其是它的片断,在法国还保留着不少,而且,以后也没有完全回到勒瑙特亥的几何式园林去,所有的园林,从此都有"自然化"的烙印。

8

这一节里,再简略地说一说中国造园艺术在德国的影响。

德国人介绍中国的建筑和造园艺术比法国和英国晚一些,不过,前面第3节提到过的斐舍的《建筑简史》,是欧洲第一部正式写到中国建筑的专门著作,也有造园方面的内容。

18世纪上半叶,德国的王公贵族就喜欢造一些所谓中国式的宫殿,不伦不类,无非是些"中国巧艺",图它们新鲜有趣。

到了70年代,对中国文化的爱好有了新的意义,这是德国的新兴资产阶级接受了法国资产阶级革命的启蒙思想的结果。

大约在1770—1780年这一段时间里,德国的文学界掀起了一场"狂飙突进运动",它的代表是歌德(Johann Wolfgang von Goethe, 1749—1832)和席勒(Johann Christoph Friedrich von Schiller, 1759—1805)。狂飙突进运动反映着已经觉醒但是还很软弱的资产阶级对腐朽的封建制度的不满,对统一德国的渴望。它的重要特征之一,就是在法国启蒙主义影响之下，主张"返归自然"。像卢梭一样，他们谴责封建的国家制度和社会制度是违背自然的假文明，阻碍社会的发展，应该否定。他们歌颂人类的自然状态、儿童和单纯朴实的农民，歌颂田野和森林。为了反对封建专制，狂飙突进运动追求个性的解放，要求无拘无束地表达思想、感情和愿望。这两点是互相联系的。歌德在他的《少年维特的烦恼》里，把维特的欢乐和哀伤同自然景色交织在一起。维特说："

德国格罗曼设计的中国式亭子。亭子造在假山山洞上，这是欧洲人对中国亭子的一个定见。

心中对于活鲜鲜的'自然'所生出的丰富温暖的感情，在前曾以充分的喜悦灌注过我，把我周围的世界变成乐园，而今竟成了个不可忍耐的暴君……"（郭沫若译文）歌德用那么美丽的、清新的、活生生的字句描绘了女主人公绿蒂生活环境里的大自然风光。这部小说，几乎颠倒了整整一代青年男女。

思想文化发生了这样的变化，中国式的自然园林就流行到德国来了。

1773年，温泽写了一本《中国造园艺术》（Ludwig A. Unzer, *Über die Chinesischen Garten*），把中国园林称为一切造园艺术的模范。他称赞英国人："我们可以公正地说，英国民族比其他民族更能够欣赏较为崇高的美。很久以前，他们就深信不疑，承认在园林设计方面中国风趣的优越性。"（朱杰勤译文）

温泽沿袭钱伯斯的说法，把中国园林里的景分为三类：赏心悦目的、引人恐惧的和出奇制胜的。这些景在游览者行进过程中交替出现，不过"种种赏心悦目的景物必须经常保持为园中的主要特色"。所有的景，或鲜明或幽暗，或简单或复杂，各各对比着，因此，"结果所造成的整体，其中每部分都有显著的各不相同的特色，但总的效果，使我们发生和谐的快感"（朱杰勤译文）。

其他，关于中国园林里千回百折的小径、盘根错节的老树等，虽然描述得没有新的意匠，但字里行间，洋溢着倾慕的心情。这种心情，最后表现为他的结论："除非我们仿效这民族（指中国）的做法，否则在这方面（指造园）一定不能达到完美的境地。我们无须以学习他们的做法为耻。"

前面提到过的赫什菲尔德，自称为第一个造园理论家，很重视中国式园林所激发的感情。他在《造园学》里把钱伯斯说的几种景做了情景相生的描述。他写道："高山巍巍，引人惊异，并由于外像的宏伟，使人的灵魂提升到一种高伟庄严的境界，使人震慑赞叹；具有优美曲线轮廓的丘陵，使人发生超逸愉快的感觉；洞则为幽栖之所，使人恬静而和平，它引导人做寂寞的沉思和冥想；岩谷有激发人惊异、敬畏，甚至恐怖和怪讶的力量，而使整个风景具有一种雄伟的特色。……反之，浅草小林，具有生动、愉快、欢喜的特质。草地给人温和流动的感觉，使人联想起纯朴天真的牧人的印象。"（朱杰勤译文）他说："用花园来激发人的想象力和感情，比仅仅有天然之美的景色更有力量。"他主张艺术高于自然。

赫什菲尔德把他自家的园林分为若干个区，各自的特点是：愉快的明朗和华丽，轻柔的忧郁和浪漫，以及感人的崇高和庄重。

赫什菲尔德对于当时欧洲流行的中国式园林和建筑，模仿得形神俱失的，很不满意，说它们的趣味不高。

德国最重要的早期自然式园林，或洛可可式园林，是腓特烈大王（Friedrich der Große，1740—1786在位）在波茨坦的长乐宫（Sanssouci, Potsdam，1745始建）。1754—1757年，园中造了一座中国茶亭，色彩辉煌，极其豪华。1770年，园的北部又造了一座龙塔，仿丘园的那一座。

1773年，美因茨选帝侯约瑟夫（Friedrich Karl Joseph von Erthal）派了司开尔（Friedrich Ludwig von Sckell，1750—1823）到英国去，向钱伯斯和勃朗学习造园和建筑。这时候，钱伯斯刚刚完成丘园的建设，并出版了他的主要著作。司开尔的父亲是宫廷造园家。赴英国之前，他在凡尔赛工作，学习勒瑙特亥的艺术。回国之后，为选帝侯工作，1780年设计了阿夏芬堡（Aschaffenburg）的尚布什（Schönbusch）

波茨坦长乐宫中为腓特烈大王造的中国式茶亭

园，是德国第一座自然风致式园林。1804年，他到慕尼黑为巴伐利亚选帝侯（Karl Theodor）工作，设计了德国最美的自然风致式园林"英国园"（Englischer Garten）。园中先有一座中国塔（J. Frey 设计，1789），五层，木构。塔附近有中国村。园内还另有中国式的店铺和拱桥。他的理论著作《造园艺术文集》（1818），见解精辟，是很重要的文献。

德国早期的自然风致式园林，有沃利兹（Wörlitz）的、魏玛（Weimar）的，等等。

卡塞尔（Kassel）附近的威廉阜（Wilhelmshöhe）花园，是德国最大的中国式园林之一。1781年，在它南面，魏森斯坦地方（Weissenstein），面水傍山，造了一所"哈莫"。这是一所中国式的村落，全是中国式的农舍，中央是一座圆形的小庙，重檐。有一道小河和"跨越急流的中国桥"，是木质的。其布局基本上按照钱伯斯的说法。这座村落名为"木兰村"（Moulang）。设计人可能是杜瑞（Dury）和朱骚（Jussow）。

在德绍（Dessau）附近，有一座奥朗宁波姆（Oranienbaum）花园。一道弯曲的小溪从园林里穿过，溪上架着几座桥。小溪的一段扩大为一

俄罗斯圣彼得堡叶凯萨琳娜宫内中国式的克里克亭（Creaking Pavilion）

片湖，湖畔有中国式茶亭。茶亭四周散布着小小的叠石假山，有几座山落在水里，成为小岛。小岛之间跨着拱桥。在一座人工的小山丘上，造着一座五层的中国式砖塔。山腹里有一条隧道。为了观赏这座塔，在主要建筑物和它之间不种高大的树木。

　　德国最伟大的学者、诗人歌德，是中国园林和中国建筑热情的爱好者。俾得曼说："歌德的魏玛公园，创造了一所根据中国艺术精神的最宏伟的中国式风景园林。"（Woldemar Freiherr von Biedermann，*Goethe-Forschungen*，1879）魏玛的自然风致园是1778年歌德参观了沃利兹的园林后起意建造的，他亲自过问规划，对这个公园的设计和装饰陆续提过建议。他在园中的隐居庐是中国式的，周围也有中国式的假山。

到18世纪末，随着英国风气的转变，德国人也转回到18世纪上半叶英国的那种自然风致园去了。主要的原因，是仿中国式园，不伦不类，人工斧凿之痕实在太刺眼了。1787年，作家格斯纳（Gessner）首先说："只有类似旷地的园林，才使人安逸自然；不应该有任何使我们联想起人工造作和拘束的东西，我们要求呼吸绝对自由的空气。"（*Briefe über die Landschaftsmalerei*）这本小说的背景就借鉴了沃利兹的园林。这种反对人工修饰的思想，19世纪上半叶的哲学家叔本华（Arthur Schopenhauer, 1788—1860）也鲜明地表达过。他说："法国的园林仅仅表现它的主人的意志，它把枷锁套在大自然的身上，因此，不顺从自然自己的意志，而把主人的特征强加于大自然，这些特征就是自然受奴役的标志。"

在瑞典，造园家派伯（Piper）为国王设计了两座中国式的园林，都在斯德哥尔摩附近。一所是德洛特宁霍尔姆（Drottningholm）花园，一所是海迦（Haga）花园。派伯曾被国王派到英国专门学习图画式园林。德洛特宁霍尔姆花园是旧有的，1777年由英国人斐兰（William Phelan）改造，1780年又改由派伯主持。他立意"把柔和与丰满、变幻与画境加入到景致里去"。园里河渠交织，水景比较多。海迦花园里，道路随地形逶迤屈伸，具有"运动感和弹性的韵律"。有好几条桥通向湖心岛上。园里果木很多，果木林里，隐藏着各式的小建筑物，其中有一座中国式的塔。

在意大利和俄罗斯，18世纪下半叶也有中国式的园林。俄罗斯沙皇叶凯萨琳娜二世（Екатерина II, 1762—1796在位）在圣彼得堡郊外的沙皇村（Царское Село）园林里，有很大一片自然风致式园林，其中还造了些中国式的建筑物，如拱桥和曲面屋顶的亭子等。

俄罗斯圣彼得堡叶凯萨琳娜宫的"中国室"壁纸。上绘中国园林。

俄罗斯圣彼得堡彼得哥夫的小美术馆中陈列的中国青花瓷器。上绘中国园林景色。

9

前面几节，主要说的是造园艺术的基本意匠。这一节里，补充说一说欧洲人对中国园林里的一些艺术手段，如建筑物、假山、水域、道路、树木等的认识，以及他们是怎样模仿的。重点落在建筑物上，因为欧洲的中国式园林，都以中国式的小建筑物为重要的造景因素，成了中国式园林的标志之一。

欧洲人对中国建筑的认识，同造园艺术一起开始。因为绘画和工艺品上的装饰画，画园林，总有建筑物；画建筑物，总在园林里。

从最早的马可·波罗起，以后17世纪的金尼阁、纽浩夫等直到18世纪的使节和传教士，在信件、报告和其他著作里，都描写过中国建筑，比园林更多得多。尽管对中国的城市面貌和一般住宅等评价很低，但是，对宫殿、庙宇、塔、牌楼、桥梁都比较赞赏，有一些人很热情地评价过宫殿和塔。

钱伯斯的著作出版以前，在介绍中国建筑方面，以纽浩夫的书作用最大。因为只有它附了大量的图。虽然这些图的比例尺太小，没有细节，但是，大的比例和轮廓相当准确，神情宛肖。尤其给人深刻印象的，是屋面弯曲、檐角起翘，脊兽檐铎一一具备。木构架的开间和下面的台基，大致不差。李明的报告里，有一幅太和殿的图，虽然和真实情况相去很远，但大体不失是一幢中国的清代官式木建筑。另外有一本柯彻（Athanasius Kircher, 1602—1680）编的《中华文物图录》（*China Monumentis quá Sacris quá Profanis*, 1667），里面有一些建筑物作为背景，不但太小，而且不准确。其中有一张图，专门画了一座砖塔，画得很不好。

尽管知识不足，从17世纪下半叶到18世纪上半叶，欧洲一些国家的王公贵族们大都在园林里造过所谓中国式的大型宫殿建筑物。最早的要算凡尔赛园林里的"瓷特里阿农"（Trianon de Porcelaine, 1670—1672），设计人是宫廷建筑师勒伏（Louis Le Vau, 1612—1670），一个古典主义者。瓷特里阿农基本上是一幢法国古典主义的建筑物，砖石的，但里外用瓷砖贴面，屋面高耸，铺着瓷瓦，陈设着瓷花瓶。这时候，欧洲人见过片段的关于中国宫殿、庙宇上的琉璃瓦的记述，以为用瓷作材料，是中国建筑的重大特色。早在马可·波罗的游记里，就记载着大都（北京）的皇宫，"顶上之瓦，皆红、黄、绿、蓝及其他的诸色，上涂以釉，光泽灿烂，犹如水晶，致使远处亦见此宫光辉"（冯承钧译文）。后来，纽浩夫记载北京的皇宫说："所有建筑物的屋顶都用黄色釉瓦，阳光投射上去，它们照耀得比金子还明亮，因此，它们有时候就使人以为这座皇宫是用金子做顶的……"而且，南京大报恩寺的琉璃塔也已经在欧洲像奇迹一样到处传颂。张岱在《陶庵梦忆》里记载："永乐时，海外夷蛮重译至者百有余国，见报恩塔必顶礼赞叹而去，谓四大部洲所无也。"所以，"瓷特里阿农"用瓷做饰面，就以为是中国式的了。

在那个时候，路易十四的宫廷里不论出一点什么新花样，都会立即风靡整个欧洲的宫廷。1674年，在一本叫作《殷勤绅士》（*Mercure Galant*）的杂志里，一名作者写道："凡尔赛的特里阿农使所有的隐士们都想得到它；几乎每一个有别墅的王公，都在他们的别墅里照样造了一个。"然而，1687年，路易十四下令把瓷特里阿农拆掉了，第二年就在原址着手建造大特里阿农（Le Grand Trianon）。

稍后一些，直到18世纪中叶，欧洲各国宫廷里造的所谓的中国式宫殿，主要是把屋面做成凹曲面，四角翻起，挂上个檐铎。比较张扬一些的，在屋脊上塑几条走龙。其余部分大体仍旧是欧洲的式样。还有一些，有所谓中国式的装饰细节，例如，在檐下画彩画。不过，由于所知不多，大都以讹传讹。即使曲面的屋顶和檐下的彩画，如果不经提醒，也很难认出它们同中国建筑有什么关系。但是，只要对古典主义的傲慢和偏见有一点了解，就能明白，这些屋顶和彩画反映了对中国建筑多么强烈的向往。

这类建筑物，比较著名的有德国德累斯顿附近匹尔尼兹堡的贝格宫（Bergpalais, Schloss Pillnitz, 1723）、德累斯顿的"日本宫"（Japanese

Palace，1715初建，1729—1741改建）、波茨坦的长乐宫里的茶亭、瑞典德洛特宁霍尔姆花园的中国厅（Chinese House，1763，建筑师Büring）。俄罗斯圣彼得堡郊区的彼得哥夫宫和沙皇村主宫，都有几个中国式的厅堂。墙上满贴绸缎，整个绘着中国的农村景象，其中有亭台楼阁，有塔，有农舍，都是翘曲屋面。

这种大型的宫殿，勉强加一些所谓的中国式的手法，过于生硬，终于不成功。

比大型宫殿式"中国建筑"更多的，是花园的石拱桥，称为"中国桥"。大多是单孔的，少数三五孔，多的达到七孔。18世纪下半叶起，不再建造中国式的宫殿了。随着中国式园林的传播，转而模仿中国的园林小建筑物。

第一个生动而真实地介绍中国园林小建筑物的是王致诚。他说：在宫殿建筑上，中国人"也同样爱好对称、良好的条理和整齐的布局"。至于园林建筑，他说，那里是以美丽的无规则和不对称为主的，各部分乍一看好像是"仓促而又轻率"地凑合起来的，听到传闻的人，会设想那儿是乱七八糟的，但是"一旦身临其境，人们的看法就变了，人们就会赞赏这种不规则所造成的艺术了。一切都是趣味高雅的……"下面就是我在第5节里引用过的话了。他关于游廊的描写，关于花窗的描写，那么引人入胜，无疑是能够激起欧洲人的好奇心的。

不过，在法国，这时候仍然是"中国巧艺"的时代。模仿的中国式建筑，不过是玩意儿，并不求其真实，也不顾是不是合理。

在英国，18世纪中叶，也开始了对中国园林建筑的迷恋。1750年司彭斯所译的王致诚的报告出版之后，《王家杂志》（又名《蜜蜂季刊》）当年第一卷就有文章称赞："诗歌或传奇中，甚至神话中，也没有什么东西能和这种千变万化的建筑（按：指圆明园的建筑）相比。"最早介绍中国小建筑的是建筑师哈夫帕内兄弟（William and John Halfpenny），他们在1750年出版了一本中国园林装饰性小建筑物的图集，初版名《中国庙宇、牌坊、花园坐凳、栏杆等的新设计》(*New Designs for Chinese Temples, Triumphal Arches, Garden Seats, Palings, etc.*) 后来改名为《中国风的乡村建筑》(*Rural Architecture in the Chinese Taste*, 1755)，有20幅可供使用的设计图，包括平面和立面。1756年增订之后，有图32幅，再一次改名为《乡绅手册》(*Country Gentleman's Pocket Companion and Building Assistant for Rural Decorative Architecture*)。这本书是专为仿造中国建筑而编的，里面有构造、施工、材料、估价和技术方面的提示，也建议了在园林中相宜的位置，等等。这些图并不很精

英国哈夫帕内兄弟《中国风的乡村建筑》中的亭子

确，以致后来有人讥笑哈夫帕内"设计"了这些中国建筑。

1754年，爱德华和达利出版了一本《为改善当前趣味而作的中国式建筑设计》(Edward and Darly, *A New Book of Chinese Designs Calculated to Improve the Present Taste*)，其中有建筑、有花园、有家具、有花木，附图120幅，大都是中国式的园林小建筑物。1759年，戴克尔（Paul Decker）修订了这部书，改名为《中国的民用和装饰建筑》(*Chinese Architecture, Civil and Ornamental*)。1758年，出版了欧沃编的《哥特式、中国式和现代的装饰性建筑》(C. Over, *Ornamental Architecture in the Gothic, Chinese, and Modern Taste*)，有54幅铜版画，也以中国的园林小建

筑物为主。当时有广告说，造一座美观的"中国式宴会厅"要350英镑，一座四面开门的中国式亭子要170镑。

以上这些书，编写的目的都是为了仿造，而且起名为《手册》之类，短时期里一再补充再版，可见，当时在欧洲的园林里中国式小建筑物已经很流行了。更有意思的是，在书名上标明是"为改善当前趣味而作"，说明了当时欧洲人对中国建筑的推崇。

不过，这些书里推荐的所谓"中国建筑"，还是从传到法国的书籍的插图、绘画和工艺品的装饰画等转手抄袭来的，无非是曲

英国欧沃《哥特式、中国式和现代的装饰性建筑》中的假山石券门

面屋顶、翘得很高的檐角、大面积的花格木装修、风铎，屋脊上装饰着走龙，和真正的中国建筑相差很远，甚至很拙劣，大体上属于洛可可式的"中国巧艺"，起初在法国比在英国更流行。

在英国，由于古典主义的成见比较浅，洛可可式的轻率浮薄之风也比较浅，所以，中国建筑引进得比较快。18世纪上半叶，还限于装饰细节，中叶之后，就开始了整个地模仿。50年代，就已经有了一些著名的建筑物，例如：伦敦拉内拉夫花园里的阁子（Pavilion in Ranelagh Gardens, 1751），莱德诺公爵庄园的塔（Chinese Tower on Lord Radnor's Estate at Twickenham, 1756）和丘园里的孔庙，或者还有洛克斯顿庄园里的一座中国式建筑物。莱德诺庄园的塔，是石头砌筑的，立在水滨，上面是一幢八角形的单层阁子，有曲面形的屋顶。檐角翘起来，挂着铃铎。丘园的孔庙则是一座满是空花木格子的亭子。

钱伯斯的著作，在介绍中国建筑方面也是划时代的。他亲身研究了中国建筑，所画的中国建筑，形象相当准确，摆脱了"中国巧艺"式的游戏笔墨。在1757年的《设计》里，他用相当大的比例尺，精确地画了一幅木构架的图，抬梁式的，交代清清楚楚。在另外几张图里，木构架上还有几朵简单的斗栱。

本篇第5节里已经说过，钱伯斯认识到，中国园林是由一系列精心设计的景组成的。景往往以建筑物为中心，建筑物的情调同景的情调一致，或喜，或惧，或奇。钱伯斯又说："虽然一般说来，中国建筑不适合于欧洲，但是，在林园和花园里，由于范围广阔而需要很多变化，则中国建筑是合适的……变化总是使人愉快的，而那些不讨人厌的新奇的东西，总能给它所在的地方以美。"他明白表示赞成在欧洲模仿中国的园林小建筑物。像王致诚一样，他也描写了这些小建筑物无数的变化。例如，他说，中国园林小建筑物有"许多大小不同的房间，各式各样，三角形的、方的、六角的、八角的、圆的、椭圆的和其他不规则的、奇形怪状的，它们都装修得很精致……"然后介绍了各种式样的门。

韩国英在《论中国园林》里，也提到建筑物品类和样式的变化，有助于景的变化。他写道："应当设想，宫殿、厅堂、廊子等，有一些像传奇般的辉煌，另一些则简洁朴素，有一些是寒门小户的样子，有一些甚至用禾秸、用芦苇、用竹子造起来，像在农村里一样。"小特里阿农的"哈莫"里，就仿造了竹篱茅舍。

要在整体上模仿中国园林，在当时的欧洲是难以下手的，连片断都不容易。而模仿小建筑物，则稍稍容易一些，而且所费不多，无非是一种装饰。因此，18世纪下半叶的中国式园林里，普遍建造一些中国式的小建筑物，如亭、阁、水榭、桥梁和塔。一所园林，只要有了一幢中国式亭阁，就可以称为中国式园林，而没有的，就不敢以入时自居。赫什菲尔德在《造园学》里写道："在引进了园林的新趣味之后，人们立即着手模仿稀罕少见的海外异域的东西，中国建筑开了头，一切都必须是中国式的，凉亭、庙宇、桥……在日耳曼，也追求时髦，大大小小的园林里，充满了中国建筑的玩意儿。"当然，不只是日耳曼，而是整个欧洲，圣彼得堡的沙皇村里就有18座中国式建筑物。

18世纪下半叶，又一批专为仿造的资料汇编应时出版，比较重要的，是前面提到过的勒古日的《英中式园林》，潘赛龙的《中国和英国的园林》，以及稍晚的克拉夫特的《图集》。它们广事搜罗，有些资料的原件可能来自中国，比起18世纪中叶的那几本来，水平有所提高。

1797年，马戛尔尼的副手斯当东爵士（Sir George Leonard Staunton, 1737—1801）出版了《使华亲历纪实》（*An Authentic Account of an Embassy from the King of Great Britain to the Emperor of China*）。这本书对建筑之类的描写虽然很少，但是有44幅插图，很精美，其中建筑物的形象已经很真实，形神兼备，北京北海的一幅，尤其逼肖。不过，为时已晚，18世纪末，欧洲园林中已经不再兴建中国小建筑了。

在各种小建筑物里，最受欢迎的是塔。从金尼阁神父起，所有的传教士、使节等都以极大的兴趣叙述了中国的许许多多的塔，尤其是南京的大报恩寺的塔。卫匡国神父在《中华新图》里说："在房屋的建筑艺术、壮丽坚固方面，他们远远不如我们；但是，至于塔和桥，他们在这些方面可以同我们匹敌，甚至超过我们。"纽浩夫的书里，许多插图都有塔，形象相当准确。钱伯斯在丘园造了一座很美丽的砖塔，他说，有了一座塔，自豪的主人可以把客人请上去欣赏整个花园的景色。这是欧洲人第一座自行设计的中国式塔，他自己说，引起"本国人的喜悦和外国人的钦佩"。高耸的塔点染风光的能力很强，何况，塔的异国情调最浓，同现实生活相去最远，最能投合先浪漫主义的思潮。

于是，只要财力办得到的，就都愿意在花园里造一座塔。财力不足的，简化一点，造三层，不过也要起名为塔。这些塔里，最杰出的有：法国尚特鲁普府邸（Chanteloup, 1775—1778）的塔（建筑师勒迦缪，Louis Denis Le Camus），石质，八角，七层，高36.6米，底层一圈16棵柱子的副阶外廊，很像北京香山的琉璃塔，不过它的细部全是古典柱式的；德国奥朗宁波姆花园的钟塔（1795，建筑师Freidrich Wilhelm von Erdmannsdorff, 1736—1800），红砖造，八角，五层，顶上有相轮华盖，每层有檐，檐角悬铎，形象大体准确；慕尼黑的"英国园"里的中国塔（建筑师Joseph Frey, 1758—1812），设计很大胆，五层，用木构架，每层都是全部开敞的阁子，外檐装修只有空花木格，十分空灵，出檐很舒展；波茨坦的长乐宫里的龙塔（Dragon House, 1769—1770，建筑师Karl Philipp Gontard, 1731—1791），八角，四层，底层比较封闭，上三层开敞，各层的腰檐都是曲面的，因为戗脊上有走龙，得名为龙塔；最亭亭可人的是英国阿尔东·陶沃山谷花园里的喷泉塔（Pagoda Fountain, the Valley Garden, Alton Towers, Staffordshire, 19世纪初），也是木构，八角，三层，屋檐宽展而陡，曲线分明，角上悬铎，顶上置华盖，伫立在水池边，喷泉高过塔顶，从塔上纷披落下。

亭子、桥、阁、水榭之类，数量更多。例如，法国的商迪府邸的花园里，1770年造了一座圆形的中国式亭子，两边还有塔。色彩也照中国的样子，很鲜艳，有黄、绿、红等颜色。瓦是琉璃的。檐口的铃铎漆成蓝色。又例如，在巴黎的圣詹姆士花园里，1782年，贝朗士设计了三幢中国式阁子、一座中国式桥、一艘中国式游船，还有一些中国式装饰物。在德国，著名的除波茨坦的长乐宫里的茶亭外，还有波茨坦附近柏尔维代尔的"龙舍"（Dragon House, Belvedere, 1773），是普鲁士宫廷的，当时腓特烈大王很热衷于中国建筑。威斯特发里亚的门斯脱附近，斯坦恩福特的一所花园（Le Bagno, à Steinfort, Prés de Münster en Westphalia）里，有一所中国式宫殿，有中国式的廊子、亭子和客厅，等等。

18世纪以来，对中国文化的热烈兴趣在欧洲占着突出的地位，但是，先浪漫主义者对异域殊方新鲜事物的兴趣比较广泛，而且他们怀恋中世纪，再加上在欧洲根深蒂固的古典主义文化和文艺复兴文化的传统，所以，中国建筑在园林里经常同东方各国的、哥特式的、古典的、文艺复兴的各种建筑物并列在一起。到18世纪末，这种情况带上了明显

法国尚特鲁普府邸的中国式塔　　　　　英国阿尔东·陶沃山谷花园的喷泉塔

的折衷主义色彩。例如，1798年，斯蒂格立兹（C. L. Stieglitz）说："既然建筑小品在园林中不过是装饰品，是使一个风景的比较呆板而没有性格的一面活跃起来的东西，那么，任何一种建筑物都可以使用。人们可以照希腊的、哥特的、土耳其的、中国的去建造，他可以自由选择。"（见*Gemälde von Garten in neuem Geschmack*）

　　由于中国建筑极不容易模仿，稍稍有一点失真，就会流于怪诞。所以，18世纪下半叶欧洲园林的中国式建筑小品，大多尺度错乱，比例失调，僵直呆板，细节烦琐，当时广州是中国唯一可以与西方通商的口岸，欧洲人比较见得多的是岭南建筑。岭南建筑有一些弱点，出于猎奇，西方的仿制品更恶性夸张了这些弱点。所以，一旦"中国热"过去，这些中国式建筑物就遭到激烈的诟病。最尖锐的，是德国造园艺术家和理论家司开尔，他说："我们必须奉劝那些刚刚从事造园艺术的人，要他们反对古怪的、不成形的、趣味低劣的中国建筑，至多只能模仿它们一点点儿，最好是一点点儿也不模仿。"（见《造园艺术文集》，*Beiträge zur Bildenden Gartenkunst*）他的错误，在于把模仿的失败，错当作是中国建筑本身的低劣。但是，这种模仿实在也是不能长久继续下去的。到18世纪末，建造中国式园林小建筑的热潮就过去了。

中国式的小建筑物，作为造景的一种手段，通常同叠石假山结合，占据着园林的制高点。早在1725年斐舍的《建筑简史》里，有一幅插图，一座中国亭子就坐落在假山顶上。

王致诚曾很动人地描写过圆明园湖中央用石头垒起来的陡峭的岛屿。他说："在这座石山顶上，造着一座小殿……我无力给你们说清楚它的美丽和典雅。那儿的景致很可爱，从那儿可以看到湖边逶迤断续的所有的宫殿，所有的直抵湖边的山冈，所有的倾泻入湖或者流出湖去的河渠，所有的河源和河口上的桥梁，所有的这些桥上装饰着的亭阁和牌坊，所有的间隔着或笼罩着宫殿……的树丛。"

钱伯斯说到塔的用处之后说，造塔毕竟太贵，可以用造在山冈上的小亭子来代替。这时候，欧洲人也已经知道了北京景山上的亭子。因此，在中国式的花园里，亭阁之类的小建筑物大都放在丘阜之上。

欧洲人知道中国的叠石假山是很早的。16世纪输入欧洲的工艺品的装饰画和版画里就有它们的形象。17世纪之后，从金尼阁神父以来，许许多多传教士和使节都描述过它，总是带着一种惊喜的、赞叹的口气，几乎把它当作中国园林里最主要的、最有特征性的东西。正如纽浩夫说的，这是"异乎寻常的稀奇东西"。

钱伯斯在他的《设计》里说："他们在岛上用人工叠石山，在这方面胜过其他一切国家的园林"。这些石头"是青色的，被水浪啮蚀过的，形状不规则的。他们极精于选石。像拳头那样大而轮廓古拙的，作室内摆设。大块的用在园林里，以砂浆砌成高大的石山。我曾经见到过一些极美的石山，它们表现出艺术家的极不寻常的高雅。当石假山很大的时候，就做出一些洞穴，透过这些洞穴，人们可以望到远处。在山上，有树、灌木、荆棘和苍苔……石山之巅，人们建造小小的庙宇或者其他建筑物，人们踏着在石山上凿出来的不规则的粗糙的石级上去。"

韩国英神父在《论中国园林》里说，这种石山的主要装饰是"危崖断壁，深沟大壑，层层的台地和石级磴道，既有荒野的原始性，而又优雅得体"。

早在18世纪上半叶，英国的园林里就有了中国式的叠石假山，例如，大约20年代的斯托海德（Stourhead）的一座园林里，有一处用毛石砌成的石拱和一处岩洞。后来，斯托园林、派歇尔园林（Peimshill Garden）都有这类假山。1758年欧沃的图集里，也有一幅由太湖石搭成的"拱门"，玲珑突兀，相当传神。18世纪下半叶的图画式园林里，更少不了一两座假山。在法国，叠石假山同样流行，宫廷的枫丹白露园林里就有，蒙维勒园林入口是一个大岩洞。勒古日的《英中式园林》汇编里，有两幅图，中心都是用天然石块叠成的假山，山上有一座小亭子，下面是空阔的大山洞。这其中的一幅是巴黎附近的博奈勒园林（Bonnelle），一道木桥把这座水中央的假山同另一个小小的石矶连接起来。法国国家图书馆珍藏的索格林（Êlise Saugrin）画的版画，有一幅巴黎西端的巴嘎代勒园林里的中国式石拱桥，两端都搭在叠石之上。桥上还有一座轻灵的亭子。潘赛龙书里的小建筑物，几乎无一例外，都在丘阜之上。在德国，阿尔登斯坦（Altenstein）的园林里，一座方形的木构亭子，高踞叠石假山之巅，登山的石级，全从石块上凿出，很有中国趣味。有一位叫格罗曼（Johan Gottfried Grohmann）的，解释他自己设计的一座亭子说："一座小小的中国式房子……它的一面支在两棵高高的柱子上，另一面落在岩壁上……这个位置使它更加出色，因为中国人民的伟大需要利用大地的每一个斑点。"（见 *Ideen Magazin für Liebhaber von Gärten*，1796—1811）

中国园林里陈设的独块湖石，当时的欧洲人不大能理解，虽然纽浩夫介绍过。杜赫德神父在《中华帝国通志》里说："富有的人不断地在小玩意儿上花钱，他们买一块稀有的、古怪的顽石，例如有穴洞的、透空的，比买一块碧玉或者美丽的大理石雕像都更贵得多。"他说的可能是案头清供的灵璧石之类，这种爱好，同欧洲人的审美趣味相去太远了。不过，魏特利在他的《现代造园艺术》里，说到选取石块的标准，同中国的传统相合。他说，石头的性格应该是"庄重"（dignity）、"丑怪"（terror）和"奇特"（fancy）。

在传统的古典主义园林里，水面大都被限制在几何形的池子里和沟渠里，四周砌着方整的石块。大一些的，里面装饰着雕像和喷泉。水面在园林里的比重不大，人和水的关系也不密切。

马可·波罗的游记，第一次向欧洲人介绍了中国园林里宽阔的水域，皇帝和他的后妃们，可以乘船在里面游戏。明末葡萄牙传教士安文思（1640来华）记述的北海和中南海，清初法国传教士张诚（1687来华）记述的畅春园，都提到以大片水面作为园林的主体。这些大大开拓了欧洲人的眼界，丰富了他们关于园林的观念。王致诚描述圆明园的时候说，在各个小小的谷地里，"水积储成溪，循山麓流泻，千支百派，注而成一片大湖，人们在这些溪流和大湖上驾船来往"。他又说，这个被称为"海"的湖，"周围长约五里，是全园最美丽的地方"。

第一个最生动地介绍了中国园林里水域之美的，还要数钱伯斯。在1757年的《设计》里，他说，中国人"在园林里用大量的水。如果园林小，如果环境允许，几乎整个地段都是水面，只剩下少数岛屿和石矶。在宽广的园林里，则设大湖、河流和水渠。人们按照天然的样子变化河岸和湖岸来模仿自然。有时候，岸是光秃秃的，满是卵石；有时候，树木森林一直长到水边。有些段落，岸是平缓的，长着灌木和鲜花；另一些段落，岸变成陡峭的岩石，形成洞穴，水流冲击着它，发出声响"。下面接着描写水面和边岸的各种变化。又说："河水都不径直地流；它们弯弯曲曲，不时被不规则地遮断。有时河床狭窄，水流汩汩作响，奔泻而过；有时宽而深，水流缓慢。……湖中散布着岛屿，有一些不长草木，围着峭壁荒礁，另一些则富有自然和人工所给予的各种东西，什么都不缺。"

钱伯斯和韩国英的朋友刘舟，都认识到水体在园林里调节小气候的作用。刘舟说，如果园林造在夏季干燥的地区，就要"尽一切可能扩大池沼和河渠"。钱伯斯根据他所体验到的广州的气候，说："因为中国天气炎热，所以他们在花园里大量地使用水。"

对水域在中国园林里所起的抒情作用，钱伯斯是理解得很深的。他说，水是造成"喜悦的景"的重要因素，"水在花园的主要游览季节里具有清新的作用，水能引起最丰富的变化，它能同其他的东西很好地配合，能够用来唤起各种各样的情绪"。他又用浓重的浪漫主义的色彩写道，中国人"把清澈的湖面比作一幅多彩的图画，在它上面最完美地映照出周围的景色"；并且说，"它像世界的一个洞口，通过它，你能看见另一个世界，另一轮太阳，另一片天"。在渲染情绪的同时，说出了水面对扩大园林空间感的作用，钱伯斯的观察是相当深入的。

另一位对中国园林里的水域描写得兴味盎然的，是韩国英。他说：在中国园林里，"如果溪流的源头比较高，居于山谷的上方，那么，人们一定把它做成一级一级的瀑布，这就是说，从一块石头到另一块石头，转弯抹角，层层下泻，忽而变为潜流，忽而又汹涌而出，同它的变幻莫测和率性而行一样，它是赏心悦目的"。在接着介绍了各种处理水的方法和边岸的做法之后，韩国英说，一条溪流，"有它的跌落，它的奋进，它的错误和它的回头，它是生活的变化的生动写照"。这种人生哲理性的话，正确地说明了中国园林的意境，很能打动启蒙主义时期向中国寻求生活哲理的法国人的心，对于扩大中国造园艺术在欧洲的影响，是很起作用的。

自从受到了中国的影响之后，英国和大陆上各国的园林，水面的形式起了很大的变化：

第一，水域普遍扩大，在园林里占着重要的位置。例如，在斯托海德的那座园林，山谷间筑了一道坝，引河蓄水，湖面大约有二十亩，湖中央还散布着三个岛屿。法国的蒙梭花园、巴嘎代勒花园，瑞典的海迦花园等，都有相当大的湖泊，中央有岛。小特里阿农的"哈莫"，也是围着一个水湾布置它的建筑物的。在拉内拉夫花园和圣彼得堡的沙皇村等园林里，都有一片明净的水，倒映着奇特的中国式和其他各种时代、各种地区的建筑物。卢梭的墓，也坐落在爱默农维勒园林广阔的湖边。

第二，河流和湖泊，都不再用整齐的石块砌成整齐的形状，而是弯弯曲曲，忽宽忽窄，进退自然。岸边散落着石块，长着芦苇、水草，缓坡上种着垂柳，低枝柔条轻轻拂水。

第三，水面同人和建筑物的关系都比过去亲切多了。许多园林的湖上都可以划船。法国的朗布依埃（Rambouillet）花园里，小溪直接流到亭阁之下，亭阁造在湖泊之滨；尚特鲁普的塔，四周水色溶溶，清影宛如；在瑞典的奥朗宁波姆花园里，茶亭脚下就能系舟。人和水之间有了亲切感。

这些都是过去古典主义的园林里没有的。

中国园林里的植树，同欧洲古典主义园林里的，明显地不同。所以，欧洲的传教士们和使节们，看到中国的园林，第一个新鲜的印象里就有植树。坦伯尔爵士和艾迪生，向英国人推荐中国式园林的时候，也是从植树下手的。不过，起初也只是看到了中国园林里种树不排成直线，不等距离，不修剪成几何形状。到了钱伯斯，认识才深入了一步。钱伯斯在《设计》里说："中国园林里的树丛，树木的形状和颜色总是在变化着。他们把枝干粗壮、树冠舒展的树同树冠长得收敛的树巧妙地配合起来；把深绿色的树同浅绿色的配合起来；在里面夹杂上一些开花的树，其中有一些是一年里有一多半时间开花的。在水边则多种杨柳，让柔枝浸到水里。"钱伯斯还提到中国人喜欢在水边种植各种水生植物，包括芦苇和荷花，"中国人尤其喜欢荷花"。

在1772年的《泛论》里，钱伯斯说到中国园林里按四季设景的时候，突出了植物的作用。他说："适于冬季的景，种各种常青树，向着南方的太阳；适于春季的景，一定种着成片的桃树和花期比较早的玫瑰；适于秋季的景，准有桂花树林和色彩缤纷的菊花；适于夏季的景，则少不了一池他们心爱的荷花。"他还没有理解中国园林中植物对人品的象征作用。

韩国英在《论中国园林》里也做了类似的论述："他们的丘冈上和坡地上覆满各种树木，有时是密密的，像森林一样；有时是三三两两的，甚至孤独一棵。它们的绿荫、密叶、树冠形状、树干的直径和高度，都是决定它们种在丘冈的阴坡还是阳坡、顶上还是山麓，或者种在山谷里面的考虑因素。""必须考虑各个季节的特殊需要。"下面的话同钱伯斯说的差不多。

在18世纪上半叶英国的自然风致园里，下半叶的图画式园林里，以及大陆上各国的英中式园林里，行列式的植树法和几何式的剪树法，都摒弃不用了。树木的生长一任自然。18世纪末期英国主要的造园家雷普敦，在他设计的园林里，就很注意植物品种的多样化和它们的相互搭配。橡树、梧桐树、核桃树同白桦树错杂种在一起，草地上生长着荆棘、冬青和浆果紫杉。

最后，再说一说道路。

王致诚在他的关于圆明园的信里，描写从一个谷地到另一谷地去的小路，它的曲折和变化，它的意想不到的景色的对比，已经很能使习惯于笔直的林荫路的欧洲人大为倾倒了。钱伯斯和韩国英进一步描写了这种道路的效果。

钱伯斯在《设计》里说："再没有比中国人用来激起惊讶之感的手法更变化多端的了。他们有时引导你穿过山洞和幽暗的小路，一穿过它们，你就突然意外地看到一片佳妙的景致，它有大自然所能提供的一切最美的东西。另一些时候，你走在一条窄窄的、渐渐隐没的小路上，终于，小路完全断了，荆棘、草丛、石块堵住了它；然而忽然，在你眼前展现了开阔而可喜的景色，因为你一点儿都没有料想到，所以就感到格外的愉快。"

韩国英则说：既然河湖丘壑都是模仿自然的，那么，道路也不能是"平坦的、宽阔的、对称的和笔直的，而是狭窄的、因盘曲而延长了的；它们舒徐或逼促，径直或蜿蜒，上坡或下坡，全是随顺它们所经过的地形；但它们总要通向一个最使人心喜的观景点，一个最有野趣的隐憩所，一处最凉爽的浓荫，并且总是要用意想不到的景色来改变走在小路上的人的最初的印象，不让他们感到厌倦和缺乏变化"。

但是，曲折是有根据的，是同地形地物巧妙地配合起来的，就像王致诚说的，道路好像受到假山和河湖的逼迫而弯来弯去。但是18世纪上半叶英国的自然风致园里，在地形平缓的草地上，把小道做得像羊肠那样千回百折。法国小特里阿农最初的园林里，道路像迷宫一样。这些都没有理解中国园林里道路的设计原则。钱伯斯则正确地指出："一般地说，中国人避免直线；但并不一概不用直线。在有很吸引人的对景的时候，他们偶然也设林荫路。如果没有地形的起伏或者其他的障碍提供借口的话，小径也是直的。当整个地段平坦的时候，造曲折的路是愚蠢的；因为路径不是由艺术便是由游客的足迹形成的，在这两种情况下，都不能设想，在可以走直路的时候，人们偏偏要走弯路。"作为一名建筑师，钱伯斯的认识的确是比别人更全面一些。

10

早在17世纪末，热情地赞美中国造园艺术的坦伯尔爵士，曾经说过一句非常明智的泄气话，他说，中国的园林虽然富有想象力，又美丽悦目，"但我不想劝告我们中的任何一位去尝试这种园林，尝试是冒险，对普通的人来说，要想成功是太难了；虽然，如果成功了，能得到很大的荣誉，但是，失败了，就会丢尽脸面，而成功率只不过二十分之一；

至于规则的花园，总不太可能犯重大的、显著的错误"。

18世纪上半叶英国的自然风致园，虽然基本的造园意匠深深受到中国的影响，但是，具体的手法却搬用得不多，因此，它从英国本土的自然风光中提炼出来，还是相当平稳雅洁的。18世纪中叶所受到的批评，有一些也是先浪漫主义一股潮流冲击过来时过分的偏激。

至于18世纪下半叶图画式园林兴起，那可就是坦伯尔所说的"冒险"了。叠石假山、岩洞、翼角高高翘起的凉亭，纷纷挤进了欧洲各国的园林之中。可惜，坦伯尔的警告不幸而言中，这些中国式的园林和小建筑物，大多数是不成功的。

中国的园林比小建筑物更难模仿。它同中国的思想文化、美术、士大夫的精神状态和生活方式联系得太密切了，而且又没有可以一一照办的规矩法则。不精通中国艺术，就不可能理解中国造园的精髓。所以，欧洲所谓的中国式园林，常常很拙劣，有时格调粗俗。早在18世纪末，就有人出来非难了。好在园林毕竟不同于建筑物，即使不伦不类，只要有山有水，有花有木，总是能给人一种新鲜感，可以悠悠然休息一下。于是中国式园林，在欧洲一直流行到19世纪初。而中国式小建筑则早已淘汰。

19世纪上半叶，情况起了变化。英国的先浪漫主义已经消失，法国的启蒙主义思想也已经完成了历史任务。法国的资产阶级大革命和接着发生的拿破仑战争，大大改变了欧洲的思想文化潮流。在极其复杂的政治斗争形势中，在建筑领域里，欧洲的帝制派打起"罗马复兴"的旗号，民主派打起"希腊复兴"的旗号，而浪漫主义者，眷恋中世纪，提倡复兴哥特式建筑。于是，一时间，造园艺术处于茫然无所适从的状态。

有些人，又略略回到古典主义去。例如英国的霍兰德（Henry Holland），早在1790年，就在他设计的阿尔索普（Althorp）花园里，在主要建筑物近旁设置了一小块几何式的部分，虽然整个园林是图画式的。这种做法，到19世纪上半叶，在巴雷爵士（Sir Charles Barry, 1795—

1860）的创作里更加突出了。1843年，他在哈瑞伍德府邸（Harewood House, near Leeds）跟前，布置了一大片古典主义的几何式花圃。

本来，中国式的园林，同欧洲的府邸建筑物之间，始终不能协调。这些建筑物是砖石的，方方正正，除了偶然有的柱廊之外，很封闭，同自然式花园之间没有过渡的空间。而柱廊又神气得很，同自然式花园潇洒的情趣格格不入。在中国热过去之后，冷静下来，当然会有人又回过头去，寻找建筑和花园之间的旧有的联系方法。花园的"建筑化"，毕竟还是适合于当时的欧洲建筑的，而中国式的"花园化"的建筑，欧洲还很少，特别在府邸主体上。

还有一些人，复活了修剪树木的兴趣。像英国切斯威克府邸园林这样成熟的自然风致园，都有人去把它的树木一棵一棵剪得整整齐齐，草地推得光光，边缘修得像刀切的一样。中国式造园艺术在法国取得最后胜利的标志，是1775年路易十五下令把凡尔赛园林里所有经过修剪的树统统砍光。而园林树木的重新被剪，则标志着中国式园林的高潮已经结束。

就像当年古典主义的几何式园林纷纷被改造掉一样，一些自然式园林又被改掉了。连19世纪初年刚刚造起来的英国的图画式园林——阿尔东·陶沃花园，没有几年就被改得面目全非了。小山坡上建筑了台地，培植起花圃。到处造些建筑物。

当时的造园家考百特（William Cobbet）在他写的《英国造园家》（*The English Gardener*, 1829）里说，他不知道应该对园林布局提出什么样的建议。"现在的口味是喜好不规则的园林。笔直的道路、笔直的水池、笔直的树木行列全都过时了；但是，同它们一起，雅洁的韵致、真正美丽的灌木和花圃也都过时了。在这方面，人们应当按照自己的口味办事，向他们建议这样或者那样去布置园林是没用处的。"欧洲人就在这样不知所措的状态中结束了对中国造园艺术的迷恋。

19世纪中叶，鸦片战争之后，欧洲人终于发现，当年被他们那么推崇的中国文化，竟是一个如此落后、愚昧的民族的文化。往事不堪回

1820年莫德（C. Motter）绘制的园林小品建筑。有中国式及其他各式，显示出折衷主义倾向。

首，从此"中国热"彻底结束。

但是，从19世纪到现在，欧洲占主导地位的园林是自然风致园。这种园林，在它产生的过程中，中国的造园艺术是起过不小的促进和借鉴作用的，所以，可以说，中国的影响，一直保留到当前欧洲的造园艺术中。

在中西文化交流史上，中国造园艺术在欧洲的影响，情况之热烈，时间之长，范围之广，程度之深，都是少有的。这一场造园艺术之风，牵动了欧洲18世纪最杰出的知识分子，包括英国的坦伯尔、库柏、艾迪生、蒲伯，法国的伏尔泰、卢梭、狄德罗，以及德国的康德、歌德、席勒。这是一件值得大书特书的重要事件。

后记

这篇文章快要结束了。虽然任务完成得不好，总算没有偷懒，几个月来，把有关的书，凡是在北京找得到的，都认真读了一遍。心里稍稍有点快活，想写下几句快快活活的话。

可是，在写快活话之前，我要把写这篇文章期间见到的两件不快活的事，先吐出来。

第一件是，在北京图书馆读书的那些日子，每天中午，我到北海去买包子吃。有一次，忽然发现，原来前金鳌玉蝀桥的北侧，赫然写着"距桥五十米，请勿靠近"几个大字。我想起刚刚在书里看到的一则资料：耶稣会传教士蒋友仁，就是那位负责设计和制造长春园里喷泉的法国人，在1767年的一封信里，比较中国和法国的宫廷园林的不同，说：法国的宫廷园林是开放的，几乎是公共的；而中国的，只有宫廷里的人才能进去。于是觉得桥侧这几个字实在过时太久了。

第二件是，我骑车去北京图书馆，有一天为吃早点绕了路，在厂桥的一所旧大府邸旁边经过，正好后门开着，我往里一看，原来是一处规模不小的园林，可是亭台楼阁已经拆毁，正在建造一幢三层的红砖房子。记得今年春天，我住在南普陀寺，晚上跟一位满头白发的老先生聊天，说到这二十几年文物古迹受到破坏的情况，他站起来，双手举过头顶，摇摆着，喊了半句话："不肖子孙呀！"

好了，我还是写我的快活话罢。

我从小在江南农村里长大，这儿的山呀，水呀，才真叫美。三月里，只要听见放牛娃吹起了柳笛，就可以进山去挖兰花了。随便顺哪一条山沟，往上走，追着娇小的柳莺儿，到了尽头，悬岩下背阴的地方，准有兰花，老远就香。等到花时过去，太阳晒得热辣辣的了，摘一张大大的芋叶顶在头上，到小溪里摸螃蟹去。慢慢翻起一块块石头，一指来长的石花鱼儿在脚背上擦来擦去，痒痒的。秋天，山里红一成熟，那可热闹了，白天漫山钻，晚上央求姐姐们帮帮忙，第二天，哪个孩子不在脖子上挂几串项链，比珊瑚珠可漂亮多了。

岁数大了一点，兴趣有点变化。兰花还是要挖的。另外，明月之夜，邀几个人解开渡船的缆绳，到江中央去顺流漂游；久雨之后，不怕路滑，特地翻两道山梁，攀着葛藤，下到深沟里去，欣赏惊心动魄的瀑布；或者，躺在磐石上，听松涛澎湃，看白云出岫……

哎，朋友们，你们允许我说多少时间，写多少篇幅呢？

可惜，太不幸了，后来我生活在图书堆里，一天天，一年年，真是斗室一间，孤灯一盏，案头、床头，无非是书。每当心思枯竭，工作得十分苦了的时候，我就要望一望窗外的远山，我多么想念那儿的森林，那儿的荒草坡啊！少年时代的回忆，缠住我不放，蛊惑我立刻到山上去追逐松鼠和野雉。但是，我不能。

于是，我慢慢爱好起我们古代的园林来了。那些造园艺术家们，抓住了大自然中各种美景的典型特征，提炼剪裁，把峰峦沟壑一一再现在小小的庭院之中。阶前砌下，仿佛山林景象，无论起居、工作，都呼吸着乡野气息。我简直觉得，这些造园艺术家，小时候跟我一起在杜鹃花丛里滚过，在岩洞里睡过。虽然，这些园林远远不能慰安我对大自然的无限怀念，但每次到那里去走一走，坐一坐，就觉得血液恢复到了少年时代那么新鲜。

但是，二十多年来，始终有一股否定文化，尤其否定文化遗产的力量，像秃鹫一样，呼啸着，盘旋着。每当他们猛扑下来的时候，就有一些珍贵的文化成就遭殃，而园林往往首当其冲。湖石假山被推倒了，为的是拆那几枚扒钉去"大炼钢铁"；为了堆放空酱油坛子，不惜夷平一座园子。更有一些理论家，出口成章，把中国的造园艺术批评得一钱不值。

等到十年浩劫来临，古代园林，可就幸存者几希了！

写到这里，话儿就又很不快活了。今晚上心情几次反复，说明我虽然喜爱自然的山林风光，却并不恬淡闲适，隐遁出世。可见，这样的爱好，跟那样的生活态度，并不一定有联系。这一点，留给那些理论家们去想一想，我还是接着向前写。

在那场险恶的十年风浪里，我却有机会走出图书馆，又回到大自然的怀抱里度过了几年。

这可不是我少年时代的极乐世界。我们整天在泥浆里爬来滚去，身上叮着牛蝇，吸饱了血，肚子红彤彤的。除了漫天灿烂的晚霞，我和我的同伴们，在开初的日子里，实在看不出这块洪荒未辟的地方有什么美。虽然这里也在大江南岸。

我们"战天斗地"，种庄稼、造房子，两年过去了，当我们要离开这块地方的时候，它可就美了。茂密的秧田，接着无边的油菜花，我们的村子，红墙青瓦，漂浮在这一片苍翠金黄的海洋当中。那么多的百灵鸟，唱着，唱着，钻到了蓝蓝的天上，忽然，翅膀一夹，发出长长的滑音，笔直地落下来。两年前，百灵鸟一定也是这样高兴地唱着的罢，不过，只有在我们开辟了这块地方之后，我才听到，它们的歌声这么清脆，这么婉转，这么千变万化。

于是，我赶快捉住大脑深处的一闪念：原来，自然只有被人们在一定程度上征服之后，才是美的。充满了危险的、荒野而神秘莫测的、不能养育人的自然，它不美。能够比较安全地去伐木、挖笋、摘果、打柴的山，才有可能美；能够比较安全地去航行、捕鱼、种藕、采菱的水，才有可能美。几十年来，时时使我依恋的江南山水，不就是这样的山水吗？

站在大堤上，向我们两年来亲手建设起来的绿洲挥手告别的时候，我明确地想：美的自然，是人类劳动的产物；对美的自然的感受，是随着人们对自然的征服而发展起来的，也是劳动的产物。

多少年来，压在我心上的，关于中国造园艺术的一块大石头，这下子可以痛痛快快地抛掉了。只有征服自然的人，才可能创造自然式的园林。把千山万壑、方丈蓬莱，再现在小小的园林里，这需要多么大的气魄，需要对人类的力量有多么自豪的信心！

中国园林的风格，是在六朝时候确立的。这时候，大江中下游的南岸地区，成了中国正统的政治和文化的中心，而这地区，这时候已经被劳动者开辟得如锦似绣，从三峡经匡庐到会稽，一派风景胜画。正是这样的大好河山，迷住了当时文化人的心，使他们陶醉，趁着社会政治形势，影响到哲学、文学、艺术和生活方式，造成了一代崇尚自然的思想文化潮流，也造成了中国造园艺术的基本特点：典型地再现自然山水之美。

没有劳动人民对大自然的征服和改造，士大夫们不会认识自然山水之美，也不会有自然式的园林。这种园林所表现的主要是劳动者征服自然、改造自然的英雄斗争中的诗意，以及斗争过程中产生的对自然的亲切感。

回到北京之后，我想进一步弄清楚六朝那些士大夫们，尤其是所谓隐士们的思想感情，因为，园林的造成，毕竟是有他们参与的。

平常日子，白天晚上都要应付几个"教育者"的折磨，淘粪、挖猪圈、洗厕所、种白菜，写检查，"天天读"，还要在菜窖里看他们下三滥的嬉闹，只好在礼拜天，跑到北京大学的图书馆去读书。那时候，北京大学的图书馆可真好，别处早就封禁了的书，它那儿照常可以读，真值得感谢。

读了几个月的书，我发现，六朝的那些隐士们，标榜的无非三点：第一，歌颂自食其力的劳动生活，鄙视追名逐利；第二，歌颂俭朴素约的读书生活，鄙视锦衣玉食；第三，歌颂无拘无束的自由生活，鄙视随人俯仰。当然，要是对这些人追三代，查档案，左连右挂，就能发现，他们标榜这些东西，都是假的。有人为了害怕，有人为了不得已，甚至还有人是为了沽名钓誉，好在将来做大官。不过，不搞这些"内查外调"，就诗论诗，就文论文，那么，最突出的是这三点，这就是所谓"田园之乐"。

至于园林，从《归去来兮辞》《闲居赋》《思归引序》《小园赋》等看来，在热烈赞美自然之中，流露的情趣意境，主要也是这个"田园之乐"。

我想，如果我们不去花功夫挖掘背后隐秘的东西，就园林本身直接的形象表现来说，就它给人们的趣味来说，那个"田园之乐"大体上是健康的。它同劳动人民征服自然、改造自然的英雄气概并无矛盾，它们一起构成了中国造园艺术的基调。所以，千百年来，中国园林这样地富有生命力，直到现在，我们还喜欢它。

当然，这里说的是主流，是基本，并不是说，士大夫们情趣里消极的东西在园林里毫无表现。不过要说消极因素，要说对中国造园艺术的污染，最严重的倒是皇上们和盐商们，或者其他一些"豪绅乡宦"们。江南一带的清代私家园林里，北京的皇家园林里，这种污染着实教人嫌恶。所以，硬说中国古代园林什么都好，妙不可言，那也是言过其实。

好了，文章写到这里，非结束不可了。我用一件不大快活的事来结束它。

自从"海禁"开放之后，我们这里出现了一种很强烈的拜物教，就是崇拜汽车和高层旅馆。于是，我们的园林，我们的名胜风景区，面临着被汽车和摩天楼破坏的危险。曾经被王致诚用那么动人的笔墨描写过的圆明园里曲折多变的路径还没有恢复，却有人建议造几道笔直宽阔的沥青公路开进去，说是便于外宾游览。我想，一个欧洲人，怀着对中国园林那么浪漫的、那么富有传奇色彩的想象，来到中国，看到的却是他们曾经在中国造园艺术影响之下抛弃了的大林荫路，他会怎么想呢？

在号称人间天堂的西子湖畔，一位长官坚持要在宝石山边造一幢摩天楼，比保俶塔高，以表现时代的进步。有人提醒他，这幢楼会跟塔发生冲突。他以足可彪炳千古的气概轻而易举地回答了这个问题：那么，把保俶塔拆掉就不冲突了（此例1989年追加）。

拜物教是资本主义制度的东西，即使在那个社会里，至少在旅游区里，汽车和高楼也已经受到限制，有些地方，已经在拆掉汽车路。而我们，却还要再吃一遍苦。旅游建设破坏了旅游对象，这种糊涂透顶的蠢事可不能再办下去了！

1978年夏

主要参考文献

1 马可·波罗,《马可波罗行记》,冯承钧译, 1936

2 Trigault N, *Histoire de l'Expédition Chréstienne en la Chine*, 1618

3 Martin M, *Novus Atlas Sinensis*, 1655（参见 *Description Geographique de l'Empire de la Chine*）

4 Nieuhoff J, *l' Ambassade de la Compagnie Orientale des Provinces Unis vers l'Empereur de la Chine*, 1665

5 Kircher A, *China Monumentis Illustrata, quà Sacris quà Profannis*, 1667（参见 Kircher A, "Antiquities" of China）

6 Gabriel M des, *Nouvelle Relationsde la Chine Contenant la Description de Particularités les Plus Considerables de ce Grand Empire*, 1668 / 法译1690

7 Temple W, *The Garden of Epicuras*, 1685（见 *The works of Sir Williams Temple*, 1757新版）

8 Comte L le, *Nouveaux Mémoires Sur l'Etat Present de la Chine*, 1697

9 Shaftesbury（Cooper）A, *The Moralistes*, 1709（见 *Characteristics of Men*,

Manners, Opinions, Times, etc. 1900）

10　Ripa M, *Memoires of Father Ripa, during thirteen Year's Residence at the Court of Peking in the Service of the Emperor of China*, 英译1855新版

11　Addison J, Steele R, et al, *The Spectator*, 1907

12　Kaempfer E, *Histoire Naturelle, Civile, et Eclésiastique de l'Empire du Japon*, 1729/法译1732

13　Halde J P du, *Description Geographique, Historique, Chronologique, Politique, et Physique de l'Empire de la Chine et de la Tartarie Chinoise*, 1735

14　*Lettres Édifiantes et Curieuses, Écrités des Missions Étrangeres, par Quelques Missionnaires de la Compagnie de Jesus*, 1713—1774

15　Chambers W, *Traité des Édifices, Meubles, Habits, Machines et Ustensiles des Chinois*, 1757/法译1776

16　Le Rouge, *Jardins Anglo-Chinois*, 1774

17　Pauw C de, *Philosophical dissertations on the Egyptians and Chinese*, 英译1795

18　*Mémoires Concernant l'Histoire, les Sciences, les Arts, les Moeurs, les Usages, etc. des Chinois, par les Missionnaires de Pekin*, 1776—1814

19　Walpole H, *Essai on Modern Gardening*, 1785

20　Gray T, *Letters of Thomas Gray*

21　Staunton G L, *An Authentic Account of an Embassy from the King of Great Britain to the Emperor of China*, 1797

22　Barrow J, *Travels in China*, 1804

23　Houckgeest A E van Braam, *Voyage de l'Ambassade de la Compagnie des Indes Orientales Hollandaises, vers l'Empereur de la Chine*, en 1794 et 1795

24　Rousseau J J, *La Nouvelle Héloïse*, 1802

25　Malan A H, *Famous Homes of Great Britain and Their Stories*, 1899 （续篇, 1900）

26　Cordier H, *La Chine en France au XVIII Siècle*, 1910

27　Gothein F M L, *A History of Garden Art*, 1928

28　Gromort G, *l'Art des Jardins*, 1934

29 Eleanor V E, *Chinese Influence in European Garden Structures*, 1936

30 Dacier E, *Le Style Louis XVI*, 1939

31 Weigert R-A, *Le Style Louis XIV*, 1941

32 Verlet P, *Le Style Louis XV*, 1943

33 Ganay E de, *Les Jardins de France et Leur Décor*, 1949

34 Sirèn O, *Gardens of China*, New York:[s.n.],1949

35 Dutton R, *The English Garden*, 1950

36 Shepherd J C, Jellicoe G A, *Italian Gardens of the Renaissance*, 1953

37 Masson G, *Italian Villas and Palaces*, 1959

38 Schönberger A, Soehner H, *The Age of Rococo*, 1960

39 Chifford D, *A History of Garden Design*, 1962

40 利奇温,《十八世纪中国与欧洲文化的接触》, 朱杰勤译, 商务印书馆, 1962

41 费赖之,《入华耶稣会士列传》, 冯承钧译（手稿本）, 北京大学善本室藏

42 Sirèn O, *China and the Gardens of Europe of the Eighteenth Century*, 1950

43 Laugier M-A, *An Essay on Architecture*, Los Angelos: Hennessey and Ingalls, 英译
1977

44 Conner P, *Oriental Architecture in the West*, London: Thames and Hudson, 1979

45 Jacobson D, *Chinoiserie*, London: Phaidon, 1993

46 Mosser M, Teyssot G, *The History of Garden Design*, London: Thames and Hudson,
1991

八 《中国造园艺术在欧洲的影响》史料补遗

1839—1842 年的事件实际上标志着英国的中国文化热的完蛋。

考纳

这篇文章不是我的学术著作，是我从一本书上摘译下来的，有些地方稍加改写，有些地方做了些补缀。原书叫《东方建筑在西方》(Oriental Architecture in the West)，作者是考纳 (Patrick Conner)，1979年出版。

1978年，我写过一篇"中国造园艺术在欧洲的影响"，努力收集了比较多的史料。这后来又积累了些有关零星史料，写进了"英国的造园艺术"。1988年初秋，在旧金山欧文大街 (Irving St.) 的一家旧书店用半价买了这本全新的《东方建筑在西方》，里面又有些过去没有用过的史料。我不打算再花大力气写这方面的专题文章，但这些史料虽然零碎，还是有相当价值，弃之可惜，于是就插空这样摘译、改写、补缀成了一篇读书札记，给有兴趣的朋友们提供一些可以参考的东西。

这篇文章里有一些资料，说到18世纪中叶，中国园林和它的建筑在英国最风行的时候，英国人对中国园林和建筑其实所知甚少，"中国热"有浓重的爱好海外奇谈的成分。所谓"中国式"建筑，无论是图样还是作品，都是很不像样的臆造。大多数花里胡哨，趣味低劣，以致当时英国严肃的学者和设计师不肯沾边，怕坏了名声，他们有些人以轻蔑的态度反对"中国热"。连宣传中国园林和建筑最有影响的钱伯斯 (William Chambers)，也说中国建筑简陋粗糙，水平不高，只能当新奇玩意儿造在园林里。这些史料，我在写"中国造园艺术在欧洲的影响"的时候，都见到过，而且还比考纳的书里多。但是，都被我略而不收，因为那时候一门心思地要论证中国造园艺术在欧洲影响之大、之重要、之后果深远。就像我在那篇文章的开篇里所说，为的是教一些人知道中国园林的价值，以后好好保护。

现在看起来，当年的态度有点儿片面，感情因素干扰了科学精神。这次摘译了几条负面资料，算是补过，使历史全面一些。

搞学术工作，时时要跟自己的主观性作战，真难！

搞外国学术，客观上还有一难，就是对史料是否全面，很难做出判断。比方说，18世纪中叶，"中国热"盛行的时候，英国有人反对；到19世纪中叶，鸦片战争打掉了中华帝国的光环，英国人瞧不起中国了，"中国热"退潮，却仍然有人继续造中国式的园林和建筑。这正反两方面的史料，多少轻重之间，权衡取舍的不同，是会影响到对历史的判断的。而且，殖民国家征服落后地区之后，反倒引起了一阵子对落后文化的兴趣，这种事例也是有的。那么，对中国造园艺术和它的建筑在19世纪中叶渐渐退出欧洲，究竟是怎么回事，应该如何判断？老实说，没有多大把握。我在这篇文章里的判断，一是尊重考纳的意见，他是原作者，二是照常理推论。因此，不敢说很科学。要做科学的判断，还需要更多更多的史料，然而我得不到。

不过，考纳显然也犯了感情因素干扰科学精神的毛病。他把过多的注意力放到了一些人对"中国式"园林和建筑的批判上，而只把当时欧洲的"中国热"当作背景来写。其实，18世纪的英国，对中国文化的推崇还是主流，这一点应该是没有疑问的。

1

1750年左右，中国的园林建筑迅速在英国传布开来。很有影响的人物沃波尔（Horace Walpole）说："就像我喜欢不对称的园林一样，我几乎同样喜欢中国式不对称的建筑。"他提倡"趣味的自由"。

为沃波尔的浆果山庄园（Estate at Strawberry Hill），本特雷（R. Bentley）设计了一个中国式凉亭。霍兰德府邸（Holland House）也有类似的一个设计。二者大概都没有造成。

但沃波尔很快就厌烦了中国式建筑。他的庄园旁边，莱诺伯爵四世（4th Earl of Radner）的庄园里造了一所中国式凉亭，紧挨着沃波尔的哥特式建筑，沃波尔为这事很恼火。他表白："我们只夸耀我们的朴素，没有雕琢，没有贴金、镶嵌或者华丽与俗气的东西。"（致Mann的信，1753年6月12日）

在沃波尔写上述信件之前3个月，《世界》（The World）杂志嘲笑最时新的园林布局，说在那里"一眼见到一条混浊的河，在将近20码（注：约18.3米）长的美丽的峡谷里弯弯曲曲却流不动。河上架着一道桥，局部是中国式的……"同年年底，霍伽士发表了《美的分析》（W. Hogarth, Analysis of Beauty, 1753），里面说："现在人们渴望变化，以致中国建筑的一钱不值的仿制品都成了时髦，仅仅因为它们新奇。"在同一本书里，霍伽士批评中国绘画和雕刻表现了"低级趣味"，"那个国家在这些事情上似乎只有一只眼睛"。沃波尔很可能读过这本书的手稿，他在这年8月份致秋特（Chute）的信里也称洛克斯顿（Wroxton）花园里的中国建筑是"一钱不值"的。

18世纪50年代，中国建筑传布越来越广，同时，批评也越来越多，"中国巧艺"的各种东西都受到过嘲讽，而中国建筑受到的最多。薛拜尔（John Shebbear）在1756年的一封信里说："什么地方都见不到简洁和高尚了，到处都是中国式的或者哥特式的"，"住家里的每一把椅子、镜框和桌子，都非中国式不可；墙上糊着中国的壁纸，画满了人像，而这些人，不像是上帝创造的，一个谨慎的有远见的国家，为了孕妇，应该禁止这些画。……然而，对中国建筑的爱好已经泛滥，以致如果一个猎狐人因追逐猎物跳过门槛而跌断了腿却发现这门不是一个四面八方都是零七八碎的木片的中国式门，他就会感到悲哀。"（John Shebbear, Letters on the English Nation, Vol. II, letter LVI）前一年，《鉴赏家》周刊（The Connoisseur, Vol.2, No.73）讽刺地建议，既然中国风已经刮进了园林、房屋和家具，也不妨刮进教堂："一座中国样式的教堂，装饰着龙、风铎、塔和官吏们的像，那必定是又雅致又漂亮的。"同一家周刊在另一期嘲笑中国式的室内装饰，说它只适于"弱不禁风、肤如凝脂"的男人。（不过，应该注意，当时欧洲人常把洛可可风格泛称为中国式。此处似指洛可可——译者）

一位包考克博士（Dr. Pocock）在1757年4月游历英国，一周之内似乎处处见到了中国东西：中国鸭、中国鸡、中国鱼、中国画、中国船、中国建筑。"中国热"达到了顶峰。这时，在莱斯特（Wrest）、斯达德雷（Studley Royal）、斯托（Stowe）、洛克斯顿、夏波罗（Shugborough）等庄园都有中国式建筑物，从绘画和版画中还可以见到许多，如郝宁顿府邸（Honington Hall）花园的亭子（1759）、莱斯特花园的重檐亭子、维琴尼亚湖（Virginia Water）的中国岛（1830绘）等，最壮观的是1754年画的英国王宫汉普敦宫（Hampton Court）前横跨泰晤士河的大桥，上面装饰着中国式亭子和花栏杆。阿尔斯福府邸（Alresford Hall, Essex）的一座18世纪的钓鱼榭（The Quarters）至今完好，可惜前面填起了一片陆地。

英国的"中国热"传到法国。1755年，劳吉埃在《论建筑》（Marc-Antoine Laugier, *Essai sur l'Architecture*）中称赞中国建筑的优点，说它在欧洲受到了"应有的评价"，并且在写到王致诚介绍的圆明园之后，建议把"中国人的观念跟法国的巧妙地融合起来"。

18世纪70年代，英中式园林在法国流行开来，并得名为"英法中式"。

但这时候，虽然有钱伯斯的《东方造园艺术泛论》出版，英国的"中国热"却冷了下去。20年后，由于英国派往中国的第一位特使马戛尔尼和他的随员的报告，中国热才于世纪之末又重新抬头。

马戛尔尼没有见到乾隆皇帝，不过被招待在热河避暑山庄住了些日子。和珅曾陪他参观山庄湖区，马戛尔尼大约事先看过一些报告，知道热河避暑山庄是康熙时候造的，这很使和珅吃惊。当写到和珅指给他看远处一座被墙围着的宫禁时，他说："从我可以知道的一切中，没有什么能符合王致诚和钱伯斯强加于我们的那种充满了奇思异想的描述。我不怀疑，在这些宫禁深处，有无数（也许是几千）太监会搞出新奇而奢华的娱乐来使皇帝和后妃们开心；但这二位先生把这些说得过于天花乱坠，我很不能相信。"（见 John Barrow, *Some Account of...the Earl of Macartney*, 1807）但后来参观西部山区的时候，他描写起瀑布、池塘和峡谷来，所用文词的华丽渲染，就跟钱伯斯的《泛论》一样了。不过，马戛尔尼不同意说惊怖恐惧在中国园林中有什么作用，他说他所见到的主要是愉悦。他喜欢园林中的建筑，说："所有的房屋都是尽善尽美，根据它们打算起的作用而典雅简洁或盛妆艳饰……中国建筑风格独特，绝不相同于其他，不合乎我们的规则，但跟他们自己的规则相合。它不背离它自己具有的某种原理，但如果用我们的原理去考察，它违反了我们学到的关于配置、构图和比例的观念，但总体说来，它通常是赏心悦目的；就像我们有时见到一个人脸上五官没有哪件端正的，然而却相貌堂堂。"（同上书）他的随员巴罗在《自传》（John Barrow, *An Autobiographical Memoire*, 1847）中引马戛尔尼的话，诱人地叙述圆明园里"几百座凉亭散布各处，用花架连接起来，用穿过笨拙的石假山的小径或廊子连接起来"。他自己宣称，他"没有能力描述这样动人的景色"。

马戛尔尼的随员亚历山大（William Alexander）是个画家，1795—1800年间在皇家学院举办了画展，画的是中国人物、船只和建筑物，都是细致的水彩画，很准确。其中有"苏州近郊的塔""一位官员的府邸""定海县城南门""定海附近的塔"等。1797年出版的马戛尔尼的副使斯当东爵士的《使华亲历纪实》（Sir G. L. Staunton, *An Authentic Account of an Embassy from the King of Great Britain to the Emperor of China*），大对开本，全由亚历山大作图，非常真实地表现了中国建筑，包括北京城西门、北海及其白塔、长城、热河普陀宗乘庙、圆明园大殿、一座水闸、一座水碓，许多塔、桥、牌楼、住宅。这些图比以前英国人见到过的都更真实、更优美。

马戛尔尼和他的随员的报告及图画在18世纪末19世纪初掀起了新的中国热。

这时候霍兰德（Henry Holland）从法国回来。考纳说：钱伯斯越过海峡出口了东方建筑，霍兰德又把它进口，更加精致。霍兰德在卡尔顿府邸（Carlton House）、渥班（Woburn）、勃莱顿（Brighton）等地设计了不少中国式建筑。渥班的奶牛场现在还在。最有趣的是勃莱顿皇家大厅（Royal Pavilion，1801）和皇家庄园里几幢房屋的设计方案。皇家大厅有一个方案中国味比较浓，装饰得很华丽；皇家庄园的一个设计相当正确地表现了岭南民居的特点。1802年，霍兰德为皇家大厅做了几个中国式的室内装修。

虽然霍兰德使中国热重新起了一个高潮，但绝不能跟18世纪中叶相比。18世纪90年代，吉尔平（William Gilpin）、普里斯（Uvedale Price）和奈特（Richard Payne Knight）把图画式园林推进到新阶段，他们认为中国建筑太做作，不能与自然协调。奈特在他的《自然风光：一首说教诗》（*The Landscape，A Didactic Poem*）中，说到插图中的一道中国式木桥：

> 中国式的桥，单薄脆弱，
> 以虚假的精致，徒劳地想讨人欢喜，
> 轻巧而新奇，但是僵硬而刻板。
> 幻想生下的孩子是妄想，
> 妄想，试图以它的无节制，
> 填补幻想的空白。

中国热，中国园林和它的建筑在欧洲的影响，从此走下坡路。

2

18世纪中叶以来，英国出版了许多关于中国园林和建筑的书，一部分是手册样本，一部分是学术专著。虽然其中绝大多数我们现在都见不到，但是从二手资料介绍一些还是有意义的，一可以见当时盛况，二可以见当时英国人眼中的中国园林和建筑究竟是什么样子，从而对中国造园艺术和建筑在欧洲的影响有个比较近乎实际的认识。有一些书我在"中国造园艺术在欧洲的影响"中已经简略介绍过，这次没有重要的新材料，不再重复。这里介绍的是以前没有介绍过或者虽然介绍过但可以有所补充的。关于后者，为了行文的完整，不免会跟以前的文章有一点儿重复。

第一本书是哈夫帕内（William Halfpenny，或说与其弟John合作）编的《中国风的乡村建筑》（*Rural Architecture in the Chinese Taste*），是一本手册，出版于1755年，书分四部分，分别为"中国庙宇的新设计""中国桥梁""中国门""中国大门"。所谓"中国风"，大概是根据文字材料或什么书上的插图刻意想象出来的，图例都非常浅薄而拙劣。例如一座"中国风的宴会厅"，来源显然是杜赫德神父主编的《中华帝国通志》中的一幅"婚礼图"。那幅图的右下角露出一个屋角和多半扇门，还有一段檐口，哈夫帕内把它扩充补足就成了这座"宴会厅"。因为杜赫德的图非常奇特，所以仿制品是很容易识别的。这座"宴会厅"，除了屋面弯曲之外，没有丝毫中国式的东西，从总体到细节，倒全是洛可可风的。那时候，在法国，洛可可风正被谬称为"中国式"的，哈夫帕内显然信以为真了。哈夫帕内也使用一些零件来制造"中国风"，都是欧洲人熟知的装饰，如龙、凤、风铎等，画在屋脊上、屋角头、檐角下等处，最大量使用的是纤细的木花格。有时用重檐屋顶，或者把房子画在山子石上面。

当时英国人普遍地不大严格区分"中国风"和"哥特式"，笼统地把它们当作跟古典主义对立的"自由的"样式和风格。所以，哈夫帕内的"中国风"建筑上有大量哥特式的母题，如尖券、尖塔、叶芽等。这些东西通用在他的"凉亭""庙宇""坐椅"以及"上有钓鱼听琴之用的亭子的桥"上。

哈夫帕内的书不伦不类，很容易遭到讥讽。1756年8月26日的《鉴赏家》杂志上，一位中学教师劳埃德（Robert Lloyd，1733—1764）写了一首诗：

> 游客们怀着满腔惊异见到，
> 　一座哥特式或中国式的神庙——

挂着许多风铎

和花里胡哨的破布条；

懒洋洋地爬行着的一条龙，

位在顶上最高；

一个木券又开双脚；

四（英）尺宽的一条水槽，

曲曲折折又拐又绕。

哈夫帕内的设计真叫好。[*]

　　1754年出版了爱德华和达利合著的《为改善当前趣味而作的中国式建筑设计》（Edward and Darly, *A New Book of Chinese Designs Calculated to Improve the Present Taste*）。关于爱德华我们一无所知，达利大约在1750年出版过一本《中国式、哥特式和现代式椅子图集》（*A New Book of Chinese, Gothic and Modern Chairs*），也给别人的书作过家具的插图。这本合著书的120幅图涉及中国工艺美术的各个领域。建筑图都是二维的，像舞台布景而不大有建筑味，常用人物、树木花草、岩石做装饰，有时有山水背景。这些建筑整体说来仍然是洛可可风的，不过有多层屋顶，苦干草的屋顶，檐角起翘，下悬风铎，木花格，等等。这些建筑物比哈夫帕内的更花哨，更多奇想，也更不真实。有一些风景画，画着山子石崖洞，上面造个凉亭，是当时英国造园家公认最典型的中国式园林风物。

　　爱德华和达利的书后来被戴克尔剽窃为《中国的民用和装饰建筑》（*Chinese Architecture, Civil and Ornamental*），1759年出版。这本书又被再度剽窃，改名为《太太们的消遣》（*The Ladies' Amusement*，或*Whole Art of Japanning Made Easy*，出版年代不明），里面加了些皮勒蒙（Pillement）的中国工艺作品。这本书里写道："用印度式和中国式的建筑可以

---

[*]　此诗初刊于1755年6月19日的《鉴赏家》73期上，题为《城里商人的乡村小筑》，较此处内容略多。此处依考纳引文译出。

得到很大的自由，因为极富想象力，所以它们的作品总是超乎一般的所谓物质财富，它们中常常可以见到蝴蝶背负大象或者其他类似这样的荒谬事情，但它们色彩欢乐，布置轻灵，总能使人愉快。"

1762年，莱托勒（Timothy Ligtoler）出版了一本《绅士和农夫的建筑师》（*Gentleman and Farmer's Architect*），"内有许多不同的实用而时髦的设计"，最时髦的一个是"中国风的住宅和农庄"。檐口卷曲，角上探出一条龙，嘴里叼着风铎。

把中国建筑表现得最蠢的是莱特（William Wright）的《怪异的建筑或乡村里的消遣》（*Grotesque Architecture or Rural Amusement*），于1767年出版。其中有一幢"隐士居"，屋顶"盖着中国风的草顶"，屋顶上还冒出一棵树来。柱子是未经斤斧的树干，底下堆着粗大的石块。这些建筑图真正是"消遣"，并没有实际的意义。

各种书里，只有钱伯斯的《中国建筑、家具、服装和器物的设计》（*Designs of Chinese Buildings, Furnitures, Dresses, Machines, and Utensils*）比较正经，是打算真叫人仿造的。这本书出版于1757年5月，那时候，"中国巧艺"已经被严肃的建筑师当作不屑一顾的东西。1756年，著名建筑师亚当（John Adam）在给他母亲的信里提到这本将要出版的书，说它"并不能把他（钱伯斯）的名望提高到真正有学问的建筑师之列"（见 J. Fleming, *Robert Adam and his Circle*, 1962）。钱伯斯自己意识到这一点，在书出版前一个月，公开声明，要出的是一本关于古典建筑的书。但是书一出版，很成功，漂亮的对开本，认购的人都是一时俊彦之士，最负盛名的学者约翰逊博士（Samuel Johnson）给它写了序。这样一来，钱伯斯的名声没有受到损害，而中国建筑却重新受到了尊敬。在自序里，钱伯斯批评了"每天以中国的名义出现的无节制的铺张"。但他认为，中国建筑低于古典建筑，并不适用于欧洲。不过，在园林里可以采用，因为新鲜奇特。为了"抬高"中国建筑，他说中国建筑的比例跟西方古典建筑是相同的。

钱伯斯自称在广州作了许多测绘图，但这本书里只有七座亭子（或称为庙）、一座牌楼、一座桥、一座小塔、一幢商人住宅，还有几幅住宅平面图和柱子、梁头等的局部大样图。他说他略去许多实例，而"只重给人一个关于中国建筑的印象"。他没有发表广州的宝塔的测绘立面图，他说是因为这图至少要占三页篇幅。

看上去，大多数的图是英国绘图员的作品，建筑都很沉重，甚至凉亭也不例外。虽然上面有斗栱之类，但柱子都是罗马柱式的比例，有些柱础也是西方柱式的样子。屋顶以上部分离中国建筑原型更远，宝顶之类明显是西洋做法。有些图的背景是参照过杜赫德神父编的《中华帝国通志》的。有些图上有忍冬草卷叶和花体字，它们跟木花格、回纹图样等等都是18世纪中叶的手册样本上最流行的。总的说来，钱伯斯的图比哈夫帕内、达利、莱托勒、莱特等人的要好得多了，毕竟是真正的建筑图，也比较切近中国建筑，但是，仍然很不精确，臆测之处很多。

钱伯斯的书影响很大，法国、德国等大陆国家都照他的图造中国建筑。1763年，普鲁士的腓特烈大王在波茨坦的长乐宫（Sanssouci）亲自按书上的图设计了一座桥。

这本书刚出不久，英国王太后（Dowager Princess Augustus）就要托他大大改建丘园（Kew Garden），他在里面造了些中国式建筑，最著名的是一座塔（1761—1762）。18世纪末，欧洲各国造园家以十分羡慕的心情描写英国园林，其中最得好评者之一就是丘园。法国人认为"丘园的塔是园林建筑物令人振奋的新发展的一个万众瞩目的象征"。

塔八角十层，总高48.8米，底层一圈副阶廊子，扩展为裙房。灰砖造，外附木眺台，内有螺旋状木楼梯。每个檐角伏着一条龙，有翼，"覆着薄薄一层彩色玻璃质，产生炫目反光"（钱伯斯，1763）。可惜这80条龙不知为什么现在都不见了。这座塔无疑是模仿南京大报恩寺塔的，虽然钱伯斯没有到过南京，但纽浩夫的书的插图是很清晰的。除了产生炫目反光的龙，各层的铁瓦也都上了光漆，大约是为了制造琉璃的光泽。

1757年，钱伯斯又发表了一篇文章，叫《中国园林的布局艺术》

（Of the Art of Laying out Gardens Among the Chinese），在《绅士杂志》（*The Gentleman's Magazine*）上。钱伯斯在这文章里说中国园林的景物分为三种："分别称为爽朗可喜之景、怪骇惊怖之景和奇变诡谲之景。"他着力渲染"怪骇惊怖"之景，说它"有摇摇欲坠的悬岩、黑暗幽冥的山洞，从山顶四面八方奔泻而下的汹涌湍急的瀑布。树木都奇形怪状，好像被风霜雨雪折磨得枝干断裂……"

什么中国园林景物的三类，什么怪骇惊怖之景，都是钱伯斯极其夸张地幻想出来的，没有什么根据。钱伯斯所见的都是广州的岭南园林，意境比较刻露，不过也不致这样矫揉造作。但是，这些描述却引起了著名政论家和美学家博克（Edmund Burke，1729—1797）的注意。1758年，在他主编的《年鉴》（*Annual Register*）里转载了这篇文章。

博克在1756年发表过一篇叫作《论崇高和美的观念的起源》，把崇高与恐怖联系起来。他说："凡是能以某种方式适宜于引起苦痛或危险观念的事物，即凡是能以某种方式令人恐怖的，涉及可恐怖的对象的，或是类似恐怖那样发挥作用的事物，就是崇高的一个来源。"（朱光潜译文）又说："自然界的伟大和崇高……所引起的情绪是惊惧"，"崇高是引起惊羡的，它总是在一些巨大的、可怕的事物上面见出。"所以博克对钱伯斯关于中国园林的描述很有兴趣，特别是那"怪骇惊怖之景"。

另一位造园家魏特利在《现代造园艺术》（Thomas Whately，*The Observations on Modern Gardening*，1770）里建议把"怪骇惊怖之景"引入英国园林，认为会有很好的效果。例如摇摇欲坠的悬岩，矿井以及制造电闪雷鸣的机械，"把房子造在峭壁的边缘上或者危峰的尖顶上，形成一种奇险的形势，否则，这些地方引不起注意"。

钱伯斯读过博克和魏特利的文章。1772年，他把1757年的介绍中国园林的文章扩大，写成《东方造园艺术泛论》（*A Dissertation on Oriental Gardening*），而以那篇文章作这本新书的核心。在这本书里，他猛烈攻击勃朗（Lancelot Brown），说勃朗的园林太"自然"，成了自然的奴隶，不成其为艺术；不娱人，不吸引人，甚至没有树荫给人遮阳乘凉。钱伯斯在这本《泛论》中竭力渲染中国园林中的人工味，尤其是夸张它的"怪骇惊怖之景"，企图通过恐怖得到崇高之美。他写道："蝙蝠、猫头鹰、秃鹰和各种猛禽挤满山洞，狼、虎、豺出没在密林，饥饿的野兽在荒地里觅食，从大路上可以见到绞架、十字架、磔轮和各种各样的刑具。他们有时候在山洞里、在顶峰上隐藏熔铁炉、石灰窑和玻璃作坊，从那儿喷出熊熊的火焰，浓厚的烟柱长久不散，以至使这些山头像火山。"此外，还有人工造大暴雨、闪电、焦雷，以及不知从何处发出来的呼喊和炸裂声。浓墨重笔，非常生动。

但是，这些叙述当然都是和真正的中国园林没有什么共同之处的。

1772年8月的《每月评论》（*Monthly Review*）里，一位评论家批评钱伯斯，说他毫无爱国之心，吹捧笨拙的、趣味低劣的中国人，他们在一切方面都落后于英国人，也许只有政治例外。同年6月的《伦敦杂志》（*London Magazine*）里有人批评《泛论》，说它"好像超过了可能性的界限。不过，它的描写倒是很有趣的"。

也是这一年，5月25日，对英国自然风致园有较大影响的沃波尔给麦森（William Mason）写信，说到钱伯斯的《泛论》"比最坏的中国文章都更天花乱坠……肆无忌惮地为报复而攻击勃朗；唯一的结果是，它要被嘲笑……"说钱伯斯"报复"，是指1772年勃朗夺走了他的一次设计委托。

这位麦森，在沃波尔的帮助下，发表了一首《给威廉·钱伯斯爵士的英雄体致敬书》，挖苦他的《泛论》。

为了回答各种批评，钱伯斯于1773年出了《泛论》的第二版。这一版比第一版更加叫人难以相信，为提高书的权威性，增加了从杜赫德书里抄来的许多中国植物的名字，还用中国人谭谦嘉（Tan Chet-Qua）的名义写了一篇注释性的序。钱伯斯说，这位谭先生刚刚访问过英国，"……他被教养成一位面具制作家。有三位太太，两位得宠，第三位受冷落，因为是个泼妇，而且是大脚。……他喜欢跳西班牙舞，从澳门学来最新的舞姿。笛子吹得神了，谈起话来头头是道"。很明显，这位谭先生是他虚设的，就像那些"怪骇惊怖之景"一样。

总之，尽管18世纪中叶在英国出了不少关于中国园林和建筑的书，但大多是臆测想象、虚托假冒，欧洲人对中国园林和建筑的知识还是少得可怜，且充满了荒诞性。

3

意大利传教士马国贤（Matteo Ripa，1682—1746），在过去西方文献里介绍得不多。我在写"中国造园艺术在欧洲的影响"时，阅读了他的回忆录的英译本（1855），摘译了其中描写畅春园的一段。但是当时对马国贤的其他方面所知甚少，只提到他画过承德避暑山庄的三十六景。新得的资料说明，这位传教士可能对中国造园艺术在英国的传播起过相当大的作用，值得补充介绍一下。

耶稣会士马国贤于1708年经伦敦赴中国。1711年到康熙皇帝的朝廷之后，奉命绘"有中国房舍的山水画"。不久，又奉命为山水画雕版。他并不擅长此道，勉力而为，居然也赢得了康熙的赞赏，于是把他差到热河，为避暑山庄三十六景雕版。他中途坠马负伤，一位中医说他跌得"脑子错位"，给他做了"复位"处理。

三十六景图原作是沈源画的，马国贤经几个夏天赴热河工作才完成雕版，康熙下谕旨印刷若干份分赐皇族。

康熙死后，耶稣会士在中国遇到很大的困难，马国贤乘东印度公司的船返回欧洲，1724年9月7日到伦敦。英国国王乔治一世跟他长谈了两次，每次达三小时之久。他跟伦敦上层社会广泛接触，很可能会谈到中国皇家园林。一个月后马国贤离英回意大利，留下一册热河避暑山庄三十六景图版画，起初收藏在自然风致式园林的热心支持者伯灵顿勋爵家的图书馆（Burlington Library）里，后来转归德文郡（Devonshire）图书馆，现在在英国图书馆（British Library）。画册上还保留着切斯威克

热河避暑山庄三十六景之一——金山寺。马国贤雕版（约1713）。

热河避暑山庄三十六景之一。马国贤雕版。

八 《中国造园艺术在欧洲的影响》史料补遗　　445

（Chiswick）的藏书票。马国贤尚在中国时期，伯灵顿勋爵三世已经跟坎特（William Kent）一起在切斯威克开始了造园艺术的新潮流，引进了自然的不规则性，所以，马国贤的版画在切斯威克肯定会受到热烈欢迎，被研究讨论，对切斯威克的进一步发展起到重要的作用。伯灵顿集团是自然式园林的宣传中心，坎特是英国自然风致园的最重要的开创者之一。马国贤通过他们，对中国造园艺术在欧洲的传播起了重大的作用。

虽然马国贤的回忆录于1844年才在英国出了第一版摘译本，当时中国热已将随中英第一次鸦片战争而过去，但是，维特考沃（Rudolf Wittkower）在《帕拉第奥与英国的帕拉第奥主义》（*Palladio and English Palladianism*，1974）一书中推测，马国贤曾经向英国人士描述过中国园林，并且与古罗马的贺拉斯和西塞罗的牧歌式理想比较。他肯定也比较过克洛德·洛兰的罗马郊区风景画和中国的山水画，在这些画里见到了中国园林中典型的"精巧的野趣"。

但是，沈源原作由马国贤雕版的版画，按照中国画传统，并不是园林的写实，而完全是一幅幅写意的山水画。空山远水，疏林芳草，一派纯净的自然风光。只有一些建筑物，亭台楼阁，曲廊拱桥，才有人工气息。这风光远远超出了自从坦伯尔以来，艾迪生、蒲伯、斯威奢等热心宣传中国园林的人们的想象。它们肯定改变了英国人士对自然风致园的认识，有力地促进了后来勃朗的纯田园风光式的庄园园林的兴起。

1751年，斯彭斯（Joseph Spence）在致惠勒（Robert Wheeler）牧师的信里说："我最近看了关于中国皇帝一所大园林的三十六幅版画，整个花园里没有一行整齐的树，他们看来比我们最棒的做不规则式园林设计的人都强，就像威廉国王时期传来的荷兰式园林强过于我们的那样。"斯彭斯接着又说：园林里光照之处应该多于阴影，"使整个园林看上去高高兴兴，而不是忧忧郁郁的。在这方面，中国人看来也比我们的游艺场建造者高明多了。他们不在近景中安置封闭的、浓密的丛林，而把它们放在远处的小山丘上"（以上两则见 J. Spence, *Observations, Anecdotes, and Characters of Books and Men*）。

不过，斯彭斯看到的伯灵顿家收藏的三十六景图，已经只剩下三十四幅。1752年，斯彭斯摘译的王致诚1743年描述圆明园的信在英国出版。

4

用文字向欧洲介绍中国造园艺术的，主要是法国传教士。但是法国在18世纪70年代才开始有自然风致园，比英国晚了半个世纪。而且第一批自然风致园，如爱默农维勒（Ermenonville）、小特里阿农（Petit Trianon）、蒙梭（Monceau）和韩西（Raincy）等，并没有借鉴头几年英国大流行的勃朗式纯田园牧场风光的园林，也没有借鉴当时正流行的钱伯斯式的图画式园林，而是主要借鉴了半个世纪以前坎特式的小弯小曲的园林。

法国人把这种园林叫作"中英式"或"英中式"，他们愿意强调中国园林的影响，因为正是他们法国人在介绍中国园林方面起了主要作用。1781年，李涅亲王（Prince de Ligne）七世查理·约瑟夫（Charles Joseph）出版《白洛伊一瞥》（*Coup d'oeil sur Beloeil*），说："法国开始出现了不少中英式园林，或者叫英中式园林，两种叫法是一样的。法国本来可以在英国之先拥有这种园林，但是它的传教士们过于着重在道德和社交了。"

有些英国人不大服气。1775年，沃波尔到法国，对当时的英中式园林很有兴趣，去看了塞纳河中小岛上的"漂亮磨坊"（Moulin Joli）花园，评价不高。他把这种园林称为"英法式园林"，不承认来源于中国。他在1775年9月6日致麦森的信里说："我在最后一卷书里要阐明这种园林的另一种起源之说。"果然，1780年出版的《英国画外史》（*Anecdotes of Painting in England*）的末卷，有一篇《造园中现代趣味的历史》（The History of the Modern Taste in Gardening），它把不规则园林追溯到古罗马的普里尼，然后到坦伯尔、坎特，就是不提中国。沃波尔说：英国自然风致园的不规则是由于追随自然的规律；而中国园林的不规则是怪诞的、想入非非的、不自然的。王致诚所描写的圆明园，看不出有什么自然，只不过是硬做出来的不规则。玲珑剔透的太湖石、大量的建筑物、曲折的拱桥和廊子等，都过于造作。这是"稀奇古怪的天堂"，完全没有"真正的田园之乐"。在这本书的第二版的一个脚注里，他说：法国园林的几何性和中国园林的自由性，是人工化的两极。他称法国新的不规则园林为"高卢-中国式"。

但法国人很知道钱伯斯的著作对英国造园艺术的影响。1773年他的《东方造园艺术泛论》译成法文出版。曾经在中国传过教的韩国英神父在他写的《论中国园林》（*Essai sur les Jardins de Plaisance des Chinois*）里说：钱伯斯所说的是"中国观念跟欧洲观念的和谐的融合"。1771年，德马里尼（M. de Marigny）打算在他的洪德古庄园（Rond-de-Cour）造一所中国式亭子的时候，写信给著名建筑师苏夫洛（Jacques-Germain Soufflot，1713—1780）说："我为手边没有钱伯斯的著作而遗憾，它对于这种建筑物是很有参考价值的。"（见Monique Mosser, *Monsieur de Marigny et les jardins，projects inédits pour Menars*，1972）

在法国鼓吹不规则园林的一位重要人物是李涅亲王七世查理·约瑟夫。李涅亲王六世克洛德·拉莫阿勒第二（Claude Lamoral II）把他在白洛伊府邸的几何式花园称为"理智的园林"，而查理·约瑟夫把它的一部分改为自然风致的，称为"心灵的园林"。查理·约瑟夫跟欧洲文化潮流的领袖们很熟，其中包括俄国的叶凯萨琳娜二世和法国国王路易十六的王后玛丽·安托瓦内特（他对圣彼得堡沙皇村里的中国式建筑和凡尔赛的小特里阿农的中国式园林大约起过作用）。在他的《白洛伊一瞥》中，他着重写到了英国的丘园和魏尔顿（Wilton）园林。他说英国的园林里水太少，"人们在那里要渴死了。为了叫人相信下面有水而在干沟上造中国式的桥梁是没有用处的"。虽然喜爱中国建筑，但是他告诫说："不要造太多的中国建筑，它们太花哨俗气，而且已经到处都有。如果你（在园林里）有一块荒地，你愿意在那儿造一些样式古怪的异族房屋，那么，中国建筑当然是最合适的。"

把中国建筑当作新奇的东西来接受，对中国园林也有类似的情况。钱伯斯说的"恐怖的、戏剧性的、充满了对比的景致"很快被法国人接受。1774年，沃特莱特也在《论园林》（Claude-Henri Watelet, Essai Sur les Jardins）里说，园林应该有"高雅的和粗俗的，庄重的和忧郁的"，认为新园林的特点应该是"人工"，他以中国园林为例，里面充斥了庙宇、牌楼等。在园林里可以跳舞、举行滑稽的仪式，穿着可笑的服装。花园里除了理性的愉悦外，还应该有一种妖术般的魅力。"要到西巴里斯去"（Sybaris，意大利南部一古都，该地民风骄奢淫逸——译者）。沃特莱特对法国的造园艺术很有影响力，他领导了自然风致园。

早期的自然风致园中，最可游的是蒙梭花园，距后来的巴黎大凯旋门不远，18世纪70年代中期由卡蒙泰尔（L. Carmontelle）设计。1779年，他发表了一些版画，其中可以见到当年有荷兰风车、哥特式废墟、清真寺、土耳其帐篷、中国桥、鞑靼帐篷等。还有一个大转盘，上面设几个座位，有中国式的伞盖，还有龙等做装饰。推转盘的人穿中国服装。卡蒙泰尔自己写道："在蒙梭，我们并没有试图创造一座英国式园林；我们要做的正是一位批评家责备我们的——在一座园林里把多个时代、多个地方的东西搞在一起。"（见Carmontelle, *Jardin de Monceau, Près de Paris*，1779）蒙梭花园里像个游艺场，卡蒙泰尔说：除了风景之外，游客还可以观赏比赛、音乐会和享受各种活泼有趣的娱乐。人们到这里来是为了开心，不是作为一个严肃的哲学家来沉思。而且，它还要考虑到太太们。他说，一所园林要有持续不断的新鲜刺激，"真正的艺术在于懂得如何保持游客的兴致，花样要多，否则游客会到空旷的原野中去找我们这园林里找不到的东西——自由的形象"。这些意见也可能受到钱伯斯著作的启发。1793年，蒙梭花园的主人奥尔良大公被杀后，它被收为国有。后来，拿破仑很喜欢它，1807年建议它应该是"一所中国式的真正美丽的园林"，跟卢森堡花园和杜乐丽花园互补（见皇帝致Gaudin书，1807年5月5日）。看来这位皇帝对中国热也有相当兴趣。

另外两座有中国味的不规则园林是巴黎西端布劳涅森林里的巴嘎代勒（Bagatelle）花园和圣詹姆士（Sainte-James）花园。它们的设计人都是贝朗士（F.-J. Bélanger），他是法国自然风致园艺术的重要代表之一。这两座园林里都有不少中国式建筑物，它们的版画大量收集在勒古日编的《英中式园林》（Le Rouge, *Jardins Anglo-Chinois*, 1774）和克拉夫特编的《民用建筑汇编》（J. C. Krafft, *Recueil d'Architecture Civile*, 1812）里。

巴嘎代勒的中国帐篷和哲学家小舍，以及圣詹姆士花园的中国亭，都是通体用木花格装修，曲面屋顶，哲学家小舍和中国亭都造在透空的石假山上。

勒古日和克拉夫特还各自另外编了一部重要的关于中国建筑的书。

勒古日的叫《时式园林细部》（*Détails des nouveaux jardins à la mode*），共21卷，于1774—1789年间出齐。内容为欧洲各国的园林和园林建筑，大部分是英中式花园。其中有4卷，97幅版画，是中国木刻，表现中国皇家离宫别苑，有些是法国宫廷藏品，"从北京的绢画上拓来"，另一些是有关圆明园的木刻，在1786年出版，成了王致诚的书信的形象表现。这部书对于进一步促进法国的英中式园林是有大作用的。在1774年的第一卷里，威尼斯驻巴黎大使代尔斐诺骑士（Cavaliere Delphino）的园林，被称为"英法中式"。这园林分为四个主要部分，一为法国–意大利的几何式园林，一为荷兰的丛林，一为英国草地，最后为中国式园林。中国式园林里全为不规则布局，有中国式小建筑，其中一个是水下的房间，饰满了贝壳和珊瑚。另一幅有兴味的图是塞维涅伯爵（Comte de Sévigne）的园林的设计图。一所自由式的园林，中央有一个岛，岛上一座中国式两层小阁立在岩洞之上。岛以中国式木桥与岸相连。桥的另一头有一堆石假山，紧傍着假山又是一道中国式木桥跨过另一条小河。据记载，这园子里还曾有过一座五层的中国塔和一道中国廊子。

勒古日的书里也有两幅玛丽·安托瓦内特的小特里阿农的花园图。

一幅是1774年理查（Antoine Richard）设计的；一幅是1783年的，比较不像第一幅那样曲折，也没有了很奇特的建筑物。庸（Arthur Young）于1787年参观了小特里阿农后说："它的钱伯斯味多于勃朗味，人力多于自然，花钱多而趣味不高。"

在第十三卷中，是德赛德的蒙维勒园林（Désert de Monville，或Désert de Retz）。它的英中式园林是建筑师巴比埃（Barbier）设计的。园林中最引人瞩目的是它的中国式府邸（Maison Chinoise），这是极少见的，一般中国式多用于凉亭之类的装饰性建筑。它有三层，每层都有曲面屋顶，甚至有钱伯斯式的斗栱。在大革命时期，这座中国式府邸作为旧政权下的奢侈生活的象征受到批判。拉波特（Alexandre de Laborde）于1808年写道："这幢建筑物是那时代低劣趣味的例证，是铺张卖弄的可恶风气导致的浪费的例证。中国建筑给人的印象是既不优美雅致，又不坚固结实。它的一个小小的优点是轻巧和华丽，特别适合于园林。它需要精心建造。这座房子曾经享有很高的名声。"（*Nouveaux jardins de la France et ses anciens châteaux*，1808）1941年，这座府邸被列为文物，但仍然没有好好保护，坏掉了。1971年，"马尔罗法"（Le Loi Malraux）通过之后，赶去抢救，已只剩下柱子和花格装修，不过仍得以加固。

克拉夫特的另一本书叫《最美的图画式园林的平面图》（*Plans des plus beaux jardins pittoresques*，1809），显然受到英国18世纪下半叶钱伯斯倡导的图画式园林的影响，书里有些中国式小建筑物，其中一座桥亭很有特色。

在法国，比较有名的自然风致园（或图画式园林）有商迪（Chantilly）、尚特鲁普（Chanteloup）、博奈勒（Bonnelle）、乃依（Neuilly）等许多。园里都有中国小建筑物，如亭、阁、桥、塔等。罗亚尔河谷（Loire Valley）的尚特鲁普府邸园林里的塔，虽然基本上是古典主义的，但各层挑檐等有中国味。

中国式建筑在法国、匈牙利、捷克、波兰、俄罗斯、西西里等地均有。

5

中国造园艺术和建筑在欧洲的影响从19世纪中叶起衰落甚至消失，这是一个伤心而耻辱的故事。

18世纪，欧洲启蒙主义者把中国当作哲学、道德和政治的楷模，先浪漫主义者把中国当作在自然中抒发性灵的老师。实际上，欧洲人那时候对中国是了解得很少的。他们以为，中国是一个充满了奇情异趣而又繁荣富足的地方，作为他们的楷模和老师的中国人民是智慧而又文明的。

就造园艺术来说，17世纪末的坦伯尔和18世纪初的艾迪生，都把传说中的中国园林看作远远高于欧洲园林的艺术杰作，跟中国园林相比，欧洲的古典主义园林像是儿童幼稚的"作品"。18世纪中叶，英国人是把中国园林当作不可企及的范本来仿效的。遥远的异域，数量极少却又竭尽渲染之能事的报告，使中国的一切，包括园林，笼罩在浓厚的神秘性之中。因此，尽管仿制品粗糙笨拙，不得中国园林和建筑的神髓，显得怪模怪样，他们只怨自己仿制得不成功，却不能对中国的园林有什么不敬的怀疑。何况，坦伯尔以及意大利传教士马国贤早就警告过，中国园林太难模仿了，最好是不要尝试。坦伯尔甚至说，模仿的成功与失败之比是1∶20。

可是，这个神奇的中华帝国，到19世纪中叶终于失去了神秘的幻象，它在越来越多的欧洲商人和使节面前，在英国和法国的远征军面前，暴露出了自己的孱弱、腐败、无能和愚昧。

19世纪初，拿破仑战争结束，英国人把注意力转向东方。1816年2月，向中国派出了继马戞尔尼之后的第二位特使，安赫斯特公爵（Lord Amherst）。因为所呈英国国王致清仁宗的信称呼他为"兄弟"，又加上拒绝行跪拜礼，所以特使没有见到中国皇帝。安赫斯特很生气，1817年在广州登船回国时，英籍船员欢呼了三声，特使在笔记中写道："这呼声中有一种庄严的男子汉气概，它是对我们正要离开的这个国家的古里古怪的礼节和仪式的抗议。"他的秘书艾利斯（Henry Ellis）写的出使报告，对中国大为不满。

1839年，中英武装冲突开始，前马戛尔尼特使的随员，曾在圆明园待过几天的巴罗爵士出版了一本海军大将安森公爵的传记（John Barrow, *The Life of George Lord Anson*），里面写道："此地提到一份报告里写到的中国人的虚伪、奸诈和无赖也许不大合适，这些恶德不但渗透所有的政府部门，而且普遍传染到了百姓当中。"

这时候，有一些英国商人也埋怨中国人喜欢绕弯子，是吞吞吐吐的胆小鬼。

曾经被启蒙主义者认为道德高尚、善于做深刻的哲理思考的中国人，就这样渐渐因为增加了跟欧洲人的接触而遭到越来越尖锐的批评和轻视。

同时，一百年来被欧洲人想象得无比美好的中国园林，也同样遭到批评。

安赫斯特的秘书艾利斯在报告中评论他在天津见到的一座大殿"简陋而又华丽，华丽得俗气"。看到北京城外的商店用贴金的木雕做装饰，他说："这真是不可思议，商业利益怎么能容忍这种没有经济效益的浪费。"

对中国城市建筑，从17世纪以来的欧洲传教士和使节都评价不高，所以艾利斯的话还不算太突兀。值得注意的是对中国园林的重新评价。英国《园林杂志》（*Gardener's Magazine*）于1827年发表了美因（James Main）的一篇文章的摘要。美因是植物学家，1793—1794年间住在广州。他认为中国园林"一眼望去没有什么吸引人的东西，没有开阔的起伏的草地，没有远处的对景，没有丛林幽深的浓荫，没有倒映着天光的水面——没有任何东西呈现它们自己，有的只不过是一个充满了无谓的复杂性的小小的世界"。

美因只到过广州，所见的园林并不是中国园林中最好的。但是，当年钱伯斯也只见过广州园林，却那么倾倒。大概可以说，他们两个人眼光的差别，反映出欧洲人对中国的态度的变化。

1840年，英国远征军攻陷广州，1842年8月，不战而下南京，订了《南京条约》。考纳说："这样一来，宝塔和凉亭的魅力最终地破灭了。1839—1842年的事件实际上标志着英国的中国文化热的完蛋。"

张岱在《陶庵梦忆》中记南京大报恩寺塔："永乐时，海外夷蛮重译至者百有余国，见报恩塔必顶礼赞叹而去，谓四大部洲所无也。"它在欧洲有不少仿制品，但在英军占领南京后，它也蒙受了亵渎。牧师莱特（G. N. Wright）说：一队英国水手"拿着镐和锤子，打算剥下它的墙面，拿走宝物"（见*China in a Series of Views*，1843）。莱特故意挑衅地说，这塔是爱尔兰柱塔（pillar tower）的变种。

更进一步，莱特甚至大大贬低曾经被欧洲人看作神仙境界的圆明园。他在上面那本书里写道："房屋的样式看上去很不耐久，只要仔细观察一下，立刻就能发现它们的简陋和缺乏创造性；即使在这个一切皇家宫殿中最豪华最宏大的宫殿里，它的壮丽也是由于大量奇形怪状的小屋和花里胡哨的凉亭，而不是由于它们的坚固和雄伟。"莱特认为，北京的皇家园林掩盖了宫廷生活中的悲哀和无常。

比起欧洲建筑来，中国建筑，即使是皇家园林中的，也确实简陋而不坚固。但过去一百年里，欧洲人曾经津津有味地仿造过中国建筑中纤细的木质花格子，并没有因为它的易于破坏而指摘过它。莱特却嘲笑这些花格子了，甚至嘲笑欧洲人特别喜爱的石假山。

美国费城商人邓恩（Nathan Dunn）在中国住了12年，搜集了大量艺术品，1837年在费城办了个展览，很成功。1842年，他把展览送到伦敦，在海德公园角的圣乔治广场（Hyde Park Corner, St. George's Place）造了一所大厅展出。大厅的入口是中国式的双层亭子。展品中有三座中国塔的模型，其中一座是南京大报恩寺塔。还有一座庙、一所官员府邸、一些桥和三座单层或双层的楼阁的模型。此外有一个中国大屋顶的模型。参观说明书卖出了十万份之多。这个展览，如果举行在鸦片战争之前，一定会引起一场狂热。但是，这时候已经签订了《南京条约》，考纳说："涌来看一个被征服国家的艺术的千万观众，是不会打算在家里造这些东西的。……他们不可能把中国想象成神秘的仙境，像他们的爷爷奶奶那样上当受骗。"

1841年，勃朗（Richard Brown）写的《居住建筑》（*Domestic Architecture*）出版，其中写到中国住宅："居室的比例不佳，它们的结构缺乏我们认为我们的建筑中最重要的规矩和原则。"

同一年，著名的"哥特复兴"建筑师普金（Augustus Welby Pugin）出版了《哥特建筑真谛》（*True Principles of Pointed or Christian Architecture*），批评中国建筑缺乏理论基础，说没有什么人认为中国建筑的特点是合乎功能的。普金并没有见到过真正的中国建筑，他所批评的很可能是书本上的或者园林中仿制的中国建筑，因此他的话或许很有道理，不过，无论如何这些话表现出一种与上个世纪大不相同的态度。

一位在广州住过20年的英国人戴维（John Francis Davis）在他写的《中国人》（*The Chinese*，1836）一书里说：中国屋顶呈现"一条悬索曲线，这是由一根两端固定的绳子决定的"。其实，只有做屋面瓦的时候才使用这种方法大致定出瓦面的形状，但是，戴维却说：因此，"中国建筑的外形看上去不坚固耐久"。后来，英国杰出的散文家、美术理论家和建筑历史与理论家拉斯金（John Ruskin，1819—1900）根据这说法说中国屋顶是"丑的"，因为它像一个看上去会因自重而坍塌的发券那样脆弱（*The Stones of Venice*，Vol. I，1851）。本来，一百年以来，欧洲人把弯曲的屋面当作中国建筑最主要的特征，也是最美的部分，凡所谓"中国式"建筑往往不过是有一个弯曲的屋面。然而，19世纪中叶，它却被认为是丑的了。

到了1860年，中国的名声因第二次鸦片战争中的失败而落到最低点。这年10月，英法联军占领了北京西北郊的三山五园，抢掠之余，统帅艾尔金公爵（Lord Elgin）下令放火烧掉了它们。11月的英国《笨拙》（*Punch*）画报上刊了一幅漫画，艾尔金公爵手举石质炮弹一枚，威风凛凛地站在一个浑身发抖的中国人面前，画上题词是"新的艾尔金之石"。这个艾尔金是把希腊雅典卫城上的大理石雕刻运回英国的艾尔金公爵的儿子。那些雕刻后来得名为"艾尔金之石"。父子二人各参与了一个伟大的文明的毁灭。

英国远征军军需中校沃尔斯利（Wolseley）回国后于1862年出版了一本报告（*Narrative of the War with China in 1860*），其中对中国建筑很不满意。他说，全体英国士兵到了北京，大失所望，他们本来一直以为北京是天堂的缩影。他说："在风景式园林和建筑中，中国人竭力使一切都堆满了装饰，为追求稀奇古怪而牺牲了雅致。中国艺术家和建筑师因为追求装饰，因为根深蒂固地喜爱鸡零狗碎的花哨而失败了。"

跟这些评论相应，欧洲人几乎停止了仿造中国园林和它的建筑，连原来造的一些也渐渐荒废了。不过，1846年，在英国的克雷莫内花园（Cremorne Garden）造过一个铸铁的中国式八角亭子。为1867年巴黎的博览会也造了一个铸铁的中国式六角亭子，于90年代搬到英国的克里夫顿（Cliveden, Buckinghamshire）。这两个亭子都是重檐的，被叫作塔（pagoda）。

从造园艺术或者建筑本身来看，欧洲人在19世纪的批评，甚至包括18世纪的那些批评，都未必没有道理。但是，中国园林和建筑是在中国文化被欧洲人更加了解之后才贬值的，是在中华帝国被武力征服，在欧洲人面前暴露出它的孱弱和腐败之后才贬值的，这就很值得思考了。

中国造园艺术和它的建筑"走向世界"的时候，西方人并没有真正看清楚它的民族特色和它所蕴含的民族文化；在它们"退出世界"的时候，它们并没有丧失民族特色和所蕴含的民族文化，不过被世界看得比较清楚了一点罢了。

1989年初

后记

　　世界上的造园艺术，除了中国、日本的以外，还有意大利的、法国的、英国的和伊斯兰国家的四种主要类型。这本书里的几篇文章把这四种主要类型都写到了，外加两篇关于中国造园艺术在欧洲的影响的文章，合起来就叫《外国造园艺术》。欠缺的是没有细写近现代的外国城市公园，好在它们的主流仍然是英国式的自然风致园，不过更功能化罢了。按照惯例，不妨还用这个书名，比如，通常说"中国造园艺术"，一般也不包括现代城市公园。

　　这几篇文章写作的顺序跟现在编排的顺序不同，所以里面一些前后照应的话有点颠三倒四，而且有几处史料和论证重复，为了保存工作的历史面貌，为了保持各篇的独立完整，就不改动了，反正没有什么妨碍。

　　写得最早的是"中国造园艺术在欧洲的影响"，其次是"法国的造园艺术"。不过起意酝酿，却是后者在先，还是在"四人帮"最猖獗的时候。那时候，我的工作是淘大粪、扫厕所，最重要的作用是给工农兵学员上阶级斗争这门"主课"时当活教材，在批斗会上弯着腰认罪。"公余之暇"，比如说，三更之后或者礼拜天，我就找些书来读。一个教师，实在不能相信那种昏天黑地的日子会长久继续下去，实在不能相信全部知识是九分无用一分谎话。而且，老实说，也根本不能相信自己有什么罪。认罪不过是怀着满腔"腹诽"的演戏，为了怕吃眼前亏而说些讨好的话，想不到还赚了个"态度比较老实"的评语。在那种情况下读书，当然没有计划，抓到什么就读什么，大体不离我的本行就是了。一次偶然想到要看《圣西门公爵回忆录》，居然在北京大学图书馆借到了，躲在工地职工医院的急诊室里读完了它，太阳王的种种轶事和他身边人们的种种性格勾起了我写"法国的造园艺术"的兴趣。于是，我急急切切地盼着、高高兴兴地看着导致那场野蛮运动结束的事件一个又一个地发生。

掺进来的"砂子"们麻痹了之后，我就着手改写《外国建筑史》。他们一走，我交了稿，刚想写"法国的造园艺术"，却又听说野蛮运动横扫掉了大部分的江南园林。痛心引起激愤，于是先写"中国造园艺术在欧洲的影响"，以挞伐愚昧，凭吊文化的残破。在几个月的时间里，翻阅了从17世纪到19世纪几乎全部来华的欧洲传教士、商人和使节们写的有关中国的报告和游记。在北京图书馆读书的那些日子，一大早骑车进城，在开馆之前赶到。中午吃两个包子，踢开北墙根的枯枝败叶蜗牛壳，就地躺一会儿，任蚂蚁咬一身疙瘩。闭馆时分出来，到家已是晚上，还要翻译、整理一天抄录的资料，直到后半夜。文章一脱稿，马上就病了二十几天，只觉得天旋地转，躺倒了起不来。

接着到欧洲去了一趟，用心看了些园林，回来写"法国的造园艺术"，有把握多了。完成之后，不料又被硬拉着给大百科全书写几则外国造园艺术的条目。虽然每则不过一千字，我还是觉得应该先写出几篇详尽的文章来。这样一不做，二不休，终于写成了比较完整的外国造园艺术的系列文章。

各篇文章陆续发表的时候，接到了编写一本外国造园艺术教材的任务。我对拉开架势有板有眼循规蹈矩地写教材有点腻烦，恰好赵丽雅同志建议我把这些文章编成一个集子，我想，出这么一本集子，也可以兼作教材用，于是就委托了丽雅同志。

我写下这个过程，为的是给专制高压下我和我的一些朋友们的糊涂、奴性以及阿Q式的心境留一份写照，给我们被残酷地践踏了的年华、精力和对祖国的忠忱留一份纪念。用颂歌的腔调赞赏知识分子对苦难的逆来顺受需要特殊的聪明，我没有；完全忘记这一切需要特殊的麻木，我不愿。但也无须愤世嫉俗或者垂头丧气、无所作为。

这些文章是单独分篇写成的，事先并没有完整的构思。内容有几处重复，体例不大一致，这倒没有什么不好，不过，有一些观点也有点儿变化，这就不很好。我并不打算把它们修改一下，使观点前后统一，因为直到现在，对一些问题，我的观点仍然没有确定，那就让读者看出我的犹疑和摇摆来罢。

各篇的体例不很一样，但方法有个大体的谱儿。研究造园艺术，跟研究其他文化现象一样，不能不把内部规律跟外部联系结合起来，忽略掉任何一方都不完全。园林是一个生活环境，造园艺术跟建筑一样，是一门很生活化的艺术。它没有建筑那么多的约束，更便于表现，因此浸透了当时人们的生活理想，而一切理想都是当时社会、经济、政治和思想文化的曲折反映。同时，造园艺术是一个高层次的文化现象，各个时代的文人学士都喜欢关心它或者竟亲自动手来做。这些时代的精英，异常敏锐，心灵感受着八方来风，时时又是蘋末的风源。造园艺术因而很灵敏地反映社会、经济、政治和思想文化的变动。脱离时代的历史文化背景来研究造园艺术，立足点太低，能说明的问题就很有限；反过来，如果不分析造园艺术内部的规律，那么充其量不过是一种社会学的研究而已，对了解造园艺术仍然隔着山山水水。

欧洲的历史经历过几个阶段，每个阶段的社会历史形态都发育得很充分，相应的思想文化也发育得很充分。因此我们就见到意大利的文艺复兴园林，法国的古典主义园林，英国的先浪漫主义园林，一个接着一个，风格截然不同，各自把自己的特点发挥得淋漓尽致，都达到了很高的水平。造园艺术历史遗产的积累，跟其他的文化领域一样，十分丰厚。在这份遗产里，活跃着探索和创造精神。

欧洲各国的民族闭锁性历来比较弱，文化一体化的趋势很强。一种造园艺术在一个国家兴起，很快就会传布到别的国家，何况有的造园艺术潮流本来是几个国家历史发展的共同产物。所以，每个国家都享受着整个欧洲的文化成果。

反顾中国，随着封建社会的停滞，造园艺术跟建筑一样，两千年来，直到20世纪初，没有重要的原则性变化，而且路子越走越窄。唐宋之际，私家园林还很宽阔，因自然条件而有多种多样的变化，到了明清两代，就变成了封闭的院落，所谓"咫尺山林"，只能得之于一些精巧的象征手法，甚至不得不借重由文学引起的联想，美称曰"写意"。虽然，"文必先穷而后工"，在高高粉墙包围之下"师法自然"，逼出了一整套技巧，这套技巧写景抒情，游刃于方寸之间，水平很高。但毕竟巧而难工，时时失于雕琢，稍有不慎，天趣尽失。所以晚期私家园林，片断精彩之处虽多，整体浑成之作太少。数亩之园，一勺水、一拳山，变化的天地很窄，独创新意就难矣哉了。

现在，时代变了，我们的社会、经济、政治和思想文化都变了，园林的功能也大大地变了。传统的造园艺术已经不能适应新的需要，当前的主要任务是创新。为了创新，借鉴历史遗产是大有裨益的，不仅中国的，而且要外国的，这样才能开阔眼界，活泼思路。希望这本书能起一点儿作用。

写这些文章的时候，并没有想写中外造园艺术的横向比较，不过兴之所至，随手写了一些。零零碎碎，现在觉得遗憾。专门再写一篇又似乎越出了这本书的范围，只好以后再说。不过，我先在这里简单地补充一点看法。

欧洲人认识事物，习惯于采取分析的、研究内部规律的态度。古希腊的柏拉图，认为万物的形象都可以分解为最简单的几何形，或者说都是由最简单的几何形组成的。这些几何形都完全对称，而且可以用直尺和圆规画出来。毕达哥拉斯则认为万物的本质都是数。至于美，就是这些简单几何形之间的或者数之间的和谐。而这和谐，也是一种几何的或者数的关系，几何规则跟数的规则是相通的。人是宇宙的缩影，小宇宙，他跟大宇宙处在一个和谐系统中。这种思想不但有力地影响着艺术，也同样有力地影响着科学。到文艺复兴时期，哥白尼和开普勒建立日心说，动机之一就是探求天体运动的和谐图景。艺术创作更要服从一套先验的、永恒的、几何的或者数的和谐规则，跟宇宙的规则一致的。在这种宇宙观和美学思想作用之下，欧洲的造园艺术家就自然要把花园布置成对称的几何形的和谐系统。

从古希腊、古罗马到意大利文艺复兴和法国古典主义，建筑构图的控制因素是柱式，而柱式和它的组合有很严谨的几何的和数的规则，以保证它们的和谐。园林是建筑的延伸，由建筑师设计，所以，建筑师就把建筑的和谐规则运用到花园的设计中来。

意大利文艺复兴时期和法国古典主义时期，唯理主义哲学随着自然科学的发展而逐渐发展，进一步加强了那样的宇宙观和美学思想。简单说来，意大利文艺复兴的造园艺术就是那种宇宙观和美学思想跟封建贵族体制的结合，法国古典主义的造园艺术就是那种宇宙观和美学思想跟君主专制政体的结合。

至于中国园林跟英国式园林的差别，也应该补充一句。英国的自然风致园是牧场式的，芳草如茵、绿荫如盖，再配上些池沼。这是英国国土典型自然景观的浓缩。全英国都是平冈浅阜，极目处，无非疏林茂草。中国园林则是中国国土典型自然景观的浓缩。千山万壑、峰回水转，这类景观在中国到处可见。英国园林多是庄园园林，选大片牧场，稍加点缀整顿，便成自然风致园，气象宁静而舒缓。中国园林，晚期多城市宅园，所以不得不凿池构山，全以人力造出烟波浩渺、峰峦竞秀的景象，幽深壮阔兼而有之。艺术上难度大，而且不得不调用各种各样的手段。这是晚期中国私家园林高明之所在，也是局限之所在。

18世纪中叶，欧洲造园艺术从对称的几何的转向自然风致式的，除了政治的和经济的各种原因之外，一个重要的原因就是自然科学的进一步发展导致了实证主义哲学的诞生，动摇了对唯理主义的先验性规则的信仰。

跟欧洲人不同，古时中国人认识事物，习惯于整体的直观感受，停留在现象描述。同时，无论是儒家、道家还是佛家，都以人跟自然的和谐为美。人通过跟自然的和谐可以达到道，也就是达到万物的本源。"与天地合其德，与日月合其明，与四时合其序……"（《周易·乾卦》）"仁者浑然与物同体"（《二程遗书》，卷二上），因而人跟自然有一种平等的伦理关系，有感情的交流。而这个自然，就是从直观感受到的自然。

魏晋的玄言诗跟晋宋之间兴起的山水诗，虽然一个抽象，一个形象，大相背反，但其实都说的是这个自然之道，在哲学上是一致的，因此，在玄言诗盛行的时候，园林的自然山水风格就已经形成了。以后，传统的自然观和审美理想跟科举官僚制度的结合，把这个风格长期稳定下来。因为科举官僚制度使士大夫必须做好"归田"的准备。不但要准备一所舒适的园林，而且要建立一种价值观，使在园林中过退隐生活具有高尚的道德意义。这就要求宣扬归真返璞，淡泊宁静，乐乎山，乐乎水，跟自然和谐一致。

此外，欧洲人从亚里士多德以来，一直把艺术看作对现实本质的典型再现；而中国人则偏向表现说，重在"托物抒情"，表现内心的体验。这种艺术观的不同，显然也是造成中外造园艺术的对照的原因之一。

由于造园艺术承受着许许多多因素的影响，所以中外造园艺术的异同可以从许许多多方面下手分析比较。这是一个十分诱人的题目，不过在这里我必须及早打住。

1989年春末修改

在这篇"后记"里，我提到，这本书的编成，要感谢赵丽雅。编成之后，搁在她那里等待出版，后来怕压得太久，我要把稿子拿回来带到台湾去出。丽雅什么都没有说，就送了过来。我打开一看，她已经着手做了编辑工作，我心里咯噔一下，沉下一块铁疙瘩，很后悔自己的粗糙，何必这么着急！

这本书在大陆出版，要感谢袁元。他还修订了许许多多译名不统一、人物生卒年缺失等毛病。等拿到校样一看，我心里又咯噔了一下，他给做了两份索引。索引当然非常重要，但做起来多么麻烦，需要极大的耐心和细心，所以我自己从来不敢下这个决心去做。而袁元做了，我希望读者们知道他的认真和辛苦。

2000年11月补记

图书在版编目（CIP）数据

外国造园艺术／陈志华著.—北京：商务印书馆，
2021
（陈志华文集）
ISBN 978-7-100-19861-5

Ⅰ.①外⋯ Ⅱ.①陈⋯ Ⅲ.①园林艺术—国外—
文集 Ⅳ.①TU986.1-53

中国版本图书馆 CIP 数据核字（2021）第 073709 号

权利保留，侵权必究。

陈志华文集

外国造园艺术

陈志华 著

商 务 印 书 馆 出 版
（北京王府井大街 36 号 邮政编码 100710）
商 务 印 书 馆 发 行
北京中科印刷有限公司印刷
ISBN 978-7-100-19861-5

2021 年 10 月第 1 版　　开本 720×1000 1/16
2021 年 10 月北京第 1 次印刷　　印张 29¹/₂

定价：148.00 元

（一）

"建筑是石头的史书"，"建筑是艺术的最高峰"。十九世纪，这两句话互酬倒错流行，已经很难确凿地说是哪位聪明人先发出来的了。总之，十九世纪，欧洲人已经认识了建筑在人类文化中的地位了。

建筑在文化中的地位，决定于它的性质、作用和它达到的高度。技术的和艺术的高度，它不是"勒石纪念"，它就是 Monument，这便是它的性质。

从黄土地上的窑洞，到小女孩温馨的闺房、到豪华的宫殿、到金字塔、到敦煌、万神庙、到万里长城，建筑性使的多样和丰富的辉煌之光，包含了整个的人类文化。人类没有第二种作品，有建筑这样的气魄，丰富、豪华、精致，有性格、有感情。

建筑是人类历史的文化缩影。它记录着人类为创造幸福而付出的一切，真实、生动、准确地记录着人类文明的发展和成就

IRLANDE

St Patrice, a été esclave en E̶n̶ pendant six ans.
Il a fait ses études à Marmoutiers et à Lérins.
Accompagne St German d'Auxerre en Angleterre.
Pape St Célestin lui fait évêque d'Eire. 33 ans là [...]

St Brigitte.

St Colomban 515 - 615 Entre l'abbaye de Bangor.
Il se trouve à Annegray, Faucogney (Hte Saône.)
Puis, il se fixe à Luxeuil, qui est aux confins de Bourgogne
et de l'Austrasie.
Encore, il fonda Fontaines, et 210 autres.

Sa contemporaine, la reine Brunehaut fonda
St Martin d'Autun, qui fut rasée en 1750 par les moines eux-mê[mes]
Elle a expulsé St Colomban de Luxeuil après 20 ans.
Il a allé à Tours, Nantes, Soissons, ...
Et commence sa vie de missionnaire. De Mainz, il suit
le Rhin, jusqu'à Zurich et se fixe à Bregentz, sur lac Const[...]
Son disciple est St Gall.

Brunehaut est maintenant la maîtresse de Constanz.
Le St passe en Lombardie. Il afonda Bobbio, entre Gênes et
Milan, où Annibal a eu une victoire.
Il meurt dans une chappelle solitaire de l'autre côte de la Trebbia

Pierre   LUXEUIL: 2e abbé St Eustaise. Il a toute cooperation
du roi Clotaire, seul maître des 3 royaumes francs.
Il est aussi la plus illustre école de ce temps. Evêques et [...]
saints sont tous sortis de cela.

3e Abbé Walbert, ancien guérrier